LE GÈNE ÉGOÏSTE

RICHARD DAWKINS

LE GÈNE ÉGOÏSTE

Traduit de l'anglais
par Laura Ovion

Odile Jacob

poches

Traduction autorisée de *The Selfish Gene*
© OXFORD UNIVERSITY PRESS, 1976
© RICHARD DAWKINS, 1989 pour la seconde édition

Pour la traduction française :
© ARMAND COLIN ÉDITEUR, 1990

© ODILE JACOB, 1996, MARS 2003
15, RUE SOUFFLOT, 75005 PARIS

ISSN : 1621-0654
ISBN : 2-7381-1243-9

Il faudrait presque lire ce livre comme s'il s'agissait de science-fiction. Il est destiné à faire appel à l'imagination du lecteur. Cependant, il ne s'agit pas de science-fiction, mais de science tout court. Que ce soit ou non un cliché, l'expression « la réalité dépasse la fiction » résume exactement ce que je ressens lorsque l'on parle de la vie réelle. Nous sommes des machines à survie — des robots programmés à l'aveugle pour préserver les molécules égoïstes connues sous le nom de gènes. Il s'agit d'une vérité qui me remplit encore d'étonnement. Bien que je la connaisse depuis des années, je n'arrive toujours pas à m'y habituer complètement. L'une de mes ambitions est de parvenir à en étonner d'autres.

Trois lecteurs imaginaires regardaient par-dessus mon épaule lorsque j'écrivais ce livre et c'est à eux que je le dédie à présent. D'abord, le profane, pour lequel j'ai presque totalement évité le jargon technique — et là où il m'a fallu utiliser des mots spécialisés, j'en ai donné une définition. Je me demande à présent pourquoi nous ne supprimons pas également la plus grande partie de notre jargon des revues spécialisées. J'ai fait l'hypothèse que le profane n'avait pas de connaissances particulières du domaine, mais je n'ai pas supposé qu'il était stupide. N'importe qui peut vulgariser la science en la simplifiant trop. Je me suis efforcé par contre de vulgariser des idées plus subtiles et plus compliquées en les traduisant en des termes non mathématiques, sans que pour autant elles perdent leur essence. Je ne sais pas à quel point j'y suis parvenu, ni à quel point j'ai réalisé une autre de mes ambitions : essayer de rendre ce livre aussi amusant et passionnant que le sujet dont il traite le mérite. Cela fait longtemps que je pense que la biologie devrait sembler aussi excitante qu'un roman d'aventures plein de mystères, car c'est exactement ce qu'elle est. Je n'ose pas penser que j'ai réussi à faire passer plus qu'une fraction minuscule de l'excitation que cette matière peut provoquer.

Le spécialiste était mon deuxième lecteur imaginaire. Il s'est révélé un critique acerbe, ayant le souffle coupé devant certaines de mes analogies et figures de style. Ses expressions favorites sont « à l'exception de », « par contre », et « pouah ! ». Je l'ai écouté attentivement et j'ai même réécrit complètement un chapitre dans le sens qu'il exigeait, mais à la fin il a fallu que j'écrive cette histoire à ma manière. Le spécialiste ne sera pas encore satisfait de la façon dont j'ai expliqué les choses. Pourtant, mon plus grand espoir est que même lui y trouve quelque chose de nouveau ; une nouvelle manière d'envisager des idées communes, peut-être ; et même, pourquoi pas ? un nouveau point de départ pour ses propres idées. S'il s'agit d'une aspiration trop élevée, puis-je au moins espérer que ce livre lui fasse passer un moment agréable lorsqu'il prendra le train ?

Le troisième lecteur que j'avais en tête était l'étudiant, qui fait en quelque sorte la transition entre le profane et le spécialiste. S'il ne s'est pas encore fait une idée du domaine dans lequel il veut se spécialiser, j'espère l'avoir encouragé à considérer la zoologie d'un autre œil. Il y a une autre raison d'étudier la zoologie que sa possible « utilité » et l'amour des animaux. Cette raison est que nous, animaux, sommes les machines les plus compliquées et les mieux conçues qui existent dans l'univers connu. Dit de cette façon, il est difficile de voir pourquoi les gens étudient d'autres matières ! Pour l'étudiant qui s'est déjà engagé en zoologie, j'espère que mon livre lui sera utile. Il lui faudra reprendre les articles originaux et les livres techniques sur lesquels s'appuie mon exposé. S'il trouve que les sources originales sont difficiles à digérer, peut-être mon interprétation non mathématique pourra-t-elle l'aider comme une introduction ou une pièce complémentaire.

Essayer de s'adresser à trois types différents de lecteurs présente des écueils évidents. Tout ce que je peux dire, c'est que j'en ai été très conscient, mais le défi que cela représentait l'a emporté sur ces inconvénients.

Je suis éthologue et ce livre traite du comportement animal. Ce que je dois à la tradition éthologique dans le cadre de laquelle je fis mes études sera évident. En particulier, Niko Tinbergen ne se rend pas compte de l'influence qu'il a exercée sur moi durant les douze années pendant lesquelles j'ai travaillé avec lui à Oxford. L'expression « machine à survie », bien que n'étant pas la sienne, aurait pu l'être. Mais l'éthologie a récemment pris un « coup de jeune » avec l'invasion d'idées fraîches provenant de sources qui ne sont pas habituellement considérées comme éthologiques. Ce livre est largement fondé sur ces nouvelles idées. Leurs auteurs sont cités aux endroits appropriés dans le texte ; les plus grands sont G. C. Williams, J. Maynard Smith, W. D. Hamilton et R. L. Trivers.

Différentes personnes ont suggéré des titres pour ce livre et je les ai utilisés avec reconnaissance comme titres de chapitres : « Spirales immortelles », John Krebs ; « La machine génique », Desmond Morris ; « La parenté génétique », Tim Clutton-Brock et Jean Dawkins, et je présente en plus toutes mes excuses à Stephen Potter.

Les lecteurs imaginaires peuvent servir de cibles pour des vœux pieux ou des aspirations, mais ils sont moins pratiques que les lecteurs et critiques bien réels. Je suis un maniaque de la relecture et Marian Dawkins a été mise à rude épreuve lorsqu'il lui a fallu lire et relire de nombreux brouillons de chaque page. Sa connaissance considérable en matière de littérature biologique et sa compréhension des questions théoriques, en même temps que ses encouragements et son soutien moral sans faille, m'ont été essentiels. John Krebs lut également le livre quand il n'était qu'un brouillon. Il en sait plus que moi sur le sujet et s'est montré généreux en conseils et suggestions. Glenys Thomson et Walter Bodmer ont critiqué gentiment et fermement ma façon d'exposer les sujets sur la génétique. J'ai peur que ma nouvelle version ne les ait pas plus satisfaits ; toutefois, j'espère qu'ils l'auront trouvée un petit peu meilleure. Je les remercie pour le temps qu'il m'ont consacré et leur patience. John Dawkins a été sans pitié pour tout ce qui était mal exprimé, et m'a fait des suggestions constructives et excellentes en matière de reformulations. Je n'aurais pas pu trouver un « profane plus intelligent » que Maxwell Stamp. La perception qu'il a eue de la maladresse stylistique de la première version a fait beaucoup pour la dernière. Les autres personnes qui ont critiqué des chapitres particuliers, ou ont donné leurs avis de spécialistes, sont John Maynard Smith, Desmond Morris, Tom Maschler, Nick Blurton Jones, Sarah Kettlewell, Nick Humphrey, Tim Clutton-Brock, Louise Johnson, Christopher Graham, Geoff Parker et Robert Trivers. Pat Searle et Stephanie Verhoeven n'ont pas seulement dactylographié le manuscrit avec efficacité, mais m'ont encouragé en semblant le faire avec plaisir. Enfin, je souhaite remercier Michael Rodgers de chez Oxford University Press, qui, en plus d'avoir utilement critiqué le manuscrit, a donné de sa personne bien au-delà de ce à quoi sa fonction l'obligeait, en s'occupant de tous les aspects de la production de ce livre.

Richard Dawkins

Préface
à l'édition de 1989

Cela fait environ douze ans qu'est sortie la première édition du *Gène égoïste* et le message qu'il véhicule fait à présent partie de tous les manuels. C'est paradoxal, mais pas de manière aussi évidente qu'on pourrait le croire. Il ne s'agit pas de l'un de ces livres qualifiés de « révolutionnaire » à sa sortie, qui comptent ensuite de plus en plus de partisans pour être finalement considérés si conformes à la doctrine que l'on se demande pourquoi ils ont suscité tant de bruit lors de leur publication. Bien au contraire. Dès le début, les critiques se montrèrent favorables et il ne fut pas considéré au départ comme un livre sujet à controverses. Son esprit de contradiction mit des années pour se faire connaître, jusqu'à maintenant où il est largement considéré comme extrémiste. Mais durant toutes ces années pendant lesquelles la *réputation* d'extrémisme du livre s'est fait jour petit à petit, son véritable *contenu* a semblé de moins en moins extrême et de plus en plus monnaie courante.

La théorie du gène égoïste, c'est la théorie de Darwin exprimée d'une autre manière, dont je me plais à penser que ce dernier en aurait admis la justesse et qu'elle lui aurait plu. Il s'agit en fait d'une conséquence logique du néodarwinisme orthodoxe, mais exprimée en tant que nouvelle approche. Plutôt que de se focaliser sur l'organisme individuel, elle prend le point de vue du gène sur la nature. Il s'agit d'une manière de voir différente, et non d'une théorie différente. Dans les premières pages de *The Extended Phenotype*, j'ai expliqué cela en utilisant la métaphore du cube de Necker :

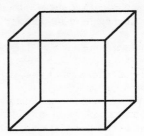

Sur le papier, il s'agit d'un dessin en deux dimensions, mais il est perçu comme un cube transparent en trois dimensions. Regardez-le bien pendant quelques secondes et il changera de face dans une direction différente. Continuez de le regarder et il reviendra à sa première forme. Les deux cubes sont également compatibles avec les informations en deux dimensions imprimées sur la rétine, c'est pourquoi le cerveau passe de l'un à l'autre sans problème. Aucune des deux n'est plus correcte que l'autre. Là où je veux en venir, c'est qu'il existe deux façons de considérer la sélection naturelle, celle du gène et celle de l'individu. Bien comprises, elles sont équivalentes ; ce sont deux conceptions de la même vérité. Vous pouvez passer de l'une à l'autre, ce sera toujours le même néodarwinisme.

Je pense à présent que cette métaphore était trop prudente ; au lieu de proposer une nouvelle théorie ou de découvrir un fait nouveau, la contribution la plus importante que peut faire un scientifique est souvent de découvrir une nouvelle façon d'aborder de vieilles théories ou des faits anciens. Le modèle du cube de Necker est trompeur, parce qu'il suggère que les deux manières de voir ont la même valeur. Il est certain que cette métaphore est partiellement bonne : les « angles », contrairement aux théories, ne peuvent pas être jugés par l'expérience ; nous ne pouvons faire appel à nos critères familiers de vérification et de falsification.

Mais un changement de point de vue peut, au mieux, réaliser quelque chose de plus grand qu'une théorie. Il peut introduire tout un climat de pensée propice à la naissance de nombreuses théories excitantes et vérifiables, et à la découverte de faits auxquels on n'avait pas pensé. La métaphore du cube de Necker passe complètement à côté de tout cela. Elle saisit bien l'idée d'un changement de point de vue, mais n'arrive pas à lui donner sa véritable valeur. Nous ne parlons pas à présent d'un passage d'une théorie à une autre, toutes deux étant équivalentes, mais, dans des cas extrêmes, nous parlons d'une transfiguration.

Je me hâte de dire que je ne revendique pas un tel statut en ce qui concerne ma propre contribution, par ailleurs très modeste. Néanmoins, c'est pour ce type de raison que je préfère ne pas faire une séparation nette entre science et « vulgarisation ». Exposer des idées qui n'ont été exprimées que dans les revues techniques constitue un art difficile. Il faut tourner le langage pour le rendre compréhensible et utiliser des métaphores illustrant parfaitement ce qu'on veut dire. Si vous poussez les nouveautés de langage et les métaphores suffisamment loin, vous finissez par voir les choses d'une autre manière. Et voir les choses d'une autre manière peut constituer, comme je viens de le dire, une contribution originale à la science. Einstein lui-même était un vulgarisateur, et non des moindres, et j'ai souvent supposé que ses métaphores colorées jouaient un rôle plus important que celui qui consiste à seulement nous aider à comprendre. Est-ce qu'elles ne l'aidaient pas également à alimenter son génie créatif ?

Le point de vue du gène en ce qui concerne le darwinisme est implicite dans les écrits de R. A. Fischer et des autres grands pionniers du néodarwinisme du début des années trente, mais il fut explicité par W. D. Hamilton et G. C. Williams dans les années soixante. Pour moi, leur perspicacité montrait leur qualité de visionnaires. Mais j'ai trouvé que leur manière de l'exprimer était trop laconique, qu'ils ne la montraient pas suffisamment. Je suis convaincu qu'une version développée et amplifiée pourrait mettre en place toutes les pièces du puzzle de la vie, aussi bien dans le cœur que dans l'esprit. J'aimerais écrire un livre exaltant le point de vue qu'a le gène sur l'évolution. Il devrait limiter ses exemples au comportement social, pour aider à corriger la théorie de la sélection inconsciente par le groupe qui s'infiltra dans le darwinisme populaire. J'ai commencé ce livre en 1972, lorsque des coupures de courant dues à des conflits sociaux interrompirent mes recherches en laboratoire. Malheureusement (d'un certain point de vue), les coupures cessèrent après que j'ai eu écrit deux chapitres, ce qui eut pour effet de me faire ranger le manuscrit dans un tiroir jusqu'en 1975, date à laquelle je pris une année sabbatique. Pendant ce temps, la théorie avait été étendue surtout par John Maynard Smith et Robert Trivers. Je vois à présent qu'il s'agit d'une de ces périodes mystérieuses au cours desquelles des idées nouvelles flottent dans l'air. J'ai écrit *Le Gène égoïste* durant une période extrêmement fébrile.

Lorsque Oxford University Press me recontacta pour une deuxième édition, ils insistèrent sur le fait qu'une révision complète page par page était inutile. Certains livres, dès leur conception, sont de toute évidence destinés à subir des remises à jour à chaque édition, mais *Le Gène égoïste* n'en faisait pas partie. La première édition a pris sa fraîcheur de la période pendant laquelle elle fut écrite. Il y avait de la révolution dans l'air à l'étranger. Quel dommage de transformer un enfant de ces temps héroïques et de l'alourdir de faits nouveaux ou de le vieillir en le surchargeant d'explications compliquées et de mises en garde! J'ai donc décidé que le texte original resterait en l'état et que les notes couvriraient les corrections, les réponses et les développements. Quant aux nouveaux chapitres, leur rôle sera d'expliquer ce qui s'est passé de nouveau depuis la première édition. Pour les écrire, je me suis inspiré des deux livres du domaine qui ont le plus excité mon imagination ces dernières années : celui de Robert Axelrod, *Donnant, donnant. Théorie du comportement coopératif*, parce qu'il semble offrir quelque espoir pour notre avenir; et celui que j'ai moi-même écrit, *The Extended Phenotype*, car il a occupé tout mon temps ces dernières années et que c'est sans doute la meilleure chose que j'aurai écrite de toute ma vie.

Le titre du chapitre « Les bons finissent les premiers » est emprunté à l'émission de télévision Horizon que j'ai présentée à la BBC en 1985. Il s'agissait d'un documentaire de cinquante minutes sur les approches par la théorie des jeux de l'évolution de la coopération, et qui fut produit par Jeremy Taylor. La fabrication de ce film et celle d'un autre, *The Blind Watchmaker* (« L'Horloger aveugle »), par le même producteur, me firent éprouver un nouveau respect pour cette profession. En effet, les producteurs d'Horizon (dont certaines émissions sont diffusées en Amérique sous le nouveau titre de Nova) deviennent de véritables experts du sujet qu'ils ont à traiter. Le chapitre XII doit plus que son titre à l'expérience que j'ai eue de travailler avec Jeremy Taylor et toute l'équipe d'Horizon, et je leur en suis reconnaissant.

J'ai appris récemment un fait désagréable : des scientifiques renommés ont pris l'habitude d'apposer leur signature sur des articles sur lesquels ils n'ont jamais travaillé. Se pourrait-il que des réputations scientifiques aient pu se faire grâce aux travaux d'étudiants et de collègues ? Je ne sais pas ce qu'il faut faire pour combattre cette malhonnêteté. Peut-être les rédacteurs en chef des journaux devraient-ils réclamer des preuves signées des contributions de chaque auteur. Mais je m'écarte de ce que je voulais dire. J'ai soulevé ce problème ici pour établir un contraste. Helena Cronin en a tant fait pour améliorer chaque ligne — chaque mot — que l'on aurait dû (mais elle l'a vigoureusement refusé) la nommer coauteur de toutes les nouvelles parties de ce livre. Je lui en suis profondément reconnaissant, et je suis désolé que mes remerciements doivent se limiter à cela. Je remercie aussi Mark Ridley, Marian Dawkins et Alan Grafen pour leurs conseils et leurs critiques constructives sur certains passages, ainsi que Thomas Webster, Hilary McGlynn et d'autres qui, chez Oxford University Press, ont toléré sans broncher mes lubies et ma tendance à remettre au lendemain ce que j'aurais pu faire le jour même.

Richard Dawkins

CHAPITRE PREMIER

Pourquoi on existe?

La vie intelligente sur une planète ne peut naître qu'une fois qu'elle a appréhendé les raisons de sa propre existence. Si des créatures supérieures de l'espace viennent un jour visiter la Terre, la première question qu'elles se poseront pour évaluer le niveau de notre civilisation est la suivante : « Ont-ils déjà découvert l'évolution? » Les organismes vivants ont existé sur Terre, sans jamais savoir pourquoi, depuis plus de trois milliards d'années avant que la vérité ne saute finalement à l'esprit de l'un d'entre eux. Il s'appelait Charles Darwin. Pour être juste, d'autres avaient eu des soupçons de vérité, mais c'est Darwin qui le premier bâtit une théorie cohérente et consistante sur la raison de notre existence. Darwin nous permit de donner une réponse sensée à l'enfant curieux dont la question sert de titre à ce chapitre. Nous n'avons pas à recourir à la superstition lorsque nous sommes confrontés à des problèmes essentiels tels que : la vie a-t-elle une signification? A quoi sommes-nous destinés? Qu'est-ce qu'un homme? Après avoir posé la dernière de ces questions, l'éminent zoologue G. G. Simpson fit remarquer : « Le point sur lequel je veux insister à présent, c'est que toutes les tentatives antérieures à 1859 pour répondre à cette question ne valent rien. Nous n'en serions que mieux si nous les ignorions complètement[1]. »

Aujourd'hui, la théorie de l'évolution est autant mise en doute que la révolution de la Terre autour du Soleil, mais toutes les implications de Darwin ne sont pas encore connues. La zoologie est encore une matière peu enseignée dans les universités et même ceux qui choisissent de l'étudier prennent souvent leur décision sans en évaluer la profonde signification psychologique. La philosophie et les matières connues sous le nom d'« humanités » sont encore enseignées comme si Darwin n'avait jamais vécu. Cela changera certainement en son temps. En tout cas, ce livre n'a pas pour but de se faire l'avocat du darwinisme. Au contraire, il va explorer les conséquences de la théorie de l'évolution sur un sujet bien précis. Mon but est d'examiner la biologie de l'égoïsme et de l'altruisme.

En dehors de l'importance académique de ce sujet, son importance pour l'homme est évidente. Il touche tous les aspects de notre vie sociale, nos amours et nos haines, nos rivalités et nos actes d'entraide, nos dons et nos vols, notre gourmandise et notre générosité. Ce sont des affirmations que le *On Aggression* de Lorenz, *The Social Contract* d'Ardrey et le *Love and Hate* d'Eibl-Eibesfeldt auraient pu revendiquer. Le problème avec ces livres est que leurs auteurs se sont totalement trompés. Ils se sont trompés parce qu'ils ont mal compris la façon dont fonctionne l'évolution. Ils ont, à tort, émis l'hypothèse que ce qui est important en matière d'évolution, c'est le bien des *espèces* (ou groupe) plutôt que le bien de l'individu (ou gène). Il est ironique qu'Ashley Montagu critique Lorenz en le traitant de « descendant direct des penseurs du XIXe siècle, qui considéraient la nature comme un univers impitoyable ». Si je comprends bien l'idée de Lorenz sur l'évolution, il se rapprocherait fort de Montagu en rejetant les implications de l'expression célèbre de Tennyson ci-dessus. Contrairement à eux, je pense que l'expression « univers impitoyable » résume admirablement notre compréhension moderne de la sélection naturelle.

Avant de commencer mon exposé proprement dit, je veux expliquer brièvement de quel genre d'argument il s'agit ou ne s'agit pas. Si on nous disait qu'un homme a vécu une vie longue et prospère parmi les gangsters de Chicago, nous pourrions deviner quel genre d'homme il était. Nous pourrions nous attendre à ce qu'il ait des qualités comme la rigueur, la gâchette rapide et la capacité à s'entourer d'amis loyaux. Il ne s'agit pas de déductions infaillibles, mais on peut tirer certaines conclusions sur le caractère d'un homme si on a des informations sur la façon dont il a vécu et prospéré. L'argument de ce livre, c'est que nous, ainsi que tous les autres animaux, sommes des machines créées par nos gènes. A l'image des gangsters de Chicago, nos gènes ont survécu, et, dans certains cas, pendant des millions d'années, dans un monde où la compétition faisait rage. Cela nous permet de nous attendre à ce que nos gènes aient certaines qualités. Je dirai qu'une qualité prédominante à espérer chez un gène qui a prospéré est l'égoïsme impitoyable. Cet égoïsme du gène donnera habituellement lieu à un égoïsme dans le comportement individuel. Toutefois, comme nous le verrons, il est des circonstances particulières qui font qu'un gène peut mieux réaliser ses propres buts égoïstes en suscitant une forme limitée d'altruisme au niveau des individus. « Particulières » et « limitée » sont des mots importants dans cette dernière phrase. Même si nous souhaitons croire que cela se passe autrement, l'amour universel et le bien-être des espèces en général sont des concepts qui n'ont absolument aucun sens quand on parle d'évolution.

Cela m'amène à vous dire ce que ce livre *n'est pas*. Je ne me fais pas l'avocat d'une moralité fondée sur l'évolution [2]. Je décris simplement comment les choses ont évolué. Je ne dis pas comment nous, humains, devrions moralement nous conduire. J'insiste sur ce point parce que je sais que je risque d'être mal compris par les gens, bien trop nombreux, qui ne peuvent faire la différence entre affirmer ce que l'on croit être et militer pour ce qui devrait être. Je pense personnellement qu'une société humaine fondée simplement sur la loi génétique de l'égoïsme universel sans pitié serait une société dans laquelle la vie serait insupportable. Malheureusement ce n'est pas parce que nous déplorons une chose qu'elle cesse d'être vraie. L'objectif principal de ce livre est d'être intéressant, mais si vous deviez en extraire une morale, qu'elle prenne la forme d'une mise en garde. En effet, attention. Si vous voulez, comme moi, construire une société dans laquelle les individus coopèrent généreusement et sans égoïsme pour réaliser le bien commun, vous ne pouvez attendre beaucoup d'aide de la

Nature. Essayons de comprendre ce vers quoi tendent nos gènes, c'est-à-dire l'égoïsme, parce qu'il se pourrait alors que nous ayons au moins une chance de déjouer leurs plans et d'atteindre ce à quoi aucune autre espèce n'est jamais parvenue, devenir un individu altruiste.

En corollaire à ces remarques, il est faux — et par ailleurs il s'agit d'une erreur très répandue — de supposer que les traits génétiquement hérités soient par définition fixes et impossibles à changer. Nos gènes peuvent nous apprendre à être égoïstes, mais nous ne sommes pas nécessairement obligés de leur obéir toute notre vie. Il se peut seulement que l'altruisme nous soit plus difficile à apprendre que si nous étions génétiquement programmés à avoir un tel comportement. De tous les animaux, seul l'homme est dominé par la culture, les influences qu'il a subies et apprises. Certains diraient que la culture est si importante que les gènes, qu'ils soient égoïstes ou non, sont virtuellement inutiles pour nous aider à comprendre la nature humaine. D'autres ne seraient pas d'accord. Tout dépend de la position que vous prenez dans le débat « nature contre éducation » comme élément déterminant dans tout ce qui caractérise la nature humaine. Ce qui m'amène à vous parler de la deuxième chose que ce livre n'est pas : il ne se fait pas l'avocat de l'une ou l'autre position de la controverse nature/éducation. Naturellement, j'ai ma propre opinion sur le sujet, mais je ne vais pas l'exprimer ici. Si les gènes s'avèrent totalement inutiles dans la détermination du comportement humain moderne, si nous sommes vraiment uniques de ce point de vue dans le règne animal, il est tout du moins encore intéressant de rechercher la règle qui a fait que nous soyons devenus si récemment une exception. Et si notre espèce n'est pas si exceptionnelle que nous nous plaisons à le penser, il est encore plus important alors d'en étudier les règles.

La troisième chose que ce livre n'est pas, c'est un exposé descriptif du comportement détaillé de l'homme ou de toute autre espèce animale. J'utiliserai des exemples précis pour illustrer mon propos. Je ne dirai pas : « Si vous regardez le comportement des babouins, vous constaterez qu'il est égoïste ; par conséquent, il fort probable que le comportement humain soit également égoïste. » La logique de mon exemple du « gangster de Chicago » est tout à fait différente : les humains et les babouins ont évolué par sélection naturelle. Si vous regardez la façon dont celle-ci fonctionne, il semble s'ensuivre que tout ce qui a évolué par sélection naturelle devrait être égoïste. Par conséquent, nous devons nous attendre à trouver égoïste le comportement des babouins, des humains, et de toutes les autres créatures vivantes, lorsque nous l'étudierons. Si nous ne trouvons pas ce à quoi nous nous attendions, alors nous nous trouverons en face de quelque chose d'étonnant, quelque chose qui nécessite une explication.

Avant de continuer, il nous faut une définition. Une entité telle qu'un babouin est dite altruiste si elle se conduit de façon telle qu'elle augmente le bien-être d'une autre entité du même type aux dépens du sien. Le comportement égoïste a exactement l'effet inverse. Le « bien-être » est défini comme les « chances de survie », même si l'effet sur la vie réelle et l'espérance de vie est si faible qu'il *semble* négligeable. L'une des conséquences surprenantes de la version moderne de la théorie de Darwin, c'est que de minuscules et insignifiantes influences dont l'effet est apparemment léger sur la probabilité de survie peuvent avoir un impact majeur sur l'évolution, à cause de l'importance de la période de temps allouée pour que de telles influences se fassent ressentir.

Il est important de se rendre compte que les définitions que je viens de donner de l'altruisme et de l'égoïsme sont *comportementales* et non pas subjectives. Je ne m'intéresse pas à la psychologie des motivations. Je ne vais pas argumenter pour savoir si les gens qui se comportent d'une manière altruiste le font « vraiment » pour des motifs égoïstes secrets ou inconscients. Peut-être que oui, peut-être que non, et peut-être que nous ne pourrons jamais le savoir, mais en tout cas ce n'est pas le propos de ce livre. Ma définition ne concerne que la question de savoir si l'*effet* d'une action est de diminuer ou d'augmenter les chances de survie du présumé altruiste et celles du présumé bénéficiaire.

Il est très compliqué de démontrer les effets du comportement sur les chances de survie à long terme. En pratique, lorsque nous appliquons cette définition au comportement réel, nous devons y accoler le mot « apparemment ». Un acte apparemment altruiste est un acte qui, à première vue, semble avoir tendance à diminuer, même légèrement, l'espérance de vie de l'altruiste, et à augmenter celle du bénéficiaire. Mais, lorsqu'on y regarde de plus près, il apparaît souvent que l'acte apparemment altruiste n'est en réalité qu'un acte égoïste bien déguisé. Une fois encore, je ne veux pas dire que les motifs sous-jacents sont secrètement égoïstes, mais que les effets réels de cet acte sur les perspectives de survie sont exactement le contraire de ce à quoi nous avions d'abord pensé.

Je vais donner quelques exemples de comportements apparemment égoïstes ou altruistes. Il est difficile de supprimer les habitudes subjectives de pensée lorsque nous parlons de notre propre espèce, aussi vais-je choisir des exemples tirés du règne animal. D'abord, quelques exemples variés de comportement égoïste.

Les mouettes à tête noire nichent en grandes colonies, les nids n'étant séparés que de quelques mètres. Lorsque les poussins brisent leur coquille, ils sont d'abord petits et sans défense, faciles à avaler. Il est tout à fait courant qu'une mouette attende que sa voisine ait tourné le dos — par exemple afin d'aller pêcher — pour gober l'un des poussins de la couvée de celle-ci. Elle bénéficie alors d'un bon repas bien nutritif sans avoir à se donner le mal d'attraper un poisson et sans avoir à laisser son nid sans protection.

Bien plus connu est l'exemple du cannibalisme macabre de la femelle mante religieuse. Les mantes religieuses sont de grands insectes carnivores. Elles mangent normalement des insectes plus petits, tels que des mouches, mais s'attaquent à presque tout ce qui bouge. Lors de l'accouplement, le mâle monte prudemment sur la femelle et copule. Si la femelle en a l'occasion, elle le mangera en commençant par lui arracher la tête, soit au moment où il s'approche d'elle, soit juste après qu'il est monté sur elle, ou encore juste après leur séparation. Il pourrait sembler plus sensé qu'elle attende la fin de la copulation pour le manger. Mais la perte de la tête ne semble pas retirer au reste du corps du mâle sa capacité à accomplir l'acte sexuel. D'ailleurs, puisque la tête de l'insecte est le siège de certains centres nerveux inhibiteurs, il est possible que la femelle améliore les performances sexuelles du mâle en lui mangeant la tête[3]. Si tel est bien le cas, elle en tire un bénéfice supplémentaire, le premier étant qu'elle fait un bon repas.

Le mot « égoïste » peut sembler un euphémisme dans de tels cas extrêmes de cannibalisme, bien que ceux-ci collent parfaitement à notre définition. Peut-être ressentirons-nous plus de sympathie pour le comportement couard bien connu des pingouins empereurs de l'Antarctique. On les a observés debout au bord de l'eau, hésitant à y plonger à cause du risque d'être dévorés par les phoques. Si seulement l'un d'entre eux voulait plonger, le reste saurait si un phoque se trouve effectivement là ou pas. Naturellement, personne ne veut jouer au cobaye, aussi attendent-ils et parfois essayent-ils même de se pousser mutuellement dans l'eau.

De façon moins spectaculaire, le comportement égoïste peut simplement consister à refuser de partager une ressource précieuse telle que la nourriture, un territoire ou des partenaires sexuels. Passons à présent à des exemples de comportement altruiste.

Le comportement piqueur des abeilles ouvrières représente une défense très efficace contre les voleurs de miel. Mais les abeilles sont des kamikazes. Lorsqu'elles piquent, leurs organes vitaux internes sont souvent arrachés et elles meurent juste après. Leur mission suicide a pu sauver les réserves de nourriture vitales pour la colonie, mais elles ne seront pas là pour en tirer les bénéfices. D'après notre définition, il s'agit bien d'un comportement altruiste. Rappelez-vous que nous ne parlons pas de motifs conscients. Ils peuvent ou non être présents, ici ou dans les exemples d'égoïsme, mais ils sont inutiles pour notre définition.

Donner sa vie pour celle de ses amis est évidemment altruiste, mais c'est aussi prendre pour eux un léger risque. Quand ils voient un prédateur tel qu'un faucon fondre sur eux, de nombreux petits oiseaux poussent un « cri d'alarme » caractéristique grâce auquel toute la bande d'oiseaux prend la fuite comme elle peut. Indirectement, l'oiseau qui donne l'alarme se met lui-même particulièrement en danger, car il détourne sur lui l'attention du prédateur ; il ne s'agit que d'un léger risque supplémentaire, mais il semble néanmoins, à première vue toutefois, que cela mérite le qualificatif d'altruiste tel que défini plus haut.

Les actes les plus courants et les plus évidents d'altruisme animal sont exécutés par les parents, surtout les mères, envers leurs petits. Elles peuvent les couver ou les porter dans leur sein, les nourrir même si cela leur coûte beaucoup, et prendre de grands risques pour les protéger des prédateurs. Pour prendre un exemple précis, de nombreux oiseaux qui nichent au sol pratiquent une sorte de « manœuvre de diversion » lorsqu'un prédateur, par exemple un renard, s'approche. L'oiseau part de son nid en boitant, en étendant une de ses ailes comme si elle était cassée. Le prédateur, croyant qu'il s'agit d'une proie facile, est attiré loin du nid contenant les poussins. Finalement, l'oiseau cesse sa petite comédie et bondit dans les airs juste à temps pour échapper aux mâchoires du renard. Il a sans doute sauvé ses poussins, mais en ayant pris beaucoup de risques.

Je n'essaye pas de marquer des points en racontant des anecdotes. Des exemples choisis ne sont jamais des preuves sérieuses pour établir des théories générales. Ces histoires visent simplement à illustrer ce que j'entends par comportements altruiste et égoïste au niveau des individus. Ce livre montrera comment l'égoïsme et l'altruisme individuels s'expliquent grâce à la loi fondamentale que j'appelle *l'égoïsme des gènes*. Mais il me faut parler d'abord d'une explication particulièrement fausse de l'altruisme, parce qu'elle est très connue et même souvent enseignée dans les écoles.

Cette explication est basée sur la mauvaise conception dont j'ai déjà parlé, selon laquelle les créatures vivantes évoluent dans le but de faire « le bien de l'espèce » ou « le bien du groupe ». Il est facile de voir comment cette idée a vu le jour en biologie. Un animal consacre une bonne partie de sa vie à la reproduction, et la majorité des actes d'autosacrifice observés dans la nature sont pratiqués par les parents pour protéger leurs petits. La « pérennité de l'espèce » est un euphémisme couramment employé pour désigner la reproduction et il s'agit indéniablement d'une *conséquence* de la reproduction. Il ne faut alors qu'un petit effort supplémentaire de logique pour en déduire que la « fonction » de la reproduction est de perpétuer l'espèce. A partir de là, il n'y a plus qu'un mauvais pas à franchir pour en tirer la conclusion que les animaux se comporteront en général de manière à favoriser la pérennité de l'espèce. L'altruisme envers les membres d'une même espèce semble couler de source.

Cette conception peut être exprimée en termes vaguement darwiniens. L'évolution fonctionne par sélection naturelle, ce qui signifie qu'il existe un différentiel de survie pour les plus forts. Mais sommes-nous en train de parler des individus les plus forts, des espèces les plus fortes, des races les plus fortes ou de quoi que ce soit d'autre encore ? Pour certains sujets, cela n'a pas beaucoup d'importance, mais en ce qui concerne l'altruisme, ce point est essentiel. S'il s'agit d'espèces en compétition dans ce que Darwin appelait le combat pour l'existence, l'individu semble plutôt considéré comme un pion sur l'échiquier, qu'il faut sacrifier quand l'exige l'intérêt supérieur de l'espèce. Pour l'exprimer de manière plus acceptable, un groupe, tel qu'une espèce ou une population au sein de cette espèce, dont les individus sont prêts à se sacrifier pour le bien du groupe a moins de risques de disparaître qu'un groupe concurrent dont les membres placent au premier plan leur intérêt individuel. Par conséquent, voilà pourquoi le monde devient essentiellement peuplé de groupes dont les membres sont prêts à faire le sacrifice de leur vie. Il s'agit de la théorie de la « sélection par le groupe », longtemps supposée vraie par les biologistes qui ne connaissaient pas tous les détails de la théorie de l'évolution, théorie qui a été mise à jour dans un célèbre livre de V. C. Wynne-Edwards et portée à la connaissance de tous par Robert Ardrey dans *The Social Contract*. L'autre possibilité à normalement pour nom « la sélection individuelle », bien que pour ma part je préfère parler de sélection par les gènes.

La réponse du « sélectionneur individuel » à l'exposé qui vient d'être fait pourrait être brièvement celle-ci. Même dans le groupe d'altruistes, il y aura presque certainement une minorité dissidente qui refusera de faire un sacrifice, quel qu'il soit. S'il existe un seul rebelle égoïste prêt à exploiter l'altruisme du reste du groupe, alors, par définition, ce sera lui qui aura le plus de chances de survie et d'avoir des enfants. Chacun de ses enfants aura tendance à hériter de cet égoïsme. Après plusieurs générations de cette sélection naturelle, le « groupe altruiste » sera dépassé par le nombre d'individus égoïstes et ne pourra plus se démarquer du groupe égoïste. Même si nous admettons l'existence improbable de groupes altruistes vides de tout rebelle à l'origine, il est très difficile d'imaginer comment on pourrait empêcher des individus altruistes d'émigrer dans les groupes égoïstes voisins et de contaminer la pureté des groupes altruistes grâce à des mariages mixtes.

Le sélectionneur individuel admettait, bien évidemment, que les groupes meurent et que, s'ils finissent par s'éteindre, cela peut être dû à l'influence du comportement des individus de ce groupe. Il pourrait même admettre que *si seulement* les individus d'un groupe avaient le don de prévoir l'avenir, ils pourraient voir qu'à long terme leur propre intérêt réside plutôt dans la restriction de leur gourmandise égoïste de manière à éviter la destruction du groupe entier. Combien de fois a-t-il fallu répéter cela ces dernières années aux classes laborieuses de Grande-Bretagne ? Mais l'extinction du groupe est un processus lent comparé aux coupes rapides opérées par la compétition individuelle. De plus, alors que le groupe suit une pente douce mais inexorable vers le bas, des individus égoïstes prospèrent à court terme aux dépens des altruistes. Les citoyens de Grande-Bretagne peuvent ou non avoir le don de double vue, mais l'évolution est quant à elle aveugle en ce qui concerne le futur.

Bien que la théorie de la sélection par le groupe remporte peu de suffrages dans les rangs des biologistes professionnels au fait de l'évolution, elle a vraiment un grand attrait en elle-même. Des générations successives d'étudiants en zoologie sont surpris, lorsqu'ils sortent de l'école, de trouver que ce n'est pas la position orthodoxe. On ne peut pas les en blâmer, car dans le *Nuffield Biology Teacher's Guide*, écrit pour des maîtres d'école de Grande-Bretagne ayant un niveau avancé en biologie, nous trouvons : « Chez les animaux supérieurs, le comportement peut prendre la forme du suicide individuel pour assurer la survie de l'espèce. » L'auteur anonyme de ce livre ignore heureusement qu'il est au centre d'une polémique. Sur ce sujet, il est rejoint par un prix Nobel, Konrad Lorenz, qui, dans *L'Agression*, parle des « espèces préservant » les fonctions de comportement agressif, l'une d'elles étant de s'assurer que seuls les individus les plus forts aient la possibilité de se reproduire. Il s'agit du germe d'un argument circulaire, mais ce sur quoi je veux insister ici, c'est que la sélection par le groupe est si profondément ancrée que Lorenz, comme l'auteur du *Nuffield Guide*, ne se sont pas rendu compte que leurs déclarations étaient en pleine contradiction avec la théorie orthodoxe de Darwin.

Récemment, j'ai entendu un exemple savoureux sur le même sujet lors d'une émission — par ailleurs excellente — de la BBC consacrée aux araignées australiennes. La « spécialiste » de l'émission, ayant fait observer que la grande majorité des bébés araignées finissent par être la proie d'autres espèces, poursuivit : « Peut-être est-ce le véritable but de leur existence, puisqu'il suffit que quelques-unes survivent pour que l'espèce soit préservée ! »

Robert Ardrey, dans *The Social Contract*, utilisa la théorie de la sélection par le groupe pour parler de l'ordre social en général. Il voit clairement l'homme comme une espèce qui s'est écartée du droit chemin animal. Ardrey est au moins honnête avec lui-même. Il a décidé consciemment de ne pas être d'accord avec la théorie orthodoxe et rien que pour cela il a du mérite.

Peut-être qu'une des raisons de l'attrait important exercé par la théorie de la sélection par le groupe réside dans le fait qu'elle se trouve en harmonie avec les idéaux moraux et politiques que partagent la plupart d'entre nous. Il se peut que nous nous comportions fréquemment d'une manière égoïste en tant qu'individus, mais, dans nos périodes les plus idéalistes, nous respectons et admirons ceux qui font passer avant tout le bien-être des autres. Nous n'avons pas une idée bien précise de l'importance de l'interprétation que nous voulons donner au mot « autres ». Souvent, l'altruisme à l'intérieur d'un groupe va de pair avec l'égoïsme intergroupes. C'est la base du syndicalisme. A un autre niveau, la nation est la grande bénéficiaire de notre autosacrifice altruiste et on attend des jeunes hommes qu'ils meurent en tant qu'individus pour la plus grande gloire de leur pays en tant que tout. De plus, on les pousse souvent à tuer d'autres individus sur lesquels ils ne savent rien, si ce n'est qu'ils appartiennent à une nation différente. (Curieusement, en temps de paix, les appels aux citoyens pour qu'ils freinent l'augmentation de leur niveau de vie semblent moins efficaces que ceux effectués en temps de guerre pour exhorter les individus à faire don de leur vie.)

Il y a eu récemment des réactions contre le racisme et le patriotisme, et une tendance à substituer l'espèce humaine dans son ensemble en tant qu'objet de notre sentiment de camaraderie. Cet élargissement humaniste de la cible de notre altruisme a un corollaire intéressant, qui semble être encore le pilier de l'idée de « bien de l'espèce » en matière d'évolution. Les libéraux, qui sont normalement les porte-parole les plus convaincus de l'éthique de l'espèce, ont à présent le plus grand mépris pour ceux qui sont allés un petit peu plus loin en élargissant leur altruisme de manière à ce qu'il inclue d'autres espèces. Si je dis qu'empêcher le massacre des baleines me sensibilise plus que d'améliorer les conditions de logement des gens, je vais probablement choquer certains de mes amis.

Cette conviction que les membres de sa propre espèce méritent une considération morale particulière par rapport aux membres des autres espèces est ancienne et profondément enracinée. Tuer les gens en temps de paix est le crime le plus ordinairement commis et le plus sérieusement puni. La seule chose qui soit encore plus taboue dans notre culture, c'est de manger les gens (même s'ils sont déjà morts). Nous mangeons pourtant avec plaisir les membres d'autres espèces. Beaucoup d'entre nous répugnent à l'idée d'exécuter des criminels, même les plus horribles, alors que nous sommes prêts à cautionner joyeusement l'abattage, sans procès, d'animaux gênants, aussi petits soient-ils. D'ailleurs, nous tuons des membres d'autres espèces inoffensives à des fins de récréation et d'amusement. Un fœtus humain, qui n'a pas plus de sentiment humain qu'une amibe, bénéficie d'un respect et d'une protection légale de loin plus importants que le chimpanzé adulte. Pourtant, le chimpanzé sent et pense, et — selon une expérience récente — peut même apprendre une forme de langage humain. Le fœtus appartient à notre propre espèce, en vertu de quoi on lui accorde instantanément des privilèges spéciaux et des droits. Je ne sais pas si on peut mettre l'éthique de « l'espécéisme », pour reprendre le terme de Richard Ryder, sur le même plan que celle du « racisme », mais ce que je sais, en revanche, c'est qu'elle n'a pas de base solide en biologie de l'évolution.

La confusion qui règne en matière d'éthique humaine quant au niveau auquel il faut situer l'altruisme — la famille, la race, l'espèce, ou toutes les choses vivantes — se voit reflétée exactement en biologie à propos du niveau d'altruisme auquel on doit s'attendre d'après la théorie de l'évolution. Même le sélectionneur de groupe ne serait pas surpris de trouver des membres de groupes rivaux qui soient méchants les uns envers les autres : de cette manière, comme les syndicalistes ou les soldats, ils favorisent leur propre groupe dans le combat dont l'enjeu concerne des ressources limitées. Mais cela vaut alors la peine de parler de la manière dont le sélectionneur de groupe décide *quel est* le niveau important. Si la sélection se poursuit entre des groupes à l'intérieur d'une espèce, et entre des espèces, pourquoi ne devrait-elle pas s'opérer entre des groupes plus importants ? Les espèces se groupent en genres, les genres en ordres et les ordres en classes. Le lion et l'antilope sont tous deux membres de la classe des mammifères, comme nous. Ne devrions-nous pas alors nous attendre à ce que les lions s'abstiennent de tuer des antilopes « pour le bien des mammifères » ? Ils devraient sûrement tuer à la place des oiseaux ou des reptiles, de manière à éviter l'extinction de la classe. Mais alors, qu'en sera-t-il de la nécessité de perpétuer l'embranchement complet des vertébrés ?

Il m'est très facile d'argumenter *par l'absurde* et de mettre l'accent sur les difficultés de la théorie de la sélection par le groupe, mais l'existence apparente de l'altruisme individuel doit encore être expliquée. Ardrey va encore plus loin et dit que la sélection par le groupe est la seule explication possible à des comportements tels que les sauts des gazelles de Thomson. Ces sauts vigoureux et voyants en face d'un prédateur sont analogues aux cris d'alarme émis par les oiseaux, dans la mesure où ils semblent alerter les membres de la harde du danger et en même temps attirer l'attention du prédateur sur celui qui, le premier, a prévenu du danger. Notre travail est d'expliquer ce phénomène, et c'est ce que je vais faire dans les chapitres ultérieurs.

Auparavant, je dois donner des arguments en faveur de la thèse que je soutiens, selon laquelle le meilleur moyen de considérer l'évolution est d'en parler en termes de sélection se produisant au niveau le plus bas de tous. En poursuivant cette idée, j'ai été extrêmement influencé par le livre de G. C. Williams, *Adaptation and Natural Selection*. L'idée centrale que j'utiliserai fut esquissée par A. Weismann au début du siècle, alors que l'on commençait à parler de gènes — sa doctrine était la continuité du plasma germinatif. Je dirai que l'unité fondamentale de sélection, et par conséquent celle qui a en soi de l'intérêt, ce ne sont pas les espèces, le groupe ou même l'individu au sens strict, mais le gène, unité de l'hérédité[4]. Pour certains biologistes, cela peut paraître une position extrême au premier abord, mais j'espère que, lorsqu'ils auront vu quel sens je donne à cette idée, ils seront d'accord et la considéreront, dans le fond, comme orthodoxe, même si elle est exprimée de façon inhabituelle. Développer cet argumentaire prend du temps, et il nous faut commencer par le début, c'est-à-dire par l'origine de la vie elle-même.

CHAPITRE II

Les réplicateurs

Au commencement était la simplicité. Il est assez difficile d'expliquer la naissance d'un univers simple. Je conviens qu'il serait encore plus difficile d'expliquer celle, soudaine, d'un ordre complexe, complètement construit, comme la vie, ou bien d'un être capable de créer la vie. La théorie de l'évolution par sélection naturelle de Darwin est satisfaisante parce qu'elle nous montre comment la simplicité peut devenir complexité, comment des atomes désordonnés peuvent se grouper en motifs toujours plus compliqués et finir par fabriquer l'homme. Darwin apporte une solution — la seule qui soit vraisemblable à ce jour — au problème de notre existence. Je vais essayer d'expliquer cette grande théorie d'une manière plus générale que d'habitude, en commençant par la période qui est antérieure à l'évolution elle-même.

La « survie des plus forts » de Darwin est en fait un cas particulier de la loi plus générale de *survie du stable*. L'univers est peuplé de choses stables. Une chose stable est une collection d'atomes assez permanente et commune pour mériter un nom. Cela peut être une collection unique d'atomes — par exemple le mont Cervin — qui dure assez longtemps pour avoir un nom. Ou bien une *classe* d'entités, comme les gouttes de pluie, qui arrivent à l'existence en quantité suffisante pour mériter un nom collectif, même si chacune d'elles a une vie très courte. Tout ce que nous voyons autour de nous et qui semble nécessiter une explication —

rochers, galaxies, vagues de l'océan — est plus ou moins un assemblage stable d'atomes. Les bulles de savon tendent à être sphériques, car elles représentent une configuration stable pour une mince paroi remplie de gaz. Dans un vaisseau spatial, l'eau est stable en globules sphériques, mais sur Terre, où règne la gravité, la surface stable d'une eau dormante est plate et horizontale. Les cristaux de sel tendent à être cubiques, car c'est là une solution stable pour assembler des ions de chlore et de sodium. Dans le soleil, les atomes les plus simples, à savoir les atomes d'hydrogène, fusionnent pour former des atomes d'hélium, parce que dans les conditions qui y règnent la configuration de l'hélium est plus stable. Des atomes plus complexes se forment partout dans l'univers, dans les étoiles, elles-mêmes formées au moment de la grande explosion du début de l'univers, le « big bang » des théories actuelles. C'est là l'origine des éléments qui composent notre monde.

Lorsque des atomes se rencontrent, il arrive qu'ils se lient par des réactions chimiques pour former des molécules plus ou moins stables. De telles molécules sont parfois très grandes. Un cristal comme le diamant peut être considéré comme une seule molécule, très stable dans ce cas, mais aussi extrêmement simple, puisque sa structure atomique interne est répétée à l'infini. Il existe d'autres grandes molécules dans les organismes vivants modernes, qui sont hautement complexes et dont la complexité est visible à plusieurs niveaux. L'hémoglobine de notre sang est une molécule protéique typique. Elle est constituée de chaînes de molécules plus petites, les acides aminés, chacune contenant quelques douzaines d'atomes disposés suivant un motif précis. La molécule d'hémoglobine compte cinq cent soixante-quatorze molécules d'acides aminés disposées en quatre chaînes qui s'enroulent l'une autour de l'autre pour former une structure globulaire tridimensionnelle d'une étonnante complexité. Un modèle de la molécule d'hémoglobine ressemble beaucoup à un buisson d'épines très touffu. Pourtant, à l'inverse du buisson d'épines, ce n'est pas une construction approximative due au hasard, mais une structure définie et invariable, répétée de manière identique, sans une brindille ou un enroulement qui ne soit à sa place, plus de six mille millions de millions de millions de fois dans un corps humain moyen. La forme précise du buisson d'une molécule protéique comme l'hémoglobine est stable en ce sens que deux chaînes constituées des mêmes séquences d'acides aminés tendent, comme deux ressorts, à rester exactement dans la même forme tridimensionnelle d'enroulement. Des buissons d'hémoglobine jaillissent sous leur forme « préférée », dans notre corps, à raison d'environ quatre cents millions de millions par seconde, et d'autres sont détruits à la même cadence.

L'hémoglobine est une molécule moderne, utile pour illustrer le principe selon lequel les atomes tendent à se grouper en motifs stables. Il est important de noter ici qu'avant l'apparition de la vie sur Terre, une évolution rudimentaire des molécules aurait pu se produire grâce à des processus ordinaires de physique et de chimie. Il ne s'agit pas d'un mécanisme dirigé ou conçu au départ. Si un groupe d'atomes en présence d'énergie constitue un motif stable, il tendra à rester dans cet état. La forme primitive de la sélection naturelle était simplement une sélection des formes stables et un rejet des instables. Il n'y a là aucun mystère. Cela devait arriver, par définition.

Bien sûr, l'existence d'entités aussi complexes que l'homme ne s'explique pas en utilisant les mêmes principes. Il ne faut pas croire que l'on puisse prendre le nombre d'atomes suffisant, les brasser ensemble avec une certaine énergie externe jusqu'à ce qu'ils se groupent en une forme correcte et qu'apparaisse soudain Adam! On pourrait fabriquer de cette manière une molécule consistant en quelques douzaines d'atomes, mais un homme, lui, en contient plus de mille millions de millions de millions de millions. Pour essayer de faire un homme, il faudrait manipuler son shaker à cocktails biochimiques pendant une période si longue que, en comparaison, l'âge entier de l'univers ressemblerait à un clin d'œil. Et même ainsi, on n'y parviendrait pas. C'est ici que la théorie de Darwin, dans sa forme la plus générale, vient à notre secours. La théorie de Darwin commence là où s'arrête la théorie de la construction lente des molécules.

Mon exposé de l'origine de la vie est, bien sûr, spéculatif, personne n'ayant été présent pour observer les événements. Il y a nombre de théories en présence, mais toutes ont certains points communs. Mon exposé simplifié ne devrait pourtant pas être trop éloigné de la vérité[1].

Nous ignorons quelles matières premières chimiques étaient abondantes sur la Terre avant l'arrivée de la vie. Il y avait sans doute de l'eau, du dioxyde de carbone, du méthane et de l'ammoniac : tous composés simples connus pour leur présence sur quelques-unes au moins des autres planètes du système solaire. Les chimistes ont essayé d'imiter les conditions chimiques de cette jeune Terre. Ils ont mis ces substances simples dans une éprouvette et y ont appliqué une source d'énergie comme la lumière ultraviolette ou des étincelles électriques — simulation artificielle de la foudre. Après quelques semaines de ce traitement, on découvre généralement quelque chose d'intéressant à l'intérieur de l'éprouvette : une soupe légèrement brunâtre, contenant un grand nombre de molécules plus complexes que celles introduites à l'origine. En particulier, on y trouve des acides aminés, pierres de base des protéines, l'une des deux grandes classes de molécules biologiques. Avant la réalisation de ces expériences, la présence naturelle d'acides aminés aurait été considérée comme le diagnostic de la présence de vie. S'ils avaient été détectés, par exemple, sur Mars, la vie sur cette planète aurait été une quasi-certitude. Maintenant, leur existence implique seulement la présence dans l'atmosphère de quelques gaz simples et de quelques volcans, rayons solaires ou orages. Plus récemment, des simulations en laboratoire des conditions chimiques de la Terre avant l'arrivée de la vie ont produit des substances organiques appelées purines ou pyrimidines. Ce sont les pierres de base de la molécule génétique, l'ADN.

Des processus analogues doivent avoir produit la « soupe originelle », qui, selon les biologistes et les chimistes, constituait les mers il y a quelque trois ou quatre milliards d'années. Les substances organiques se concentrèrent localement, peut-être sous forme d'écume séchant le long des rivages ou de fines gouttelettes en suspension. Puis, sous l'influence d'une énergie comme les rayons ultraviolets du soleil, elles se combinèrent en molécules plus importantes. Aujourd'hui, de grandes molécules organiques ne dureraient pas assez longtemps pour qu'on les remarque. Elles seraient vite absorbées et brisées par des bactéries et autres créatures vivantes, apparues comme nous plus tard. Mais jadis les grandes molécules organiques pouvaient sans danger dériver dans le bouillon qui s'épaississait.

A un certain moment, il se forma par accident une molécule particulièrement remarquable. Nous l'appellerons le *réplicateur*. Ce n'était pas forcément la plus grande ou la plus complexe des molécules des environs, mais elle avait l'extraordinaire propriété de pouvoir créer des copies d'elle-même. Cela peut paraître invraisemblable ; c'est pourtant ce qui arriva. C'était hautement improbable. Beaucoup de choses improbables peuvent sembler pratiquement impossibles dans la vie d'un homme. C'est ainsi que vous ne gagnerez sans doute jamais la cagnotte du loto. Mais dans notre estimation humaine de ce qui est probable et de ce qui ne l'est pas, nous ne sommes pas habitués à compter en centaines de millions d'années. En jouant chaque semaine au loto pendant cent millions d'années, vous auriez de grandes chances de gagner plusieurs fois le gros lot.

En réalité, une molécule qui produit une copie d'elle-même n'est pas aussi difficile à imaginer qu'il y paraît tout d'abord. Une seule suffit. Imaginons le réplicateur comme un moule, ou un gabarit, une grande molécule consistant en une chaîne complexe de différentes sortes de pierres formant la base des molécules. De telles petites pierres sont nombreuses dans la soupe entourant le réplicateur. Supposons maintenant que chaque pierre ait une affinité avec sa propre espèce. Ainsi, quand une pierre venant d'ailleurs tombe à un endroit du réplicateur avec lequel elle a une affinité, elle tendra à rester à cet endroit. Ces pierres de base qui se fixent ainsi elles-mêmes seront automatiquement disposées selon une séquence qui copiera le réplicateur lui-même. Il est alors facile de penser qu'elles se joindront pour former une chaîne stable, comme lors de la formation du réplicateur originel. Ce procédé continue en un empilage progressif, couche après couche : c'est ainsi que les cristaux se forment. D'autre part, les deux chaînes peuvent se séparer. Dans ce cas, nous avons deux réplicateurs, et chacun continue de faire d'autres copies.

Une autre possibilité, plus complexe, est que chaque pierre de base ait une affinité non pas avec sa propre espèce, mais avec une autre espèce particulière qui serait à son tour attirée par elle. Le réplicateur agirait alors comme un gabarit, non pour une copie identique, mais pour une sorte de « négatif », qui à son tour referait une copie exacte du positif original. Le fait que le procédé original de copie soit positif-négatif ou positif-positif nous importe peu. Il faut pourtant remarquer que les équivalents modernes du premier réplicateur, les molécules d'ADN, utilisent le système positif-négatif. Ce qui compte, c'est l'arrivée soudaine d'une nouvelle sorte de « stabilité » dans le monde. Auparavant, il est probable qu'aucune sorte particulière de molécule n'ait été abondante dans la soupe, parce que chacune de ces molécules dépendait des pierres de base tombées au hasard dans une configuration particulière et stable. Ainsi, dès après sa naissance, le réplicateur a rapidement distribué ses copies à travers les mers, jusqu'à ce que les plus petites pierres de base moléculaires deviennent un matériau rare et que la formation de molécules plus grandes diminue de plus en plus.

Nous avons maintenant, semble-t-il, une importante population de répliques identiques. Pourtant, comme dans tout procédé de copie, aucune n'est parfaite. Il y a des erreurs. J'espère que ce livre ne contient pas de « coquilles », mais en cherchant bien vous en trouverez certainement une ou deux. Elles ne changent pas sérieusement le sens des phrases, ce ne sont que des erreurs de « première génération ». Mais avant l'imprimerie les livres, par exemple les livres de Psaumes, étaient copiés à la main, et un scribe, même le plus scrupuleux, était enclin à faire quelques erreurs et parfois à « enjoliver » volontairement le texte. Si tous copiaient le même et unique original, le sens ne pouvait être sérieusement changé; mais en copiant des copies de copies, les erreurs s'accumulent et deviennent sérieuses. Nous considérons la copie incorrecte comme une mauvaise chose et, dans le cas des documents humains, il est difficile de trouver des exemples d'erreurs qui représentent des améliorations. Les traducteurs de la Bible des Septante sont à l'origine d'un immense malentendu : ils traduisirent le mot hébreu « jeune femme » par le mot grec « vierge », la prophétie devenant ainsi : « Voyez, une vierge concevra et portera un fils[2]... » En tout cas, pour la copie des réplicateurs biologiques, l'erreur peut réellement être bénéfique, comme nous le verrons. Elle a été essentielle pour l'évolution progressive de la vie. Nous ignorons de quelle manière le réplicateur de molécules original faisait ses copies, mais leurs descendants modernes, les molécules d'ADN, sont étonnamment fiables comparés aux procédés humains de copie les plus raffinés, bien qu'ils commettent aussi des erreurs de temps à autre. Ce sont ces erreurs qui rendent l'évolution possible. Les réplicateurs originels étaient certainement bien plus capricieux, mais en tout cas nous pouvons être sûrs que des erreurs furent commises et qu'elles s'accumulèrent.

Comme de mauvaises copies furent faites et répandues, la soupe des premiers âges se trouva envahie par une population non pas de répliques identiques, mais de plusieurs variétés de répliques de molécules, « descendant » toutes du même ancêtre. Certaines variétés furent-elles plus nombreuses que d'autres ? Il est presque certain que oui. Il y en avait de plus stables que d'autres ; certaines, une fois formées, étaient moins sujettes à se briser. Des molécules de ce type sont donc devenues relativement nombreuses dans la soupe : elles vivaient plus longtemps et avaient par conséquent plus de temps pour faire des copies d'elles-mêmes. Les réplicateurs de haute longévité se sont ainsi multipliés et, toutes choses étant égales par ailleurs, il y eut une « tendance évolutionnaire » vers une plus grande longévité dans la population des molécules.

Mais quelques conditions ne furent sans doute pas égales, et une autre propriété d'une variété de réplicateurs dut avoir encore plus d'importance pour sa dispersion dans la population : ce fut la vitesse de reproduction ou « fécondité ». Si un réplicateur de type A fait en moyenne une copie de lui-même par semaine, tandis que le réplicateur de type B en fait une par heure, il n'est pas difficile de constater que les molécules de type A seront très vite en nombre inférieur, même si elles « vivent » bien plus longtemps que les molécules de type B. Il y a donc eu sans doute une « tendance évolutionnaire » vers une plus grande « fécondité » des molécules dans la soupe. Une troisième caractéristique des réplicateurs est la précision de la copie. Si des molécules de type X et de type Y ont la même durée de vie et se copient à la même vitesse, mais si X fait en moyenne une erreur toutes les cent copies, les molécules de type Y deviendront évidemment plus nombreuses. Le contingent X de population perd non seulement les « enfants » mal formés, mais aussi leurs descendants, réels ou potentiels.

Si vous avez déjà une idée de ce qu'est l'évolution, ce dernier point peut sembler paradoxal. Pouvons-nous concilier le fait que les erreurs de copie soient une condition préalable essentielle à la marche de l'évolution avec l'idée que la sélection naturelle favorise la haute fidélité de la copie ? Je répondrai que si l'évolution peut vaguement sembler une « bonne chose », en particulier parce que nous en sommes le produit, en fait rien ne « demande » à évoluer. L'évolution est un phénomène qui arrive bon gré mal gré, en dépit de tous les efforts des réplicateurs (aujourd'hui des gènes) pour prévenir son arrivée. Jacques Monod analyse fort bien ce problème dans sa conférence sur Herbert Spencer, en faisant sèchement remarquer : « Un autre aspect curieux de la théorie de l'évolution est que chacun pense la comprendre ! »

Pour en revenir à la soupe originelle, comme les molécules individuelles avaient une vie assez longue ou se copiaient rapidement, ou encore se copiaient avec précision, elle se peupla de variétés stables de molécules. La tendance évolutionnaire vers ces trois sortes de stabilité agit dans le sens suivant : si vous aviez pris des échantillons de soupe à deux époques différentes, le dernier échantillon aurait contenu une plus grande proportion de variétés à hautes longévité, fécondité et fidélité. C'est essentiellement ce qu'un biologiste entend par évolution quand il parle de créatures vivantes, et le mécanisme est le même : c'est la sélection naturelle.

Devrions-nous alors appeler « vivant » le réplicateur originel de molécules ? Qu'importe ! Je pourrais vous dire que « Darwin était le plus grand homme qui ait jamais vécu ». Vous pourriez répondre que « c'était plutôt Newton ». Mais je ne souhaite pas prolonger une discussion dont les conclusions ne débouchent sur rien. Les vies de Darwin et de Newton restent inchangées, quel que soit le qualificatif. De même, l'histoire des réplicateurs s'est probablement déroulée comme je viens de l'expliquer, que nous les appelions « vivants » ou non. Le malheur des humains vient de ce que trop d'entre eux n'ont jamais compris que les mots ne sont que des outils à leur disposition, et que la seule présence d'un mot dans le dictionnaire (le mot « vivant » par exemple) ne signifie pas que ce mot se rapporte forcément à quelque chose de défini dans le monde réel. Quoi qu'il en soit, « vivants » ou non, les premiers réplicateurs furent les ancêtres de la vie — nos ancêtres.

Je parlerai maintenant de la *compétition*, abordant un point très important de mon exposé. Le sujet a été étudié par Darwin lui-même, bien qu'il l'applique aux plantes, aux animaux et non aux molécules. La soupe originelle n'était pas capable de supporter un nombre infini de réplicateurs. D'abord, parce que la taille de la Terre est finie; ensuite, pour d'autres raisons tout aussi importantes. Dans notre description du réplicateur agissant comme un gabarit ou un moule, nous avons supposé qu'il baignait dans une soupe riche en petites molécules de base, pierres nécessaires à la fabrication des copies. Mais lorsque les réplicateurs devinrent nombreux, les pierres de base furent sans doute employées en si grand nombre qu'elles devinrent un matériau rare et précieux. Des variétés ou des lignées différentes de réplicateurs ont dû lutter pour les avoir. Nous avons étudié les facteurs qui pourraient avoir accru le nombre de variétés favorisées de réplicateurs. Nous constatons maintenant que les variétés les moins favorisées sont devenues *moins* nombreuses à cause de la compétition, et qu'à la fin beaucoup de leurs lignées ont disparu. La lutte pour l'existence existait déjà parmi les différentes variétés de réplicateurs. Ils ne savaient pas qu'ils luttaient, et ne s'en inquiétaient pas. La lutte n'était animée par aucun mauvais sentiment. En fait, par aucun sentiment d'aucune sorte. Mais ils luttaient, en ce sens qu'une erreur de copie ayant pour résultat un plus haut degré de stabilité ou un nouveau moyen de diminuer la stabilité des rivaux était automatiquement conservée et multipliée. Le processus d'amélioration fut cumulatif. Les moyens d'accroître sa propre stabilité et de diminuer celle du rival devinrent plus élaborés et plus efficaces. Il fut possible de briser chimiquement les molécules des variétés rivales et d'utiliser les pierres de base rendues disponibles pour faire ses propres copies. Ces proto-carnivores obtenaient simultanément nourriture et élimination de leurs rivaux. D'autres réplicateurs découvrirent peut-être comment se protéger eux-mêmes, soit chimiquement, soit en construisant un mur physique de protéines autour d'eux. C'est peut-être ainsi que les premières cellules vivantes apparurent. Les réplicateurs commencèrent non seulement à exister, mais aussi à se construire des enveloppes, des véhicules pour leur survie. Les réplicateurs qui survécurent furent ceux qui construisirent des *machines à survie* pour y vivre. Les premières machines à survie plus élaborées et plus efficaces. Ainsi, suivant un procédé cumulatif et progressif, les machines à survie devinrent plus spacieuses et plus raffinées.

Devait-il y avoir une fin à l'amélioration graduelle des techniques et artifices utilisés par les réplicateurs pour assurer leur propre continuité dans le monde ? Cette amélioration a disposé de beaucoup de temps pour progresser. Quels étranges engins d'auto-protection les millénaires apportèrent-ils ? Après quatre milliards d'années, que sont devenus les anciens réplicateurs ? Ils ne sont pas morts, puisqu'ils étaient passés maîtres dans l'art de la survie. Mais ne cherchez pas à les voir flotter librement dans la mer. Il y a longtemps qu'ils ont abandonné cette liberté désinvolte. Ils fourmillent aujourd'hui en grandes colonies, à l'abri de gigantesques et pesants robots[3], isolés du monde extérieur, communiquant avec lui par des voies tortueuses et indirectes, et le manipulant par commande à distance. Ils sont en vous et en moi. Ils nous ont créés, corps et âme, et leur préservation est l'ultime raison de notre existence. Ils ont parcouru un long chemin, ces réplicateurs. On les appelle maintenant « gènes », et nous sommes leurs machines à survie.

CHAPITRE III

Les spirales immortelles

Nous sommes des machines à survie, mais ce « nous » ne renvoie pas seulement aux êtres humains, il comprend aussi l'ensemble des animaux, des plantes, des bactéries et des virus. Le nombre total de machines à survie sur Terre est très difficile à estimer, celui des espèces existantes étant lui-même inconnu. Prenons par exemple le monde des insectes : le nombre d'espèces vivantes a été estimé à environ trois millions et le nombre d'insectes à peut-être un million de millions de millions.

Les différents types de machines à survie semblent très variés, aussi bien du point de vue de leur aspect extérieur que de leurs organes internes. Une pieuvre n'a rien d'une souris, et toutes deux diffèrent complètement d'un chêne ; pourtant, dans leur chimie de base ils sont assez uniformes, et, en particulier, les réplicateurs qu'ils portent — les gènes — ont à la base le même type de molécules que celles qui se trouvent en chacun de nous — des bactéries aux éléphants. Nous sommes tous des machines à survie pour le même type de réplicateurs — les molécules appelées ADN — mais il y a différentes façons de faire sa vie dans le monde et les réplicateurs ont construit une large gamme de machines pour les exploiter. Un singe est une machine qui préserve les gènes dans les arbres, un poisson est une machine qui préserve les gènes dans l'eau ; il existe même un petit vers qui préserve les gènes dans les barriques de bière allemande. L'ADN fonctionne d'une manière mystérieuse.

Pour simplifier, j'ai donné l'impression que les gènes modernes, constitués d'ADN, sont similaires aux premiers réplicateurs de la soupe originelle. Mais peu importe pour notre exposé, il se peut qu'en réalité cela ne soit pas vrai. Il se peut que les premiers réplicateurs aient été constitués par un type analogue de molécules d'ADN, ou bien qu'ils aient été totalement différents. Dans ce dernier cas, nous pourrions dire que l'ADN a pris possession de leurs machines à un stade plus avancé. S'il en est ainsi, les premiers réplicateurs furent complètement détruits, puisqu'on n'en retrouve plus aucune trace dans les machines à survie modernes. C'est sur ce thème que A. G. Cairns-Smith a fait une suggestion curieuse : selon lui, il se peut que nos ancêtres, les premiers réplicateurs, aient été non pas des molécules organiques, mais des cristaux non organiques — des minéraux, de petits morceaux d'argile. Par usurpation ou non, c'est à présent l'ADN qui contrôle tout aujourd'hui, à moins que, comme j'essaye de le suggérer au chapitre 11, une nouvelle prise de pouvoir soit à présent en train de s'opérer.

Une molécule d'ADN est une longue chaîne de blocs de base, petites molécules appelées nucléotides. A l'image des molécules de protéines constituées de chaînes d'acides aminés, les molécules d'ADN sont des chaînes de nucléotides. Une molécule d'ADN est trop petite pour être visible, mais sa forme exacte a été ingénieusement décryptée par des méthodes indirectes. Il s'agit d'une paire de chaînes de nucléotides assemblées de manière à former un escalier en colimaçon — la « double ellipse », la « spirale immortelle ». Les blocs de base ou nucléotides ne sont que de quatre sortes différentes, dont on peut abréger les noms en *A, T, C et G*. Ce sont les mêmes pour les animaux et les plantes. Ce qui diffère, c'est l'ordre dans lequel ils sont assemblés. Un bloc *G* provenant d'un humain est exactement pareil à celui qui provient d'un escargot. Mais la *séquence* de blocs n'est pas seulement différente entre l'homme et l'escargot, elle l'est aussi — quoique dans une moindre mesure — d'un homme à l'autre (sauf dans le cas particulier des vrais jumeaux).

Notre ADN vit à l'intérieur de notre corps. Il n'est pas concentré dans un coin particulier du corps, mais il est distribué dans les cellules. Un corps humain moyen est constitué d'environ un millier de millions de millions de cellules, et, sauf quelques exceptions que nous pouvons ignorer, chacune d'elles contient une copie complète de l'ADN de ce corps. Cet ADN peut être considéré comme un ensemble d'instructions donnant le mode d'emploi de la fabrication d'un corps, écrit en alphabet A, T, C et G de nucléotides. C'est comme si, dans chaque pièce d'un immense bâtiment, il y avait une bibliothèque contenant les plans de l'architecte pour tout le bâtiment. Cette « bibliothèque » cellulaire s'appelle le noyau. Les plans de l'architecte comportent jusqu'à quarante-six volumes chez l'homme — ce nombre étant différent chez d'autres espèces. Ces « volumes » sont les chromosomes. Ils sont visibles au microscope et ressemblent à des bâtons le long desquels les gènes sont disposés dans un ordre précis. Il n'est pas facile, et cela peut même ne rien vouloir dire, de décider où finit un gène et où commence le suivant. Heureusement, comme ce chapitre va le montrer, cela n'est pas important pour notre exposé.

Je vais encore utiliser la métaphore des plans de l'architecte en mélangeant librement le langage de la métaphore et celui de la réalité. Le mot « volume » désignera le chromosome. Le mot « page » désignera provisoirement le gène, bien que la division entre les gènes soit moins évidente que celle qui existe entre les pages d'un livre. Cette métaphore nous accompagnera pendant un assez long moment. Lorsqu'elle ne conviendra plus, j'en introduirai une autre. Par ailleurs, il n'existe bien évidemment pas d'« architecte ». Les instructions d'ADN ont été assemblées par sélection naturelle.

Les molécules d'ADN font deux choses importantes. D'abord, elles se répliquent, c'est-à-dire qu'elles font des copies d'elles-mêmes. Ce processus se poursuit imperturbablement depuis les débuts de la vie, et les molécules d'ADN en ont acquis depuis une bonne maîtrise. Un corps d'adulte est constitué d'un millier de millions de millions de cellules, mais lors de votre conception, vous n'étiez fait que d'une seule cellule qui comprenait la version principale des plans de l'architecte. Cette cellule s'est divisée en deux, et chacune des deux a reçu sa propre copie des plans. Les divisions successives ont porté le nombre de cellules à 4, 8, 16, 32, etc., jusqu'à atteindre des milliards. A chaque division, les plans d'ADN furent fidèlement copiés avec de très rares fautes.

Parler de la réplication de l'ADN est une chose. Mais si l'ADN est réellement un ensemble de plans permettant de construire un corps, comment ceux-ci sont-ils mis en œuvre ? Comment sont-ils traduits dans la structure du corps ? Cela m'amène à parler de la deuxième chose importante que fait l'ADN. Il supervise indirecte-ment la fabrication d'un type différent de molécule — la protéine. L'hémoglobine dont j'ai parlé dans le chapitre précédent n'est qu'un exemple de l'énorme variété des molécules protéiques. Le message codé de l'ADN, écrit dans un alphabet de quatre lettres constituées par les nucléotides, est traduit mécaniquement dans un autre alphabet. C'est cet alphabet d'acides aminés qui décrit la constitution des molécules protéiques.

La fabrication des protéines est un processus qui semble à cent lieues de celui de la fabrication d'un corps. Non seulement les pro-téines font partie de la structure physique du corps, mais elles exercent aussi un contrôle sensible sur tous les processus chimiques intracellulaires, les arrêtant ou les remettant en route à des moments précis et à des endroits précis, et cela d'une manière sélective. Maintenant, savoir comment *ceci* conduira ensuite au développement d'un bébé est une histoire qui prendra aux embryologues des décennies, peut-être des siècles. Mais c'est un fait que ça marche. Les gènes contrôlent bien indirectement la fabrication des corps, et cette influence ne va strictement que dans un sens : les caractéristiques acquises ne sont pas héritées. Peu importe la quantité de sagesse et de connaissance que vous pouvez acquérir durant votre vie, vos enfants n'en recevront génétique-ment pas la moindre parcelle à leur naissance. Chaque génération nouvelle part de zéro. Un corps représente le moyen trouvé par les gènes pour rester inchangés.

L'importance évolutionnaire du fait que les gènes contrôlent le développement embryonnaire est la suivante : cela signifie que les gènes sont au moins en partie responsables de leur propre survie future, parce que leur survie dépend de l'efficacité des corps dans lesquels ils vivent et qu'ils ont aidés à construire. A l'origine, la sélection naturelle consistait en la survie différentielle de réplica-

teurs flottant librement dans la soupe originelle. La sélection naturelle favorise maintenant les réplicateurs les plus aptes à
construire les machines à survie, les gènes les plus habiles à
contrôler le développement de l'embryon. Les réplicateurs ne sont
ni plus conscients, ni plus déterminés qu'avant. Les mêmes vieux
processus de sélection automatique entre molécules rivales — longévité, fécondité, fidélité — agissent toujours, aveuglément et
inexorablement. Les gènes ne prévoient pas. Ils *sont*, tout simplement, et certains plus que d'autres. Mais les qualités qui déterminent la longévité et la fécondité d'un gène ne sont plus aussi
simples qu'auparavant.

Ces dernières années — ces dernières six cents millions d'années
environ — les réplicateurs remportèrent d'importants triomphes
dans la technologie de la machine à survie, tels que le muscle, le
cœur et l'œil (qui évolua plusieurs fois séparément). Avant cela, ils
changèrent radicalement leur mode de vie de réplicateurs et il
nous faut étudier ce problème pour la bonne compréhension de
notre exposé.

La première chose à comprendre au sujet du réplicateur
moderne, c'est qu'il ne vit pas seul. Une machine à survie est un
véhicule contenant plusieurs milliers de gènes. La fabrication d'un
corps est une entreprise coopérative d'une telle complexité qu'il est
presque impossible d'y distinguer la contribution d'un gène de
celle d'un autre[1]. Un gène donné aura des effets très différents sur
l'une ou l'autre partie du corps. Une partie donnée du corps sera
influencée par plusieurs gènes, et l'effet d'un gène dépend de leurs
nombreuses interactions. Certains gènes agissent comme des
généraux, contrôlant les opérations d'un groupe d'autres gènes.
Par analogie, chaque page du plan se réfère à différentes parties de
l'immeuble ; et chaque page n'a de sens que par rapport aux autres
pages.

Cette interdépendance étroite des gènes peut nous faire rêver.
Pourquoi utilisons-nous le mot « gène » ? Pourquoi ne pas
employer un mot collectif, tel que « complexe de gènes » ? Pour
toutes sortes de raisons, ce serait une bonne idée. Mais en considérant les choses différemment, il est insensé de penser qu'un
complexe de gènes puisse être divisé en réplicateurs ou gènes. Et

cela à cause du sexe. La reproduction sexuée mélange et brasse les gènes. Cela signifie qu'un corps n'est qu'un véhicule temporaire qui transporte une combinaison éphémère de gènes. Cette *combinaison* de gènes peut être éphémère, mais les gènes ont, quant à eux, une très longue vie. Leurs chemins se croisent et se recroisent tout au long des générations. On peut considérer qu'un gène est une unité qui survivra à travers un grand nombre de corps successifs. C'est le thème central développé dans ce chapitre. Il s'agit d'un sujet que certains de mes très respectés collègues refusent obstinément d'admettre, aussi devrez-vous me pardonner si je semble trop m'y attarder! Il faut d'abord que je vous explique brièvement tout ce qui se passe du point de vue du sexe.

J'ai dit que les plans décrivant la construction du corps humain se trouvaient répartis sur quarante-six volumes. En fait, il s'agissait d'une simplification extrême. La vérité est plutôt bizarre. Les quarante-six chromosomes sont regroupés en vingt-trois *paires*. On pourrait dire que, rangés dans le noyau de chaque cellule, ils forment deux ensembles de vingt-trois volumes de plans. Appelons-les volume 1a et 1b, volume 2a et 2b, etc., jusqu'aux volumes 23a et 23b. Évidemment, les numéros d'identification que j'utilise pour ces volumes, et plus tard pour les pages, sont purement arbitraires.

Nous recevons chaque chromosome de l'un de nos deux parents, dans les testicules ou lès ovaires desquels il a été assemblé. Les volumes 1a, 2a, 3a... venaient, disons, du père et les volumes 1b, 2b, 3b... de la mère. C'est très difficile en pratique, mais en théorie vous pourriez regarder avec un microscope les quarante-six chromosomes dans n'importe laquelle de vos cellules, et prendre les vingt-trois de votre père et les vingt-trois de votre mère.

Les chromosomes appariés ne passent pas toute leur vie en contact physique les uns avec les autres, ou même à proximité les uns des autres. Dans quel sens alors sont-ils « appariés »? Dans le sens où chaque volume provenant à l'origine du père peut être considéré, page par page, comme une alternative directe à un volume particulier provenant à l'origine de la mère. Par exemple, la page 6 du volume 13a et celle du volume 13b pourraient toutes deux « traiter » de la couleur des yeux; peut-être que l'une dit « bleu » tandis que l'autre dit « marron ».

Parfois les deux pages sont identiques, mais dans d'autres cas, comme dans notre exemple de la couleur des yeux, elles diffèrent. Si elles émettent des « recommandations » contradictoires, que fait le corps? La réponse varie. Parfois l'une prévaut sur l'autre. Dans la couleur des yeux par exemple, la personne aurait en réalité des yeux marron : les instructions destinées à donner des yeux bleus seraient ignorées lors de la construction du corps, bien que cela n'empêche pas qu'elles soient transmises aux générations futures. Un gène ignoré de cette façon est appelé *récessif*. L'opposé d'un gène récessif est un gène *dominant*. Le gène des yeux marron est dominant par rapport à celui des yeux bleus. Une personne n'a les yeux bleus que si les deux copies de la page correspondante sont unanimes pour recommander les yeux bleus. Le plus souvent, lorsque les deux gènes possibles ne sont pas identiques, il en résulte une sorte de compromis — le corps est construit par rapport à un plan intermédiaire ou par rapport à quelque chose de complètement différent.

Lorsque deux gènes comme celui des yeux marron et celui des yeux bleus se concurrencent pour avoir le même emplacement sur le chromosome, on les dénomme *allèles*. Pour notre propos, le mot « allèle » est synonyme de « concurrent ». Imaginez les volumes de plans d'architectes comme étant des espèces de classeurs à feuilles mobiles dont on peut détacher et interchanger les pages à volonté. Chaque volume 13 doit avoir une page 6, mais il existe plusieurs pages 6 possibles que l'on pourrait mettre dans le classeur entre la page 5 et la page 7. Une version dit « yeux bleus », une autre dit « yeux marron »; il peut y avoir encore d'autres versions dans l'ensemble de la population, avec des couleurs comme le vert. Peut-être y a-t-il une demi-douzaine d'allèles qui cherchent à se placer en page 6 du treizième chromosome, disséminés dans l'ensemble de la population. Une personne donnée n'a que deux volumes 13 ou chromosomes. Par conséquent, elle peut avoir un maximum de deux allèles sur l'emplacement de la page 6. Elle peut, comme les personnes aux yeux bleus, avoir deux copies du même allèle choisies à partir de la demi-douzaine qui existent dans l'ensemble de la population.

Vous ne pouvez évidemment pas choisir vos gènes au sens littéral du terme, à partir d'un pool de gènes disponibles dans toute la population. Tous les gènes se trouvent à tout moment à l'intérieur de machines à survie individuelles. Nos gènes nous sont attribués dès la conception et nous ne pouvons rien y faire. Néanmoins, il y a un sens dans lequel, à long terme, les gènes de la population en général peuvent être considérés comme un *pool génique*. Cette expression est en fait un terme technique utilisé par les généticiens. Le pool génique est une abstraction utile, parce que les sexes se mélangent, quoique d'une manière organisée. En particulier, le geste de détacher et de changer les pages ou des blocs de pages existe bien dans la réalité, comme nous allons le voir à présent.

J'ai décrit la division normale d'une cellule en deux nouvelles cellules, chacune recevant une copie complète des quarante-six chromosomes. Cette division cellulaire normale s'appelle la *mitose*. Mais il existe un autre type de division cellulaire, appelée *méiose*, qui survient seulement lors de la production des cellules sexuelles, les spermatozoïdes ou les ovocytes. Les spermatozoïdes et les ovocytes sont uniques parmi nos cellules dans la mesure où, au lieu de contenir quarante-six chromosomes, ils n'en contiennent que vingt-trois. Cela représente, évidemment, exactement la moitié de quarante-six — c'est pratique lorsqu'elles fusionnent lors de la fécondation pour créer un nouvel individu ! La méiose est un genre particulier de division cellulaire qui ne se passe que dans les testicules et les ovaires, dans lesquels une cellule contenant un ensemble complet de quarante-six chromosomes se divise pour former à l'arrivée des cellules sexuelles avec un ensemble de vingt-trois chromosomes (nous utilisons tout le temps le nombre de chromosomes humains comme illustration).

Un spermatozoïde, avec ses vingt-trois chromosomes, est dû à la division méiotique d'une cellule avec quarante-six chromosomes ordinaires — les cellules chromosomiques du testicule. Quels seront les vingt-trois chromosomes qui seront mis dans un spermatozoïde donné ? Il est bien entendu qu'un spermatozoïde ne doit pas recevoir n'importe quel chromosome : il ne doit pas finir par recevoir deux copies du volume 13 et aucune du volume 17. Il serait théoriquement possible qu'un individu dote l'un de ses spermatozoïdes de chromosomes venant entièrement de sa mère, c'est-à-dire des volumes 1b, 2b, 3b..., 23b. Dans cette perspective improbable, un enfant conçu avec ces spermatozoïdes hériterait la moitié de ses gènes de sa grand-mère paternelle et aucun de son grand-père paternel. En fait, cette sorte de distribution brutale de chromosomes de même provenance ne se produit pas. La vérité est bien plus complexe. Rappelez-vous que les volumes (chromosomes) sont des classeurs. Ce qui se produit, c'est que durant la fabrication des spermatozoïdes, des pages volantes ou plutôt des groupes de pages sont détachés et échangés à partir de l'autre volume. Ainsi, un spermatozoïde particulier pourrait constituer son volume 1 en prenant les soixante-cinq premières pages du volume 1a et les pages 66 à la fin du volume 1b. Les vingt-deux autres volumes de ce spermatozoïde seraient constitués de la même façon. Par conséquent, chaque spermatozoïde fabriqué par un individu est unique, même si tous ses spermatozoïdes assemblaient leurs vingt-trois chromosomes à partir de morceaux du même ensemble de quarante-six chromosomes. Les ovocytes sont fabriqués de la même façon dans les ovaires, et eux aussi sont tous uniques.

Le mécanisme réel de ce mélange est assez bien compris. Durant la fabrication des spermatozoïdes (ou des ovocytes), des morceaux de chaque chromosome paternel se détachent et changent physiquement de place avec les morceaux maternels correspondants. (Rappelez-vous que nous parlons de chromosomes provenant à l'origine des parents de l'individu qui fabrique les spermatozoïdes, c'est-à-dire des grands-parents paternels de l'enfant qui est ensuite conçu par les spermatozoïdes). Le processus d'échange des chromosomes s'appelle le *crossing-over*. Il est très important pour l'ensemble de l'exposé de ce livre. Il signifie que si vous sortiez votre microscope et regardiez les chromosomes se trouvant dans l'un de vos propres spermatozoïdes (ou ovocytes si vous êtes une femme), ce serait perdre son temps que d'essayer d'identifier les chromosomes qui, à l'origine, venaient de votre père et ceux qui venaient de votre mère. (Cela constitue une différence importante avec les cellules ordinaires qui constituent notre corps.) Un chromosome quelconque d'un spermatozoïde serait un patchwork, une mosaïque de gènes maternels et de gènes paternels.

C'est ici que la métaphore de la page n'est plus utilisable en ce qui concerne le gène. Dans un classeur, on peut insérer, enlever ou changer des pages, mais pas un morceau de page. En fait, le complexe de gènes n'est qu'une longue chaîne de lettres nucléotidiques ne comportant pas de division, ce qui fait que la séparation des pages n'est pas du tout évidente. Bien sûr, il existe des symboles spéciaux marquant la FIN DU MESSAGE DE LA CHAÎNE PROTÉIQUE et le DÉBUT DU MESSAGE DE LA CHAÎNE PROTÉIQUE, écrits dans le même alphabet de quatre lettres que les messages protéiques eux-mêmes. Entre ces deux marques de ponctuation, on trouve les instructions codées qui permettent la fabrication d'une protéine. Si nous le souhaitons, nous pouvons définir un gène comme étant une séquence de lettres nucléotidiques se trouvant entre un symbole de DÉBUT et un autre de FIN, qui forment le code d'une chaîne protéique. Le mot *cistron* a été utilisé pour une unité définie de cette manière, et certains emploient indifféremment les termes « gène » ou « cistron ». Mais le « crossing-over » ne respecte pas les frontières entre les deux cistrons. Il peut se produire des fractures à l'intérieur et entre les cistrons. Tout se passe comme si les plans de l'architecte étaient écrits, non pas sur des pages bien découpées, mais sur quarante-six rouleaux de papier en continu. Les cistrons n'ont pas une longueur déterminée. Le seul moyen de dire où se termine un cistron et où commence le suivant serait de lire les symboles inscrits sur la bande, de rechercher les symboles FIN DE MESSAGE et DÉBUT DE MESSAGE. Le mécanisme du « crossing-over » peut être décrit comme la saisie des bandes complémentaires maternelle et paternelle, qui sont ensuite découpées, les portions complémentaires étant échangées sans tenir compte de ce qui y est écrit.

Dans le titre de ce livre, le mot « gène » ne signifie pas : un seul cistron, mais quelque chose de plus subtil. Ma définition ne sera pas du goût de tout le monde, mais il n'existe pas de définition du gène qui soit universellement reconnue. Même si elle existait, les définitions n'ont pas un caractère sacré. Nous pouvons définir un mot à notre guise pourvu qu'il corresponde à notre sujet de manière claire et non ambiguë. La définition que je veux utiliser est celle de G. C. Williams[2]. Un gène peut être défini comme une portion de matériel chromosomique qui dure potentiellement pendant un nombre suffisant de générations pour servir d'unité de sélection naturelle. Dans les termes du chapitre précédent, un gène est un réplicateur qui copie très fidèlement. Le fait de copier fidèlement est une autre façon de parler de longévité sous forme de copies, et j'abrégerai en ne parlant que de longévité. Cette définition va nécessiter quelques justifications.

Dans toute définition, un gène doit être une portion de chromosome. Reste la question de savoir de quelle taille doit être cette portion — de quelle longueur doit être le ruban ? Imaginez une séquence quelconque de lettres-codes sur le ruban. Appelons cette séquence l'unité génétique. Ce pourrait être une séquence de seulement dix lettres à l'intérieur d'un cistron ; ce pourrait être une séquence de huit cistrons ; elle pourrait commencer et finir au milieu d'un cistron. Elle chevauche d'autres unités génétiques. Elle comprend des unités plus petites et fait partie de plus grandes. Peu importe sa longueur, en ce qui concerne notre exposé, il s'agit de ce que nous appelons une unité génétique. Elle a juste la taille d'un chromosome et n'est en aucune façon physiquement différenciée du reste du chromosome.

Maintenant, nous en arrivons à un point important. Plus une unité génétique est courte, plus longtemps elle vivra — en termes de générations, en particulier parce qu'elle aura moins de risques d'être cassée par un « crossing-over ». Supposez qu'un seul chromosome entier soit, en moyenne, exposé à subir un « crossing-over » à chaque fois qu'un spermatozoïde ou un ovocyte est produit par division méiotique, et que ce « crossing-over » puisse se produire n'importe où le long de ce chromosome. Si nous considérons qu'il s'agit d'une très grande unité génétique, disons représentant la moitié de la longueur du chromosome, il y a 50 % de risques pour que cette unité soit cassée à chaque méiose. Si l'unité génétique que nous étudions ne représente que 1 % de la longueur du chromosome, nous pouvons alors supposer qu'elle n'a que 1 % de risques d'être cassée lors d'une division méiotique. Cela signifie que l'unité peut fortement espérer survivre au travers d'un nombre important de générations de descendants de l'individu. Un seul cistron sera certainement d'une taille inférieure à 1 % de la longueur d'un chromosome. Même un groupe de chromosomes adjacents peut espérer vivre pendant de nombreuses générations avant d'être cassé par un « crossing-over ».

L'espérance de vie moyenne d'une unité génétique peut facilement s'exprimer en générations, qui peuvent à leur tour être traduites en années. Si nous prenons un ensemble de chromosomes entiers comme unité génétique supposée, il ne durera que l'espace d'une génération. Supposons qu'il s'agisse de votre chromosome 8a, hérité de votre père. Il fut créé à l'intérieur de l'un des testicules de votre père juste avant que vous ne soyez conçu. Il n'avait jamais existé auparavant dans toute l'histoire du monde. Il fut créé grâce au processus aléatoire de la méiose, forgé par l'arrivée de pièces de chromosomes provenant de votre grand-mère paternelle et de votre grand-père paternel. Il fut placé à l'intérieur d'un spermatozoïde précis, et unique. Le spermatozoïde se trouvait parmi plusieurs millions d'autres, immense armada de minuscules vaisseaux voguant tous à l'intérieur de votre mère. Ce spermatozoïde-là (à moins que vous ne soyez un faux jumeau) fut le seul de toute cette flottille à trouver un port dans l'un des ovocytes de votre mère — voilà à quoi tient votre existence. L'unité génétique dont nous parlons — votre chromosome numéro 8a — entreprit de se dupliquer en même temps que le reste du matériel génétique. Il existe à présent sous forme dupliquée partout dans votre corps. Mais, lorsqu'à votre tour vous aurez des enfants, ce chromosome sera détruit quand vous fabriquerez des ovocytes (ou des spermatozoïdes). Des morceaux seront interchangés avec des morceaux de votre chromosome maternel numéro 8b. Dans toute cellule sexuelle, un nouveau chromosome numéro 8 sera créé, peut-être « meilleur » que l'ancien, peut-être « pire », en tout cas différent et absolument unique. La durée de vie d'un chromosome est d'une génération.

Et que se passe-t-il pour la durée de vie d'une plus petite unité, disons 1/100 de la longueur de votre chromosome 8a ? Cette unité provenait aussi de votre père, mais ne fut probablement pas assemblée à l'origine dans son corps. Si l'on suit notre premier raisonnement, il y a 99 chances sur 100 pour qu'il l'ait reçue intacte de l'un de ses deux parents. Supposons que ce soit de sa mère, votre grand-mère paternelle. Il y a encore 99 % de chances qu'elle l'ait reçue intacte de l'un de ses parents. Ensuite, si nous remontons assez loin dans la généalogie d'une petite unité génétique, nous arriverons à son créateur. A un certain stade, elle a dû être créée pour la première fois dans un testicule ou un ovaire de l'un de vos ancêtres.

Permettez-moi de vous rappeler le sens particulier que je donne au mot « créer ». Les petites sous-unités qui constituent l'unité génétique que nous étudions peuvent très bien avoir existé il y a longtemps. Notre unité génétique ne fut créée à un moment précis que dans la mesure où *l'arrangement* précis des sous-unités grâce auxquelles elle est définie n'existait pas avant ce moment-là. Le moment de la création a pu survenir très récemment, disons chez l'un de vos grands-parents. Mais, si nous considérons une unité génétique très petite, elle a pu au départ être assemblée chez un ancêtre plus lointain, peut-être un ancêtre préhistorique qui avait encore la forme d'un singe. De plus, une petite unité génétique qui se trouve en vous peut faire le même chemin, mais dans le futur, et être transmise intacte à une longue lignée de vos descendants.

Rappelez-vous aussi que les descendants d'un individu constituent non pas une seule lignée, mais des ramifications. L'un ou l'une quelconque de vos ancêtres « créa » une longueur particulièrement courte de votre chromosome 8a, lui ou elle ayant probablement d'autres nombreux descendants en dehors de vous. L'une de vos unités génétiques peut aussi se trouver chez votre cousin au second degré. Elle peut se trouver en moi et chez le Premier ministre, et même chez votre chien, car nous avons tous des ancêtres communs si nous remontons assez loin. La même petite unité pourrait aussi s'être assemblée plusieurs fois par hasard : si l'unité est petite, la coïncidence n'est pas trop improbable, mais même un proche parent a très peu de chances de partager avec vous un chromosome entier. Plus une unité est petite, plus la probabilité de la partager avec un autre individu sera grande — plus elle aura de chances d'être de nombreuses fois présente dans le monde sous la forme de copies.

Le moyen habituel qu'a une nouvelle unité génétique de se former, c'est d'être assemblée par hasard, à partir de sous-unités existantes en provenance de « crossing-over ». Un autre moyen — dont l'importance en termes d'évolution est grande même si elle est rare — s'appelle la *mutation ponctuelle*. Une mutation ponctuelle est une erreur équivalente à une coquille dans un livre. C'est rare, mais il est clair que plus l'unité génétique est longue, plus elle aura de risques d'être altérée par une mutation quelque part sur sa longueur.

Une autre erreur rare de faute ou de mutation et qui a des conséquences importantes à long terme est *l'inversion*. Un morceau de chromosome se détache à chaque bout et se rattache, mais l'un à la place de l'autre. Si nous reprenons notre première analogie, cela nécessiterait une nouvelle pagination. Parfois les portions de chromosomes ne font pas que s'inverser, elles se rattachent sur des parties complètement différentes du chromosome, ou même vont se placer sur un chromosome complètement différent. Cela correspond au transfert d'une liasse de pages d'un volume à un autre. L'importance de ce genre de faute c'est que, bien qu'habituellement désastreux, il peut parfois conduire au *raccord* de pièces de matériels génétiques qui s'avèrent ensuite parfaitement adaptées les unes aux autres. Peut-être que deux cistrons qui ont un effet bénéfique seulement lorsqu'ils sont ensemble — ils se complètent ou se renforcent l'un l'autre d'une certaine manière — seront rapprochés grâce à l'inversion. La sélection naturelle peut alors avoir tendance à favoriser cette « nouvelle unité génétique », qui se transmettra aux générations futures. Il est possible que les complexes de gènes aient été, avec les années, largement réarrangés ou « rédigés » de cette façon.

A cet égard, l'un des exemples le plus frappant est le phénomène connu sous le nom d'*imitation*. Certains papillons ont mauvais goût. Ils sont habituellement brillants, ont des couleurs qui les différencient, et les oiseaux apprennent à les éviter grâce à ces marques. D'autres espèces de papillons qui n'ont pas mauvais goût en tirent la leçon. Ils les *imitent*. Ils sont nés avec la même apparence que les autres en ce qui concerne la couleur et la forme (mais pas le goût). Ils bernent souvent les naturalistes humains, et également les oiseaux. Un oiseau qui a vraiment goûté une fois d'un papillon à mauvais goût aura tendance à éviter les papillons qui ont la même apparence. Cela inclut donc les imitateurs, et ainsi les gènes de l'imitation sont-ils favorisés par la sélection naturelle. C'est ainsi que l'imitation évolue.

Il existe de nombreuses espèces différentes de papillons « à mauvais goût » et ils ne se ressemblent pas tous. Un imitateur ne peut pas vouloir leur ressembler tous : il doit choisir une espèce particulière. En général, une espèce particulière d'imitateur est spécialiste d'une espèce particulière à mauvais goût. Mais il existe certaines espèces d'imitateurs qui font des choses très étranges. Certains individus de l'espèce imitent une espèce à mauvais goût, alors que d'autres en imitent une autre. Un individu qui serait entre les deux ou qui essayerait d'imiter les deux serait vite mangé ; mais de tels intermédiaires n'existent pas. De même qu'un individu naît avec le sexe mâle ou femelle, un papillon imite l'une ou l'autre espèce à mauvais goût. Un papillon peut imiter une espèce A alors que son frère imite l'espèce B.

Tout se passe comme si un seul gène déterminait si un individu imitera l'espèce A ou l'espèce B ; mais comment un seul gène peut-il déterminer l'ensemble des multiples aspects de l'imitation — couleur, forme, dessin de la tache, rythme de vol ? La réponse réside dans le fait qu'un seul gène au sens de *cistron* ne le peut probablement pas. Mais grâce à la « rédaction » inconsciente et automatique réalisée par les inversions et autres réorganisations accidentelles du matériel génétique, un grand regroupement d'anciens gènes séparés s'est constitué pour former un groupe très serré sur un chromosome. Le groupe entier se comporte comme un seul gène — d'ailleurs, selon notre définition, il s'agit bien à présent d'un seul gène — et il comporte un « allèle » qui forme un groupe complètement différent. Un groupe contient les cistrons concernés par les espèces imitatrices de A ; l'autre ceux concernés par l'imitation de l'espèce B. Chaque groupe est si rarement coupé par un « crossing-over » qu'un papillon intermédiaire ne se voit jamais dans la nature, mais peut apparaître si un grand nombre d'entre eux sont fabriqués en laboratoire.

J'utilise le mot « gène » pour désigner une unité génétique suffisamment petite pour durer pendant de nombreuses générations et se répandre sous forme d'une multitude de copies. Il ne s'agit pas d'une définition rigide de type tout-ou-rien, mais plutôt d'une sorte de définition floue, comme celle de « grand » ou de « vieux ». Plus la longueur du chromosome a de risques d'être cassée par un crossing-over ou altérée par des mutations de différents types, moins elle mérite l'appellation de gène dans le sens où je l'entends. Un cistron peut y prétendre, ainsi que des unités plus grandes. Une douzaine de cistrons peuvent se trouver si proches sur un chromosome que, pour notre exposé, ils constituent une seule unité génétique avec de grandes espérances de vie. Le groupe s'occupant du phénomène d'imitation du papillon constitue à cet égard un bon exemple. A mesure que les cistrons quittent un corps et entrent dans le suivant, alors qu'ils montent dans le spermatozoïde ou l'ovocyte pour effectuer le voyage vers la génération suivante, ils vont sûrement trouver que le petit vaisseau contient leurs proches voisins du voyage précédent, vieux compagnons de route avec lesquels ils ont vogué durant la longue odyssée que représentent les corps des lointains ancêtres. Les cistrons voisins du même chromosome forment un groupe très étroitement lié de compagnons de voyage qui ratent rarement le départ sur le même bateau lorsque le temps de la méiose est arrivé.

Pour être précis, ce livre devrait s'appeler non pas *Le Cistron égoïste* ou *Le Chromosome égoïste* mais *Le Grand Morceau légèrement égoïste de chromosome et le petit morceau encore plus égoïste de chromosome*. Pour tout dire, il ne s'agit pas d'un titre racoleur, aussi, définissant le gène comme un petit morceau de chromosome qui peut durer des générations, j'ai décidé d'intituler ce livre *Le Gène égoïste*.

Nous sommes à présent revenus au point que nous avions quitté à la fin du chapitre premier. Nous y avons vu que l'égoïsme est au rendez-vous chez toute entité qui mérite le titre d'unité de base de la sélection naturelle. Nous avons vu que certaines personnes considèrent les espèces comme l'unité de la sélection naturelle, d'autres la population ou le groupe à l'intérieur des espèces, et d'autres enfin l'individu. J'ai dit que je préférais penser que le gène était l'unité fondamentale de la sélection naturelle, et par conséquent l'unité fondamentale de l'égocentrisme. Ce que j'ai fait, c'est de *définir* le gène d'une manière telle que je ne puisse vraiment pas ne pas avoir raison !

Dans sa forme la plus générale, la sélection naturelle signifie la survie différentielle d'entités. Certaines entités vivent, d'autres meurent, mais pour que cette mort sélective ait un impact sur le monde, une condition supplémentaire est nécessaire. Chaque entité doit exister sous la forme de lots de copies, et au moins quelques-unes de ces entités doivent *potentiellement* être capables de survivre, sous forme de copies, pendant une période importante dans le temps évolutionnaire. De petites unités génétiques ont ces propriétés ; les individus, les groupes et les espèces ne les ont pas. La grande réussite de Gregor Mendel a été de montrer que les unités héréditaires peuvent être traitées en pratique comme des particules indivisibles et indépendantes. Nous constatons aujourd'hui qu'il avait un peu trop simplifié. Même un cistron est occasionnellement divisible, et deux gènes quelconques sur le même chromosome ne sont pas entièrement indépendants. J'ai défini un gène comme une unité qui, à un haut degré, *approche* l'idéal de la particule indivisible. Un gène n'est pas indivisible, mais il est rarement divisé. Il est soit définitivement présent, soit définitivement absent dans le corps d'un individu donné. Un gène voyage intact d'un grand-père à son petit-fils, passant directement à travers la génération intermédiaire, sans se mêler à d'autres gènes. Si les gènes se mélangeaient continuellement les uns aux autres, la sélection naturelle comme nous la comprenons maintenant serait impossible. Ce fut d'ailleurs prouvé du vivant de Darwin et cela le plongea dans un grand embarras, car à cette époque l'hérédité était réputée être le résultat d'un mélange. La découverte de Mendel avait déjà été publiée et elle aurait pu sauver Darwin qui, hélas, ne la connut jamais. Il semble que personne ne l'ait lue jusqu'à une époque très postérieure à la mort de Darwin et de Mendel. Ce dernier ne se rendit sans doute pas compte de l'importance de sa découverte, sinon il l'aurait signalée à Darwin.

Un autre aspect remarquable du gène est qu'il ne connaît pas la sénilité ; il n'a pas plus de chances de mourir quand il a un million d'années que lorsqu'il en a cent. Il saute de corps en corps suivant les générations, manipulant corps après corps par ses propres moyens et pour ses propres fins, abandonnant une succession de corps mortels avant qu'ils ne sombrent dans la sénilité et la mort.

Les gènes sont immortels, ou plutôt sont définis comme des entités génétiques tout près de mériter ce qualificatif. Nous, les machines à survie individuelles, pouvons espérer voir encore quelques décennies tandis que les gènes ont une espérance de vie dans le monde qui doit être mesurée non pas en décennies, mais en milliers et millions d'années.

Chez les espèces à reproduction sexuée, l'individu est une unité génétique trop grande et trop temporaire pour devenir une unité significative de la sélection naturelle[3]. Le groupe d'individus représente une unité encore plus grande. Génétiquement parlant, les individus et les groupes sont comme des nuages dans le ciel ou des tempêtes de sable dans le désert. Ils représentent des agrégats ou des rassemblements temporaires. Ils ne sont pas stables à l'échelle évolutionnaire. Les populations peuvent se perpétuer longtemps, mais elles se mélangent constamment avec d'autres et perdent ainsi leur identité. Elles sont aussi sujettes à des changements évolutionnaires internes. Une population n'est pas une entité suffisamment spécifique pour constituer une unité de sélection naturelle, elle n'est pas suffisamment stable et unitaire pour être « sélectionnée » de préférence à une autre population.

Un corps individuel semble un tout suffisamment consistant tant qu'il vit, mais hélas, combien de temps cela représente-t-il? Chaque individu est unique. Vous ne pouvez avoir d'évolution en choisissant entre des entités lorsqu'il n'existe qu'une copie de chaque entité! La reproduction sexuée n'est pas de la réplication. De même qu'une population est contaminée par d'autres, la postérité d'un individu sera contaminée par celle de son partenaire sexuel. Vos enfants ne sont que la moitié de vous, et vos petits-enfants un quart. Dans quelques générations, tout ce à quoi vous pouvez aspirer c'est un grand nombre de descendants, chacun d'eux ne portant qu'une minuscule partie de vous — quelques gènes —, même si quelques-uns portent bien en plus votre nom.

Les individus ne sont pas des choses stables, ils sont inconstants. Les chromosomes sont aussi mélangés et oubliés, comme un jeu de cartes juste après la donne. Mais les cartes elles-mêmes survivent à l'oubli. Les cartes, ce sont les gènes. Les gènes ne sont pas détruits après un « crossing-over », ils ne font que changer de partenaires et continuent leur marche. Évidemment, qu'ils poursuivent leur marche, c'est leur rôle ! Ce sont les réplicateurs et nous sommes leurs machines à survie. Lorsque nous avons rempli notre office, nous sommes mis au rancard. Mais les gènes sont des citoyens des temps géologiques : les gènes sont éternels.

Les gènes, comme les diamants, sont éternels, mais pas tout à fait de la même façon que ces derniers. Un cristal de diamant individuel reste sous la forme d'un ensemble inaltéré d'atomes. Les molécules d'ADN n'ont pas cette permanence. La vie d'une molécule physique d'ADN est assez courte — peut-être une question de mois, en tout cas pas plus qu'une vie. Mais une molécule d'ADN pourrait théoriquement vivre sous forme de *copies* d'elle-même pendant une centaine de millions d'années. De plus, à l'image des anciens réplicateurs de la soupe originelle, des copies d'un gène particulier peuvent être réparties dans le monde entier. La différence réside dans le fait que les versions modernes sont rangées en bon ordre à l'intérieur des corps des machines à survie.

Ce que je fais, c'est insister sur la quasi-immortalité potentielle d'un gène sous forme de copies en tant que propriété caractéristique. Définir un gène en disant qu'il s'agit d'un simple cistron, c'est bien pour certains raisonnements, mais en ce qui concerne la théorie de l'évolution il faut en élargir le sens. L'étendue de cette extension est déterminée par le but de la définition. Nous voulons trouver l'unité adaptée à la sélection naturelle. Pour ce faire, nous commençons par identifier les propriétés qu'une unité victorieuse de sélection naturelle doit avoir. Dans les termes du dernier chapitre, ces propriétés sont la longévité, la fécondité et la fidélité de copie. Nous définissons alors simplement un « gène » comme étant l'entité la plus grande qui, au moins potentiellement, vérifie ces propriétés. Ce gène est un réplicateur presque immortel qui existe sous forme de nombreuses copies dupliquées. Il n'est pas infiniment immortel. Même un diamant ne durera pas toujours, et même un cistron peut être coupé en deux par un « crossing-over ».

Le gène est défini comme un morceau de chromosome qui est assez court pour pouvoir durer *suffisamment longtemps* et jouer le rôle d'unité significative de sélection naturelle.

Que signifie « suffisamment longtemps » ? Il n'y a pas de réponse exacte et immédiate. Cela dépendra de la sévérité de la « pression » de la sélection naturelle, c'est-à-dire de la probabilité qu'une « mauvaise » unité génétique a de mourir par rapport à son « bon » allèle. C'est une question quantitative de détail qui variera suivant les exemples. L'unité pratique la plus importante de la sélection naturelle — le gène — se trouvera quelque part sur l'échelle entre cistron et chromosome.

C'est l'immortalité potentielle qui fera qu'un gène sera un bon candidat au rôle d'unité de base de la sélection naturelle. Mais à présent le moment est venu d'insister sur le mot « potentiel ». Un gène *peut* vivre pendant un million d'années, mais de nombreux gènes nouveaux ne passent même pas le cap de la première génération. Les quelques nouveaux qui réussissent à passer le font tout au moins en partie parce qu'ils ont de la chance, mais surtout parce qu'ils font ce qu'il faut : ils excellent à construire des machines à survie. Ils ont un effet sur le développement embryonnaire des corps successifs dans lesquels ils se trouvent, si bien que ces corps ont une probabilité plus grande de vivre et de se reproduire que s'ils avaient été sous l'influence du gène concurrent ou allèle. Par exemple, un « bon » gène pourrait assurer sa survie en ayant tendance à doter les corps successifs dans lesquels il se trouve de longues jambes aidant ces corps à échapper aux prédateurs. Il s'agit d'un exemple particulier et non universel. Les longues jambes, après tout, ne sont pas toujours un atout. Pour une taupe, elles constitueraient un handicap. Plutôt que de nous noyer dans les détails, pouvons-nous réfléchir aux qualités *universelles* que nous nous attendrions à trouver dans l'ensemble des bons gènes (c'est-à-dire immortels) ? A l'inverse, quelles sont les propriétés qui font qu'un gène est « mauvais » et qu'il ne vit pas longtemps ? Il pourrait y avoir plusieurs propriétés universelles de ce genre, mais il y en a une qui est particulièrement utile à ce livre : au niveau du gène, l'altruisme doit être mauvais et l'égoïsme bon. Cela provient rigoureusement de nos définitions de l'altruisme et de l'égoïsme. Les gènes sont directement en concurrence avec leurs allèles pour la survie, puisque les allèles du pool génique se concurrencent pour avoir une place sur les chromosomes des générations futures. Tout gène qui se comporte de manière telle qu'il accroît ses propres chances de survie dans le pool génique aux dépens de ses allèles aura par définition tendance à survivre. Le gène est l'unité de base de l'égoïsme.

Le message principal de ce chapitre a maintenant été exposé. Mais j'ai faussé le sens de certaines complications et des hypothèses cachées. La première complication a déjà été brièvement mentionnée. Quoi que les gènes libres et indépendants puissent être dans leur voyage dans les générations, ce *ne sont pas* des agents indépendants et libres dans le contrôle qu'ils exercent sur le développement embryonnaire. Ils collaborent et interagissent de manière complexe, inextricable, à la fois l'un avec l'autre et avec leur environnement extérieur. Des expressions comme « le gène des longues jambes » ou « le gène du comportement altruiste » sont pratiques, mais il est important de comprendre ce qu'elles signifient. Il n'existe aucun gène capable de construire une jambe à lui seul, qu'elle soit longue ou courte. Construire une jambe est une entreprise qui nécessite la coopération de nombreux gènes. Les influences de l'environnement externe sont trop indispensables : après tout, les jambes ne sont en fait que de la nourriture ! Mais il pourrait bien y avoir un seul gène qui, *toutes choses étant égales par ailleurs*, tende à faire les jambes plus longues qu'elles ne l'eussent été sous l'influence de l'allèle du gène.

En guise d'analogie, pensez à l'influence d'un engrais, disons les nitrates, sur la pousse du blé. Tout le monde sait que le blé pousse mieux avec des nitrates. Mais personne ne serait suffisamment idiot pour proclamer que, à eux seuls, les nitrates peuvent faire pousser du blé. Il est évident que la graine, le sol, l'ensoleillement, l'eau et les minéraux sont également tous nécessaires. Mais si tous ces autres facteurs sont gardés constants, et même si on leur permet de varier à l'intérieur de certaines limites, l'addition de nitrates produira des pousses plus grandes. Il en est de même avec de simples gènes dans le développement d'un embryon. Le développement embryonnaire est contrôlé par un tissu serré de relations si complexes qu'il vaut mieux pour nous ne pas l'étudier ici. On ne peut considérer aucun facteur individuel, qu'il soit génétique ou environnemental, comme étant la « seule » cause du développement de n'importe quelle partie d'un bébé. Toutes comportent un nombre infini de causes. Mais il existe une *différence* entre un bébé et un autre, par exemple une différence dans la longueur de la jambe, que ce soit dans l'environnement ou les gènes. Il s'agit de *différences* importantes dans le combat concurrentiel pour la survie; et ce sont les différences génétiquement contrôlées qui font la différence en termes d'évolution.

En ce qui concerne le gène, ses allèles sont ses ennemis mortels, mais les autres gènes font seulement partie de son environnement au même titre que la température, la nourriture, les prédateurs ou les compagnons. L'effet de ce gène dépend de son environnement et cela inclut les autres gènes. Parfois, un gène a un effet en présence d'un certain autre gène, et un effet complètement différent en présence d'un autre ensemble de gènes. L'ensemble complet des gènes d'un corps constitue une sorte de climat ou de terrain génétique qui modifie ou influence les effets de chaque gène.

Mais il semble à présent que nous nous trouvions en présence d'un paradoxe. Si la fabrication d'un bébé représente une entreprise qui nécessite un si grand nombre de compétences, et si chaque gène a recours à plusieurs milliers de ses compagnons pour terminer son travail, comment pouvons-nous concilier tout cela avec l'image que nous avons de gènes indivisibles, caracolant de corps en corps comme d'immortels chamois depuis les temps les plus anciens : sont-ils vraiment des agents libres, menant une vie sans contraintes? Tout cela est-il complètement faux? Pas du tout. Il se peut que je me sois laissé emporter à certains moments par le démon de l'écriture, mais je ne disais pas de bêtises et il n'y a pas vraiment de paradoxe. Nous pouvons l'expliquer en prenant une autre analogie.

Un rameur ne peut gagner à lui seul la course d'avirons Oxford/ Cambridge. Il a besoin de ses huit collègues. Chacun d'entre eux est un spécialiste qui s'assied à un endroit particulier du bateau — la proue, la poupe... Faire avancer le bateau à la rame représente une entreprise commune, néanmoins il se trouve que certains sont meilleurs que d'autres. Supposez qu'un entraîneur doive choisir son équipage idéal à partir d'un pool de candidats, certains spécialistes de la position de proue, d'autres de la poupe, etc. Supposez qu'il fasse sa sélection comme suit. Chaque jour il met trois nouvelles équipes à l'essai par tirage au sort des candidats pour chaque position, et il fait concourir les membres d'équipage les uns contre les autres. Après plusieurs semaines d'utilisation de ce système, il commencera à voir que le bateau gagnant contient toujours les mêmes individus. Ceux-ci sont retenus comme étant de bons rameurs. Les autres se retrouvent systématiquement dans les équipages les plus lents et sont ensuite rejetés. Mais même un rameur étonnamment brillant pourrait parfois se retrouver rameur dans un équipage lent, que ce soit à cause de l'infériorité des autres membres ou par suite de malchance — disons un fort vent contraire. Ce n'est qu'*en moyenne* que l'on retrouve les meilleurs hommes dans le bateau gagnant.

Les rameurs, ce sont les gènes. Les concurrents qui se battent pour avoir un siège sur le bateau, ce sont les allèles, potentiellement capables d'occuper la même place sur la longueur du chromosome. Ramer vite, c'est fabriquer un corps qui soit suffisamment efficace pour assurer la survie. Le vent, c'est l'environnement externe. Le pool de candidats possible, c'est le pool génique. En ce qui concerne la survie d'un corps, tous ses gènes sont dans le même bateau. Plus d'un bon gène se retrouvera en mauvaise compagnie, c'est-à-dire partageant sa place avec un gène létal qui tuera le corps durant son enfance. Le bon gène est ensuite détruit avec le reste. Mais cela n'est valable que pour un corps, et des répliques du même bon gène vivent dans d'autres corps qui n'ont pas ce gène létal. De nombreuses copies de bons gènes disparaissent, car il se trouve qu'elles partagent un corps avec de mauvais gènes, pendant que d'autres connaissent d'autres formes de malchance, par exemple lorsque leur corps est frappé par la foudre. Mais, par définition, la chance, bonne ou mauvaise, frappe au hasard et un gène qui se trouve *toujours* du côté perdant n'est pas malchanceux : il s'agit d'un mauvais gène.

L'une des qualités d'un bon rameur est sa capacité à travailler en équipe, à ne faire qu'un avec elle et à travailler en harmonie avec le reste de l'équipage. Ce point peut être aussi important que d'avoir de bons muscles. Comme nous l'avons vu avec les papillons, la sélection naturelle peut « rédiger » inconsciemment un complexe de gènes grâce à des inversions et à d'autres mouvements imparfaits de morceaux de chromosomes, s'arrangeant ainsi pour que les gènes coopèrent bien ensemble en groupes très serrés. Mais il est aussi possible que des gènes non liés physiquement les uns aux autres soient choisis pour leur compatibilité mutuelle. Par exemple, un gène qui coopère très bien avec la plupart des autres aura plus de chances de se retrouver dans des corps successifs; autrement dit, les gènes qui font toujours partie du pool génique auront un avantage.

Par exemple, un certain nombre d'attributs sont nécessaires pour avoir un corps de carnivore efficace, comme des crocs bien acérés, des intestins capables de digérer la viande et d'autres choses encore. Un herbivore efficace, par contre, a besoin de dents plates et coupantes, ainsi que d'intestins beaucoup plus longs avec un genre différent de flore intestinale. Dans le pool génique d'un herbivore, un nouveau gène conférant à son possesseur des dents solides, capables de déchirer la viande, n'aurait pas beaucoup de succès. Ce n'est pas parce que manger de la viande est en soi une mauvaise idée, mais parce que vous ne pouvez pas en manger efficacement à moins d'avoir le bon intestin et l'ensemble des attributs qui vont avec. Les gènes qui donnent des dents acérées pour manger de la viande ne sont pas forcément mauvais. Ils ne le sont que dans un pool génique dominé par des gènes destinés à donner des qualités d'herbivore.

Il s'agit d'une idée subtile et compliquée. Elle est compliquée parce que « l'environnement » d'un gène comprend pour une grande part d'autres gènes, chacun d'entre eux étant choisi pour sa capacité à coopérer avec son propre environnement composé d'autres gènes. Pour appréhender cette subtilité, il existe une bonne analogie, quoiqu'elle emprunte beaucoup à la vie de tous les jours. Il s'agit de l'analogie avec la « théorie des jeux » humains qui sera introduire au chapitre V à propos de l'agressivité chez les animaux. Par conséquent, je discuterai plus longuement cette question plus tard et j'en reviens au message que veut délivrer le présent chapitre : il vaut mieux considérer que l'unité fondamentale de la sélection naturelle est, non pas l'espèce, ni même l'individu, mais une petite unité de matériel génétique qu'il est pratique de dénommer « gène ». La pierre de touche de cet exposé, comme je l'ai déjà indiqué, était l'hypothèse selon laquelle les gènes peuvent être immortels alors que les corps et autres unités plus évoluées sont temporaires. Cette hypothèse repose sur deux faits : celui de la reproduction sexuée et du « crossing-over », et celui de la mortalité individuelle. Ces faits sont indéniablement vrais. Mais cela ne nous empêche pas de nous demander pourquoi ils le sont. Pourquoi pratiquons-nous, au même titre que la plupart des autres machines à survie, la reproduction sexuée ? Pourquoi nos chromosomes pratiquent-ils le « crossing-over » ? Et pourquoi ne sommes-nous pas éternels ?

La question de savoir pourquoi nous mourons de vieillesse est complexe et les détails dépassent le cadre de ce livre. En plus de raisons particulières, certaines, plus générales, ont été proposées. Par exemple, il existe une théorie disant que la sénilité représente une accumulation d'erreurs de copies destructrices et d'autres types de dommages génétiques qui se produisent durant la vie de l'individu. Une autre théorie, due à Sir Peter Medawar, représente un bon exemple de *réflexion* sur l'évolution en termes de sélection génétique[4]. Medawar refuse d'abord les arguments traditionnels tels que : « Les vieux meurent et cela représente un acte d'altruisme envers le reste de l'espèce, parce que, s'ils restaient alors qu'ils sont trop décrépis pour se reproduire, ils encombreraient le monde et cela ne serait pas forcément pour son bien. » Comme Medawar le fait remarquer, il s'agit d'un argument circulaire, supposant ce qu'il veut prouver, à savoir que les vieux animaux sont trop décrépis pour se reproduire. Il s'agit aussi d'un genre naïf d'explication de la sélection par le groupe ou de sélection par l'espèce, bien que l'on pourrait reformuler cette partie de manière à ce qu'elle soit plus présentable. La théorie de Medawar comporte une belle logique. Nous pouvons l'expliquer comme suit.

Nous nous sommes déjà demandé quels sont les attributs les plus généraux d'un « bon » gène et nous avons décidé que « l'égoïsme » en faisait partie. Mais une autre qualité générale réside dans le fait que les gènes qui réussissent auront tendance à retarder la mort de leurs machines à survie, au moins jusqu'à ce qu'elles ne puissent plus reproduire. Il ne fait aucun doute que certains de vos cousins et de vos grands-oncles sont morts en bas âge, mais cela n'est arrivé à aucun de vos ancêtres. Les ancêtres ne peuvent pas mourir jeunes !

Un gène qui fait mourir son possesseur s'appelle un gène létal. Un gène semi-létal a certains effets débilitants, si bien qu'il rend les autres causes de mortalité plus probables. Tout gène exerce son effet maximal sur le corps à certains stades de la vie, et les gènes létaux et semi-létaux ne font pas exception. La plupart des gènes exercent leur influence durant la vie fœtale, d'autres pendant l'enfance, d'autres encore durant les premières années de l'âge adulte, d'autres vers quarante ans et d'autres enfin au cours de la vieillesse. (Réfléchissez au fait qu'une chenille et le papillon qu'elle va devenir ont exactement le même ensemble de gènes.) Il est évident que les gènes létaux auront tendance à être éliminés du pool génique. Mais il est également évident qu'un gène létal qui fera effet à retardement sera plus stable dans le pool génique qu'un autre qui fera effet tout de suite. Un gène létal dans un vieux corps peut encore avoir des chances de rester dans le pool génique s'il ne se montre pas avant que le corps ne commence à se reproduire. Par exemple, un gène qui donne aux vieux corps la propension à développer des cancers pourrait être transmis à de nombreux descendants, parce que les individus se reproduiraient avant d'avoir le cancer. Non seulement un gène qui donnerait aux corps jeunes la propension à développer des cancers ne serait pas transmis à une nombreuse descendance, mais de plus, s'il s'agissait d'un cancer mortel, ce gène ne serait transmis à aucune descendance du tout. Ainsi, selon cette théorie, la sénilité n'est que le sous-produit de l'accumulation dans le pool génique de gènes létaux et de gènes semi-létaux à effet retard, qui ont réussi à passer à travers les mailles du filet de la sélection naturelle simplement parce qu'ils ne font sentir leurs effets que très tard.

L'aspect sur lequel insiste Medawar lui-même est que la sélection favorisera les gènes dont l'effet est de retarder la mise en route d'autres gènes, ou gènes létaux, et également les gènes qui ont pour effet de hâter l'effet des bons gènes. Il se peut qu'une grande partie de l'évolution se compose de changements génétiquement contrôlés au moment de la mise en route de l'activité des gènes.

Il est important de remarquer que cette théorie ne nécessite pas l'élaboration d'hypothèses préalables sur la reproduction qui ne se produit qu'à certaines périodes de la vie. Si l'on considère comme hypothèse de départ que tous les individus ont la même probabilité d'avoir un enfant à n'importe quel âge, la théorie de Medawar prévoirait l'accumulation rapide, dans le pool génique, de gènes destructeurs à effet retard et la tendance à moins se reproduire en vieillissant ne serait qu'une conséquence secondaire.

De plus, l'un des aspects positifs de cette théorie est qu'elle nous conduit à des spéculations assez intéressantes. Par exemple, il s'ensuit que nous pourrions, si nous le voulions, augmenter la durée de la vie humaine, et cela de deux manières générales. Nous pourrions d'abord interdire la reproduction avant un certain âge, disons quarante ans. Au bout de quelques siècles de cet âge minimal, nous pourrions placer la barre à cinquante ans, etc. Il est concevable que la longévité humaine puisse être reculée de plusieurs siècles par ce moyen. Mais je ne puis imaginer que quelqu'un veuille instituer sérieusement une politique de ce genre.

Deuxièmement, nous pourrions essayer de « berner » les gènes en leur faisant croire que le corps dans lequel ils se trouvent est plus jeune qu'il ne l'est en réalité. En pratique, cela signifierait identifier les changements intervenus dans l'environnement chimique interne d'un corps lors du processus de vieillissement. L'un de ces changements pourrait être une « clé » qui « mettrait en route » les gènes létaux à effet retard. En simulant les propriétés chimiques superficielles d'un corps jeune, il serait possible d'empêcher cette mise en route. Ce qui est intéressant, c'est que les signaux chimiques du vieillissement n'ont pas besoin d'être, au sens normal du terme, nuisibles à la santé en eux-mêmes. Par exemple, supposez qu'une substance S soit plus concentrée dans les corps des vieux individus que dans ceux des jeunes. En elle-même, S pourrait être tout à fait inoffensive; peut-être s'agirait-il d'une substance contenue dans la nourriture et qui s'accumulerait au fil du temps. Mais un gène qui s'avérerait exercer un effet nuisible à la santé en présence de S, et qui, sinon, aurait des effets positifs, serait automatiquement choisi dans le pool génique et *serait* effectivement un gène « permettant » de mourir de vieillesse. Pour guérir, il faudrait simplement enlever S du corps.

Ce qui est révolutionnaire dans cette idée, c'est que S n'est en soi qu'une « étiquette » permettant de parler de vieillissement. Tout médecin remarquant que d'importantes concentrations de S ont tendance à conduire à la mort penserait probablement que S est une sorte de poison et se creuserait les méninges pour trouver un lien direct entre S et le dysfonctionnement du corps. Mais, dans le cas de notre exemple hypothétique, il se pourrait qu'il perde son temps !

Il pourrait aussi exister une substance Y, une « étiquette » définissant la jeunesse dans le sens où elle serait plus concentrée dans les corps jeunes que dans les corps vieux. Une fois encore, on pourrait choisir les gènes ayant des effets positifs en présence de Y, mais nuisibles à la santé en son absence. Sans avoir aucun moyen de savoir ce que sont S et Y — il pourrait y avoir de nombreuses substances de ce genre — nous ne pouvons qu'émettre la prédiction générale selon laquelle plus vous pouvez simuler ou imiter les propriétés d'un corps jeune dans un vieux, aussi superficielles qu'elles puissent paraître, plus ce vieux corps vivra.

Je dois insister sur le fait que ces spéculations ne se fondent que sur la théorie de Medawar. Bien qu'il y ait un sens dans lequel cette théorie doive être logiquement un peu vraie, cela ne signifie pas nécessairement qu'il s'agisse de la bonne explication pour un exemple pratique donné de sénilité. Ce qui nous importe ici, c'est que l'idée de sélection par le gène issue de l'évolution n'a aucune difficulté à expliquer la tendance qu'ont les individus à mourir lorsqu'ils vieillissent. L'hypothèse de la mortalité individuelle, qui se trouve au cœur de l'argumentation de ce chapitre, peut se justifier dans le cadre de cette théorie.

L'autre hypothèse sur laquelle je me suis penché, celle de l'existence de la reproduction sexuée et du « crossing-over », est plus difficile à justifier. Le « crossing-over » ne doit pas toujours se produire. Les mâles de drosophiles ne le pratiquent pas. Il existe un

gène qui a pour effet de supprimer le « crossing-over » chez les
femelles également. Si nous devions élever une population de
mouches dans lesquelles ce gène serait universel, le *chromosome*
appartenant à un « pool de chromosomes » deviendrait l'unité
indivisible fondamentale de la sélection naturelle. En fait, si nous
suivions notre définition jusqu'à son terme logique, il faudrait
considérer un chromosome entier comme étant un seul « gène ».

Une fois de plus, il existe des alternatives au sexe. Les femelles
de pucerons peuvent porter, sans avoir besoin de père, des petits
femelles, chacun d'eux contenant tous les gènes de leur mère. (Par
ailleurs, un embryon dans « l'utérus » de sa mère peut avoir un
embryon encore plus petit à l'intérieur du sien. Ainsi, un puceron
femelle peut donner naissance à une fille et à une petite-fille en
même temps, toutes deux étant équivalentes à ses propres vrais
jumeaux.) De nombreuses plantes se propagent végétativement en
envoyant des rejets. Dans ce cas, nous préférerions parler de croissance plutôt que de reproduction. Mais alors, réfléchissez : .il
existe assez peu de différences entre croissance et reproduction
asexuée, puisque toutes deux se produisent par simple division
mitotique. Parfois, les plantes produites par reproduction végétative se détachent de leur « parent ». Dans d'autres cas, par exemple
dans celui des ormes, les rejets qui les relient restent intacts. En
fait, un bois d'ormes pourrait être considéré comme un seul et
même individu.

Ainsi, la question est : si les pucerons et les ormes ne le font pas,
pourquoi nous donnons-nous tant de peine pour mélanger nos
gènes à ceux de quelqu'un d'autre avant de faire un bébé ? Cela
semble un bien étrange moyen de procéder. Pourquoi le sexe, cette
perversion bizarre de la réplication directe, s'est-il produit dès
l'origine ? A quoi sert le sexe[5] ?

Il s'agit d'une question extrêmement difficile. La plupart des tentatives sérieuses pour la résoudre impliquent des raisonnements
mathématiques compliqués. Franchement, je vais les éviter, sauf
pour dire une chose, à savoir que la difficulté qu'ont les théoriciens à expliquer l'évolution des sexes provient du fait qu'ils
pensent habituellement que l'individu essaye de maximiser le
nombre de ses gènes survivants. C'est en ces termes que le sexe

apparaît paradoxal, parce qu'il s'agit d'un moyen « inefficace » de propagation des gènes d'un individu : chaque enfant n'a que 50 % des gènes de cet individu, les 50 % restants provenant du partenaire sexuel. Si seulement, à l'instar du puceron, on pouvait produire des enfants qui soient la réplique exacte de leur mère, cette dernière pourrait transmettre 100 % de ses gènes à la génération suivante dans le corps de chaque enfant. Ce paradoxe apparent a conduit certains théoriciens à embrasser la théorie de la sélection par le groupe, puisqu'il est relativement facile de penser aux avantages du sexe au niveau du groupe. Comme W. F. Bodmer l'a dit succinctement, le sexe « facilite l'accumulation chez un seul individu de mutations avantageuses qui se sont produites séparément chez des individus différents ».

Mais le paradoxe semble moins paradoxal si nous suivons l'argumentaire de ce livre et traitons l'individu comme une machine à survie construite par une confédération éphémère de gènes immortels. L'« efficacité » du point de vue de l'individu entier est alors inutile. La sexualité par rapport à la non-sexualité sera considérée comme un attribut sous contrôle d'un gène unique, juste comme les yeux bleus par rapport aux yeux marron. Un gène en faveur de la sexualité manipule tous les autres gènes pour ses propres desseins égoïstes. Un autre en fait de même pour les « crossing-over ». Il existe même des gènes — appelés muteurs — qui manipulent les taux d'erreurs de copie chez d'autres gènes. Par définition, une erreur de copie est au désavantage du gène qui est mal copié. Mais si elle avantage le gène égoïste muteur qui l'induit, celui-ci peut se répandre dans tout le pool génique. De même, si le « crossing-over » bénéficie à un gène qui s'occupe du « crossing-over », c'est une explication suffisante en faveur de l'existence de la reproduction sexuée. Qu'elle bénéficie ou non au reste des gènes de l'individu est comparativement inutile. Du point de vue du gène égoïste, le sexe n'est pas si bizarre que cela après tout.

Cela se rapproche dangereusement de l'argument circulaire, puisque l'existence de la sexualité est une précondition en faveur de toute une chaîne de raisonnements qui nous conduit à considérer le gène comme unité de sélection. Je crois qu'il y a des moyens d'échapper à cette circularité, mais ce livre n'est pas l'endroit approprié pour poursuivre ce débat. Le sexe existe. C'est une réalité. Une conséquence du sexe et du « crossing-over » est que la petite unité génétique ou gène peut être considérée comme la chose la plus proche que nous ayons d'un agent fondamental et indépendant de l'évolution.

Le sexe ne constitue pas seulement un paradoxe apparent qui devient moins étonnant dès que nous apprenons à penser en termes de gènes égoïstes. Par exemple, il apparaît que la quantité d'ADN dans les organismes est plus importante que ce qui est strictement nécessaire pour les construire : une grande fraction d'ADN n'est jamais traduite en protéines. Du point de vue de l'organisme individuel, cela semble paradoxal. Si « l'objectif » de l'ADN est de superviser la construction des corps, il est surprenant de trouver une grande quantité d'ADN qui ne serve pas à cela. Les biologistes se creusent les méninges pour essayer de trouver quelle est l'utilité de ce surplus apparent d'ADN. Mais du point de vue des gènes égoïstes eux-mêmes, il n'y a pas de paradoxe. Le véritable « objectif » de l'ADN est de survivre, ni plus ni moins. Le moyen le plus simple d'expliquer ce surplus d'ADN est de supposer qu'il s'agit d'un parasite ou au mieux d'un passager inoffensif, quoique inutile, qui fait un tour dans les machines à survie créées par l'autre ADN [6].

Certaines personnes font des objections face à ce qu'elles considèrent comme une idée de l'évolution trop centrée sur les gènes. Après tout, avancent-elles, il s'agit d'individus complets avec tous leurs gènes qui vivent ou meurent réellement. J'espère en avoir dit suffisamment dans ce chapitre pour montrer qu'il n'y a pas de véritable désaccord sur ce point. A l'instar des bateaux qui gagnent ou qui perdent une course, il s'agit évidemment d'individus qui vivent ou qui meurent, et la manifestation *immédiate* de la sélection naturelle se passe presque toujours au niveau individuel. Mais les conséquences à long terme de la mort individuelle et du succès en matière de reproduction se manifestent sous forme de fréquences de changement de gènes dans le pool génique. Sous certaines réserves, on peut dire que le pool génique joue le même rôle pour les réplicateurs modernes que la soupe originelle pour les premiers gènes. Le sexe et les « crossing-over » chromosomiques ont pour effet de préserver la liquidité de l'équivalent moderne de la soupe. A cause du sexe et du « crossing-over », le pool génique se conserve bien en vie et les gènes sont partiellement mélangés. L'évolution est le processus par lequel certains gènes deviennent plus nombreux et d'autres moins dans le pool génique. Il est bon d'en prendre l'habitude toutes les fois que nous essayons d'expliquer l'évolution de certaines caractéristiques telles que le comportement altruiste ou quand nous demandons simplement : « Quel effet aura cette caractéristique sur la fréquence des gènes dans le pool génique ? » Par moments, le langage des gènes devient un peu abscons et nous aurons recours à une métaphore pour l'expliciter. Mais nous garderons toujours un œil sceptique sur nos métaphores pour être sûrs de pouvoir les retranscrire si nécessaire dans le langage des gènes.

En ce qui concerne le gène, le pool génique n'est qu'un nouveau type de soupe où il peut trouver les conditions nécessaires à son existence. Tout ce qui a changé de nos jours, c'est qu'il peut vivre en coopérant avec des groupes successifs de compagnons tirés du pool génique lors de la construction de machines à survie mortelles successives. Le chapitre suivant traitera des machines à survie elles-mêmes et du sens dans lequel on peut dire que les gènes contrôlent leur comportement.

CHAPITRE IV

La machine génique

Au début, les machines à survie ne furent que des réceptacles passifs des gènes, ne leur assurant guère plus que des murs pour les protéger de la guerre chimique de leurs rivaux, des ravages de bombardements moléculaires accidentels. Les gènes se nourrissaient alors de molécules organiques qu'ils prenaient librement dans la soupe. Cette vie facile s'acheva quand la nourriture organique de la soupe — qui avait augmenté de volume sous l'influence énergétique de siècles de lumière solaire — s'épuisa. Une branche importante des machines à survie, appelées maintenant « plantes », commença à utiliser directement les rayons solaires pour construire des molécules complexes à partir de molécules simples, reproduisant à beaucoup plus grande vitesse le processus synthétique de la soupe originelle. Une autre branche, connue désormais sous le nom d'« animaux », découvrit comment exploiter le travail chimique des plantes, soit en les mangeant, soit en mangeant d'autres animaux. Ces deux branches des machines à survie trouvèrent des astuces de plus en plus ingénieuses pour augmenter leur efficacité dans leurs diverses façons de vivre et découvrir de nouvelles possibilités de vie. Ramifications et sous-ramifications évoluèrent, chacune d'elles étant parfaitement adaptée à ses propres conditions de vie. Dans la mer, dans les airs, sur la terre, sous la terre, dans les arbres, à l'intérieur d'autres corps vivants, ces ramifications donnèrent naissance à l'immense diversité des animaux et des plantes, si impressionnante aujourd'hui.

Les animaux et les plantes évoluèrent en corps multicellulaires, copies complètes de tous les gènes distribués à chaque cellule. Nous ignorons quand, comment et combien de fois cela s'est produit. Certains emploient la métaphore de la colonie, décrivant un corps comme une colonie de cellules. Je préfère considérer le corps comme une colonie de *gènes*, et la cellule comme une unité de travail commode pour la chimie des gènes.

Si les corps sont une colonie de gènes, ils ont indéniablement acquis dans leur comportement une individualité propre. Un animal se déplace comme un tout coordonné, comme une unité. Je me considère personnellement comme une unité, non comme une colonie, et il fallait s'y attendre. La sélection a favorisé les gènes qui coopèrent avec d'autres. Dans la compétition sauvage pour de rares ressources, dans cette lutte sans répit pour manger d'autres machines à survie et ne pas se laisser dévorer par elles, il dut y avoir une prime à la coordination centralisée (au lieu de l'anarchie) dans le corps communautaire. De nos jours, la coévolution mutuelle et compliquée des gènes s'est tellement développée que la nature communautaire d'une machine à survie individuelle n'est en fait plus identifiable. Les nombreux biologistes qui refusent d'admettre ce fait seront ici en désaccord avec moi.

Heureusement pour ce que les journalistes appelleraient la « crédibilité » du reste de mon livre, ce désaccord ne dépasse pas le cercle des spécialistes. De même qu'il n'est pas pratique de parler des quanta et des particules fondamentales lorsque nous parlons de la mécanique d'une voiture, de même il est souvent désagréable et inutile de continuer de tout ramener aux gènes lorsque nous discutons du comportement des machines à survie. Il est souvent pratique de faire une approximation et de considérer le corps de l'individu comme un agent « essayant » d'augmenter le nombre de ses gènes dans les générations futures. J'utiliserai le langage du pragmatisme. Sauf indication contraire, le « comportement altruiste » et le « comportement égoïste » signifieront un comportement d'un corps animal par rapport à un autre.

Ce chapitre traite du *comportement* — l'astuce largement exploitée par la branche animale des machines à survie. Les animaux sont devenus des véhicules actifs pour les gènes, des machines à gènes. La caractéristique du comportement, au sens que les biologistes donnent à ce mot, c'est qu'il est rapide. Les plantes bougent, mais très doucement. Lorsque nous voyons un film en accéléré, les plantes grimpent comme des animaux actifs. Mais la plupart des mouvements des plantes vont de manière irréversible dans le sens de la croissance. Les animaux, par contre, ont évolué de manière à pouvoir se mouvoir des centaines de milliers de fois plus vite. En outre, les mouvements qu'ils font sont réversibles et peuvent se répéter indéfiniment.

Le gadget que les animaux ont fait évoluer pour réaliser le mouvement rapide est le muscle. Les muscles sont des moteurs, au même titre que le moteur à vapeur et le moteur à combustion interne, lesquels utilisent de l'énergie emmagasinée sous forme de carburant chimique afin de générer un mouvement mécanique. La différence réside dans le fait que la force mécanique immédiate d'un muscle est générée sous la forme de tension plutôt que de pression gazeuse comme c'est le cas pour les moteurs à vapeur et à combustion. Mais les muscles ressemblent à des moteurs dans le sens où ils exercent fréquemment leur force sur des cordes et des leviers articulés. Chez nous, les leviers sont les os, et les cordes les tendons. On connaît assez bien les moyens moléculaires exacts utilisés par les muscles, mais je trouve qu'il est plus intéressant de savoir comment sont *rythmées* les contractions musculaires.

N'avez-vous jamais eu l'occasion d'examiner une machine artificielle un peu complexe telle qu'une machine à coudre ou à tricoter, un métier à tisser, une usine d'embouteillage automatique ou une lieuse à foin? La force motrice vient de quelque part, par exemple d'un moteur électrique ou d'un tracteur. Mais ce qui est beaucoup plus étonnant, c'est le rythme auquel se font ces opérations. Les soupapes s'ouvrent et se ferment dans le bon ordre, les doigts d'acier font habilement un nœud autour de la balle de foin, puis un couteau surgit au bon moment pour arrêter de dévider la ficelle et la couper. Dans de nombreuses machines artificielles, on arrive à obtenir le bon enchaînement des opérations grâce à une invention brillante qui s'appelle la came. Ce terme recouvre un mouvement de rotation élémentaire qui se traduit en un enchaînement complexe et rythmé d'opérations grâce à un excentrique spécialement dessiné. C'est le même principe qui est utilisé pour la boîte à musique. D'autres machines telles que l'orgue à vapeur ou le pianola utilisent des rouleaux ou des cartes perforées qui défilent. Récemment, on a remplacé de vulgaires horloges mécaniques de ce genre par des horloges électroniques. Les ordinateurs sont des exemples de grands dispositifs électroniques souples que l'on peut utiliser pour engendrer des enchaînements très complexes de mouvements. Le composant de base d'une machine électronique moderne comme l'ordinateur est le semi-conducteur, dont la forme habituelle est le transistor.

Les machines à survie semblent avoir court-circuité la came et la carte perforée. L'appareil qu'elles utilisent pour rythmer leurs mouvements a plus à voir avec un ordinateur électronique, même s'il existe des différences en ce qui concerne le fonctionnement de base. L'unité de base des ordinateurs biologiques, la cellule nerveuse ou neurone, n'a réellement rien à voir avec un transistor en ce qui concerne les mécanismes internes. Le code avec lequel les neurones communiquent entre eux semble certainement avoir des analogies avec les impulsions codées des ordinateurs, mais le neurone individuel est une unité de traitement des données beaucoup plus sophistiquée que le transistor. Au lieu d'avoir seulement trois connexions avec d'autres composants, un seul neurone peut en avoir des dizaines de milliers. Le neurone est plus lent que le transistor, mais il est allé beaucoup plus loin dans la miniaturisation, tendance qui domine l'industrie électronique depuis vingt ans. Cela vient du fait qu'il y a dix milliards de neurones dans le cerveau humain : vous ne pourriez entasser que quelques centaines de transistors dans un crâne.

Les plantes n'ont pas besoin de neurones parce qu'elles tirent leur subsistance sans se mouvoir, mais on en trouve chez la grande majorité des animaux. Il a sans doute été « découvert » au début de l'évolution animale et tous les groupes en ont hérité ; ou alors il a pu être redécouvert plusieurs fois indépendamment.

A la base, les neurones ne sont que des cellules comme les autres, avec un noyau et des chromosomes. Mais leurs parois cellulaires sont constituées de longues pousses minces semblables à des antennes. Un neurone a souvent une « antenne » particulièrement longue appelée axone. Bien que la largeur de l'axone soit microscopique, sa longueur pourrait atteindre plusieurs décimètres : il y a des axones qui courent le long du cou de la girafe. Les axones sont souvent regroupés dans des câbles épais appelés nerfs. Ceux-ci transmettent des messages d'un bout à l'autre du corps, comme les câbles du réseau téléphonique. D'autres neurones ont des axones courts et sont confinés dans des concentrations très denses de tissu nerveux appelées ganglions, ou, lorsqu'ils sont très grands, cerveau. On peut considérer que le cerveau a un fonctionnement analogue à celui des ordinateurs[1]. Leurs fonctionnements sont analogues dans la mesure où ces deux types de machines produisent des sorties complexes, après analyse des entrées et examen d'informations mémorisées.

Le cerveau contribue principalement au succès des machines à survie en contrôlant et coordonnant les contractions des muscles. Pour ce faire, il a besoin de câbles menant aux muscles ou nerfs moteurs. Mais cela ne conduit à la préservation efficace des gènes que si le rythme des contractions musculaires est en accord avec le rythme des événements survenant dans le monde extérieur. Il est important de contracter les muscles de la mâchoire quand celle-ci contient quelque chose à mâcher, et de contracter les muscles des jambes pour courir seulement quand une chose nécessite que l'on s'en rapproche ou que l'on s'en éloigne en courant. C'est pour cette raison que la sélection naturelle a favorisé les animaux équipés d'organes des sens, de systèmes qui traduisent les événements physiques se produisant dans le monde extérieur dans le code d'impulsions des neurones. Le cerveau est relié aux organes des sens — les yeux, les oreilles, les papilles gustatives, etc. — grâce à des câbles appelés nerfs sensitifs. Les mécanismes de ces systèmes sensitifs sont particulièrement étonnants, car ils peuvent reconnaître des formes beaucoup plus compliquées que la meilleure et la plus chère de nos machines; si cela n'était pas le cas, toutes les dactylos seraient inutiles et remplacées par des machines à reconnaissance vocale ou des machines reconnaissant l'écriture. Les dactylos ont encore de belles années devant elles.

Il a pu exister une époque où les organes des sens communiquaient plus ou moins directement avec les muscles ; d'ailleurs, les anémones de mer ne sont pas loin de cet état aujourd'hui, puisque, pour leur façon de vivre, c'est efficace. Mais pour réaliser des relations plus complexes et indirectes entre l'enchaînement des événements du monde extérieur et celui des contractions musculaires, il fallait une sorte de cerveau comme intermédiaire. L'« invention » de la mémoire constitua un progrès notable. Grâce à ce dispositif, le rythme des contractions musculaires pouvait être influencé non seulement par les événements du passé immédiat, mais aussi par des événements d'un lointain passé. La mémoire constitue aussi une partie essentielle d'un ordinateur. Les mémoires des ordinateurs sont plus fiables que les mémoires humaines, mais elles ont moins de capacité et sont beaucoup moins sophistiquées en ce qui concerne leurs techniques de recherche d'information.

L'une des caractéristiques les plus frappantes de la machine à survie est qu'elle semble avoir un but. Non seulement elle a pour but d'aider les gènes à survivre, mais elle fait aussi montre d'un comportement qui serait assez analogue au comportement réfléchi de l'homme. Lorsque nous observons un animal en quête de nourriture, d'un partenaire ou d'un petit égaré, nous pouvons difficilement nous empêcher de lui attribuer certains des sentiments subjectifs que nous éprouverions en pareil cas. Cela peut inclure le « désir » d'un objet, « l'image mentale » de cet objet, un « but », un « dessein ». Chacun de nous sait bien que dans au moins une machine à survie moderne, c'est-à-dire lui-même, cette propriété a évolué en ce que nous appelons « conscience ». Je ne m'y connais pas assez en philosophie pour discuter du sens de ce mot, et cela n'a heureusement pas d'importance pour notre exposé, parce qu'il est facile de parler du comportement des machines *comme si* elles étaient motivées par une intuition, et de laisser de côté la question de leur conscience. Ces machines sont simples et le principe de leur comportement inconscient, bien qu'ayant un but, est une banalité en mécanique. L'exemple classique en est le régulateur de Watt.

Le principe fondamental appliqué est celui de la « contre-réaction ». Il se présente sous différentes formes. D'une manière générale, il se passe la chose suivante : la « machine qui a un but », la machine ou la chose qui se comporte comme si elle avait un but conscient, est équipée d'une sorte de régulateur qui mesure la différence entre les conditions du moment et les conditions désirées. Avec ce régulateur, plus la différence est grande, plus la machine travaille dur. Comme cela tend à réduire la différence entre les conditions du moment et les conditions désirées, on l'appelle « à *contre*-réaction ». Il peut même rester en position de repos si les conditions désirées sont obtenues. Le régulateur de Watt consiste en une paire de boules qui tournent sous l'action d'un moteur à vapeur, chaque boule étant située à l'extrémité d'un bras articulé. Plus les boules tournent vite, plus la force centrifuge pousse les bras vers l'horizontale, malgré la force opposée de la pesanteur. Les bras sont reliés à la soupape d'admission du moteur, de sorte que l'admission de la vapeur diminue lorsque les bras approchent de la position horizontale. Si le moteur tourne trop vite, l'admission de vapeur diminue, et il tournera moins vite. Si la vitesse diminue trop, l'admission de vapeur augmente, et il y aura augmentation de la vitesse. Ces machines avec but ont souvent des oscillations dues à des accélérations ou à des ralentissements, et tout l'art du mécanicien consiste à réduire ces oscillations à l'aide de dispositifs complémentaires.

L'état « désiré » du régulateur de Watt est une certaine vitesse de rotation. Évidemment, il ne la désire pas consciemment. Le « but » de l'appareil est simplement défini par l'état vers lequel il tend à retourner. Les « machines avec but » modernes, ou machines programmées, utilisent des extensions du principe de base de la contre-réaction pour arriver à des comportements beaucoup plus compliqués. Les missiles, par exemple, semblent rechercher activement leur but, le poursuivre quand ils arrivent à proximité de celui-ci, tenant compte ou même prévoyant ses tours et détours. Les détails de cette action n'entrent pas dans notre étude. Ils font appel à des systèmes variés de contre-réaction, d'anticipation et autres principes employés d'une manière courante en mécanique, et reconnus pour s'appliquer largement dans le fonctionnement des corps vivants. Il n'est pas nécessaire de postuler une idée de conscience, aussi lointaine soit-elle, même si un profane considérant le comportement intentionnel et réfléchi d'un projectile guidé trouve difficile de croire que celui-ci n'est pas sous le contrôle direct d'un pilote humain.

Une erreur courante est de croire qu'une machine telle qu'un missile, dessinée et construite par un homme conscient, doive rester sous le contrôle direct de cet homme. Une variante de cette erreur est que « les ordinateurs ne jouent pas vraiment aux échecs parce qu'ils ne font que ce qu'un opérateur humain leur dicte ». Il est important de voir pourquoi cela est faux si l'on veut bien comprendre en quel sens les gènes sont supposés « contrôler » notre comportement. Un bon exemple pour illustrer ce point est celui des échecs ; je vais donc en parler brièvement.

Les ordinateurs ne jouent pas encore aux échecs aussi bien que les grands maîtres humains, mais ils sont arrivés au niveau de bons amateurs. Ou plus exactement les *programmes* ont atteint le niveau d'un bon amateur, car un programme d'échecs ne tient pas compte de l'ordinateur physique sur lequel il exécute ses coups. Quel est le rôle d'un programmeur humain ? Tout d'abord, il ne manipule pas l'ordinateur de temps en temps comme un marionnettiste tire les ficelles de ses poupées. Ce serait tricher. Il écrit le programme de l'ordinateur, le lui donne et, à partir de là, celui-ci reste seul. Il n'y a plus d'intervention humaine, sauf pour entrer au clavier le jeu de l'adversaire. Est-ce que le programmeur anticipe toutes les possibilités du jeu et donne à l'ordinateur une liste exhaustive des mouvements adéquats ? Certainement pas, car le nombre de positions possibles est presque infini et la liste ne pourrait en être complétée avant la fin du monde. Pour la même raison, l'ordinateur ne peut être programmé pour essayer dans sa « tête » tous les mouvements possibles et tous les mouvements suivants possibles jusqu'à trouver la stratégie pour gagner. Il y a plus de possibilités aux échecs que d'atomes dans la galaxie. En voilà assez pour les non-solutions triviales au problème de la programmation des échecs sur ordinateur. Il s'agit en fait d'un problème extrêmement difficile, et il n'est pas surprenant que les meilleurs programmes n'aient pas encore atteint le niveau des grands maîtres.

Le rôle réel du programmeur serait assez comparable à celui

d'un père qui apprend à son fils à jouer aux échecs. Il indique à l'ordinateur les mouvements de base du jeu, non pas séparément pour chaque position de départ, mais en termes de règles plus condensées. Il ne dit pas littéralement « les fous se déplacent en diagonale », mais quelque chose de mathématiquement équivalent comme « les nouvelles coordonnées du fou sont obtenues à partir des anciennes coordonnées, en ajoutant la même constante, bien que pas nécessairement avec le même signe, à l'ancienne coordonnée x et à l'ancienne coordonnée y ». Il peut aussi programmer certains « conseils » rédigés dans le même langage et qui correspondraient en langage humain à une suggestion telle que « ne laissez pas le roi sans défense », ou à une astuce dans la position du cavalier. Les détails du problème sont intéressants, mais nous entraîneraient trop loin. Il convient cependant de noter que lorsque l'ordinateur joue réellement, c'est lui qui joue, il ne peut espérer aucune aide de son maître. Le programmeur ne peut qu'établir *au préalable* le meilleur programme possible, en équilibrant la liste des connaissances spécifiques et des suggestions stratégiques et techniques.

Les gènes aussi contrôlent le comportement de leurs machines à survie, non pas directement avec leurs doigts sur les ficelles des marionnettes, mais indirectement, comme le programmeur d'ordinateur. Ils ne peuvent qu'établir le programme à l'avance et la machine à survie agit de son propre chef, tandis que les gènes attendent passivement à l'intérieur. Pourquoi sont-ils passifs, pourquoi ne prennent-ils pas les rênes de temps à autre pour changer la direction ? Ils ne peuvent le faire à cause des problèmes de décalage temporel, et je vais vous montrer pourquoi à l'aide d'une analogie tirée de la science-fiction.

J'ai choisi le livre *A comme Andromède* de Fred Hoyle et John Elliot. L'histoire est amusante et, comme toujours en science-fiction, aborde des points scientifiques intéressants. Curieusement, le livre ne mentionne pas le plus important de ces points sous-jacents. Il laisse travailler l'imagination du lecteur. J'espère que les auteurs ne verront pas d'inconvénient à ce que je l'explique ici.

Il s'agit d'une civilisation qui remonte à deux cents années-lumière dans la constellation d'Andromède[2] et qui veut propager sa culture jusqu'à des mondes éloignés. Comment y arriver le mieux possible ? Un voyage direct est hors de question. La vitesse de la lumière impose une limite supérieure à la vitesse avec laquelle on peut aller d'un point à un autre dans l'univers, et des considérations mécaniques imposent en pratique une limite bien inférieure. De plus, il n'y a peut-être pas beaucoup de mondes qui méritent une visite. Dans quelle direction aller ? La radio est le meilleur moyen de communiquer avec le reste de l'univers, puisque, si l'on a assez de puissance pour diffuser les signaux dans toutes les directions, il sera possible d'atteindre un grand nombre de mondes (ce nombre augmentant comme le carré de la distance parcourue par le signal). Les ondes radio voyagent à la vitesse de la lumière, ce qui veut dire que le signal met deux cents ans pour atteindre la Terre en partant d'Andromède. Le problème avec ce genre de distance est que l'on ne peut jamais avoir de conversation. Mais même en négligeant le fait que chaque message venant de la Terre serait émis par des gens séparés chacun par douze générations, il serait tout à fait inutile d'essayer de converser à cette distance.

Très bientôt ce problème se posera à nous : les ondes radio mettent quatre minutes pour aller de la Terre à Mars. Les astronautes devront donc perdre l'habitude de parler en courtes séquences alternatives et devront se lancer dans les longs monologues ressemblant plus à des missives qu'à des conversations. Roger Payne a remarqué que l'acoustique de la mer a des propriétés particulières. Ainsi, le chant des baleines à bosse pourrait théoriquement être entendu en tout point du globe à la condition que les baleines nagent à une certaine profondeur. Nous ignorons si elles communiquent entre elles à grande distance en réalité, mais s'il en est ainsi, elles sont dans la même situation qu'un astronaute sur la planète Mars. La vitesse du son dans l'eau est telle que le chant mettrait presque deux heures pour traverser l'Atlantique et la réponse prend le même temps. Je propose cette explication au fait que les baleines arrivent à monologuer, sans se répéter, pendant huit minutes entières. Puis elles recommencent leur chanson et la répètent sans fin, chaque cycle complet durant environ huit minutes.

Les Andromédiens du livre font la même chose. Puisqu'il est inutile d'attendre une réponse, ils rassemblent tout ce qu'ils ont à dire dans un long message continu. Ils le diffusent ensuite dans l'espace un grand nombre de fois, avec un cycle de plusieurs mois. Mais leur message est très différent de celui des baleines. Il consiste en instructions codées pour la construction et la programmation d'un ordinateur géant. Les instructions ne sont pas rédigées en langage humain, mais un code peut être déchiffré par un cryptographe habile, plus particulièrement si les rédacteurs de ce code ont pour but qu'il soit facilement lisible. Le message est capté par le radiotélescope de Jodrell Bank et décodé, l'ordinateur construit et le programme exécuté. Les conséquences sont bien près d'être désastreuses pour l'humanité, car les intentions des Andromédiens ne sont pas exactement altruistes. Heureusement, le héros détruit l'ordinateur avec une hache avant qu'il n'arrive à la dictature universelle.

La question qui nous intéresse est de savoir dans quel sens on pourrait dire que les Andromédiens ont influencé les événements sur Terre. Ils ne contrôlaient pas l'action de l'ordinateur, ils ne pouvaient même pas savoir si celui-ci avait été construit puisque l'information avait un temps de réponse de deux cents ans. Les décisions et les actions appartenaient donc entièrement à l'ordinateur qui ne pouvait même pas se référer à ses maîtres pour des instructions de politique générale, tous les ordres ayant été programmés à l'avance, toujours à cause de cette barrière et deux cents ans. Il avait été dans son principe programmé comme l'ordinateur joueur d'échecs, mais avec des capacités plus importantes lui permettant d'intégrer les informations locales. Et le programme était conçu pour s'appliquer non seulement à la Terre, mais aussi à n'importe quel monde ayant une technologie suffisamment avancée, un de ces lointains mondes dont les Andromédiens n'avaient aucun moyen de connaître les conditions de vie détaillées.

De même que les Andromédiens durent avoir un ordinateur sur Terre pour prendre chaque jour les décisions à leur place, nos gènes durent construire un cerveau. Mais les gènes ne sont pas comme ces Andromédiens qui envoyaient des instructions codées;

ils sont les instructions elles-mêmes. Et ne pouvant manipuler directement les ficelles des marionnettes que nous sommes à cause des écarts de temps, les gènes agissent par le contrôle de la synthèse des protéines. C'est un moyen puissant, mais lent, de gouverner le monde, alors que la caractéristique du comportement est d'être rapide. La construction d'un embryon prend des mois et le comportement agit en secondes, en fractions de seconde. Un hibou vole dans les airs, un bruissement dans les herbes hautes trahit une proie et, en l'espace de quelques millisecondes, les systèmes nerveux se mettent en marche, les muscles se gonflent et la vie d'un être est sauvée ou perdue. Les gènes n'ont pas une telle rapidité de réponse. Comme les Andromédiens, ils ne peuvent que construire *à l'avance* un ordinateur qui soit le plus rapide pour eux et le programmer avec des règles et des instructions lui permettant de faire face à des éventualités prévues par eux. Mais la vie, tel un jeu d'échecs, offre trop d'éventualités pour que celles-ci puissent toutes être prévues. Comme les programmeurs d'échecs, les gènes ne fournissent aux machines à survie que des données générales[3].

J. Z. Young a fait remarquer que le rôle des gènes est de prévoir. Lors de la construction d'un embryon de machine à survie, les dangers et les difficultés de sa vie sont dans le futur. Qui sait quels carnivores l'attendent tapis derrière un buisson ou quelle proie agile croisera son chemin? Ni les prophètes, ni les gènes. Mais on peut faire quelques prévisions d'ordre général. Les gènes des ours polaires peuvent prévoir sans risque que le futur de leur machine à survie en construction sera froid. Ils ne pensent pas à cela comme à une prophétie. D'ailleurs, ils ne pensent pas du tout. Mais ils construisent leur machine dans un épais manteau de fourrure, parce que c'est ce qu'ils ont toujours fait pour les corps précédents; c'est pourquoi ils existent encore dans le pool génique. Ils prédisent aussi que le sol sera neigeux; leur prévision prend donc la forme d'une fourrure blanche comme camouflage. Si le climat de l'Arctique changeait assez vite pour que le bébé naisse sous un climat tropical, les prédictions des gènes seraient fausses, le jeune ours mourrait et les gènes mourraient aussi à l'intérieur de lui.

Faire des prévisions dans un monde complexe relève du domaine de la chance. Chaque décision prise par une machine à survie est un pari, et c'est aux gènes de programmer le cerveau à l'avance de manière à ce qu'en moyenne les décisions s'avèrent payantes. La monnaie utilisée dans le casino de l'évolution est la survie, la survie du gène pour être exact, mais pour de nombreux objectifs la survie individuelle est une approximation raisonnable. Si vous allez vous abreuver à un point d'eau, vous augmentez le risque d'être mangé par les prédateurs qui, pour survivre, sont à l'affût de leurs proies auprès des points d'eau. Si vous n'allez pas au point d'eau, vous risquez de mourir de soif. Quelle que soit la solution envisagée, vous prenez des risques, aussi devez-vous adopter celle qui optimisera les chances de survie à long terme de vos gènes. Peut-être la meilleure stratégie consiste-t-elle à reculer le moment où vous irez boire jusqu'à ce que vous ayez très soif, puis à aller boire une bonne quantité de manière à ce que vous n'ayez plus soif pendant un long moment. Cette façon de procéder réduit le nombre de visites au point d'eau, mais il vous faut y rester un long moment, la tête dans l'eau. L'autre meilleur pari pourrait être de boire peu et souvent, par de rapides gorgées, en passant le point d'eau en courant. Pour savoir quelle est la meilleure stratégie, il faut examiner toutes sortes de facteurs complexes, dont l'un — et non le moindre — est les habitudes de chasse des prédateurs qui ont elles-mêmes évolué pour atteindre une efficacité maximale. On a effectué une sorte d'évaluation des stratégies. Mais évidemment nous ne devons pas penser que les animaux fassent la même chose de manière consciente. Tout ce que nous devons admettre, c'est que les individus dont les gènes construisent des cerveaux faisant souvent des paris corrects auront par conséquent plus de chances de survivre et donc de propager lesdits gènes.

Nous pouvons pousser la métaphore du pari encore plus loin. Un joueur doit penser à trois grandeurs : l'enjeu, les chances et le prix. Si le prix est très important, le joueur est prêt à risquer gros. Un joueur qui risque tout en une seule partie espère gagner beaucoup. Il peut aussi perdre beaucoup, mais en moyenne les joueurs qui jouent gros ne se retrouvent pas dans une situation meilleure ou pire que les autres joueurs qui jouent peu et gagnent peu.

On peut faire une comparaison analogue avec les spéculateurs boursiers. Par certains aspects la bourse représente une meilleure analogie que le casino dans la mesure où les casinos sont délibérément truqués pour toujours jouer en faveur de la banque (ce qui signifie exactement que les gros joueurs finiront en moyenne plus pauvres que les petits joueurs ; et les petits joueurs plus pauvres que ceux qui ne jouent pas du tout. Mais cela n'a rien à voir avec notre exposé). Cela mis à part, les gros comme les petits joueurs semblent raisonnables. Existe-t-il des animaux joueurs qui risquent gros et d'autres ayant un jeu plus modéré ? Nous verrons au chapitre IX qu'il est souvent possible de décrire les mâles comme de gros joueurs et les femelles comme des investisseurs prudents, surtout chez les espèces polygames où les mâles se battent pour avoir des femelles. Les naturalistes qui lisent ce livre peuvent être amenés à penser qu'il est possible de décrire certaines espèces comme de gros joueurs risquant beaucoup, et d'autres comme des espèces ayant un jeu plus prudent. Je reviens maintenant au thème plus général de la façon dont les gènes font des « prévisions » pour le futur.

Une des manières dont les gènes résolvent le problème des prévisions dans des environnements assez imprévisibles est l'acquisition d'une capacité d'apprentissage. Ici, le programme pourrait prendre la forme des instructions suivantes à la machine à survie : « Voici une liste de choses définies comme étant des récompenses : le goût sucré dans la bouche, l'orgasme, une température douce, l'enfant qui sourit. Et voici une liste de choses désagréables : différentes sortes de douleurs, la nausée, un estomac vide, un enfant qui pleure. Si vous êtes amené à effectuer une action suivie d'une des choses désagréables de la liste ci-dessus, ne la refaites pas ; par contre, répétez tout ce qui vous permet de retrouver les choses agréables. » L'avantage de ce genre de programme est qu'il diminue considérablement le nombre de règles détaillées qui doivent être élaborées dans le programme d'origine ; il est aussi capable d'évoluer en intégrant les changements survenus dans l'environnement, lesquels n'auraient pas pu être décrits en détail. Enfin, il reste encore d'autres prévisions à faire. Dans notre exemple, les gènes prévoient que le goût sucré dans la bouche et l'orgasme vont être « bons » dans le sens où manger du sucre et copuler vont probablement être positifs pour la survie des gènes. Cet exemple ne mentionne pas l'existence du saccharose et de la masturbation, ni les dangers inhérents à une surconsommation de sucre favorisée par l'existence de grandes quantités de celui-ci dans notre environnement.

Les stratégies d'apprentissage ont été utilisées par certains programmes de jeux d'échecs. Ces programmes deviennent plus performants à mesure qu'ils jouent contre des adversaires humains ou d'autres ordinateurs. Bien qu'ils soient équipés d'un répertoire de règles et de tactiques, ils ont aussi une petite tendance à choisir au hasard leur procédure de décision. Ils enregistrent les décisions passées, et, chaque fois qu'ils gagnent une partie, ils augmentent légèrement les points donnés aux tactiques qui ont précédé la victoire, si bien qu'ils auront un peu plus tendance à choisir les mêmes la fois suivante.

Une autre méthode intéressante de prévision du futur est la simulation. Un général en train de choisir le meilleur plan de bataille doit savoir deviner l'avenir au moment où il affronte des facteurs inconnus tels que le temps, le moral de ses soldats et la tactique de l'ennemi. Une méthode serait d'essayer un plan et de voir le résultat, mais cette méthode ne peut s'appliquer à tous les plans imaginés par le général : le nombre de soldats prêts à mourir « pour leur patrie » est limité, alors que le nombre de plans imaginables est très élevé. Il est donc préférable d'essayer les divers plans lors de grandes manœuvres avec des munitions à blanc. Quand le « Nord » se bat contre le « Sud », cela ne coûte cher qu'en temps et en matériel. J'ajoute qu'à mon avis, la manière la plus économique de jouer à la guerre serait de le faire avec des soldats de plomb et des chars miniatures sur une grande carte.

Depuis quelque temps, les ordinateurs se chargent de la plupart des fonctions de simulation, non seulement pour la stratégie militaire mais aussi dans tous les domaines où il est nécessaire de prévoir le futur : en économie, en écologie, en sociologie, etc. La technique est la suivante : un modèle d'un certain aspect du monde est introduit dans l'ordinateur. Ne croyez surtout pas qu'en soulevant le couvercle de l'ordinateur, vous y trouverez l'objet à simuler en miniature ! Dans les mémoires des ordinateurs joueurs d'échecs, il n'y a aucune représentation mentale de l'échiquier avec ses pions, rois, cavaliers, etc. L'échiquier et la position des pièces sont représentés par une liste codée. Pour nous, une carte est un modèle à petite échelle d'une partie du monde, réduite à deux dimensions. Pour un ordinateur, une carte sera probablement représentée par une liste de villes et autres endroits représentés chacun par deux nombres, la latitude et la longitude. Peu importe la manière dont l'ordinateur a le modèle du monde dans son cerveau, pourvu qu'il puisse le travailler, le manipuler, l'expérimenter et faire son rapport à l'opérateur humain en termes intelligibles. Des modèles de bataille peuvent être gagnés ou perdus par la simulation, des avions longs courriers peuvent voler ou s'écraser, des politiques économiques conduire à la prospérité ou à la ruine. Dans chaque cas, le processus entier est accompli à l'intérieur de l'ordinateur, en une fraction infime du temps qu'il aurait fallu dans la vie réelle. Il y a, bien sûr, de bons et de mauvais modèles, et même les bons modèles ne sont que des approximations. Aucune simulation ne peut prévoir exactement ce qui arrivera en réalité, mais une bonne simulation est bien préférable à une technique aveugle d'essai et erreur. La simulation pourrait être appelée essai et erreur par substitution, mais l'expression est malheureusement déjà annexée par les maudits psychologues.

Si la simulation est une si bonne idée, nous pouvons croire que les machines à survie l'ont inventée avant nous. Elles ont inventé beaucoup de techniques de la mécanique humaine, longtemps avant notre arrivée sur scène — les lentilles à foyer, les réflecteurs paraboliques, l'analyse de la fréquence des ondes sonores, le servo-régulateur, le sonar, la bufférisation d'informations et bien d'autres encore dont la liste ne nous intéresse pas. Qu'est-ce que la simulation ? Quand vous avez à prendre une décision difficile qui dépend de données inconnues dans le futur, vous faites une sorte de simulation. Vous *imaginez* ce qui se produirait dans chaque cas possible. Vous établissez dans votre tête un modèle, non pas du monde, mais d'une quantité restreinte de choses que vous pensez importantes. Elles peuvent être très vivantes dans votre esprit, ou bien vous pouvez les manipuler en abstractions imagées. Dans l'un ou l'autre cas, il n'existe pas dans votre tête de modèle spatial réel de ce que vous imaginez. Mais, comme dans l'ordinateur, les détails de la manière dont votre cerveau se représente son modèle du monde sont moins importants que le fait que votre cerveau utilise le modèle pour prévoir des événements possibles. Les machines à survie capables de simuler le futur sont en avance sur celles qui ne peuvent qu'apprendre au moyen d'essais et erreurs réels. L'essai réel demande du temps et de l'énergie, l'erreur réelle est souvent fatale. La simulation est donc à la fois plus sûre et plus rapide.

L'évolution de la capacité à simuler semble avoir culminé dans la conscience subjective. Pourquoi telle ou telle chose devrait s'être passée, c'est à mon avis une question profondément mystérieuse qui représente la grande énigme de la biologie moderne. Ce n'est pas une raison pour supposer que les ordinateurs sont conscients lorsqu'ils simulent et pourtant ils pourraient l'être dans le futur. Peut-être la conscience se manisfesta-t-elle quand la simulation du monde par le cerveau devint si complète qu'il y inclut le modèle de lui-même[4]. Il est évident que le corps d'une machine à survie représente une partie importante de l'image simulée. Pour la même raison, la simulation elle-même pourrait être considérée comme une partie du monde à simuler. Nous pourrions appeler cela l'autoconnaissance, mais cela n'explique pas l'évolution de la conscience d'une manière satisfaisante, en partie parce que cette définition implique une régression infinie — si l'on a un modèle du modèle, pourquoi n'aurions-nous pas un modèle du modèle du modèle...?

Quel que soit le problème philosophique soulevé par la conscience, nous admettrons pour les besoins de cet exposé qu'elle est l'aboutissement d'une tendance évolutionnaire à l'égard de l'émancipation des machines à survie qui exécutent les ordres de leur maître absolu : le gène. Les cerveaux ont non seulement la charge des affaires courantes des machines à survie, mais ils peuvent aussi prévoir le futur et agir en conséquence. Ils sont même capables de se rebeller contre les ordres des gènes en refusant, par exemple, d'avoir autant d'enfants qu'ils le pourraient. Mais à ce propos l'homme constitue un cas très particulier, comme nous le verrons plus loin.

Qu'a donc tout cela de commun avec l'altruisme et l'égoïsme ? Je voudrais confirmer l'idée que le comportement animal altruiste ou égoïste est sous contrôle des gènes de façon très forte, bien qu'indirecte. Les décisions de chaque instant de la vie courante sont prises par le système nerveux. Les gènes assurent la politique générale et le cerveau exécute. Mais, au fur et à mesure que le cerveau se développe, il prend davantage de décisions en utilisant des astuces comme apprendre ou simuler. La conclusion logique de cette tendance, qui n'est d'ailleurs encore atteinte dans aucune espèce, serait pour les gènes de donner aux machines à survie un ordre unique et définitif : faites ce qui vous semble préférable pour nous maintenir vivants.

Les analogies entre les ordinateurs et le processus de décision humain sont toutes très bonnes. Mais il nous faut maintenant redescendre sur terre et nous rappeler que l'évolution se produit en fait étape par étape, par la survie de certains gènes et l'élimination d'autres, dans le pool génique. Par conséquent, pour pouvoir décrire un comportement type — altruiste ou égoïste — qui évolue, il est nécessaire qu'un gène « en faveur » de ce comportement survive dans le pool génique et qu'un gène rival ou allèle « en faveur » d'un autre comportement soit éliminé. Un gène en faveur d'un comportement altruiste est un gène qui influence le développement des systèmes nerveux d'une manière telle que ces derniers produisent un comportement altruiste[5]. Y a-t-il une preuve expérimentale en faveur de l'héritage génétique d'un comportement altruiste ? Non, mais ce n'est guère surprenant puisque l'on a conduit peu de travaux sur la génétique du comportement. A la place, je vais vous parler d'une étude de comportement qui se trouve ne pas être altruiste au premier abord, mais qui est suffisamment complexe pour être intéressante. Elle sert de modèle pour savoir comment un comportement altruiste peut être inné.

Les abeilles souffrent d'une maladie infectieuse appelée pourriture du couvain. Elle s'attaque aux larves dans leurs cellules. Parmi les espèces domestiques utilisées par les apiculteurs, certaines ont plus de risques d'attraper la pourriture du couvain que d'autres, et il s'avère que la différence entre les races réside, au moins dans certains cas, dans une différence de comportement.

Les races dites hygiéniques enrayent rapidement l'épidémie en localisant les larves infectées, en les retirant de leurs cellules et en les jetant hors de la ruche. Les races susceptibles d'avoir la maladie ne pratiquent pas cet infanticide sanitaire. Ce comportement à visée véritablement sanitaire est assez compliqué. Les ouvrières doivent localiser toutes les cellules contenant une larve malade, enlever le bouchon de cire qui recouvre la cellule, retirer la larve, la hisser par-dessus l'entrée de la ruche et la jeter sur le dépôt d'ordures.

Conduire des expériences génétiques sur des abeilles est quelque chose d'assez compliqué, pour plusieurs raisons. Les abeilles ouvrières elles-mêmes ne se reproduisent habituellement pas, et il vous faut donc accoupler une reine d'une variété à un mâle de l'autre et ensuite examiner le comportement des ouvrières filles. C'est ce qu'a fait W. C. Rothenbuhler. Il a trouvé que la première génération de l'essaim hybride fille n'était pas constituée d'individus au comportement sanitaire : le comportement sanitaire de leur parent semblait avoir été perdu, même s'il s'avérait que les gènes responsables de ce comportement étaient encore là mais qu'ils étaient récessifs, comme les gènes responsables des yeux bleus chez les humains. Lorsque Rothenbuhler « recroisa » les hybrides de première génération avec une variété sanitaire pure, il obtint un très beau résultat. L'essaim fille se composa alors de trois groupes. Un groupe montrait un comportement sanitaire parfait, un second n'en montrait aucun et un troisième était entre les deux. Ce dernier groupe enlevait le bouchon de cire des larves malades, mais ne les rejetait pas au-dehors. Rothenbuhler supposa qu'il pouvait y avoir un gène s'occupant d'enlever le bouchon et un autre de rejeter la larve. Les variétés au comportement sanitaire normal possèdent deux gènes, les variétés qui y sont prédisposées possèdent les allèles — rivaux — des deux gènes. Les hybrides intermédiaires doivent posséder le gène du débouchage (en double quantité) mais pas celui qui permet de jeter la larve. Rothenbuhler supposa que son groupe expérimental d'abeilles apparemment dépourvues de comportement sanitaire cachait un sous-groupe possédant le gène de l'expulsion, mais qu'elles étaient incapables de le montrer parce qu'elles n'avaient pas le gène du débouchage.

Il confirma cela plus précisément en débouchant les cellules lui-même. Eh bien, la moitié des abeilles au comportement apparemment non sanitaire montra un comportement parfaitement normal en ce qui concerne l'expulsion des malades[6].

Cette histoire illustre un certain nombre de points importants soulevés dans le chapitre précédent. Elle montre que l'on peut parfaitement parler d'un « gène de tel ou tel comportement », même si nous n'avons pas la plus petite idée de la façon dont la chaîne chimique embryonnaire s'arrange pour passer du gène au comportement. Il se pourrait même que la chaîne des causes s'avère comprendre l'apprentissage. Par exemple, il se pourrait que le gène du débouchage exerce ses effets en donnant aux abeilles un goût pour la cire infectée. Cela veut dire qu'elles considéreront leur nourriture provenant des cellules infectées comme étant une récompense, et qu'elles auront donc tendance à s'y nourrir à nouveau. Même si c'est la façon dont le gène fonctionne, il s'agit bien d'un gène du « débouchage » pourvu que, toutes choses étant égales par ailleurs, les abeilles qui possèdent le gène finissent par déboucher, et que celles qui ne l'ont pas n'aient pas ce comportement.

Deuxièmement, cette histoire illustre le fait que les gènes « coopèrent » dans leurs effets sur le comportement de la machine à survie commune. Le gène de l'expulsion est inutile à moins qu'il ne soit accompagné du gène du débouchage et vice-versa. Pourtant, les expériences génétiques montrent aussi clairement que ces deux gènes sont, en principe, tout à fait séparables lors de leur voyage à travers les générations. En ce qui concerne leur utilité, vous pouvez les considérer comme une seule unité coopérante, mais en tant que gènes capables de se répliquer, ce sont des agents libres et indépendants.

Afin d'atteindre les objectifs de cet exposé, il sera nécessaire de spéculer sur les gènes qui « font » toutes sortes de choses improbables. Si je parle, par exemple, d'un gène hypothétique « sauvant ses compagnons de la noyade » et que vous trouvez un tel concept incroyable, rappelez-vous notre histoire des abeilles sanitaires. Rappelez-vous que nous ne parlons pas des gènes comme étant la seule cause préalable à toutes les contractions musculaires complexes, aux intégrations sensorielles et même aux décisions conscientes impliquées par le processus de sauvetage de quelqu'un qui se noie. Nous ne disons rien sur les influences exercées par l'apprentissage, l'expérience et l'environnement dans le développement d'un tel comportement. Tout ce que nous devons concéder, c'est que, toutes choses égales par ailleurs et de nombreux autres gènes essentiels et facteurs environnementaux étant présents, un seul gène fasse qu'un corps soit plus capable de sauver quelqu'un de la noyade que ne le ferait son allèle. La différence entre les deux gènes peut s'avérer au fond n'être qu'une légère différence au niveau d'une seule variable quantitative. Les détails du développement embryonnaire environnemental, aussi intéressants qu'ils soient, sont inutiles du point de vue de l'évolution. K. Lorenz l'a bien expliqué.

Les gènes sont les programmeurs et ils programment pour leur vie. Ils sont jugés en fonction du succès de leur programme face aux dangers auxquels la vie soumet leurs machines à survie et le juge est le juge impitoyable du tribunal de la survie. Nous en viendrons plus tard aux moyens permettant de favoriser la survie des gènes grâce à ce qui paraît être un comportement altruiste. Mais les priorités les plus évidentes d'une machine à survie, ainsi que du cerveau qui prend les décisions pour elle, ce sont la survie individuelle et la reproduction. Tous les gènes de la « colonie » seraient d'accord avec ces priorités. Par conséquent, les animaux vont élaborer des moyens pour trouver et attraper de la nourriture ; éviter d'être eux-mêmes capturés et mangés ; éviter la maladie et les accidents ; se protéger de conditions climatiques peu favorables ; trouver des membres du sexe opposé et les persuader de s'accoupler ; et donner à leurs enfants des avantages similaires à ceux dont ils jouissent eux-mêmes. Je ne donnerai pas d'exemple — si vous en voulez un, jetez juste un coup d'œil sur le prochain animal sauvage que vous verrez. Mais j'accepte quand même de parler d'un comportement, parce que nous en aurons besoin lorsque nous reparlerons de l'altruisme et de l'égoïsme. Il s'agit de ce que nous pouvons qualifier de *communication*[7].

On peut dire d'une machine à survie qu'elle a communiqué avec une autre lorsqu'elle influence le comportement ou l'état du système nerveux de cette dernière. Ce n'est pas une définition que je défendrais pendant très longtemps, mais elle est suffisamment bonne pour nos objectifs présents. Par influence, j'entends l'influence causale directe. Les exemples de communication sont nombreux : le chant des oiseaux, des grenouilles et des grillons ; la queue qui s'agite et le poil qui se hérisse chez le chien ; les « cris » des chimpanzés ; le langage et les gestes chez les humains. Un grand nombre des actions des machines à survie améliore le bien-être des gènes indirectement, en influençant le comportement d'autres machines à survie. Les animaux se donnent beaucoup de mal pour se faire comprendre. Le chant des oiseaux a enchanté et trompé des générations successives d'humains. J'ai déjà fait référence à un chant encore plus élaboré et mystérieux qui est celui de la baleine à bosse, avec ses modulations prodigieuses, allant des fréquences audibles pour l'oreille humaine jusqu'aux cris aigus relevant des ultra-sons. Les taupes-grillons amplifient leur chant en l'émettant à partir d'un terrier creusé avec soin ayant la forme d'une corne double ou mégaphone. Les abeilles dansent dans l'obscurité pour donner aux autres abeilles l'information appropriée sur la direction et la distance à laquelle se trouve la nourriture, constituant ainsi un type de communication qui n'a été jusqu'ici égalé que par l'homme.

Les éthologues racontent traditionnellement que les signaux de communication évoluent pour le bénéfice de l'émetteur et du destinataire. Par exemple, les poussins influencent le comportement de leur mère en poussant de grands cris perçants lorsqu'ils sont perdus ou qu'ils ont froid. Cela a souvent pour effet immédiat de faire venir la mère qui remet le poussin au nid. On pourrait dire de ce comportement qu'il a évolué pour le bien des deux dans le sens où la sélection naturelle a favorisé les bébés qui crient quand ils sont perdus, ainsi que les mères qui répondent de la manière qui convient à ces cris.

Si nous le souhaitons (ce n'est pas vraiment nécessaire), nous pouvons considérer que les signaux tels que le cri du poussin ont une signification ou qu'ils véhiculent de l'information : ici, « je suis perdu ». Le signal d'alarme poussé par les petits oiseaux dont j'ai parlé au chapitre I pourrait être considéré comme contenant le

message : « il y a un faucon ». Les animaux qui reçoivent cette
information et agissent en fonction de celle-ci en tirent bénéfice.
Par conséquent, on peut dire que l'information est vraie. Mais les
animaux ne donnent-ils jamais de fausses informations ; ne
mentent-ils jamais ?

Le fait de dire qu'un animal ment peut conduire à une mauvaise
compréhension, aussi dois-je essayer de l'éviter. Je me souviens
avoir assisté à une conférence donnée par Beatrice et Allen Gardner sur les conversations de leur célèbre chimpanzé « parlant »
Washoe (elle utilise le langage des signes américain et ce qu'elle
fait est riche d'enseignements pour ceux qui étudient le langage).
Il y avait quelques philosophes dans l'assistance et, lors de la discussion qui s'ensuivit, ils se préoccupèrent beaucoup de la question de savoir si Washoe pouvait dire un mensonge. Les Gardner
pensaient, je le suppose et j'en suis d'accord, qu'il y avait d'autres
sujets plus intéressants. Dans ce livre, j'utilise des mots comme
« tromper » et « mentir » dans un sens beaucoup plus direct que
celui des philosophes. Ils s'intéressaient à l'intention consciente de
tromper. Je parle seulement d'un effet qui serait fonctionnellement équivalent à une tromperie. Si un oiseau utilisait un signal
« il y a un faucon » alors qu'il n'y en a pas, ce qui aurait pour effet
de faire s'enfuir de peur ses compagnons et de le laisser manger
toute leur nourriture, nous pourrions dire qu'il a menti. Nous ne
dirions pas qu'il a eu l'intention délibérée de tromper. Ce qui se
passe, c'est que le menteur a gagné de la nourriture aux dépens des
autres, et la raison pour laquelle les autres se sont enfuis, c'est
qu'ils ont réagi aux cris du menteur, comportement approprié
lorsqu'un faucon s'approche.

De nombreux insectes comestibles, tels que les papillons du chapitre précédent, se protègent en imitant l'apparence externe
d'autres insectes piqueurs ou au goût mauvais. Nous-mêmes
sommes souvent bernés en pensant que les mouches noires et
jaunes sont des guêpes. Certaines mouches imitant les abeilles
sont encore plus parfaites dans leur déguisement. Les prédateurs
aussi disent des mensonges. Le poisson-grenouille attend patiemment au fond de la mer, se confondant avec l'environnement. La
seule partie visible est un morceau de chair en forme de ver au

bout d'une longue « canne à pêche » qui sort du sommet de la tête. Lorsqu'un petit poisson s'approche, le poisson-grenouille fait danser son hameçon en face du petit poisson et l'attire vers sa propre bouche. Soudain, il ouvre les mâchoires et le petit poisson est happé et avalé. Le poisson-grenouille dit un mensonge en exploitant la tendance du petit poisson à s'approcher des objets en forme de ver. Il dit « voici un ver » et tout petit poisson qui « croit » un tel mensonge est rapidement mangé.

Certaines machines à survie exploitent les désirs sexuels des autres. Les orchidées poussent les abeilles à copuler avec leurs fleurs à cause de leur forte ressemblance avec les abeilles femelles. Ce que l'orchidée va gagner de cette imposture, c'est la pollinisation, car une abeille trompée par deux orchidées apportera par ailleurs le pollen de l'une à l'autre. Les lucioles (qui sont de vrais coléoptères) attirent leurs partenaires en émettant des signaux lumineux dans leur direction. Chaque espèce a son propre type de signal lumineux, ce qui empêche la confusion avec d'autres espèces et évite les lourdes conséquences de l'hybridation. Comme les marins qui décryptent les signaux lumineux particuliers à chaque phare, les lucioles recherchent les codes de leur propre espèce. Les femelles du genre *Photuris* ont « découvert » qu'elles pouvaient attirer les mâles du genre *Photinus* en imitant le code d'un *Photinus* femelle. C'est ce qu'elles font, et dès qu'un mâle trompé s'approche, il est sommairement mangé par la femelle *Photuris*. Les exemples similaires qui me viennent à l'esprit sont les sirènes et les Loreleis, mais les Écossais préféreront penser aux échoueurs des temps anciens qui utilisaient des lanternes pour attirer les bateaux sur les rochers et pillaient ensuite les marchandises émergeant des épaves.

Chaque fois qu'un système de communications évolue, il y a toujours un danger pour que certains exploitent le système à leur profit. Élevés dans l'esprit de l'évolution pour « le bien des espèces », nous pensons naturellement d'abord que les menteurs et les trompeurs appartiennent à des espèces différentes, prédateurs, proies, parasites, etc. Toutefois, nous devons nous attendre à ce que des mensonges, des imitations et l'exploitation égoïste des moyens de communication se produisent chaque fois que les intérêts de gènes d'individus différents divergent. Cela pourra aussi s'appliquer à des individus de la même espèce. Comme nous le verrons, nous devons même nous attendre à ce que les enfants trompent les parents, les maris leurs femmes, et que le frère mente à son propre frère.

Même cette idée qui nous pousse à croire que les signaux de la communication animale ont évolué à l'origine pour inciter au bien mutuel, et qu'ils ont ensuite été exploités par des partis mal intentionnés, est trop simpliste. Il se peut que tous les systèmes de communication animale contiennent un élément de tromperie dès le début, parce que toutes les interactions animales impliquent au moins plusieurs conflits d'intérêt. Le chapitre suivant présente un puissant élément de réflexion sur les conflits d'intérêt du point de vue de l'évolution.

CHAPITRE V

L'agression : stabilité
et machine égoïste

Ce chapitre est essentiellement consacré au sujet souvent très mal compris de l'agression. Pour simplifier, nous continuerons de considérer l'individu comme une machine égoïste programmée pour faire tout ce qu'il faut pour le bien-être de la totalité de ses gènes. Il s'agit du langage du pragmatisme. A la fin de ce chapitre, nous reviendrons au langage des gènes isolés.

Pour une machine à survie, une autre machine à survie (qui ne soit pas son propre enfant ou un parent proche) fait partie de son environnement au même titre qu'un rocher, une rivière ou de la nourriture. C'est une chose inutilement présente, ou qui peut être exploitée. Il y a toutefois un point important qui la différencie d'un rocher ou d'une rivière : elle a la possibilité de rendre coup pour coup. Cela parce qu'elle aussi est une machine qui contient des gènes immortels, en dépôt pour l'avenir, et parce que rien non plus ne l'arrêtera pour les préserver. La sélection naturelle favorise les gènes qui contrôlent leurs machines à survie de manière telle qu'elles utilisent au mieux leur environnement. Cela veut dire aussi utiliser au mieux d'autres machines à survie, qu'elles appartiennent ou non à la même espèce.

Dans certains cas, les machines à survie semblent empiéter assez rarement sur leurs vies respectives. Par exemple, les taupes et les merles ne se mangent pas l'un l'autre, ne s'accouplent pas et ne se concurrencent pas pour leur espace vital. Même ainsi, nous ne devons pas les considérer comme complètement isolés. Ils peuvent être concurrents en matière de nourriture, par exemple les vers de terre. Cela ne signifie pas que vous verrez un jour une taupe et un merle s'arracher furieusement un vers ; d'ailleurs, il se peut qu'un merle ne voie jamais une seule taupe de sa vie. Mais si vous supprimiez la population des taupes, l'effet sur les merles pourrait être dramatique, bien que je ne puisse me hasarder à vous en décrire avec force détails les conséquences exactes, ni quelles voies tortueuses cette influence pourrait emprunter.

Les machines à survie de différentes espèces s'influencent l'une l'autre sur bien des aspects. Elles peuvent être prédatrices ou proies, parasites ou hôtes, concurrentes sur de maigres ressources. Elles peuvent être exploitées de bien des manières, comme par exemple lorsque les abeilles sont utilisées comme transporteurs de pollen par les fleurs.

Les machines à survie de la même espèce ont tendance à se heurter plus directement les unes aux autres, et ce pour de nombreuses raisons. L'une d'elles est que la moitié de la population de sa propre espèce peut être constituée de partenaires potentiels et de parents, travailleurs potentiellement exploitables par leurs enfants. Une autre en est que les membres des mêmes espèces, très similaires les uns aux autres, constituant des machines destinées à préserver les gènes dans le même type d'environnement, avec le même genre de vie, constituent des concurrents particulièrement directs en ce qui concerne toutes les ressources nécessaires à la vie. Pour un merle, une taupe peut constituer un concurrent, mais ce n'est pas un rival aussi important qu'un autre merle. Les taupes et les merles peuvent se concurrencer pour les vers, mais les merles entre eux se concurrencent pour les vers *et* pour d'autres choses. S'ils sont du même sexe, ils peuvent aussi se concurrencer pour trouver un partenaire en vue de s'accoupler. Pour des raisons que nous aborderons plus loin, c'est généralement le mâle qui se bat avec les autres pour des femelles. Cela signifie qu'un mâle pourrait être bénéfique à ses propres gènes s'il faisait quelque chose au détriment du mâle contre lequel il est en concurrence.

La politique logique d'une machine à survie pourrait donc être d'assassiner ses rivaux, voire même de les dévorer. Bien que le meurtre et le cannibalisme se produisent effectivement dans la nature, ils ne sont pas aussi courants qu'une interprétation naïve de la théorie du gène égoïste pourrait le laisser prévoir. D'ailleurs, Konrad Lorenz souligne dans *L'Agression* la nature pondérée et chevaleresque du combat animal. Pour lui, l'important dans ces combats est que ce sont des tournois formels qui se déroulent selon des règles ressemblant à celles de la boxe. Les animaux combattent avec des poings gantés et des fleurets mouchetés. La menace et le bluff sont de mise. Les gestes de reddition sont reconnus par les vainqueurs, qui ne portent pas alors le coup fatal ou la morsure mortelle que notre théorie naïve pourrait laisser prévoir.

Cette interprétation de l'agression animale est discutable. En particulier, il est certainement faux de condamner le pauvre *homo sapiens* comme étant la seule espèce dont les membres se tuent entre eux, seule héritière de la marque de Caïn et autres accusations mélodramatiques du même ordre. Le naturaliste souligne la violence ou la modération de l'agression animale en partie en fonction du genre d'animaux qu'il a l'habitude d'observer, ainsi que des conceptions qu'il a en matière d'évolution — après tout, Lorenz est un adepte de la théorie selon laquelle l'évolution joue « pour le bien des espèces ». Même si cela a été exagéré, l'idée du poing ganté en matière de combat animal semble vraie au moins en partie. A première vue, cela ressemble à une forme d'altruisme. La théorie du gène égoïste doit s'atteler à la tâche difficile d'expliquer comment il se fait que les animaux ne tuent pas leurs rivaux à chaque fois qu'ils en ont l'occasion.

La réponse générale à cette question est qu'il y a autant d'avantages que d'inconvénients à tirer de cette pugnacité, et je ne parle pas seulement des coûts en temps et en énergie. Par exemple, supposez que B et C soient mes concurrents et que par hasard je rencontre B. Il pourrait être sensé que moi, individu égoïste, j'essaie de le tuer. Mais attendez. C est aussi mon concurrent, et il est aussi celui de B. En tuant B, je rends service à C puisque je supprime un de ses concurrents. Ce que je pourrais faire de mieux serait de laisser vivre B, parce qu'il se pourrait qu'il concurrence C et se batte contre lui, me rendant ainsi service indirectement. La morale de cet exemple simple et hypothétique est qu'il n'y a pas de mérite évident à essayer de tuer aveuglément ses concurrents. Dans un grand système complexe de rivalités, enlever un concurrent de la scène ne fait pas nécessairement de bien : il se peut que d'autres concurrents aient plus de chances de tirer bénéfice de sa mort que soi-même. Certains fonctionnaires chargés de surveiller les épidémies ont bien appris cette leçon difficile. Vous avez une épidémie agricole sérieuse, vous découvrez un moyen de l'éliminer, et vous le faites avec joie pour vous apercevoir qu'une autre épidémie tire encore plus bénéfice de l'extermination que l'agriculture humaine, et vous vous retrouvez dans une situation pire qu'avant.

D'autre part, cela pourrait sembler un bon plan de tuer ou au moins de combattre certains concurrents particuliers d'une manière discriminatoire. Si *B* est un éléphant de mer mâle en possession d'un grand harem plein de femelles, et si moi, autre éléphant mâle, je peux acquérir son harem en le tuant, je serais bien avisé de le faire. Mais il y a des coûts et des risques, même en cas de pugnacité sélective. Répondre pour défendre sa précieuse propriété présente un grand avantage pour *B*. Si je commence un combat, j'ai autant de chances que lui de mourir. Il a une ressource précieuse, et c'est pourquoi je veux le combattre. Mais l'a-t-il ? Peut-être l'a-t-il gagnée au combat. Il a probablement battu d'autres prétendants avant moi. Il s'agit sans doute d'un bon combattant. Même si je gagne le combat, et le harem en prime, il se peut que je sois en si mauvais état que je ne puisse profiter des bénéfices. Combattre prend du temps et de l'énergie. Ces derniers pourraient être mieux employés pour le moment. Si je me contente plutôt d'assurer ma subsistance et d'éviter les problèmes, je deviendrai plus grand et plus fort. Je le combattrai pour le harem ensuite, mais il se pourrait qu'il ait encore de meilleures chances de gagner plus tard si j'attends plutôt que de me précipiter maintenant.

Ce monologue subjectif n'est qu'un moyen de faire remarquer que la décision de combattre devrait idéalement être précédée d'une évaluation complexe, voire inconsciente, du rapport « coût-bénéfice ». Les bénéfices potentiels ne sont pas tous du côté du combat, bien qu'à n'en pas douter certains y soient. De même, durant un combat, chaque décision tactique pour savoir s'il faut favoriser l'escalade ou calmer le jeu a des coûts et des bénéfices qui pourraient, en principe, être analysés. Les éthologues s'en sont vaguement rendu compte depuis longtemps, mais il a fallu attendre Maynard Smith qui, normalement, n'est pas considéré comme un éthologue, pour que cette idée soit exprimée avec force et clarté. En collaboration avec G. R. Price et G. A. Parker, il utilise la branche des mathématiques connue sous le nom de « théorie des jeux ». Leurs idées limpides peuvent être exprimées en mots, sans symbole mathématique, quoiqu'elles perdent alors de leur rigueur.

Le concept essentiel introduit par Maynard Smith est celui de stratégie évolutionnairement stable (*Evolutionary Stable Strategy*), idée qu'il retrouve chez W. D. Hamilton et R. H. MacArthur. Une « stratégie » est une politique de comportement préprogrammée. Comme exemple de stratégie, on a : « Attaquer l'ennemi ; s'il s'enfuit, le poursuivre ; s'il contre-attaque, s'enfuir. » Il est important de se rendre compte que nous ne pensons pas que cette stratégie soit consciemment élaborée par l'individu. Rappelez-vous que nous décrivons l'animal comme une machine à survie — robot ayant un ordinateur préprogrammé qui a le contrôle des muscles. Écrire cette stratégie sous forme d'un ensemble d'instructions simples n'est qu'un moyen pratique de réflexion. Grâce à certains mécanismes non spécifiés, l'animal se conduit comme s'il suivait ces instructions.

Une stratégie évolutionnairement stable ou SES se définit comme une stratégie qui, si elle est adoptée par la plupart de ses membres, ne peut être améliorée par aucune autre stratégie[1]. Il s'agit d'une idée subtile et importante. Une autre manière de l'exprimer est de dire que la meilleure stratégie pour un individu dépend de ce que fait la majorité de la population. Puisque le reste de la population est constitué d'individus essayant chacun d'optimiser son *propre* succès, la seule stratégie qui subsistera sera celle qui, une fois son évolution terminée, ne pourra être améliorée par aucun individu mutant. Après un changement d'environnement important, il se peut qu'il y ait une brève période d'instabilité évolutionnaire, peut-être même une variation dans la population. Mais une fois que la SES est réalisée, elle demeure : la sélection pénalisera tout ce qui en déviera.

Pour appliquer cette idée à l'agression, considérons les cas hypothétiques les plus simples de Maynard Smith. Supposons qu'il n'y ait que deux sortes de stratégies de combat dans une population d'une espèce particulière, appelées Faucon et Colombe. (Ces noms font référence à l'usage conventionnel humain et n'ont aucun rapport avec les habitudes des oiseaux, car les colombes sont en fait des oiseaux assez agressifs.) Tout individu de notre population hypothétique est un faucon ou une colombe. Les faucons se battent toujours aussi férocement qu'ils le peuvent, ne renonçant que lorsqu'ils sont sévèrement blessés. Les colombes ne font que menacer d'une manière conventionnellement digne, ne blessant jamais personne. Si un faucon se bat contre une colombe, la colombe s'enfuit très vite et ainsi n'est pas blessée. Si deux faucons se battent, ils continuent jusqu'à ce que l'un des deux soit sérieusement blessé ou tué. Si une colombe rencontre une colombe, personne n'est blessé ; elles continuent de se faire peur l'une l'autre pendant un long moment, jusqu'à ce que l'une d'elles en ait assez ou décide de ne plus s'en préoccuper et s'en aille. Pour le moment, nous supposons qu'aucun individu ne peut dire à l'avance d'un rival précis s'il est un faucon ou une colombe. Il ne le découvre qu'en se battant contre lui, et personne ne l'aide en lui disant ce qu'il en a été des combats passés.

Nous allouons maintenant arbitrairement des « points » aux candidats. Disons 520 pour le gagnant, 0 pour le perdant, – 100 pour une blessure sérieuse et – 10 pour la perte de temps au cours d'un long face-à-face. On peut penser que ces points soient directement convertibles en monnaie de survie du gène. Un individu qui a de gros gains, qui a un score moyen élevé, est un individu qui laisse de nombreux gènes derrière lui dans le pool génique. Dans une large mesure, les véritables valeurs numériques n'ont pas beaucoup d'importance pour l'analyse, mais elles nous aident à réfléchir au problème.

Ce qui est important, c'est que nous *ne* nous intéressons *pas* à la question de savoir si les faucons vaincront les colombes lorsqu'ils se battront contre elles. Nous en connaissons déjà la réponse : les faucons gagneront toujours. Nous voulons savoir si le faucon ou la colombe représentent une stratégie évolutionnairement stable. Si l'une d'elles est une SES et l'autre non, nous devons nous attendre à ce que celle qui est la SES évolue. Il est théoriquement possible qu'il y ait deux SES. Ce serait vrai si, quelle que soit la stratégie majoritaire de la population, faucon ou colombe, la meilleure stratégie pour un individu donné était de suivre le mouvement. Dans ce cas la population suivrait celui des deux états stables qu'elle atteindrait en premier. Toutefois, comme nous le verrons, aucune de ces deux stratégies ne serait évolutionnairement stable à elle seule ; par conséquent, nous devrions nous attendre à ce qu'aucune d'entre elles n'évolue. Pour le démontrer, il nous faut calculer les gains moyens.

Supposez que nous ayons une population composée entièrement de colombes. A chaque fois qu'elles se battent, personne n'est blessé. Les affrontements ne sont que des tournois rituels prolongés, des matchs au cours desquels les protagonistes se dévisagent peut-être, mais qui finissent quand l'un des combattants renonce. Le gagnant perçoit alors 50 points, mais en perd 10 pour avoir perdu du temps, si bien qu'en définitive il gagne 40 points. Le perdant est aussi pénalisé de 10 points pour avoir perdu son temps. En moyenne, une colombe peut espérer gagner la moitié de ses affrontements et en perdre la moitié. Son score moyen par affrontement se situe donc entre 40 et – 10, ce qui fait 15. Par conséquent, toute colombe dans une population de colombes s'en sort tout à fait bien.

Mais supposez maintenant qu'un faucon mutant se présente dans la population. Puisqu'il est le seul faucon dans les parages, il combat chaque fois contre une colombe. Les faucons battent toujours les colombes, aussi gagne-t-il 50 points à chaque combat, ce qui représente son gain moyen. Il jouit d'un énorme avantage sur les colombes dont le gain net n'est que de 15. Les gènes des faucons vont donc se répandre rapidement dans la population. Mais à présent chaque faucon ne peut plus être sûr que son prochain rival sera une colombe. Pour prendre un exemple extrême, si le gène du faucon se répand tellement bien que toute la population se retrouve composée de faucons, tous les combats seront à présent des combats de faucons. Les choses sont alors différentes. Lorsqu'un faucon rencontre un autre faucon, l'un d'entre eux est sérieusement blessé et fait un score de – 100, alors que le gagnant touche 50 points. Chaque faucon d'une population de faucons peut espérer gagner la moitié de ses combats et en perdre la moitié. Il peut s'attendre à faire un score moyen par combat dans une fourchette qui s'étend entre 50 et – 100, soit – 25. A présent, considérez une colombe seule dans une population de faucons. Il est certain qu'elle perdra tous ses combats ; par contre, elle ne sera jamais blessée. Son score moyen est de 0 dans une population de faucons, alors que celui d'un faucon dans une population de faucons est de – 25. Les gènes de la colombe auront par conséquent tendance à se répandre dans la population.

La façon dont j'ai raconté cette histoire fait croire qu'il y a un changement permanent dans la population. Les gènes des faucons augmenteront rapidement et la conséquence de cette majorité de gènes de faucons sera que les gènes de colombes en tireront un avantage et augmenteront leur nombre, jusqu'à ce qu'une fois encore les gènes de faucons se mettent à prospérer, etc. Toutefois, les variations ne se présentent pas forcément sous cette forme. Il existe un rapport stable faucons/colombes. Pour le système arbitraire de points que nous utilisons, les fréquences sont de 5/1 pour les colombes et 7/12 pour les faucons. Lorsque ces chiffres stables sont atteints, le score moyen des faucons est exactement égal au score moyen des colombes. Par conséquent, la sélection ne favorise aucune des deux catégories. Si le nombre des faucons dans la population se met à augmenter, de sorte que leur fréquence ne soit plus égale à 7/12, les colombes augmentent alors à leur tour pour gagner un avantage supplémentaire et le chiffre revient à sa valeur stable. De même que nous trouverons que le rapport des sexes est de 50/50, le rapport faucons/colombes dans cet exemple hypothétique est de 7/5. Dans les deux cas, s'il se produit des variations autour du point de stabilité, celles-ci ne seront pas très importantes.

A première vue, cela ressemble un peu à la sélection par le

groupe, mais il n'en est rien. Certes, la population a un équilibre stable vers lequel elle a tendance à revenir lorsqu'il est modifié. Mais la SES est un concept bien plus subtil que la sélection par le groupe. Elle n'a rien à voir avec le fait que des groupes soient meilleurs que d'autres. Cela peut être joliment illustré en utilisant le système arbitraire de points de notre exemple hypothétique. Le score moyen d'un individu dans une population stable composée de 7/12 de faucons et de 5/12 de colombes s'avère être de 6 1/4. C'est vrai pour un faucon ou pour une colombe. A présent, 6 1/4 est bien inférieur au score moyen d'une colombe dans une population de colombes (15). Si *seulement* tout le monde acceptait d'être une colombe, chaque individu en tirerait des bénéfices. Grâce à la simple sélection par le groupe, tout groupe dans lequel les individus acceptent mutuellement d'être des colombes aura plus de succès qu'un groupe rival se maintenant au ratio SES. (On peut n'avoir que des colombes, mais ce n'est pas le seul groupe possible. Dans un groupe composé de 1/6 de faucons et de 5/6 de colombes, le score moyen par rencontre est de 16 2/3. Il s'agit de la combinaison la plus intéressante, mais pour l'instant nous pouvons l'ignorer. Une combinaison plus simple tout-colombes dont le score moyen par individu est de 15 est de bien loin meilleure que la SES pour chaque individu.) La théorie de la sélection par le groupe prévoirait par conséquent une tendance vers une combinaison tout-colombes, puisqu'un *groupe* contenant une proportion de 7/12 de faucons aurait moins de succès ; mais le problème avec les combinaisons, même celles qui représentent un avantage pour tout le monde dans le long terme, est qu'elles sont une porte ouverte aux abus. Il est vrai que tout le monde s'en sort mieux dans un groupe tout-colombes que dans un groupe SES. Malheureusement, dans une combinaison de colombes, un unique faucon progresse au point que rien ne peut arrêter l'évolution des faucons. La combinaison est donc condamnée à être cassée de l'intérieur par tricherie. Une SES est stable non parce qu'elle est particulièrement bonne pour les individus qui en font partie, mais simplement parce qu'elle est immunisée contre la trahison interne.

Il est possible que les humains concluent des pactes ou établissent des coalitions qui soient à l'avantage de tout le monde, même si celles-ci ne sont pas stables au sens de la SES. Mais cela n'est possible que parce que chaque individu exerce *consciemment* ses capacités de prévision et qu'il est capable de voir qu'à long terme il a tout intérêt à obéir aux règles de ce pacte. Même dans les pactes conclus par les humains, il existe un danger constant que, pour les individus susceptibles d'obtenir de gros gains à *court terme* en brisant le pacte, la tentation de passer à l'acte soit la plus forte. On trouve le meilleur exemple de ce phénomène en matière de fixation des prix. La fixation des prix de l'essence à un niveau élevé est, pour les patrons de stations-service, un moyen de préserver leurs intérêts à long terme. Les cartels qui fixent le prix, se basant sur une estimation consciente de leurs meilleurs intérêts à long terme, peuvent survivre pendant des périodes assez longues. Toutefois, il arrive de temps à autre qu'un individu soit tenté de réaliser rapidement des bénéfices en cassant les prix. Immédiatement, ses voisins suivent et une vague de baisse des prix submerge le pays. Malheureusement pour nous, pauvres clients, les pompistes reviennent à la réalité et se réunissent pour s'entendre sur un nouveau tarif. Ainsi, même chez l'homme, espèce pouvant prévoir consciemment, les pactes ou les coalitions fondées sur les meilleurs intérêts à long terme sont toujours sur la corde raide et sur le point de s'effondrer à cause de trahisons internes. Chez les animaux sauvages, contrôlés par des gènes qui se battent entre eux, il est encore plus difficile de voir dans quelle catégorie — coalition ou bénéfice — les stratégies pourraient évoluer. Nous devons nous attendre à trouver des stratégies évolutionnairement stables partout.

Dans notre exemple hypothétique, nous avons simplement supposé qu'un individu était soit un faucon, soit une colombe. Nous avons fini par fixer un ratio évolutionnairement stable des faucons par rapport aux colombes. En pratique, cela signifie qu'un ratio stable des gènes faucons par rapport aux gènes colombes serait réalisé dans le pool génique. Le terme technique en génétique pour cet état de choses est « polymorphisme stable ». En ce qui concerne les mathématiques, un équivalent exact de la SES peut être réalisé comme suit, sans polymorphisme. Si *chaque individu* est capable de se comporter soit comme un faucon, soit comme une colombe lors de chaque affrontement, on peut réaliser une SES dans laquelle tous les individus ont la même probabilité de se comporter comme un faucon, c'est-à-dire 7/12 dans notre exemple. En pratique, cela voudrait dire que chaque individu commencerait le combat en ayant pris au hasard la décision de se comporter soit comme un faucon, soit comme une colombe ; au hasard, certes, mais avec une moyenne de 7/5 en faveur du faucon. Il est très important que les décisions, bien que globalement en faveur du faucon, soient prises au hasard pour qu'un concurrent n'ait aucun moyen de deviner comment son adversaire va se comporter dans ce combat bien précis. Il n'est pas bon, par exemple, de jouer le faucon sept fois de suite, puis la colombe cinq fois de suite, etc. Si un individu adoptait une séquence aussi simple, ses opposants comprendraient vite son manège et prendraient l'avantage. La façon de prendre l'avantage par une séquence stratégique simple, c'est de jouer le faucon contre lui seulement lorsque vous savez qu'il va jouer à la colombe.

L'histoire du faucon et de la colombe est évidemment naïvement simpliste. Il s'agit d'un « modèle », quelque chose qui ne se passe pas vraiment dans la nature. Les modèles peuvent être très simples, comme ici, et cependant s'avérer utiles pour comprendre un point précis ou se faire une idée. On peut élaborer des modèles simples et les rendre complexes petit à petit. Si tout va bien, au fur et à mesure que leur complexité s'accroît, ils ressemblent de plus en plus au monde réel. Une façon pour nous de développer le modèle faucon et colombe est d'introduire quelques stratégies supplémentaires. Les faucons et les colombes ne sont plus les seules possibilités. Maynard Smith et Price ont introduit une stratégie plus complexe appelée *retaliator* (« vengeur »).

Le vengeur joue comme la colombe au début de chaque combat, c'est-à-dire qu'il ne monte pas sauvagement à l'attaque comme le faucon, mais qu'il suit une stratégie menaçante conventionnelle. Toutefois, si son adversaire l'attaque, il répond. En d'autres termes, un vengeur se comporte comme un faucon lorsqu'il est attaqué par un faucon, et comme une colombe lorsqu'il rencontre une colombe. Lorsqu'il rencontre un autre vengeur, il fait la colombe. Un vengeur est un *stratège conditionnel*. Son comportement dépend de celui de son adversaire.

Bully (« brute ») est un autre stratège conditionnel. Une brute se conduit comme un faucon jusqu'à ce que quelqu'un se rebiffe. C'est alors qu'il s'enfuit. Il existe pourtant un autre stratège conditionnel, le *prober-retaliator* (« vengeur-sondeur »). Un vengeur-sondeur ressemble au départ à un vengeur, mais il essaye parfois de rendre le combat encore plus féroce. Il continue à se comporter comme un faucon si son adversaire ne se rebiffe pas. D'autre part, si son adversaire répond, il revient aux postures menaçantes de la colombe. S'il est attaqué, il répond comme le ferait un vengeur ordinaire.

Si les cinq stratégies que j'ai mentionnées sont considérées séparément dans une simulation par ordinateur, seule l'une d'entre elles, le vengeur, se détache comme étant évolutionnairement stable[2]. Le sondeur-vengeur est presque stable. La colombe n'est pas stable parce qu'une population de colombes serait envahie par les faucons et les brutes. Le faucon n'est pas stable parce qu'une population de faucons serait envahie par des colombes et des brutes. La brute n'est pas stable parce qu'une population de brutes serait envahie par des faucons. Dans une population de vengeurs, aucune autre stratégie ne gagnerait, puisqu'il n'existe aucune autre stratégie qui fasse mieux que le vengeur lui-même. Toutefois, la colombe fait également de bons scores dans une population de vengeurs. Cela veut dire que, toutes choses égales par ailleurs, le nombre de colombes pourrait légèrement augmenter. Maintenant, si le nombre de colombes augmente de manière significative, les sondeurs-vengeurs (et par ailleurs les faucons et les brutes) commenceraient à avoir un avantage, puisqu'ils font un meilleur score contre les colombes que les vengeurs. Le sondeur-vengeur lui-même, contrairement au faucon et à la brute, est presque une SES dans la mesure où, dans une population de sondeurs-vengeurs, seule une autre stratégie, le vengeur, fait mieux, et dans ce cas légèrement. Par conséquent, nous pourrions espérer qu'un mélange de vengeurs et de sondeurs-vengeurs aurait tendance à prédominer, avec peut-être même une légère différence entre les deux en même temps qu'une variation dans la taille de la petite minorité de colombes. Une fois encore, nous ne devons pas penser en termes de polymorphisme dans lequel chacun joue une stratégie ou une autre. Chaque individu pourrait être en même temps un mélange complexe de vengeur, vengeur-sondeur et colombe.

Cette conclusion théorique n'est pas si éloignée de ce qui se passe réellement chez les animaux sauvages. Nous avons d'une certaine manière expliqué l'aspect « poing ganté » de l'agression animale. Évidemment, les détails dépendent du nombre exact de « points » obtenus pour avoir gagné, avoir été blessé, avoir perdu son temps, etc. Chez l'éléphant de mer, la récompense peut se composer du droit de quasi-monopole sur le harem. On peut estimer que le paiement est très élevé. Il n'est pas étonnant alors que les combats soient si féroces et que les risques de blessure soient si élevés. Le coût du temps perdu devrait être considéré comme négligeable par rapport au coût de la blessure et à l'enjeu du combat. Pour un petit oiseau dans un climat froid, par contre, le coût du temps perdu peut être un paramètre. Lorsque la mésange nourrit ses poussins, elle doit attraper en moyenne une proie toutes les trente secondes. Chaque seconde de lumière est précieuse. Il faudrait même prendre en compte le peu de temps dépensé pour un combat de type faucon/faucon plus sérieusement que le risque de blessure pour ce genre d'oiseau. Malheureusement, nous en savons trop peu actuellement pour aligner des chiffres réalistes en matière de coûts et de bénéfices des différentes situations rencontrées dans la nature[3]. Il nous faut être très prudents pour ne pas tirer de conclusions uniquement dues à notre choix arbitraire de nombres. Les conclusions générales importantes sont que les SES auront tendance à évoluer, qu'une SES ne donne pas le même résultat que l'optimum atteint par une coalition, et enfin que le bon sens peut faire faire des erreurs.

Maynard Smith a étudié un autre genre de jeu de guerre, celui de la « guerre d'usure ». On peut considérer qu'elle a lieu chez une espèce qui ne s'engage jamais dans un combat dangereux au cours duquel il est improbable qu'il y ait des blessés. Tous les différends se règlent selon la procédure des mimiques guerrières. Une rencontre se termine toujours par le renoncement de l'un des combattants. Pour gagner, tout ce que vous avez à faire, c'est de rester où vous êtes et de regarder votre adversaire droit dans les yeux jusqu'à ce que, finalement, il rebrousse chemin. Il est évident qu'aucun animal ne peut se permettre de passer un temps infini à menacer, il a d'autres choses importantes à faire ailleurs. Il se peut que ce pour quoi il lutte soit une ressource précieuse, mais elle ne le sera pas indéfiniment. Elle n'a de valeur que pendant un certain temps et, comme lors d'une vente aux enchères, chaque individu n'est disposé à y consacrer qu'un certain temps. Le temps constitue la monnaie de cette vente aux enchères à deux enchérisseurs.

Supposez que tous les individus de ce type précisent à l'avance combien de temps ils pensent mettre pour un type particulier de ressource, disons une femelle. Un individu mutant, prêt à mettre un petit peu plus, gagnerait toujours. D'où l'instabilité de la stratégie qui consiste à établir une limite fixe des enchères. Même si la valeur de la ressource peut être estimée très finement et que tous les individus enchérissent exactement la même valeur, cette stratégie est instable. N'importe lequel des deux individus enchérissant selon cette stratégie du maximum abandonnerait exactement au même moment et aucun des deux n'obtiendrait la ressource ! Cela vaudrait même la peine pour un individu d'abandonner dès le début plutôt que de perdre son temps dans ce genre de conflits. La différence importante entre la guerre d'usure à deux belligérants et une vraie vente aux enchères, c'est que, dans la guerre d'usure, les *deux* protagonistes payent le prix mais un seul obtient les marchandises. Dans une population de gros joueurs, une stratégie d'abandon dès le début aurait par conséquent beaucoup de succès et se répandrait dans la population. Les individus qui ne renoncent pas tout de suite commenceraient donc à en tirer quelque avantage, mais attendraient quelques secondes avant d'abandonner. Cette stratégie serait payante contre des adversaires renonçant tout de suite, lesquels prédominent dans la population. La sélection favoriserait alors une extension progressive du temps avant lequel les individus renoncent jusqu'à ce qu'il s'approche du maximum, qui est la véritable valeur économique de la ressource objet du conflit.

Une fois encore, les mots nous ont permis d'imaginer une variation dans la population. Une fois encore, l'analyse mathématique montre que ce n'est pas correct. Il s'agit d'une stratégie évolutionnairement stable, à laquelle on peut donner une forme mathématique, mais voici en quelques mots à quoi elle ressemble. Chaque individu continue pendant une période *imprévisible*. Toujours imprévisible, mais elle approchera en moyenne la véritable valeur de la ressource. Par exemple, supposez que cette ressource vaille cinq minutes de manifestation de colère. Sous SES, tout individu peut continuer pendant plus de cinq minutes, ou moins de cinq minutes, ou encore exactement cinq minutes. Ce qui est important, c'est que son adversaire n'a aucun moyen de savoir combien de temps il est disposé à continuer à ce moment-là.

Il est évident que, dans la guerre d'usure, il est vital pour les individus qu'ils ne fassent en aucune manière sentir le moment où ils vont abandonner. Quiconque trahirait, par le plus léger tremblement des moustaches, qu'il commence à envisager de jeter l'éponge, se trouverait immédiatement dans une fâcheuse posture. Si ce tremblement de moustaches s'avérait un signe fiable qui précède la retraite dans la minute qui suit, la stratégie pour gagner serait simple : « Si les moustaches de votre adversaire tremblent, attendez plus d'une minute sans tenir compte de ce que vous aviez prévu en cas de défaite. Si les moustaches de votre adversaire n'ont pas encore tremblé et que vous vous trouvez dans la minute qui précède votre abandon, abandonnez immédiatement et ne perdez plus de temps. Ne faites jamais trembler vos propres moustaches. » Ainsi, la sélection naturelle pénaliserait rapidement le tremblement des moustaches ou tout autre signe trahissant le comportement futur. Le masque de l'impassibilité évoluerait.

Pourquoi l'évolution jouerait-elle plus sur l'impassibilité que sur la capacité à aligner des mensonges ? Une fois encore, parce que cette capacité n'est pas stable. Supposez que la majorité des individus voient leurs poils se hérisser lorsqu'ils ont vraiment l'intention de continuer la guerre d'usure pendant une longue période. La parade évidente évoluerait : les individus abandonneraient immédiatement lorsqu'un adversaire hérisserait ses poils. Mais à présent les menteurs pourraient commencer à évoluer. Les individus qui n'avaient aucune intention de continuer longtemps se mettraient à hérisser leurs poils à chaque fois, et empocheraient les bénéfices d'une victoire facile et rapide. Ainsi les gènes du mensonge deviendraient de plus en plus nombreux. Une fois la majorité de menteurs atteinte, la sélection se mettrait à favoriser les individus capables de déceler leur bluff. Par conséquent, les menteurs verraient leur population décroître une fois encore de manière importante. Dans la guerre d'usure, proférer des mensonges n'est pas plus évolutionnairement stable que dire la vérité. L'impassibilité est évolutionnairement stable. La reddition, lorsqu'elle se produira, sera soudaine et imprévisible.

Jusqu'à présent, nous avons examiné seulement ce que Maynard Smith qualifie de rencontres « symétriques ». Cela veut dire que nous avons émis l'hypothèse que les adversaires sont identiques sur tous les points, sauf la stratégie du combat. On suppose que les faucons et les colombes sont de force égale, qu'ils sont équipés des mêmes armes et des mêmes armures et qu'ils auront les mêmes récompenses s'ils gagnent. Cela constitue une hypothèse très pratique pour établir un modèle, mais ce n'est pas très réaliste. Parker et Maynard Smith ont poursuivi leurs travaux en établissant des modèles asymétriques. Par exemple, si les individus sont de tailles différentes et ont des qualités de combattant différentes, et que chaque individu est capable d'évaluer la taille d'un adversaire par rapport à la sienne, cela va-t-il affecter la SES qui en résultera ? Très certainement.

Il semble y avoir trois types d'asymétrie. La première dont nous venons de parler : les individus peuvent être différents en taille ou en équipement de combat. Deuxièmement, les individus peuvent être différents en ce qui concerne les gains qu'ils réalisent lorsqu'ils gagnent. Par exemple, un vieux mâle, qui n'a de toute façon plus beaucoup de temps à vivre, pourrait avoir moins à perdre s'il est blessé qu'un jeune mâle ayant son avenir de reproducteur devant lui.

Troisièmement, et il s'agit d'une conséquence étrange de la théorie, une asymétrie purement arbitraire et apparemment inutile pourrait donner lieu à une SES, puisqu'elle peut être utilisée pour résoudre rapidement des combats. Par exemple, ce sera souvent le cas lorsqu'il arrivera qu'un des deux adversaires se rende sur les lieux du combat avant l'autre. Appelez-les respectivement « résident » et « intrus ». Pour la clarté de l'exposé, je suppose qu'il n'y a aucun avantage à être résident ou intrus. Comme nous le verrons, il y a des raisons pratiques qui font que cette hypothèse peut se révéler fausse, mais là n'est pas notre propos. Ce qui nous importe ici, c'est que, même s'il n'existe pas de raison précise permettant de supposer que les résidents ont un avantage sur les intrus, il se pourrait qu'une SES dépendante de l'asymétrie elle-même se développe. Une analogie simple peut être faite avec les humains qui résolvent une bagarre rapidement et sans éclat en tirant à pile ou face.

Il se pourrait que la stratégie conditionnelle : « Si vous êtes le résident, attaquez ; si vous êtes l'intrus, battez en retraite » soit une SES. Puisque l'asymétrie est supposée arbitraire, la stratégie opposée : « Si vous êtes le résident, battez en retraite ; si vous êtes l'intrus, attaquez » pourrait être stable. Quelle que soit la stratégie SES adoptée dans une population particulière, tout dépendra de qui atteint en premier la majorité. Une fois qu'une majorité d'individus a joué l'un des deux types de stratégies, ceux qui en dévieront seront pénalisés. Donc, par définition, il s'agit d'une SES.

Par exemple, supposez que tous les individus jouent « le résident gagne, l'intrus s'enfuit ». Cela signifie qu'ils gagneront la moitié de leurs affrontements et en perdront la moitié. Ils ne seront jamais blessés et ne perdront jamais de temps puisque tous les affrontements seront résolus par convention arbitraire. Maintenant, examinez le cas d'un mutant rebelle. Supposez qu'il joue une stratégie faucon pure, attaquant toujours et ne battant jamais en retraite. Il gagnera lorsque son adversaire sera un intrus. Lorsque son adversaire sera un résident, il courra un gros risque d'être blessé. En moyenne, il aura moins de gains que les individus jouant selon les règles arbitraires de la SES. Un rebelle qui essaye la convention inverse : « Si résident, fuir ; si intrus, attaquer », aura encore plus de problèmes. Non seulement il sera souvent blessé, mais il gagnera rarement un combat. Toutefois, supposez que, par le plus grand des hasards, les individus jouant cette convention contraire réussissent à devenir une majorité. Dans ce cas, leur stratégie deviendra la norme stable et ceux qui en dévieront seront pénalisés. Si nous étudions une population sur plusieurs générations, il est concevable que nous voyions de temps à autre une série de petites transitions d'un état stable à l'autre.

Cependant, dans la vie réelle, les asymétries réellement arbitraires n'existent probablement pas. Par exemple, il est probable que les résidents aient tendance à gagner sur les intrus. Ils ont une meilleure connaissance du milieu. Il est plus probable que l'intrus ait moins de souffle, parce qu'il doit se déplacer jusqu'au terrain du combat alors que le résident s'y trouve en permanence. Il y a une raison supplémentaire au fait que, de ces deux états stables, « le résident gagne, l'intrus perd » : on rencontre plus souvent l'un que l'autre dans la nature. C'est-à-dire que la stratégie inverse, « l'intrus gagne, le résident perd », a tendance à s'autodétruire — c'est ce que Maynard Smith appellerait une stratégie paradoxale. Dans toute population adoptant cette stratégie paradoxale, les individus s'efforceront toujours de ne jamais être pris comme résidents : ils essayeront toujours d'être l'intrus dans tous les combats. Ils ne pourront y parvenir qu'en changeant sans cesse d'endroit, et de plus sans raison! En dehors des dépenses que cela représente en temps et en énergie, cette tendance évolutionnaire fera d'elle-même disparaître la catégorie des résidents. Dans une population adoptant l'autre stratégie, « le résident gagne, l'intrus s'en va », la sélection naturelle favorisera les individus qui s'efforceront de devenir des résidents. Pour chaque individu, cela voudra dire défendre une parcelle de terrain, la quitter le moins possible et paraître la « défendre ». On sait à présent qu'un tel comportement est couramment observé dans la nature et qualifié de « défense du territoire ».

La démonstration la plus nette que je connaisse de ce genre d'asymétrie comportementale fut donnée par le grand éthologue Niko Tinbergen lors d'une expérience d'une simplicité particulièrement géniale[4]. Dans un aquarium, il avait placé deux épinoches mâles. Chaque mâle avait construit son nid à chaque bout de l'aquarium et chacun « défendait » le territoire autour du nid. Tinbergen plaça chacun des deux mâles dans un grand tube à essai en verre et tint les deux tubes l'un à côté de l'autre. Il observa que les deux mâles essayaient de se battre alors que le verre les séparait.

Et voici maintenant ce qui est intéressant. Lorsqu'il mit les deux tubes à proximité du nid du mâle *A*, celui-ci prit une posture d'attaque et le mâle *B* essaya de s'enfuir. Mais, lorsqu'il plaça les deux tubes à proximité du territoire du mâle B, l'inverse se produisit. En bougeant simplement les deux tubes d'une extrémité à l'autre de l'aquarium, Tinbergen était capable de dire quel mâle attaquerait et lequel s'enfuirait. De toute évidence, ceux-ci jouaient la stratégie conditionnelle simple : « Si résident, attaquer; si intrus, s'enfuir. »

Les biologistes se demandent souvent quels sont les « avantages » biologiques du comportement territorial. On a fait de nombreuses suggestions dont certaines seront mentionnées plus loin. Mais nous pouvons constater tout de suite que la question elle-même est peut-être superflue. La « défense » territoriale peut simplement constituer une SES qui se crée à cause de l'asymétrie de l'heure d'arrivée, qui caractérise d'habitude la relation entre deux individus et un bout de terrain.

Le type le plus important d'asymétrie non arbitraire concerne probablement la taille et l'aptitude au combat. La grande taille n'est pas nécessairement toujours la plus importante des qualités requises pour gagner des combats, mais elle en fait probablement partie. Si le plus grand des deux combattants gagne toujours et si chaque individu est sûr qu'il est plus grand ou plus petit que son adversaire, il n'y a qu'une stratégie à adopter : « Si votre adversaire est plus grand que vous, fuyez. Par contre, acceptez le combat avec des gens plus petits que vous. » Les choses sont un peu plus compliquées si la taille est un facteur moins déterminant. Si la grande taille ne confère qu'un léger avantage, la stratégie dont je viens de parler est encore stable. Mais si le risque d'être blessé est sérieux, il peut exister une deuxième stratégie paradoxale : « Combattre des adversaires plus grands que vous et fuir devant des plus petits ! » Son qualificatif de paradoxal est évident. Elle semble complètement à l'opposé du bon sens. La raison de sa stabilité est la suivante. Dans une population entièrement constituée de stratèges paradoxaux, personne n'est jamais blessé, parce que, à chaque rencontre, le plus grand s'enfuit toujours. Un mutant de taille moyenne qui joue la stratégie « sensée » consistant à se battre contre des adversaires plus petits se retrouve dans des combats où la violence ne fait que croître avec la moitié des adversaires qu'il rencontre. La raison en est que s'il rencontre quelqu'un de plus petit que lui, il attaque ; le plus petit répond violemment parce qu'il joue une stratégie paradoxale ; bien que le stratège sensé ait plus de chances de gagner que l'autre, il court encore un risque non négligeable de perdre et d'être sérieusement blessé. Puisque la majorité de la population suit une stratégie paradoxale, un stratège sensé a plus de chances d'être blessé que n'importe quel stratège paradoxal isolé.

Même s'il est possible qu'une stratégie paradoxale soit stable, cela n'a probablement qu'un intérêt théorique. Les combattants paradoxaux ne recevront des gains plus élevés que si leur nombre dépasse celui des combattants sensés. Il est difficile d'imaginer comment cet état de choses pourrait jamais se produire au départ. Même si c'était le cas, il suffit que le taux des sensés par rapport aux paradoxaux dans la population bouge légèrement en faveur des sensés pour atteindre la « zone d'attraction » de l'autre SES, celle des sensés. La zone d'attraction comprend l'ensemble des taux de populations dans lesquelles les stratèges sensés ont l'avantage : une fois qu'une population atteint cette zone, elle est aspirée inévitablement vers le point sensé stable. Il serait stimulant de trouver un exemple de SES paradoxale dans la nature, mais je ne suis pas sûr que nous puissions même en avoir l'espoir. (J'ai parlé trop vite. Après avoir écrit cette dernière phrase, le professeur Maynard Smith a attiré mon attention sur la description faite par J. W. Burgess, dans *Œcobius civitas*, du comportement de l'araignée sociale mexicaine : « Si une araignée est dérangée et qu'elle doive sortir de sa retraite, elle s'élance comme une flèche parmi les rochers et, en l'absence d'une crevasse vide pour s'y cacher, il lui arrive de chercher refuge dans le nid d'une autre araignée de la même espèce. Si l'autre araignée est là lorsque l'intruse entre, la propriétaire des lieux n'attaque pas, mais s'élance au-dehors et recherche un nouveau refuge. Ainsi, une fois que la première araignée a été dérangée, le processus de déplacement séquentiel de toile en toile peut se poursuivre pendant plusieurs secondes, forçant souvent une majorité d'araignées des environs à quitter leur refuge pour aller dans un autre » (« Les araignées sociales », *Scientific American*, mars 1976). C'est paradoxal au sens de la page 116 [5].

Que se passe-t-il si les individus gardent en mémoire les résultats des combats précédents ? Cela dépend de la question de savoir si la mémoire est spécifique ou générale. Les grillons ont une mémoire générale de ce qui s'est passé dans les combats antérieurs. Un grillon qui a gagné récemment un grand nombre de combats devient plus agressif, comme le faucon. Un grillon qui a récemment perdu plusieurs combats devient plus peureux, comme la colombe. C'est ce que R. D. Alexander a clairement montré. Il a utilisé un grillon modèle pour battre les véritables grillons. Après ce traitement, les vrais grillons avaient plus de risques de perdre les combats contre d'autres vrais grillons. On peut penser que chaque grillon remet constamment en question son estimation personnelle de ses capacités de combat par rapport à une population moyenne d'individus. Si des animaux comme les grillons, qui travaillent avec une mémoire générale des combats passés, restent ensemble en un groupe très serré pendant une certaine période, une hiérarchie de dominance se développera très probablement [6]. Un observateur peut classer les individus par ordre d'importance. Les individus inférieurs ont tendance à abandonner devant les supérieurs. Il n'est pas nécessaire de supposer que les individus se reconnaissent les uns les autres. Tout ce qui se passe, c'est que les individus qui ont l'habitude de gagner ont encore plus de chances de gagner, alors que pour ceux qui ont l'habitude de perdre, c'est l'inverse qui se produit. Même si les individus se sont mis à perdre ou à gagner complètement au hasard, ils ont eu tendance à se ranger dans un certain ordre. Par ailleurs, cela a pour effet de diminuer le nombre de combats sérieux jusqu'à disparition complète.

Il me faut utiliser l'expression « sorte de hiérarchie de dominance », parce que de nombreuses personnes réservent l'expression « hiérarchie de dominance » à des cas où la reconnaissance individuelle est impliquée. Dans ces cas, la mémoire des combats passés est spécifique plutôt que générale. Les grillons ne se reconnaissent pas en tant qu'individus, comme le font les poules ou les singes. Si vous êtes un singe, un congénère qui vous a battu dans le passé a plus de chances de vous battre dans l'avenir. La meilleure stratégie pour un individu est d'avoir un comportement de type colombe envers un individu qui l'a déjà battu. Si des poules qui ne se sont jamais rencontrées auparavant sont mises en présence, elles commencent généralement par se battre. Ensuite, les combats cessent, non pas pour les mêmes raisons que dans le cas des grillons, mais parce que chez les poules chaque individu « apprend à se situer » par rapport aux autres. C'est par ailleurs bon pour le groupe en tant qu'entité. A ce propos, on a noté que dans des groupes constitués de poules, où les combats sérieux sont rares, la production d'œufs est plus importante que dans des groupes où les membres sont constamment changés et où, par conséquent, les combats sont beaucoup plus nombreux. Les biologistes parlent souvent de l'avantage biologique ou « fonctionnel » des hiérarchies de dominance comme d'un facteur important de diminution de l'agressivité dans les groupes. Cependant, ce n'est pas la bonne manière de le dire. On ne peut pas dire d'une hiérarchie de dominance *per se* qu'elle a une « fonction » au sens évolutionnaire du terme, puisqu'il s'agit d'une propriété du groupe et non d'un individu. On peut dire des types de comportements individuels qui se manifestent sous forme de hiérarchies de dominance, lorsqu'on les considère au niveau du groupe, qu'ils ont des fonctions. Il vaut mieux cependant abandonner le mot « fonction » et penser en termes de SES au cours d'affrontements asymétriques où la reconnaissance individuelle et la mémoire sont présentes.

Nous avons réfléchi à des affrontements entre membres de la même espèce. Qu'en est-il des combats interespèces? Comme nous l'avons déjà vu, les membres de différentes espèces sont des concurrents moins discrets que ceux de la même espèce. C'est pour cette raison que nous devrions nous attendre à moins de conflits entre eux pour des ressources. C'est bien ce qui se passe en réalité. Par exemple, les grives défendent leur territoire contre d'autres grives, mais pas contre les mésanges. Il est possible de tracer une carte des territoires des différentes grives dans un bois et de la superposer à celle des mésanges. Les territoires des deux espèces se chevauchent sans aucune discrimination. Elles pourraient tout aussi bien se trouver sur des planètes différentes.

Dans d'autres situations les intérêts des individus d'espèces différentes sont en conflit ouvert. Par exemple, un lion veut manger le corps d'une antilope, mais cette dernière a d'autres projets. Ce n'est pas normalement considéré comme de la compétition pour une ressource, mais logiquement il est difficile de voir pourquoi cela n'en est pas une. La ressource en question est de la viande. Les gènes du lion « veulent » de la viande comme nourriture pour leur machine à survie. Les gènes de l'antilope veulent de la viande sous forme de muscles et d'organes pour leur machine à survie. Ces deux usages de la viande sont mutuellement incompatibles, par conséquent il y a conflit d'intérêt.

Les membres de sa propre espèce sont aussi faits de viande. Pourquoi le cannibalisme est-il relativement rare ? Comme nous l'avons vu dans le cas des mouettes à tête noire, les adultes mangent vraiment parfois les jeunes de leur propre espèce. Pourtant, on ne voit jamais les adultes carnivores poursuivre les membres de leur propre espèce dans le but de les manger. Pourquoi ? Nous avons encore trop l'habitude de penser en termes de « bien des espèces », évolutionnairement parlant, si bien que nous oublions de nous poser des questions parfaitement raisonnables comme : « Pourquoi les lions ne chassent-ils pas d'autres lions ? » On pose rarement aussi cette autre bonne question : « Pourquoi les antilopes fuient-elles les lions au lieu de leur faire face ? »

La raison pour laquelle les lions ne chassent pas d'autres lions est que cela ne constituerait pas une SES s'ils agissaient de cette manière. Une stratégie cannibale serait instable pour les mêmes raisons que la stratégie du faucon dans l'exemple précédent. Les représailles constituent un danger trop important. Cela a moins de chances de se vérifier dans des conflits entre membres d'espèces différentes ; c'est pourquoi un si grand nombre de proies animales s'enfuient au lieu de se défendre. Cela provient à l'origine du fait que, dans une interaction entre deux animaux d'espèces différentes, il existe une asymétrie innée qui est plus grande qu'entre des membres d'une même espèce. Toutes les fois qu'il y a une forte asymétrie dans un conflit, il y a de grandes chances pour que les SES soient des stratégies conditionnelles dépendant de l'asymétrie. Des stratégies du type « si plus petit, s'enfuir, si plus grand, attaquer » ont beaucoup de chances d'évoluer dans des conflits entre membres d'espèces différentes, parce qu'il existe de très nombreuses asymétries disponibles. Les antilopes et les lions ont atteint une sorte de stabilité par divergence évolutionnaire, qui a accentué l'asymétrie originelle du combat d'une manière toujours croissante. Ils sont devenus extrêmement efficaces dans l'art de chasser et de s'enfuir, respectivement. Une antilope mutante qui adopterait la stratégie « s'arrêter et combattre » en face des lions aurait moins de chances de survie que ses compagnes disparaissant à l'horizon.

J'ai l'intuition que nous pourrons en venir à considérer l'invention du concept de SES comme l'un des progrès les plus importants en matière de théorie de l'évolution depuis Darwin[7]. On peut l'appliquer toutes les fois que l'on trouve un conflit d'intérêts, c'est-à-dire presque tout le temps. Ceux qui étudient le comportement animal ont pris l'habitude de parler de quelque chose appelé « organisation sociale ». Trop souvent, l'organisation sociale d'une espèce est considérée comme une entité en soi, ayant son propre « avantage » biologique. Un exemple que j'ai déjà donné est celui de la « hiérarchie de dominance ». Je crois qu'il est possible de mettre en évidence les hypothèses de sélection par le groupe cachées derrière un grand nombre de déclarations que les biologistes font sur « l'organisation sociale ». Le concept de SES de Maynard Smith nous permettra, pour la première fois, de voir clairement comment un ensemble d'entités égoïstes indépendantes peuvent finir par ressembler à un tout organisé. Je pense que cela sera vrai non seulement pour les organisations sociales à l'intérieur des espèces, mais également pour les « écosystèmes » et les « communautés » comprenant de nombreuses espèces. A long terme, j'espère que le concept de SES révolutionnera la science de l'écologie.

Nous pouvons aussi l'appliquer à un sujet dérivé du chapitre III, à partir de l'analogie des rameurs (représentant les gènes d'un corps) qui mettent en jeu un bon esprit d'équipe. Les gènes sont choisis, non parce qu'ils sont « bons » quand ils sont isolés, mais parce qu'ils font des merveilles lorsqu'ils se retrouvent avec les autres gènes dans le pool génique. Un bon gène doit être compatible et complémentaire avec les autres gènes, avec lesquels il doit partager une longue succession de corps. Un gène donnant des dents pour couper l'herbe est un bon gène dans le pool génique d'une espèce herbivore, mais il sera mauvais dans celui d'une espèce carnivore.

Il est possible d'imaginer qu'une combinaison compatible de gènes ait été sélectionnée *en tant qu'unité*. Dans le cas de l'imitation des papillons donnée au chapitre III, cela semble être exactement ce qui s'est passé. Mais le concept de SES peut à présent nous permettre de voir comment le même type de résultat pourrait être obtenu par sélection au seul niveau du gène indépendant. Les gènes n'ont pas à être reliés au même chromosome.

L'analogie avec les rameurs n'explique pas vraiment cette idée. Le moyen pour s'en approcher le plus possible est le suivant. Supposez qu'il soit important pour un équipage vraiment bon que les rameurs coordonnent leurs activités par la parole. Continuez et supposez que dans le pool des rameurs se trouvant à la disposition de l'entraîneur certains ne parlent que l'anglais et d'autres seulement l'allemand. Les Anglais ne sont pas des rameurs beaucoup plus mauvais ou bien meilleurs que les Allemands. Mais, à cause de l'importance de la communication, un équipage mixte gagnera beaucoup moins de courses qu'un équipage entièrement anglais ou entièrement allemand.

L'entraîneur n'en tient pas compte ; tout ce qu'il fait, c'est répartir ses hommes en donnant des points à ceux qui se trouvent dans les bateaux gagnants et en rejetant ceux qui se trouvent dans les bateaux perdants. A présent, si le pool qui est à sa disposition se trouve dominé par les Anglais, il s'ensuit que tout Allemand qui embarquera va probablement faire perdre plus souvent son bateau à cause de problèmes de communication. A l'inverse, s'il se trouve que le pool est dominé par les Allemands, l'Anglais qui embarquera fera perdre plus souvent son bateau pour les mêmes raisons que précédemment. Le meilleur équipage sera l'un des deux états stables — tout anglais ou tout allemand, mais pas mélangé. A première vue, on peut penser que l'entraîneur choisit des groupes de langage *en tant qu'unités*. Ce n'est pas le cas. Il choisit les rameurs individuellement pour leur capacité apparente à gagner des courses. Il s'avère que la tendance affichée par un individu à gagner une course dépend des autres individus présents dans le pool de candidats. Les candidats minoritaires sont automatiquement pénalisés, non parce qu'ils sont de mauvais rameurs, mais simplement parce qu'ils sont minoritaires. De même, le fait que les gènes soient sélectionnés pour leur comptabilité mutuelle ne signifie pas nécessairement qu'il *faille* penser que les groupes de gènes sont sélectionnés en tant qu'unités, comme c'était le cas pour les papillons. La sélection au niveau le plus bas, qui est celui du gène, peut donner l'impression qu'elle s'opère à un niveau plus élevé.

Dans cet exemple, la sélection favorise la simple conformité. Ce qui est plus intéressant, c'est que les gènes peuvent être sélectionnés parce qu'ils se complètent les uns les autres. En termes d'analogie, supposez qu'un équipage dont l'équilibre est idéal comprenne quatre droitiers et quatre gauchers. Une fois encore supposez que l'entraîneur, inconscient de ce fait, sélectionne aveuglément au « mérite ». Si le pool de candidats se trouve dominé par les droitiers, tout gaucher aura tendance à avoir l'avantage : il y a des chances pour que tout bateau dans lequel il se trouve gagne ; par conséquent il fera figure de bon rameur. A l'inverse, dans un pool dominé par des gauchers, un droitier aura l'avantage. La situation est la même que pour un faucon s'en tirant bien dans une population de colombes et qu'une colombe s'en tirant bien dans une population de faucons. La différence est que nous parlons d'interactions entre des corps individuels — les machines égoïstes — alors qu'ici nous parlons, par analogie, d'interactions entre gènes à l'intérieur des corps.

La sélection aveugle de l'entraîneur à la recherche de « bons » rameurs mènera finalement à un équipage idéal comprenant quatre droitiers et quatre gauchers. Tout sera comme s'il les choisissait tous ensemble en tant qu'unité complète et équilibrée. Je pense qu'il est plus raisonnable de penser qu'il choisit au niveau le plus fin, le niveau de candidats indépendants. L'état évolutionnairement stable (« stratégie » conduit à des erreurs dans ce contexte) de quatre gauchers et de quatre droitiers émergera simplement en tant que conséquence de la sélection au niveau le plus fin sur la base du mérite apparent.

Le pool génique représente l'environnement à long terme du gène. Les « bons » gènes sont sélectionnés à l'aveugle comme étant ceux qui survivent dans le pool génique. Ce n'est pas une théorie ; ce n'est même pas un fait observé : il s'agit d'une tautologie. La question qui nous intéresse est de savoir ce qui fait qu'un gène est bon. En première approximation, j'ai dit que c'est sa capacité à construire des machines à survie efficaces — les corps. Nous devons à présent améliorer cette affirmation. Le pool génique deviendra un *ensemble évolutionnairement stable* de gènes, défini comme un pool génique qui ne peut être envahi par aucun gène nouveau. La plupart des nouveaux gènes qui apparaissent par mutation, par réarrangement, ou par migration, sont rapidement pénalisés par sélection naturelle : l'ensemble évolutionnairement stable est restauré. De temps à autre, un nouveau gène réussit bien à envahir l'ensemble : il réussit à se répandre dans le pool génique. Il y a une période transitoire d'instabilité qui se termine par un nouvel ensemble évolutionnairement stable — on a alors assisté à une tranche d'évolution. Par analogie avec les stratégies d'agression, une population aurait pu avoir plus d'une alternative stable, et pourrait de temps à autre passer de l'une à l'autre. L'évolution progressive ne prendrait donc pas tant la forme d'une courbe continue que celle d'une série de paliers discrets marquant le passage d'un plateau stable à un autre[8]. Tout semble se passer comme si la population en tant que tout se comportait comme une unité solitaire s'autorégulant. Mais cette illusion est produite par la sélection qui se poursuit au niveau du gène isolé. Les gènes sont sélectionnés au « mérite ». Mais le mérite se juge sur la base d'actions réalisées face à l'ensemble évolutionnairement stable que constitue le pool génique du moment.

En se focalisant sur les interactions agressives entre individus, Maynard Smith fut capable de clarifier les choses. Il est facile de penser à des fréquences stables de corps de faucons et de colombes, parce que les corps sont de grandes choses que nous pouvons voir. Mais de telles interactions entre gènes se trouvant dans des corps *différents* ne représentent que la partie émergée de l'iceberg. La grande majorité des interactions significatives entre les gènes dans l'ensemble évolutionnairement stable — le pool génique — se poursuit à *l'intérieur* des corps individuels. Ces inter-actions sont difficiles à voir, car elles se passent à l'intérieur des cellules, surtout celles des embryons en développement. Les corps bien intégrés existent parce qu'ils sont le produit d'un ensemble évolutionnairement stable de gènes égoïstes.

Mais il me faut revenir au niveau des interactions entre les ani-maux entiers, ce qui constitue le principal sujet de ce livre. Pour comprendre l'agression, il est pratique de considérer les animaux individuels comme des machines égoïstes et indépendantes. Ce modèle ne fonctionne plus lorsque les individus en question sont des parents proches — frères et sœurs, cousins, parents et enfants. En effet, les parents partagent une proportion substantielle de leurs gènes. Chaque gène égoïste voit par conséquent sa fidélité se partager entre différents corps. Cela fait l'objet du chapitre sui-vant.

CHAPITRE VI

La parenté génique

Qu'est-ce que le gène égoïste ? Il ne s'agit pas d'un simple morceau d'ADN. Comme dans la soupe originelle, il s'agit de *toutes les
répliques* d'un morceau précis d'ADN, distribuées dans le monde
entier. Si nous nous permettons de parler des gènes comme s'ils
avaient des buts conscients en nous appuyant sur le fait qu'il nous
serait toujours possible, si nous le voulions, de revenir à des
termes plus appropriés, nous pouvons nous poser la question suivante : qu'est-ce qu'un seul gène essaye de faire ? Il essaie de se
multiplier dans le pool génique. Au départ, il le fait en aidant à
programmer les corps dans lesquels il se trouve pour survivre et se
reproduire. Mais à présent, nous insistons sur le fait qu'il « s'agit »
d'une population dispersée simultanément chez de nombreux
individus. La pierre de touche de ce chapitre réside dans le fait
qu'un gène pourrait aider les *répliques* de lui-même se trouvant
dans d'autres corps. S'il en était ainsi, cela aurait l'apparence de
l'altruisme individuel, mais induit par l'égoïsme du gène.

Examinez le cas du gène de l'albinisme chez l'homme. En fait,
plusieurs gènes en sont à l'origine, mais je ne parle que de l'un
d'entre eux. Il est récessif, c'est-à-dire qu'il doit être présent en
double quantité pour que la personne soit atteinte d'albinisme.
C'est le cas d'une personne sur vingt mille. Mais il existe aussi en
quantité normale chez une personne sur soixante-dix, et ces individus ne sont pas albinos. Puisqu'il est réparti chez de nombreux

individus, un gène comme celui de l'albinisme pourrait, en théorie, aider à sa propre survie en programmant ses corps à se
conduire de manière altruiste envers les autres corps albinos, puisque l'on sait qu'ils contiennent le même gène. Le gène de l'albinisme devrait être assez content que certains des corps qu'il habite
meurent, pourvu qu'en mourant ils aident d'autres corps à contenir le même gène pour qu'il survive. Si le gène de l'albinisme pouvait s'arranger pour sauver la vie de dix corps albinos, même la
mort de l'altruiste serait amplement compensée par l'augmentation du nombre des gènes de l'albinisme dans le pool génique.

Devrions-nous alors nous attendre à ce que les albinos soient
particulièrement gentils les uns envers les autres? La réponse est,
en vérité, probablement négative. Pour savoir pourquoi, nous
devons abandonner temporairement la métaphore du gène agent
conscient, qui, dans ce contexte, conduit en effet à un mauvais raisonnement. Il nous faut revenir à des termes appropriés, même
s'ils sont plus obscurs. Les gènes de l'albinisme ne « veulent » pas
réellement survivre ou aider d'autres gènes de l'albinisme. Mais si
le gène de l'albinisme s'avérait à l'origine du comportement
altruiste de ses corps les uns vis-à-vis des autres, alors, automatiquement, bon gré mal gré, il deviendrait petit à petit plus courant dans le pool génique. Mais, pour que cela se produise, il faudrait que le gène produise deux effets indépendants sur les corps.
Il devrait non seulement leur conférer son effet habituel, c'est-à-
dire un teint très pâle, mais également une tendance à être sélec-
tivement altruiste envers les individus au teint pâle. Un double
effet de ce genre pourrait, s'il existait, avoir beaucoup de retom-
bées dans la population.

A présent, il est vrai que les gènes ont réellement de multiples
effets comme je l'ai souligné au chapitre III. Il est théoriquement
possible qu'un gène puisse conférer une « étiquette » visible à
l'extérieur, disons une peau pâle, une barbe verte ou tout ce qui
peut être visible, ainsi qu'un comportement particulièrement
affable envers les porteurs de cette caractéristique. C'est possible
mais ce n'est pas obligatoire. On peut relier le port de la barbe
verte au développement d'ongles incarnés ou à n'importe quelle

autre caractéristique, et une attirance pour les barbes vertes a de bonnes chances d'aller de pair avec l'incapacité à percevoir l'odeur des freesias. Il y a peu de chances qu'un seul et même gène produise à la fois la bonne étiquette et le bon genre d'altruisme. Néanmoins, ce que l'on peut qualifier d'Effet de l'Altruisme de la Barbe Verte est une possibilité théorique.

Une étiquette arbitraire comme une barbe verte n'est qu'un moyen pour un gène de « reconnaître » des copies de lui-même chez d'autres individus. Existe-t-il d'autres moyens ? En voici un particulièrement direct. Le possesseur d'un gène altruiste pourrait être simplement reconnu par son comportement altruiste. Un gène pourrait prospérer dans le pool génique s'il « disait » l'équivalent de : « Corps, si *A* se noie après avoir essayé de sauver quelqu'un d'autre de la noyade, plonge et sauve *A*. » La raison pour qu'un tel gène ait beaucoup d'influence est qu'il y a de grandes chances que *A* contienne le même gène altruiste sauveteur. Le fait que A soit vu essayant de sauver quelqu'un d'autre est une marque équivalente à la barbe verte. C'est moins arbitraire qu'une barbe verte, mais cela semble encore assez peu plausible. Existe-t-il des moyens vraisemblables permettant aux gènes de « reconnaître » leurs copies chez d'autres individus ?

La réponse est oui. Il est facile de montrer que les *parents proches* — du même sang — ont une chance supérieure à la moyenne de partager des gènes. On sait depuis longtemps que c'est la raison pour laquelle l'altruisme des parents envers leurs enfants est si répandu. R. A. Fischer, J. B. S. Haldane et surtout W. D. Hamilton se sont rendu compte que les mêmes principes s'appliquent à d'autres proches parents — frères et sœurs, neveux et nièces, proches cousins. Si un individu meurt en sauvant une dizaine de parents proches, il se peut qu'une copie du gène de l'altruisme soit perdue, mais un grand nombre de copies du même gène est préservé.

« Un grand nombre » est un peu vague, de même que l'expression « parents proches ». Nous pouvons faire mieux que cela, comme l'a montré Hamilton. Ses deux articles de 1964 figurent parmi les contributions les plus importantes qui aient été écrites en éthologie sociale et je n'ai jamais pu comprendre pourquoi elles ont été ignorées à ce point par les éthologues (son nom n'apparaît même pas à l'index de deux des plus importants manuels d'éthologie publiés en 1970)[1]. Heureusement, on assiste aujourd'hui à un frémissement qui traduit un regain d'intérêt pour ses idées. Les articles de Hamilton sont assez mathématiques, mais il est facile d'en appréhender les principes de base, bien que cela oblige à simplifier beaucoup. Nous voulons calculer la probabilité, ou les chances, que deux individus, par exemple deux sœurs, partagent un gène donné.

Pour simplifier, je ferai l'hypothèse que nous parlons de gènes rares en général dans le pool génique[2]. La plupart des gens partagent « le gène qui fait que l'on ne soit pas albinos », qu'ils aient ou non un lien de parenté. La raison pour laquelle ce gène est si répandu est que, dans la nature, les albinos ont moins de chances de survie que les non-albinos, parce que, par exemple, le soleil les aveugle et les rend relativement incapables de voir un prédateur s'approcher. Notre propos n'est pas d'expliquer la prévalence dans le pool génique de gènes qui, de toute évidence, sont considérés comme « bons », tels ceux qui ne rendent pas albinos. Ce qui nous intéresse, c'est d'expliquer le succès de ces gènes à cause de leur altruisme. Par conséquent, nous pouvons supposer que, au moins au tout début de ce processus d'évolution, ces gènes étaient rares. Ici, l'important est que même un gène rare dans l'ensemble de la population est courant au sein d'une famille. J'ai un certain nombre de gènes rares dans l'ensemble de la population. Les probabilités pour que vous et moi ayons les mêmes gènes rares sont évidemment très faibles. Mais les probabilités pour que ma sœur et moi ayons un même gène rare sont importantes, de même qu'entre votre sœur et vous. Les chances sont dans ce cas de 50 % exactement et cela est facile à expliquer.

Supposez que vous ayez une copie du gène G. Vous avez dû le recevoir de votre père ou de votre mère (pour faciliter la compréhension, nous pouvons négliger d'autres cas, très peu fréquents, tels que G est un mutant, que vos deux parents l'avaient, ou que l'un de vos parents en avait deux copies). Supposez que ce soit votre père qui vous l'ait donné. Alors, chacune de ses cellules ordinaires contenait une copie de G. Maintenant vous devez vous souvenir que, lorsqu'un homme produit un spermatozoïde, il lui transmet la moitié de ses gènes. Il y a par conséquent bien 50 % de chances que le spermatozoïde qui a produit votre sœur ait reçu le gène G. Si, par contre, vous avez reçu G de votre mère, le raisonnement est exactement le même, puisque la moitié de ses ovocytes devaient contenir G ; une fois encore, il y a 50 % de chances pour que votre sœur soit porteuse de G. Cela signifie que si vous avez cent frères et sœurs, environ cinquante d'entre eux ont le même gène rare que vous. Cela veut dire aussi que si vous avez cent gènes rares, environ 50 % d'entre eux se trouvent dans le corps de n'importe lequel de vos enfants et sœurs.

Vous pouvez faire le même type de calcul pour n'importe quel degré de parenté. Une parenté importante est celle qui existe entre parents et enfants. Si vous avez une copie du gène H, les probabilités pour que n'importe lequel de vos enfants l'ait sont de 50 %, parce que la moitié de vos cellules sexuelles contiennent H, et chaque enfant est issu de l'une de ces cellules sexuelles. Si vous avez une copie du gène J, les probabilités pour que votre père ait aussi eu J sont de 50 %, parce que vous avez reçu de lui la moitié de vos gènes et l'autre moitié de votre mère. Pour simplifier, nous utilisons un indice de *degré de parenté* qui exprime les probabilités qu'un gène soit partagé entre deux parents. Le degré de parenté entre deux frères est de 1/2 puisque la moitié des gènes possédés par un frère se retrouvera chez l'autre. Il s'agit d'un ordre de grandeur moyen : grâce à la roulette de la division méiotique, il est possible que deux frères partagent plus ou moins de gènes que cela. Par contre, le degré de parenté entre parent et enfant est toujours de 1/2.

Il est assez rébarbatif d'expliquer chaque fois les calculs à partir des principes de base, aussi vais-je vous donner ici une règle générale permettant de déterminer la parenté qui existe entre deux individus A et B. Il se peut que vous la trouviez utile pour rédiger votre testament ou pour interpréter des ressemblances apparentes dans votre propre famille. Elle fonctionne pour des cas simples, mais pas en cas de relations incestueuses, ni chez certains insectes, comme nous le verrons.

Identifiez d'abord tous les ancêtres communs à A et B. Par

exemple, les ancêtres communs de deux cousins germains sont leur grand-père et leur grand-mère communs. Une fois que vous avez trouvé un ancêtre commun, il est évidemment logique de dire que tous ses ancêtres sont communs à A et B. Cependant, nous les ignorons tous, sauf les ancêtres communs les plus récents. Ainsi, les cousins germains n'ont que deux ancêtres communs. Si B est un descendant linéal de A, par exemple son arrière-petit-fils, alors A est lui-même « l'ancêtre commun » que nous recherchons.

Après avoir situé l'ancêtre commun à A et B, comptez comme suit la *distance entre générations*. Partant de A, remontez l'arbre de la famille jusqu'à ce que vous tombiez sur cet ancêtre commun. Ensuite, redescendez jusqu'à B. Le nombre total d'étages dans l'arbre qui séparent les deux générations en question représente la distance de générations. Par exemple, si A est l'oncle de B, la distance entre générations est de 3. L'ancêtre commun est (par exemple) le père de A et le grand-père de B. Partant de A, il vous faut remonter d'une génération de manière à tomber sur l'ancêtre commun. Ensuite, pour revenir à B, il vous faut descendre de deux générations de l'autre côté. Par conséquent, la distance entre les générations est de 1 + 2 = 3.

Une fois que vous avez trouvé la distance entre A et B *via* un ancêtre commun, calculez le degré de parenté dont cet ancêtre est responsable. Pour ce faire, multipliez par 1/2 à chaque étape de la distance de générations. Si la distance de générations est de 3, le calcul est de $1/2 \times 1/2 \times 1/2$ soit $(1/2)^3$. Si la distance de générations via un ancêtre particulier est égale à d étapes, la portion de parenté due à cet ancêtre est de $(1/2)d$.

Mais cela ne représente qu'une partie de la parenté existant entre A et B. S'ils ont plus qu'un ancêtre commun, il nous faut ajouter le même nombre pour chaque ancêtre. Souvent, la distance de générations est la même pour tous les ancêtres communs à deux individus. Par conséquent, une fois que vous avez calculé la parenté entre A et B en fonction de chaque ancêtre commun, tout ce que vous avez à faire en pratique est de multiplier par le nombre d'ancêtres. Par exemple, les cousins germains ont deux ancêtres communs et la distance de générations via chacun d'eux est de 4. Par conséquent, leur parenté est de $2 \times (1/2)4 = 1/8$. Si A est l'arrière-petit-enfant de B, la distance de générations est de 3, et le nombre d'« ancêtres » communs est de 1 (B lui-même), aussi la parenté est-elle de 1 × (1/2)3 = 1/8. Génétiquement parlant, votre cousin germain est l'équivalent d'un arrière-petit-enfant. De même, vous avez autant de chances de « ressembler » à votre oncle (parenté = 2 × (1/2)3 = 1/4) qu'à votre grand-père (parenté = 1 × (1/2)2 = 1/4).

Pour des parentés aussi éloignées que celles des cousins au troisième degré (2 × (1/2)8 = 1/128), nous nous rapprochons de la probabilité selon laquelle un gène possédé par A sera partagé par n'importe quel individu pris au hasard dans la population. Un cousin au troisième degré est sensiblement équivalent à n'importe quel Thomas, Laurent ou Pierre en ce qui concerne un gène altruiste. Un cousin au deuxième degré (parenté = 1/32) est un petit peu plus proche ; un cousin germain l'est encore un peu plus (1/8). Les frères et sœurs, les parents et enfants sont très proches (1/2), et les vrais jumeaux (parenté = 1) sont aussi proches qu'on l'est de soi-même. Les oncles et tantes, les neveux et nièces, les grands-parents et petits-enfants, les demi-frères et demi-sœurs sont intermédiaires avec une parenté de 1/4.

A présent, il nous est possible de parler plus précisément des gènes reliant la parenté à l'altruisme. Un gène qui pousse à sauver du suicide cinq cousins ne deviendrait pas plus répandu dans la population, mais un gène qui pousse à sauver cinq frères ou dix cousins germains le deviendrait. L'exigence minimale pour qu'un gène altruiste empêchant le suicide se répande est qu'il sauve plus de deux parents (enfants ou parents), plus de quatre demi-parents (oncles, tantes, neveux, nièces, grands-parents, petits-enfants), ou encore plus de huit cousins germains, etc. Un tel gène a tendance à survivre en moyenne dans les corps de suffisamment d'individus sauvés par l'altruiste pour compenser la mort de l'altruiste lui-même.

Si un individu pouvait être sûr qu'une personne soit son vrai jumeau, il devrait se préoccuper autant du bien-être de son jumeau que du sien. Tout gène s'occupant de l'altruisme gémellaire va être porté par les deux jumeaux. Par conséquent, si l'un meurt héroïquement pour sauver la vie de l'autre, le gène continue de vivre. Il arrive que neuf tatous rayés naissent d'une portée avec des quadruplés identiques. Pour autant que je sache, on n'a jamais rapporté d'exploits héroïques au sujet des jeunes tatous, mais il a été souligné qu'il faut absolument s'attendre à un altruisme très fort, et cela vaudrait bien la peine que quelqu'un aille en Amérique du Sud y jeter un coup d'œil[3].

Nous pouvons voir à présent que l'affection des parents n'est qu'un cas particulier d'altruisme familial. Génétiquement parlant, un adulte devrait se consacrer autant à son frère en bas âge qu'à ses propres enfants. Sa parenté par rapport aux deux est exactement la même, à savoir 1/2. En termes de sélection par le gène, un gène du comportement altruiste chez une grande sœur aurait autant de chances de se répandre dans la population qu'un gène d'altruisme parental. En pratique, il s'agit d'une simplification extrême due à plusieurs raisons que nous examinerons plus tard, et les soins apportés par un frère ou une sœur ne sont pas aussi fréquents dans la nature que ceux donnés par les parents. Mais ce sur quoi je veux insister ici, c'est qu'il n'y a, *génétiquement* parlant, rien dans la relation parent/enfant qui soit particulier par rapport à la relation frère/sœur. Le fait que les parents transmettent réellement des gènes aux enfants alors que les sœurs ne le font pas n'a rien à voir, puisque les sœurs reçoivent des répliques identiques des mêmes gènes des mêmes parents.

Certaines personnes utilisent le terme de *sélection par la parenté* pour distinguer ce type de sélection naturelle de la sélection par le groupe (survie différentielle des groupes) et de la sélection individuelle (survie différentielle des individus). La sélection par la parenté représente l'altruisme intrafamilial; plus la relation est proche, plus la sélection est forte. Il n'y a rien de faux à dire cela, mais il se peut malheureusement qu'il faille y renoncer à cause de mauvaises utilisations récentes qui risquent d'embrouiller les biologistes pour les années à venir. E. O. Wilson, dans *Sociobiology : The New Synthesis*, par ailleurs admirable, définit la sélection par la parenté comme un cas particulier de sélection par le groupe. Il y montre un diagramme dans lequel il place la sélection par la parenté entre la « sélection individuelle » et la « sélection par le groupe » au sens conventionnel du terme — le sens que j'ai utilisé au chapitre 1. A présent, la sélection par le groupe — même selon la définition donnée par Wilson — signifie la survie différentielle de *groupes* d'individus. Il existe à n'en pas douter un moyen de décrire une famille comme un cas particulier de groupe. Mais toute la question de l'argument de Hamilton réside dans le fait que la distinction entre la famille et le reste n'est pas une chose difficile et rapide à estimer, mais une chose mathématiquement calculable. Le rôle de la théorie de Hamilton n'est pas de dire que les animaux doivent se conduire de façon altruiste envers tout « les membres de la famille » et égoïste envers les autres. Il n'y a pas de frontières définies entre ceux qui appartiennent à la famille et ceux qui n'en font pas partie. Nous n'avons pas à décider si des cousins au second degré doivent faire ou non partie du groupe familial : nous espérons simplement que les cousins au deuxième degré auront autant de chances de recevoir 1/16 d'altruisme que les enfants ou les parents. La sélection par la parenté n'est absolument *pas* un cas particulier de sélection par le groupe[4]. Il s'agit d'une conséquence particulière de la sélection par le gène.

La définition que donne Wilson de la sélection par la parenté contient une erreur encore plus sérieuse. Il exclut délibérément les descendants : ils ne font pas partie de la parenté[5] ! Bien sûr, il sait parfaitement bien que les descendants ont le même degré de parenté que les parents, mais il préfère ne pas parler de la théorie de la sélection par la parenté pour expliquer le dévouement altruiste des parents envers leurs propres enfants. Il est évidemment libre de définir un mot comme il l'entend, mais il s'agit alors d'une définition pouvant induire des erreurs. Aussi, j'attends de Wilson qu'il la change dans les futures éditions de son livre, qui est par ailleurs et à juste titre une contribution importante dans le domaine. Génétiquement parlant, les soins prodigués par les parents et l'altruisme frère/sœur évoluent exactement pour la même raison : dans les deux cas, il y a de fortes chances pour que le gène altruiste soit présent dans le corps du bénéficiaire.

Je demande l'indulgence du lecteur pour cette petite diatribe et reviens en toute hâte au cœur de mon propos. Jusqu'ici, j'ai simplifié à l'extrême; il est temps à présent d'introduire quelques réserves. J'ai parlé en termes élémentaires de gènes du suicide permettant de sauver la vie d'un nombre précis de parents ayant un degré de parenté bien connu. Il est évident que, dans la vie réelle, on ne peut attendre des animaux qu'ils comptent le nombre exact des parents qu'ils ont, ni qu'ils effectuent les calculs de Hamilton dans leur tête, même s'ils avaient un moyen de savoir exactement qui sont leurs cousins et leurs frères. Dans la vie réelle, certains se suicident, et il faut remplacer le nombre absolu de vies « épargnées » par celui des *risques statistiques* de mort, la sienne et celle des autres. Même un cousin au troisième degré vaut la peine d'être épargné si votre propre risque est négligeable. Une fois encore, votre parent comme vous allez, de toute façon, mourir un jour ou l'autre. Chaque individu a une « espérance de vie » qu'un actuaire pourrait calculer avec une faible marge d'erreur. Sauver la vie d'un parent qui va bientôt mourir de vieillesse a moins d'impact sur le pool génique que sauver la vie d'un parent, proche également, qui a encore toute la vie devant lui.

Nos calculs nettement symétriques de parenté doivent être modifiés par des considérations actuarielles compliquées. Les grands-parents et les petits-enfants ont, génétiquement parlant, les mêmes raisons de se conduire de manière altruiste les uns envers les autres, puisqu'ils ont en commun 1/4 de leurs gènes. Mais si les petits-enfants ont la plus grande espérance de vie, les gènes de l'altruisme grands-parents/petits-enfants ont un avantage sélectif plus élevé que les gènes de l'altruisme petits-enfants/grands-parents. Il est tout à fait possible que le bénéfice net dérivé de l'aide à un jeune de parenté éloignée soit supérieur au bénéfice net tiré de l'aide dispensée à un parent proche et âgé. (Par ailleurs, cela ne s'applique évidemment pas au cas où les grands-parents ont une espérance de vie plus courte que celle des petits-enfants. Chez les espèces ayant un taux de mortalité infantile élevé, l'inverse peut se révéler vrai.)

Pour étendre l'analogie actuarielle, on peut considérer les individus comme étant des souscripteurs d'assurance-vie. On peut espérer qu'un individu investisse ou risque une certaine proportion de ses propres avoirs sur la vie d'un autre individu. Il prend en compte son degré de parenté avec l'autre et calcule également si l'individu est un « bon risque » en termes d'espérance de vie par rapport à celui de l'assureur. Il faudrait être plus strict et parler d'« espérance de reproduction » plutôt que d'« espérance de vie », ou, pour être encore plus précis, de « capacité générale à faire bénéficier ses propres gènes de l'espérance future ». Ainsi, de manière à ce que le comportement altruiste évolue, le risque net encouru par l'altruiste doit être moins important que le bénéfice net retiré par le bénéficiaire multiplié par le degré de parenté. Les risques et les bénéfices doivent être calculés de la manière complexe actuarielle que j'ai esquissée.

Mais que de calculs compliqués doit faire la pauvre machine à survie, surtout quand elle est pressée[6] ! Même le grand biologiste mathématicien J. B. S. Haldane faisait remarquer (dans un article de 1955 dans lequel il anticipait Hamilton en faisant l'hypothèse de la dissémination d'un gène sauvant les parents proches de la noyade) : « deux reprises, lorsque j'ai pu sortir de l'eau des gens qui se noyaient (à un risque infinitésimal pour moi-même), je n'ai pas eu le temps de faire de tels calculs. » Toutefois, comme Haldane le savait bien, il n'est heureusement pas nécessaire de supposer que les machines à survie effectuent consciemment ces sommes dans leur tête. De même qu'il nous arrive d'utiliser une loi logarithmique sans nous en rendre compte, un animal peut aussi être préprogrammé pour se comporter *comme s'il* avait effectué des calculs compliqués.

Il n'est pas si difficile d'imaginer comment cela se produit. Lorsqu'un homme lance un ballon en l'air et le rattrape, il se comporte comme s'il avait résolu un ensemble d'équations différentielles prédisant la trajectoire du ballon. Il peut très bien ne pas savoir, ni se préoccuper de savoir, ce qu'est une équation différentielle, mais cela n'affecte en rien son habileté à manier un ballon. A un stade inconscient, quelque chose de fonctionnellement équivalent aux calculs mathématiques se produit. De même, lorsqu'un homme prend une décision difficile après avoir pesé le pour et le contre et toutes les conséquences de la décision qu'il peut imaginer, il réalise l'équivalent fonctionnel d'un grand calcul de « somme pondérée », de la même façon que le ferait un ordinateur.

Si nous devions programmer un ordinateur pour qu'il simule

une machine à survie modèle prenant des décisions pour savoir comment se comporter de manière altruiste, il nous faudrait probablement procéder en gros comme suit. Nous devrions faire une liste de toutes les actions que l'animal pourrait faire. Ensuite, pour chaque type de comportement, nous programmerions un calcul de somme pondérée. L'ensemble des différents bénéfices aurait un signe plus ; tous les risques porteraient le signe moins ; les bénéfices et les risques seraient *pondérés* par l'indice approprié de parenté avant d'être ajoutés. Pour simplifier, nous pouvons ignorer pour commencer les autres pondérations comme l'âge et la santé. Puisque la « parenté » d'un individu avec lui-même est de 1 (c'est-à-dire qu'il a 100 % de ses propres gènes — évidemment), pour lui les risques et les bénéfices ne seront pas du tout dévalués, mais on leur donnera leur poids complet dans le calcul. La somme complète pour tout type de comportement ressemblera à ceci : le bénéfice net du type de comportement = le bénéfice envers soi-même – le risque pour soi-même + le 1/2 bénéfice pour le frère – le 1/2 risque pour le frère + le 1/2 bénéfice pour l'autre frère – le 1/2 risque pour l'autre frère + 1/8 du bénéfice pour le cousin germain – 1/8 du risque pour le cousin germain + le 1/2 bénéfice pour l'enfant – le 1/2 risque pour l'enfant, etc.

Le résultat constituera le score du bénéfice net pour ce type de comportement. Ensuite, le modèle animal calcule une somme analogue pour chaque type de comportement alternatif dans son répertoire. Finalement, il choisit le type de comportement qui obtient le plus grand bénéfice net. Même si tous les scores se révèlent négatifs, il lui faudrait encore choisir l'action qui comporterait le plus de bénéfices et le moins de risques. Rappelez-vous que toute action positive inclut une consommation d'énergie et de temps, ces derniers pouvant être dépensés à faire d'autres choses. Si ne rien faire s'avère être le « comportement » qui a le score au bénéfice le plus élevé, l'animal modèle ne fera rien.

Je vais donner à présent un exemple extrêmement simplifié, exprimé sous forme d'un monologue subjectif plutôt que d'une simulation par ordinateur. Je suis un animal qui a trouvé un groupe de huit champignons. Après avoir évalué leur valeur nutritive et tenu compte du léger risque qu'ils puissent être vénéneux, j'estime qu'ils valent +6 unités chacun (les unités sont des grandeurs arbitraires comme dans le précédent chapitre). Ces champignons sont si gros que je ne pourrai en manger que trois. Devrai-je informer quelqu'un d'autre de ma trouvaille en émettant un « appel de ralliement » ? Qui est à proximité ? Mon frère B (notre parenté est de 1/2), le cousin C (notre parenté est de 1/8), et D (notre parenté est si lointaine qu'elle est équivalente à zéro en pratique). Le bénéfice net en ce qui me concerne si je ne dis rien sera de +6 pour chacun des trois champignons que je mangerai, c'est-à-dire +18 en tout. Mon bénéfice net si je lance un appel nécessite quelques réflexions. Les huit champignons seront partagés équitablement entre nous quatre. Le résultat en ce qui me concerne pour les deux que je mangerai sera de +6 unités chacun, c'est-à-dire 12 en tout. Mais je tirerai aussi bénéfice du fait que mon frère et mon cousin mangeront chacun leurs deux champignons à cause de nos gènes communs. Le score réel est donc de $(1 \times 12) + (1/2 \times 12) + (1/8 \times 12) + (0 \times 12) = +19\ 1/2$. Le bénéfice net correspondant du comportement égoïste était de +18 : il est proche, mais le verdict est clair. Je devrai faire cet appel ; mon altruisme dans ce cas sera payant pour mes gènes égoïstes.

J'ai émis l'hypothèse simplifiée selon laquelle l'animal agit pour le bien optimum de ses gènes. Ce qui se passe en fait est que le pool génique se remplit de gènes qui influencent les corps d'une manière telle qu'ils se comportent comme s'ils avaient fait ces calculs.

En tout cas, ce calcul n'est qu'une toute première approximation de ce qui devrait se passer dans l'idéal. Il néglige de nombreuses choses, dont l'âge des individus concernés. De plus, si je viens de prendre un bon repas et qu'il ne reste de place que pour un seul champignon, le bénéfice net pour avoir émis l'appel sera plus important que si j'avais été affamé. On pourrait affiner sans fin ces calculs dans l'espoir d'arriver au meilleur des mondes possibles. Mais la vie réelle n'est pas vécue dans le meilleur des mondes possibles. Nous ne pouvons attendre des animaux réels qu'ils prennent en compte chaque détail avant de prendre la décision optimale. Il nous faudra découvrir, par l'observation et les expériences sur le terrain, jusqu'à quel point les animaux réels réussissent à s'approcher d'une analyse idéale coût-bénéfice.

Uniquement pour nous assurer que nous ne nous sommes pas fourvoyés dans ces multiples exemples subjectifs, revenons un bref instant au langage des gènes. Les corps vivants sont des machines programmées par les gènes qui ont survécu. Les gènes qui ont survécu y sont arrivés dans des conditions qui tendaient *en moyenne* à caractériser l'environnement des espèces dans le passé. Par conséquent, les « estimations » des coûts et bénéfices sont basées sur « l'expérience » passée, de la même manière qu'ils le sont dans le processus de décision humain. Toutefois, « expérience » signifie dans ce cas « expérience génique », ou plus précisément « les conditions de la survie passée du gène ». (Puisque les gènes fournissent aussi aux machines à survie la capacité à apprendre, on pourrait dire de certaines estimations coûts-bénéfices qu'elles sont également faites sur la base de l'expérience individuelle.) Aussi longtemps que les conditions ne changeront pas trop sévèrement, les estimations seront bonnes et les machines à survie prendront en moyenne les bonnes décisions. Si les conditions changent radicalement, les machines à survie prendront des décisions erronées, et leurs gènes en feront les frais. Il en est ainsi des décisions humaines qui, basées sur des informations dépassées, tendent à être inadéquates.

Les estimations de parenté sont également sujettes à l'erreur et à l'incertitude. Dans nos calculs simplifiés à l'extrême, nous avons parlé jusqu'à présent comme si les machines à survie *savaient* qui leur est apparenté et jusqu'à quel degré. Dans la vie réelle, une telle certitude est parfois possible, mais le plus souvent on ne peut qu'estimer la parenté grossièrement. Par exemple, supposez que A et B puissent être demi-frères aussi bien que frères. Leur parenté est soit de 1/4 soit de 1/2, mais puisque nous ne savons pas s'ils sont frères ou demi-frères, le nombre moyen effectivement utilisable est de 3/8. S'il est certain qu'ils ont la même mère et si les chances pour qu'ils aient le même père ne sont que de 1 sur 10, alors il y a 90 % de chances qu'ils soient demi-frères, et 10 % qu'ils soient frères, d'où la parenté effective de $1/10 \times 1/2 + 9/10 \times 1/4 = 0{,}275$.

Mais lorsque nous disons qu'« il » est certain à 90 %, à qui ou quoi ce « il » fait-il référence ? Voulons-nous dire qu'un naturaliste humain, après avoir longuement étudié sur le terrain, est certain à 90 %, ou bien voulons-nous dire que les animaux sont sûrs à 90 %? Avec un peu de chance, ces deux possibilités pourraient aboutir à pratiquement la même chose. Pour le voir, nous devons réfléchir à la manière dont les animaux pourraient effectivement arriver à estimer leur degré de parenté[7].

Nous savons qui sont nos parents parce qu'on nous le dit, parce que nous leur donnons des noms, parce que nous avons des mariages formels et parce que nous avons écrit des registres et que nous avons une bonne mémoire. De nombreux anthropologues sociaux se préoccupent de cette question de la parenté dans les sociétés qu'ils étudient. Ils ne veulent pas parler de la vraie parenté génétique, mais des idées subjectives et culturelles qu'ils se font de la parenté. Les coutumes humaines et les rituels tribaux insistent souvent beaucoup sur la notion de parenté; le culte des ancêtres est très répandu, les obligations familiales et la loyauté dominent une grande partie de notre existence. Les vendettas et les guerres de clans peuvent être facilement interprétées selon les termes de la théorie génétique de Hamilton. Les tabous concernant l'inceste attestent bien de la conscience qu'a l'homme de la parenté, bien que l'avantage génétique du tabou de l'inceste n'ait rien à voir avec l'altruisme; il a certainement à voir avec les effets pervers des gènes récessifs qui apparaissent en cas de consanguinité. (Pour certaines raisons, nombre d'anthropologues n'aiment pas cette explication[8].)

Comment les animaux sauvages pourraient-ils « savoir » qui sont leurs parents, ou, en d'autres termes, quelles règles comportementales pourraient-ils suivre qui auraient pour effet indirect de leur donner l'impression qu'ils savent des choses en matière de parenté? La règle « soyez gentils avec vos parents » pose la question de savoir comment il est possible en pratique de reconnaître ses parents. Les animaux ont dû recevoir dans leurs gènes une règle d'action simple, une règle qui n'implique pas une connaissance sage du but ultime de l'action, mais une règle qui fonctionne néanmoins dans des conditions moyennes. Nous, les humains, avons l'habitude de vivre selon des règles, et elles ont un pouvoir si important que, si nous sommes faibles d'esprit, nous obéissons à la règle même lorsque nous pouvons parfaitement nous rendre compte qu'elle ne nous fait, à nous ou aux autres, aucun bien. Par exemple, certains juifs et musulmans orthodoxes mourraient de faim plutôt que d'enfreindre la règle qui leur interdit de manger du porc. A quelles règles simples et pratiques pourraient obéir les animaux, règles qui, dans des conditions normales, auraient l'effet indirect d'être bénéfique à leurs proches parents ?

Si les animaux se conduisaient de manière altruiste envers les individus qui leur ressemblent physiquement, ils pourraient indirectement faire du bien à leurs parents. Beaucoup de choses dépendraient des détails propres à l'espèce concernée. Une règle de ce genre, en tout cas, ne conduirait qu'aux « bonnes » décisions, au sens statistique du terme. Si les conditions changeaient, par exemple si une espèce commençait à vivre dans des groupes plus importants, cela pourrait induire de mauvaises décisions. Il est concevable que les préjugés raciaux puissent être interprétés comme une généralisation irrationnelle de la sélection par la parenté, laquelle consiste à s'identifier à des individus physiquement ressemblant à soi-même, et à être agressif envers les individus ayant une apparence différente.

Dans une espèce dont les membres ne se déplacent pas trop, ou se déplacent en petits groupes, il y a beaucoup de chances pour que l'individu que vous rencontrez par hasard soit un parent assez proche de vous. Dans ce cas, la règle « Sois gentil avec n'importe quel membre de l'espèce que tu rencontres » pourrait avoir une valeur positive de survie dans la mesure où un gène prédisposant ses possesseurs à obéir à la règle pourrait devenir plus important dans le pool génique. Cela pourrait expliquer pourquoi le comportement altruiste est si souvent observé chez les singes et les baleines. Les baleines et les dauphins se noient s'ils ne peuvent pas respirer. On a observé des cas de baleineaux et d'individus blessés qui, ne pouvant pas nager jusqu'à la surface, étaient soutenus et sauvés par leurs congénères. On ne sait pas si les baleines ont les moyens de savoir qui sont leurs parents proches, mais il est possible que cela n'ait pas d'importance. Il se peut que la probabilité pour qu'un individu pris au hasard dans le groupe soit un parent soit si élevée que l'altruisme en vaille la peine. Par ailleurs, il existe au moins une anecdote authentifiée d'un nageur en train de se noyer et qui a été sauvé par un dauphin sauvage. On pourrait considérer cela comme un raté de la règle disant qu'il faut sauver de la noyade les membres du groupe. La définition de la règle décrivant ce qu'est un membre du groupe en train de se noyer pourrait être quelque chose comme : « Une longue chose se débattant et suffoquant près de la surface. »

On a vu des babouins mâles adultes risquer leur vie pour défendre le reste de la troupe contre des prédateurs tels que les léopards. Il est tout à fait probable que tout mâle adulte a, en moyenne, un nombre assez important de gènes identiques à ceux d'autres membres de la troupe. En effet, un gène qui « dit » : « Corps, si tu es un mâle adulte, défends la troupe contre les léopards », pourrait devenir plus répandu dans le pool génique. Avant d'en terminer avec cet exemple souvent cité, il est juste d'ajouter qu'une personne éminente au moins a rapporté des faits très différents. Selon elle, les mâles adultes sont les premiers à l'horizon lorsqu'un léopard apparaît.

Les poussins se nourrissent en couvées familiales, en suivant tous leur mère. Ils font principalement deux types d'appels. En plus des piaulements forts et perçants dont j'ai déjà parlé, ils émettent des gazouillis courts et mélodieux lorsqu'ils sont nourris. Les piaulements, qui ont pour effet de réclamer l'aide de leur mère, sont ignorés par les autres poussins. Les gazouillis, par contre, attirent les autres poussins. Cela signifie que lorsqu'un poussin trouve de la nourriture, son gazouillis attire également les autres poussins vers cette nourriture : si l'on emploie les termes de l'exemple précédent, les gazouillis sont un « appel » incitant les autres à venir manger. Comme dans le cas précédent, l'altruisme apparent des poussins peut être facilement expliqué par la sélection par la parenté. Puisque dans la nature les poussins seraient tous frères et sœurs, un gène permettant d'émettre le gazouillis de la nourriture se répandrait, dans la mesure où le coût pour l'émetteur du gazouillis représente moins de la moitié du bénéfice net apporté aux autres poussins. Puisque le bénéfice est partagé entre l'ensemble des membres de la couvée, qui en comprend normalement plus de deux, il n'est pas difficile d'imaginer que cette condition soit remplie. Évidemment, cette règle ne marche pas pour les poules auxquelles on fait couver des œufs qui ne sont pas les leurs, voire même des œufs de dinde ou de cane. Mais on ne peut attendre de la poule ou de ses poussins qu'ils réalisent cela seuls. Leur comportement a été façonné dans les conditions qui prévalent normalement dans la nature, et dans la nature on ne trouve normalement pas d'étrangers dans son nid.

Des erreurs de ce genre peuvent toutefois se produire occasionnellement dans la nature. Dans des espèces qui vivent en hardes ou en troupeaux, un orphelin peut être adopté par une femelle étrangère, très probablement une femelle qui a perdu son propre petit. Les observateurs de singes utilisent parfois le mot « tante » pour une femelle adoptive. Dans la plupart des cas, il n'y a aucune preuve qu'elle soit réellement sa tante, ni d'ailleurs un parent plus ou moins proche : si les observateurs de singes étaient aussi généticiens qu'ils le devraient, ils n'utiliseraient pas si facilement un mot aussi important que « tante ». Dans la plupart des cas, nous devrions probablement considérer l'adoption, aussi touchante qu'elle puisse être, comme une anomalie par rapport à une règle établie. En effet, la généreuse femelle ne fait aucun bien à ses propres gènes en prenant soin de l'orphelin. Elle gâche le temps et l'énergie qu'elle pourrait investir sur la vie de ses propres parents, particulièrement le futur de ceux-ci. Il s'agit probablement d'une erreur qui se produit trop rarement pour que la sélection naturelle se soit « préoccupée » de changer la règle en rendant l'instinct maternel plus sélectif. A ce propos, dans de nombreux cas, de telles adoptions ne se produisent pas, et on laisse mourir l'orphelin.

Il existe un exemple de faute si extrême qu'il se peut que vous préfériez ne pas la considérer du tout comme une erreur, mais comme une preuve contredisant la théorie du gène égoïste. Il s'agit du cas de mères singes que l'on a vu voler la progéniture d'autres femelles et l'élever. Je considère cela comme une double faute puisque l'adoptante non seulement perd son temps, mais de plus permet à une femelle concurrente d'être libérée du fardeau d'élever ses petits et de pouvoir ainsi avoir un autre petit plus rapidement. Il me semble qu'il s'agit de l'exemple critique qui mérite de plus amples recherches. Il nous faut savoir avec quelle périodicité ce phénomène se produit; quel est le degré de parenté entre l'adoptante et l'adopté; et quelle est l'attitude de la vraie mère de l'enfant — c'est après tout à son avantage que son petit *soit* adopté; est-ce que les mères essaient délibérément de pousser les jeunes femelles naïves à adopter leurs petits? (On a aussi suggéré que les adoptantes et les voleuses de bébés pourraient en tirer profit en devenant petit à petit maîtresses dans l'art de l'élevage.)

Un exemple caractéristique d'anomalie de l'instinct maternel est fourni par les coucous et autres « espèces parasites » — les oiseaux qui déposent leurs œufs dans le nid d'un autre. Les coucous exploitent la règle établie de tout parent oiseau : « Sois gentil avec tout petit oiseau qui se trouve dans le nid que tu as construit. » A part les coucous, cette règle aura normalement l'effet désiré de restreindre l'altruisme aux parents immédiats, parce qu'il est un fait que les nids sont si isolés les uns des autres que le contenu de votre propre nid a toutes les chances d'être constitué par vos propres poussins. Les mouettes argentées adultes ne reconnaissent pas leurs propres œufs et se poseront joyeusement sur ceux d'autres mouettes, ou bien même sur de grossières imitations de ceux-ci, substituées par un expérimentateur humain. Dans la nature, la reconnaissance de l'œuf n'est pas importante pour les mouettes parce que les œufs ne roulent pas assez loin pour se retrouver dans les environs du nid voisin, situé à quelques mètres de là. Toutefois, les mouettes reconnaissent bien leurs propres poussins : les poussins, à l'inverse des œufs, s'égarent et peuvent facilement se retrouver près du nid d'un adulte voisin, ce qui peut souvent lui être fatal comme nous l'avons vu au chapitre I.

Les guillemots, au contraire, reconnaissent bien leurs propres œufs grâce à leur aspect moucheté, et ils peuvent les discerner facilement lorsqu'ils couvent. C'est sans doute dû au fait qu'ils nichent sur des rochers plats où les œufs risquent de rouler et de se briser. A présent, on pourrait se demander pourquoi ils se donnent la peine d'isoler leurs propres œufs et de ne couver qu'eux. Il est certain que si tout le monde pouvait s'asseoir sur n'importe quel œuf, peu importerait qu'une mère soit sur ses propres œufs ou ceux d'une autre. Il s'agit d'un argument utilisé par un partisan de la théorie de la sélection par le groupe. Réfléchissez seulement à ce qui se passerait si un tel cercle de baby-sitters se développait effectivement. La taille moyenne d'une couvée de guillemot est de un. Cela signifie que pour que le cercle mutuel de baby-sitting fonctionne correctement, chaque adulte doit s'asseoir en moyenne sur un œuf. Supposez à présent que quelqu'un triche et refuse de couver un œuf. Au lieu de perdre son temps à couver, l'oiseau pourrait passer son temps à pondre plus d'œufs. Et le plus beau c'est que les autres adultes plus altruistes les soigneraient pour lui. Les adultes pourraient continuer à obéir fidèlement à la règle : « Si vous voyez un œuf égaré près de votre nid, ramenez-le et couvez-le. » Ainsi, le gène permettant de contourner le système se répandrait dans la population et le gentil cercle de baby-sitters disparaîtrait.

« Eh bien, pourrait-on dire, que se passerait-il si les oiseaux honnêtes contre-attaquaient en refusant d'être soumis à un chantage et décidaient résolument de ne couver qu'un seul œuf? » Cela vaincrait les tricheurs parce qu'ils verraient leurs œufs à l'abandon sur les rochers sans personne pour les couver. Cela les ramènerait vite dans le droit chemin. Malheureusement, c'est faux. Puisque nous faisons l'hypothèse que les oiseaux couveurs ne discernent pas un œuf de l'autre, si les oiseaux honnêtes mettent ce système en pratique pour résister à la tricherie, les œufs qui finiront par être négligés auront autant de chances d'être les leurs que ceux des tricheurs. Les tricheurs auraient encore l'avantage, parce qu'ils pondraient plus d'œufs et auraient plus de poussins survivants. La seule façon pour un honnête guillemot de battre un tricheur serait de discerner lui-même ses propres œufs, c'est-à-dire cesser d'être altruiste et sauvegarder ses propres intérêts.

Pour utiliser le langage de Maynard Smith, la stratégie de l'adoption altruiste n'est pas une stratégie évolutionnairement stable. Elle est instable dans la mesure où elle peut être améliorée par une stratégie égoïste concurrente consistant à pondre plus que sa part d'œufs et à refuser ensuite de les couver. Cette dernière stratégie égoïste est à son tour instable, parce que la stratégie altruiste qu'elle exploite est instable et disparaîtra. La seule stratégie évolutionnairement stable pour un guillemot est de reconnaître son propre œuf, et c'est exactement ce qui se produit.

Les espèces d'oiseaux parasitées par les coucous ont riposté, dans ce cas non pas en apprenant l'apparence de leurs propres œufs, mais en isolant instinctivement les œufs porteurs des marques typiques de l'espèce. Puisqu'ils ne risquent pas d'être parasités par les membres de leur propre espèce, ce système est efficace[9]. Mais les coucous ont contre-attaqué à leur tour en faisant de plus en plus ressembler leurs œufs à ceux de l'espèce hôte, en ce qui concerne la couleur, la taille et les marques. Il s'agit d'un exemple de mensonge, et cela marche souvent. Le résultat de cette véritable course aux armements évolutionnaire a été le développement de la production d'œufs de coucous imitations parfaites des œufs de l'hôte. Nous pouvons supposer qu'une proportion des œufs de coucous et de poussins sont « découverts », et que ceux qui ne le sont pas sont ceux qui vivent pour pondre la génération suivante d'œufs de coucous. Ainsi, les gènes en faveur d'une tromperie plus efficace se répandent dans le pool génique. De même, les hôtes ayant des yeux suffisamment perçants pour détecter la moindre petite imperfection dans l'imitation des œufs de coucou sont ceux qui contribuent le plus à leur propre pool génique. Donc, des yeux sceptiques et perçants sont transmis à la génération suivante. Il s'agit d'un bon exemple illustrant la manière dont la sélection naturelle peut aiguiser une discrimination active. Dans ce cas, la discrimination contre une autre espèce dont les membres font de leur mieux pour vaincre les discriminateurs.

Revenons à la comparaison entre « l'estimation » faite par un animal de sa parenté avec d'autres membres du groupe et l'estimation correspondante conduite par un expert spécialiste du domaine. Brian Bertram a passé de nombreuses années à étudier la biologie des lions dans le parc national du Serengeti. En partant de sa connaissance de leurs habitudes en matière de reproduction, il a estimé la parenté moyenne entre les individus d'un troupeau typique de lions. Les faits qu'il utilise pour conduire son estimation sont les suivants. Un troupeau typique comprend sept femelles adultes qui sont ses membres les plus permanents, et deux mâles adultes qui sont itinérants. Environ la moitié des femelles adultes mettent bas en même temps et élèvent leurs petits ensemble, si bien qu'il est difficile de dire à qui appartient tel ou tel petit. La taille typique de la portée est de trois petits. La paternité des portées est partagée de manière égale entre les mâles adultes du troupeau. Les jeunes femelles restent dans le troupeau et remplacent les vieilles qui meurent ou s'en vont. Les jeunes mâles sont exclus lorsqu'ils sont adolescents. Quand ils grandissent, ils vont de groupe en groupe par deux ou plus, et ont peu de chances de retourner dans le troupeau qui les a vus naître.

En utilisant ces hypothèses-là et d'autres, vous pouvez voir qu'il serait possible de calculer une valeur moyenne de parenté entre deux individus issus d'un troupeau typique de lions. Bertram obtient le chiffre de 0,22 pour deux mâles choisis au hasard, et de 0,15 pour deux femelles. Cela revient à dire que les mâles d'un troupeau sont en moyenne légèrement moins proches que des demi-frères et les femelles légèrement plus proches que des cousins germains.

Mais une paire d'individus pourrait bien sûr se composer de frères ; cependant, Bertram n'avait aucun moyen de le savoir, et il s'agit d'une conjecture à laquelle les lions ne pouvaient pas non plus répondre. D'autre part, les chiffres moyens qu'estimait Bertram sont d'une certaine manière en possession des lions eux-mêmes. Si ces chiffres sont réellement caractéristiques pour un troupeau moyen de lions, alors tout gène qui prédispose les mâles à se comporter envers les autres mâles comme s'ils étaient presque des demi-frères aurait une valeur de survie positive. Tout gène qui irait trop loin et s'arrangerait pour que les mâles se comportent amicalement à la manière de frères, de même que tout gène ne favorisant pas suffisamment l'amitié, par exemple qui inciterait à traiter les mâles comme des cousins au deuxième degré, serait pénalisé. Si les événements de la vie du lion sont comme le dit Bertram, et, ce qui est tout aussi important, s'ils ont été comme cela pendant un grand nombre de générations, alors nous pouvons nous attendre à ce que la sélection naturelle ait favorisé un degré d'altruisme adapté au degré moyen de parenté dans un troupeau typique. C'est ce que je voulais dire lorsque je disais que les estimations de parenté d'un animal et d'un bon naturaliste pouvaient finir par se rejoindre[10].

Ainsi, nous en tirons la conclusion que la véritable parenté peut être moins importante dans l'évolution de l'altruisme que la meilleure estimation de parenté à laquelle les animaux peuvent arriver. Ce fait constitue certainement une clé permettant de comprendre pourquoi l'attitude protectrice des parents est beaucoup plus courante et plus désintéressée que l'altruisme frère/sœur dans la nature, et également pourquoi il se peut que les animaux s'estiment plus précieux que plusieurs frères réunis. En bref, je veux dire qu'en plus de l'indice de parenté, il nous faudrait considérer quelque chose comme un indice de « certitude ». Bien que la relation parent/enfant ne soit pas génétiquement plus proche que la relation frère/sœur, sa certitude est plus importante. Il est normalement possible d'être plus sûr de l'identité de vos enfants que de celle de vos frères. Et vous êtes encore plus sûr de votre propre identité !

Nous avons examiné le problème des tricheurs parmi les guillemots et nous en aurons encore plus à dire au sujet des menteurs-tricheurs et autres exploiteurs dans les chapitres qui vont suivre. Dans un monde où les autres individus sont constamment à l'affût d'occasions pour exploiter l'altruisme sélectionné par parenté et l'utiliser à leurs propres fins, une machine à survie doit savoir à qui elle peut faire confiance, de qui elle peut être sûre. Si *B* est réellement mon petit frère, alors il faudrait que je prenne soin de lui pendant environ la moitié du temps que je consacre à m'occuper de moi, et à temps complet s'il s'agit de mon propre enfant. Mais puis-je être aussi sûr de son identité que je le suis de celle de mon propre enfant ? Comment puis-je savoir qu'il s'agit bien de mon petit frère ?

Si *C* est mon vrai jumeau, alors il faudrait que je lui consacre deux fois plus de temps que je ne le ferais pour n'importe lequel de mes enfants, et évidemment sa vie n'aurait pas moins de valeur à mes yeux que la mienne[11]. Mais puis-je être sûr de lui ? Il me ressemble, cela est certain, mais il se pourrait que nous ne fassions que partager les mêmes gènes des traits du visage. Non, je ne donnerais pas ma vie pour lui parce que, bien qu'il soit *possible* qu'il ait 100 % de mes gènes, je *sais* moi, par contre, que je porte 100 % de mes gènes : j'ai donc plus de valeur à mes yeux que lui. Je suis le seul individu dont mes gènes égoïstes peuvent être sûrs. Et, bien qu'idéalement un gène s'occupant de l'égoïsme individuel pourrait être surclassé par un gène concurrent pour sauver de manière altruiste au moins l'un des deux jumeaux, deux enfants ou des frères, ou au moins quatre petits-enfants, etc., le gène de l'égoïsme individuel a l'énorme avantage de conférer la *certitude* de l'identité individuelle. Le gène concurrent de l'altruisme par la parenté court le risque de faire des erreurs d'identification, soit vraiment par accident, soit par suite de tricheries et autres parasitismes délibérés. Par conséquent, il nous faut nous attendre à ce que l'égoïsme individuel prévaille à un degré plus grand dans la nature que celui prévu par les calculs de degré de parenté génétique.

Dans de nombreuses espèces, une mère peut être plus sûre de son petit que le père. La mère pond l'œuf visible et tangible ou porte le petit. Elle a de bonnes chances de connaître les porteurs de ses propres gènes. Le pauvre père est beaucoup plus vulnérable à la tromperie. Par conséquent, il faut s'attendre à ce que les pères fassent moins d'efforts pour élever les jeunes que les mères. Nous verrons qu'il existe d'autres raisons à ce comportement paternel, dans le chapitre sur la bataille des sexes (chapitre IX). De même, les grands-mères maternelles peuvent être bien plus sûres de l'identité de leurs petits-enfants que les grands-mères paternelles, cela parce qu'elles peuvent avoir plus de certitude quant à l'identité de la progéniture de leur fille, alors que leur fils a pu être trompé. Les grands-pères maternels sont aussi certains de l'identité de leurs petits-enfants que les grands-mères paternelles, puisqu'ils peuvent compter avec une génération de certitude et une génération d'incertitude. De même, les oncles maternels devraient porter plus d'intérêt au bien-être de leurs neveux et nièces que les oncles paternels, et en général ils devraient se montrer aussi altruistes que les tantes. Évidemment, dans une société où l'infidélité est très répandue, les oncles maternels devraient se montrer plus altruistes que les « pères » puisqu'ils ont plus de raisons d'avoir confiance dans leur parenté avec l'enfant. Ils savent que la mère de l'enfant est au moins leur demi-sœur. Le père « légal » n'en sait rien. Je ne connais pas de preuves corroborant ces prévisions, mais je les donne dans l'espoir que d'autres puissent les rechercher ou commencer à les rechercher. En particulier, il se pourrait que les anthropologues sociaux aient des choses intéressantes à dire à ce sujet [12].

Si l'on en revient au fait que l'altruisme parental est plus répandu que l'altruisme fraternel, il semble bien raisonnable de l'expliquer en termes d'identification. Mais cela n'explique pas l'asymétrie fondamentale qui existe dans la relation parent/enfant elle-même. Les parents en font plus pour leurs enfants que les enfants n'en font pour leurs parents, bien que la relation génétique soit symétrique et que la certitude quant à la parenté soit la même dans les deux sens. Une raison à cela est que les parents peuvent en pratique aider plus facilement leurs jeunes, car ils sont plus vieux et mieux au fait des problèmes de la vie. Même si un bébé voulait nourrir ses parents, il n'est pas bien équipé pour le faire effectivement.

Il existe une autre asymétrie dans la relation parent/enfant qui ne s'applique pas à la relation frère/sœur. Les enfants sont toujours plus jeunes que leurs parents. Cela signifie souvent, bien que ce ne soit pas toujours le cas, qu'ils ont une plus grande espérance de vie. Comme je l'ai souligné plus haut, l'espérance de vie est une variable importante qui, dans le meilleur des mondes possibles, devrait faire partie du calcul effectué par l'animal lorsqu'il « décide » s'il va ou non se comporter de manière altruiste. Dans une espèce où les enfants ont une espérance moyenne de vie plus longue que leurs parents, tout gène s'occupant de l'altruisme filial se retrouverait en position désavantageuse. Il induirait un comportement altruiste d'autosacrifice au bénéfice des individus qui sont plus près de mourir de vieillesse que l'altruiste lui-même. Un gène s'occupant de l'altruisme parental aurait par contre dans cette équation un avantage correspondant en ce qui concerne l'espérance de vie.

On entend parfois dire que la sélection par la parenté est très intéressante en théorie, mais qu'il existe très peu d'exemples de son application dans la réalité. Cette critique ne peut être émise que par quelqu'un qui ne comprend pas ce que veut dire le terme de sélection par la parenté. La vérité est que tous les exemples de protection de l'enfant et de dévouement parental, ainsi que tous les organes qui y sont associés, les glandes sécrétrices de lait, les poches marsupiales des kangourous, etc., sont des exemples de fonctionnement de cette théorie dans la nature. Les critiques ont évidemment l'habitude d'observer l'existence très répandue du dévouement parental, mais ils n'arrivent pas à comprendre que ce dévouement ne soit rien moins qu'un exemple de sélection par la parenté au même titre que l'altruisme frère/sœur. Quand ils disent qu'ils veulent des exemples, ils veulent dire qu'ils veulent des exemples différents de ceux du dévouement parental, et il est vrai que de tels exemples sont moins courants. J'ai suggéré les raisons pour lesquelles il se pourrait qu'il en soit ainsi. J'aurais pu sortir de mon propos en citant des exemples d'altruisme frère/sœur — il y en a en fait très peu. Mais je ne veux pas le faire, parce que cela renforcerait l'idée fausse (soutenue, comme nous l'avons vu, par Wilson) selon laquelle la sélection par la parenté est spécifiquement réservée à des relations *autres que* la relation parent/enfant.

La raison pour laquelle cette erreur s'est répandue est largement historique. L'avantage sur le plan évolutionnaire du dévouement parental est si évident qu'il ne fut pas nécessaire d'attendre Hamilton pour que ce point soit observé, et il l'est depuis Darwin. Lorsque Hamilton démontra l'équivalence génétique d'autres relations de parenté et leur signification en matière d'évolution, il dut naturellement insister sur ces autres types de parenté. En particulier, il donna des exemples de comportements observés chez les insectes sociaux tels que les fourmis et les abeilles, chez lesquels la parenté sœur/sœur est particulièrement importante, comme nous le verrons dans un chapitre ultérieur. J'ai même entendu des gens dire qu'ils pensaient que la théorie de Hamilton *ne* s'appliquait *qu'*aux insectes sociaux !

Si quelqu'un ne veut pas admettre que le dévouement parental est un exemple effectif de sélection par la parenté, alors c'est à lui de formuler une théorie générale de la sélection naturelle qui prévoie l'altruisme parental, mais *ne* prévoie *pas* l'altruisme entre collatéraux. Je pense qu'il n'y parviendra pas.

CHAPITRE VII

Le planning familial

Il est facile de voir pourquoi certains ont voulu séparer le dévouement parental d'autres types d'altruisme issus de la sélection par la parenté. Le dévouement parental semble faire complètement partie du processus de reproduction, contrairement par exemple à l'altruisme envers un neveu. Je pense qu'il y a là une distinction réellement importante, mais que la plupart des gens ont mal compris en quoi elle consistait. Ils ont mis la reproduction et le dévouement parental d'un côté et les autres types d'altruisme de l'autre. Mais je souhaite faire une distinction entre *la mise au monde de nouveaux individus* d'une part, et *les soins apportés aux individus existants* d'autre part. Je qualifierai respectivement ces deux activités d'enfantement et d'éducation. Une machine à survie doit prendre deux types de décisions complètement différentes, celles en matière d'éducation et celles en matière de reproduction. J'utilise le mot « décision » pour indiquer un mouvement stratégique conscient. Les décisions en matière d'éducation revêtent la forme suivante : « Voici un enfant ; notre degré de parenté est de tant ; ses chances de mourir si je ne le nourris pas sont de tant ; vais-je le nourrir ? » D'autre part, les décisions en matière de reproduction peuvent s'exprimer de la façon suivante : « Vais-je entreprendre toutes les démarches nécessaires pour mettre au monde un nouvel individu ; vais-je me reproduire ? » Dans une certaine mesure, élever et mettre au monde sont des activités qui se concurrencent quant au temps et autres ressources d'un individu : il se peut qu'un individu ait à faire un choix : « Vais-je prendre soin de cet enfant ou en faire un autre ? »

En fonction des situations écologiques de l'espèce, différents mélanges de stratégies éducation/reproduction peuvent être évolutionnairement stables. La seule chose qui ne puisse l'être est une stratégie d'éducation *pure*. Si tous les individus se limitaient à prendre soin des enfants qui existent jusqu'à ne plus jamais mettre au monde de nouveaux individus, la population serait vite envahie par des mutants spécialisés dans la reproduction. L'éducation des jeunes ne peut être évolutionnairement stable que si elle fait partie d'une stratégie mixte — il faut un minimum de naissances.

Les espèces auxquelles nous sommes les plus habitués — les mammifères et les oiseaux — ont tendance à élever beaucoup de petits. La décision de faire un petit est habituellement suivie par celle de l'élever. C'est parce que enfanter et élever vont si souvent de pair en pratique que les gens ont associé étroitement les deux choses. Mais, du point de vue des gènes égoïstes, il n'y a comme nous l'avons vu aucune différence de principe entre élever un bébé qui soit notre frère ou notre enfant. Les deux nourrissons ont le même degré de parenté par rapport à vous. S'il faut que vous choisissiez entre nourrir l'un ou nourrir l'autre, il n'y a génétiquement aucune raison pour choisir obligatoirement votre propre fils. Par contre, vous ne pouvez par définition mettre au monde votre frère. Vous n'avez la possibilité de l'élever que lorsque quelqu'un d'autre l'a mis au monde. Dans le chapitre précédent, nous avons examiné de quelle manière les machines à survie devraient décider dans l'idéal d'avoir ou non un comportement altruiste envers d'autres individus qui existent déjà. Dans le présent chapitre, nous allons étudier la façon dont elles devraient prendre la décision de mettre au monde de nouveaux individus.

La controverse sur la « sélection par le groupe », dont j'ai déjà parlé au chapitre I, a fait rage autour de cette question. La raison en est que Wynne-Edwards, dont le principal rôle a été de propager l'idée de sélection par le groupe, le fit dans le contexte d'une théorie de « régulation de population »[1]. Il suggérait que les animaux réduisaient délibérément dans un but altruiste leurs taux de natalité, pour le bien du groupe dans son ensemble.

Il s'agit d'une hypothèse très attrayante, parce qu'elle concorde bien avec ce que les individus humains devraient faire. L'humanité a trop d'enfants. La taille de la population dépend de quatre choses : les naissances, les décès, l'immigration et l'émigration. Si l'on prend toute la population mondiale, il ne se produit pas de phénomène d'immigration et d'émigration, et il nous reste donc les naissances et les décès. Aussi longtemps que le nombre moyen de bébés par couple sera plus grand que deux, survivant assez longtemps pour se reproduire, le nombre de bébés vivants aura tendance à augmenter de plus en plus avec les années. Dans chaque génération, la population, au lieu d'augmenter avec un taux fixe, augmente de quelque chose qui ressemble plus à une proportion fixe de sa taille. Puisque cette taille s'auto-agrandit, l'incrément augmente également. Si on laissait ce genre de croissance se produire sans rien faire, une population atteindrait des tailles astronomiques d'une manière très rapide.

Par ailleurs, il est une chose dont même les gens qui s'occupent des problèmes de démographie ne se rendent pas compte, c'est que la croissance de la population dépend du *moment* où les gens ont des enfants, ainsi que du nombre de ces derniers. Puisque les populations ont tendance à augmenter selon une certaine proportion *par génération*, il s'ensuit que si vous espacez les générations, la population augmentera à un taux annuel moins rapide. La phrase de Banners : « Arrêtez à deux enfants ! » pourrait aussi se lire : « Commencez à trente ans » ! En tout cas l'augmentation de plus en plus rapide de la population promet de sérieux problèmes.

Nous avons probablement tous vu des exemples de calculs étonnants que l'on peut utiliser chez soi. Par exemple, la population actuelle d'Amérique latine tourne autour de trois cents millions d'âmes, et déjà un grand nombre d'entre elles sont dénutries. Mais si cette population continuait d'augmenter avec le taux actuel, cela lui prendrait moins de cinq cents ans pour que les gens, entassés en position debout, forment un solide tapis humain recouvrant tout le continent. Cela risque d'arriver même si nous supposons qu'ils sont très maigres — hypothèse pas si irréaliste que cela. Dans mille ans, ils se tiendraient sur les épaules les uns des autres, en montagnes hautes d'un million d'individus. Dans deux mille ans, cette montagne de gens atteindrait les limites de l'univers connu.

Il ne vous aura pas échappé que ce n'était qu'un calcul hypothétique ! Cela ne se passera pas vraiment ainsi dans la réalité, pour des raisons très pratiques. Celles-ci ont pour nom la famine, les maladies et la guerre ; *ou*, si nous avons de la chance, le contrôle des naissances. Il ne sert à rien de faire appel aux progrès de l'agriculture — « les révolutions vertes » et autres. Les augmentations de production de nourriture peuvent résoudre temporairement le problème, mais il est mathématiquement certain qu'elles ne pourront représenter une solution à long terme ; évidemment, à l'instar des progrès médicaux qui ont précipité la crise, il se peut même qu'elles aggravent le problème en accélérant le taux d'expansion de la population. Il est une vérité d'une logique implacable selon laquelle, s'il n'y a pas d'émigration massive dans l'espace au moyen de fusées décollant au rythme de plusieurs millions par seconde, les taux de naissances incontrôlés vont mener à des taux de mortalité effroyablement importants. Il est difficile de croire que cette simple vérité ne soit pas comprise par les responsables qui interdisent à leurs semblables d'utiliser des méthodes contraceptives efficaces. Ils expriment une préférence pour les méthodes « naturelles » de limitation de population, et c'est ce qu'ils vont justement finir par obtenir. Le nom de cette méthode est la famine.

Mais évidemment la gêne suscitée par de tels calculs à long terme est basée sur le souci du bien-être futur de notre espèce dans son ensemble. Les humains (du moins certains d'entre eux) ont la capacité de prévoir les conséquences désastreuses qu'engendrerait la surpopulation. L'hypothèse fondamentale de ce livre est que les machines à survie sont en général guidées par des gènes égoïstes, dont on ne peut certainement pas espérer qu'ils lisent dans l'avenir, ni qu'ils aient à cœur le bien-être de l'ensemble de l'espèce. C'est ici que Wynne-Edwards se désolidarise des théoriciens orthodoxes de l'évolution. Il pense qu'il existe un moyen grâce auquel un véritable contrôle altruiste des naissances peut évoluer.

Il y a un point sur lequel Wynne-Edwards ou Ardrey n'ont pas insisté dans leurs écrits : c'est qu'il existe un grand nombre de faits sur lesquels tout le monde est d'accord. Il est évident que les populations animales sauvages n'augmentent pas au taux astronomique dont elles sont théoriquement capables. Parfois, des populations animales restent assez stables avec des taux de naissance et de décès équivalents. Dans de nombreux cas, dont les lemmings sont un exemple connu, la population fluctue d'une manière extrêmement importante, des explosions démographiques violentes faisant place à des disparitions frisant l'extinction. De temps à autre, le résultat est l'extinction totale, au moins de la population d'une région limitée. Parfois, comme dans le cas du lynx canadien — dont les estimations de population sont obtenues à partir du nombre de fourrures vendues par la Compagnie de la baie d'Hudson ces dernières années —, la population semble osciller de manière rythmée. Il est une chose que les populations animales ne font pas, c'est de continuer d'augmenter indéfiniment.

Les animaux sauvages ne meurent presque jamais de vieillesse : la famine, les maladies ou les prédateurs les rattrapent bien avant qu'ils ne deviennent vraiment séniles. Jusqu'à une époque récente, c'était également vrai de l'homme. La plupart des animaux meurent en bas âge, beaucoup ne dépassent jamais le stade de l'œuf. La famine et d'autres causes de mortalité sont les dernières raisons pour lesquelles les populations ne peuvent s'accroître indéfiniment. Mais, comme nous l'avons vu pour notre propre espèce, il n'y a aucune raison pour qu'il en soit toujours ainsi. Si les animaux régulaient leur *taux de natalité*, la famine ne serait jamais nécessaire. Selon Wynne-Edwards, c'est exactement ce qu'ils font. Mais même ici le désaccord est moins profond que vous ne pourriez le croire à première vue en lisant ce livre. Les partisans de la théorie du gène égoïste seraient prêts à accepter l'idée que les animaux régulent *vraiment* leurs taux de naissance. Une espèce donnée tend à avoir un nombre fixe de petits dans une portée ou une nichée : aucun animal n'a un nombre infini de petits. Le désaccord ne porte pas sur la *question de savoir si* les animaux régulent leurs taux de naissance, mais sur la *raison pour laquelle* ils le feraient : par quel processus de sélection naturelle le planning familial a-t-il évolué ? En résumé, le désaccord porte sur la question de savoir si le contrôle est altruiste, pour le bien du groupe, ou s'il est égoïste, pour le bien de l'individu qui se reproduit. Je vais traiter dans l'ordre ces deux théories.

Wynne-Edwards fit l'hypothèse que les individus avaient moins d'enfants qu'ils n'étaient capables d'en faire, pour le bien du groupe. Il reconnaissait que la sélection naturelle normale ne puisse pas donner lieu à l'évolution de ce type d'altruisme : la sélection naturelle de taux de reproduction inférieurs à la moyenne représente une contradiction. Par contre, il a invoqué la sélection par le groupe comme évoquée au chapitre I. Selon lui, les groupes dont les membres restreignent leurs propres taux de naissances ont moins de risques de s'éteindre que les groupes concurrents dont les membres se reproduisent si vite qu'ils mettent en danger l'approvisionnement en nourriture. Par conséquent, le monde se peuple de groupes de reproducteurs qui se sont mis à mettre un frein à leur activité. Le frein individuel que suggère Wynne-Edwards revient au contrôle des naissances, mais il est plus spécifique que cela, et Wynne-Edwards décrit un vaste concept dans lequel toute la vie sociale est vue comme un mécanisme de régulation de la population. Par exemple, les deux principaux traits de la vie sociale dans de nombreuses espèces animales sont la *territorialité* et les *hiérarchies de dominance*, déjà mentionnées au chapitre V.

De nombreux animaux consacrent apparemment beaucoup de temps et d'énergie à défendre un bout de terrain que les naturalistes appellent territoire. Le phénomène est très répandu dans le règne animal, non seulement chez les oiseaux, les mammifères et les poissons, mais aussi chez les insectes et même chez les anémones de mer. Ce territoire peut être constitué d'une grande étendue de bois, grenier d'un couple de reproducteurs, comme c'est le cas chez les rouges-gorges. Ou, comme chez les mouettes argentées par exemple, ce peut être un petit territoire ne contenant pas de nourriture, mais un nid en son milieu. Wynne-Edwards croit que les animaux qui se battent pour un territoire se battent pour un *capital* plutôt que pour une vraie récompense comme un morceau de nourriture. Dans de nombreux cas, les femelles refusent de s'accoupler avec des mâles qui ne possèdent pas de territoire. Évidemment, il arrive souvent que la femelle dont le mâle a perdu le combat et dont le territoire est conquis rapidement s'attache au vainqueur. Même chez des espèces apparemment fidèles et monogames, la femelle peut s'attacher au territoire du mâle plutôt qu'à sa personne.

Si la population devient trop grande, certains individus n'obtiendront pas de territoire et par conséquent ne s'accoupleront pas. Gagner un territoire est par conséquent, pour Wynne-Edwards, comme gagner un ticket ou un permis de reproduction. Puisqu'il existe un nombre fini de territoires inoccupés, tout se passe comme si un nombre fini de permis de reproduction étaient émis. Les individus peuvent se battre pour savoir qui obtiendra ces permis, mais le nombre total de bébés que la population peut avoir est limité par le nombre de territoires disponibles. Dans certains cas, chez le faisan par exemple, les individus semblent bien, à première vue, se retenir quand ils ne peuvent obtenir de territoire, car ils ne se reproduisent pas, mais renoncent aussi à combattre dans le but de l'obtenir. Tout se passe comme si tous acceptaient les règles du jeu : si, à la fin de la saison de compétition, vous n'avez pas obtenu les tickets officiels pour vous accoupler, vous vous abstenez volontairement de vous reproduire et laissez tranquilles les plus chanceux que vous durant la saison des amours.

Wynne-Edwards interprète les hiérarchies de dominance de la même façon. Chez de nombreux groupes d'animaux, surtout en captivité, mais aussi dans certains cas chez les animaux sauvages, les individus apprennent l'identité des uns et des autres, et apprennent qui ils peuvent battre et qui les bat. Comme nous l'avons vu au chapitre V, ils ont tendance à se soumettre sans combattre aux individus dont ils « savent » qu'ils vont les battre de toute manière. Ainsi un naturaliste est-il capable de décrire une hiérarchie de dominance ou « ordre des bécots » (ainsi appelé parce que ce comportement fut décrit pour la première fois chez des poules) — une société ordonnée dans laquelle chacun connaît sa place et ne cherche pas à en changer. Évidemment, des individus peuvent parfois gagner des promotions par rapport à leurs anciens maîtres. Mais comme nous l'avons vu au chapitre V, l'effet de la soumission automatique d'individus de rang inférieur est qu'il peut se produire des combats au cours desquels les blessures graves sont très rares.

Beaucoup de gens pensent que c'est une « bonne chose » qui a vaguement à voir avec la théorie de la sélection par le groupe. Wynne-Edwards en donne une interprétation encore plus audacieuse. Les individus de rang élevé ont plus de chances de se reproduire que les individus de rang inférieur, soit parce qu'ils sont préférés par les femelles, soit parce qu'ils empêchent physiquement les mâles de rang inférieur de s'approcher des femelles. Wynne-Edwards considère la position sociale élevée comme un autre ticket permettant de se reproduire. Au lieu de se battre directement pour les femelles elles-mêmes, les individus combattent pour un statut social et ensuite acceptent de ne pas se reproduire s'ils ne finissent pas au sommet de l'échelle. Ils se retiennent eux-mêmes en ce qui concerne les femelles, bien qu'ils puissent encore de temps à autre gagner un statut plus élevé; on peut donc dire qu'ils se battent *indirectement* pour les femelles. Mais, comme dans le cas du comportement territorial, le résultat de cette « acceptation volontaire » de la règle selon laquelle seuls les mâles de rang élevé doivent se reproduire est, selon Wynne-Edwards, que la population ne grandit pas trop vite. Au lieu d'avoir trop de petits et de découvrir ensuite brutalement leur erreur, les populations utilisent des combats formels dont les enjeux sont le statut social et le territoire pour limiter leur nombre légèrement en dessous du niveau au-delà duquel la famine prend son tribut.

L'idée la plus étonnante de Wynne-Edwards est peut-être celle du comportement *épidéictique*, mot qu'il a lui-même inventé. De nombreux animaux passent beaucoup de temps en grands troupeaux, hardes ou bandes. Différentes raisons ont été émises pour expliquer pourquoi la sélection naturelle aurait favorisé un tel comportement grégaire, dont je parlerai au chapitre X. Wynne-Edwards suggère que, lorsque d'importantes hardes d'étourneaux se rassemblent le soir ou que des hordes de moucherons dansent au-dessus d'un montant de porte, ils mènent un recensement de leur population. Puisqu'il fait l'hypothèse que les individus limitent leurs taux de natalité dans l'intérêt du groupe et qu'ils ont moins de bébés lorsque la densité de population est élevée, il est raisonnable qu'ils aient un moyen leur permettant de la mesurer. A l'instar du thermostat qui nécessite un thermomètre dans son mécanisme, le comportement épidéictique est pour Wynne-Edwards un rassemblement délibéré en masses permettant de faciliter l'estimation de la population. Il ne suggère pas que cette estimation de population soit un phénomène conscient, mais plutôt un mécanisme nerveux ou hormonal liant la perception sensorielle qu'ont les individus de la densité de leur population à leurs systèmes reproducteurs.

J'ai essayé de rendre justice à la théorie de Wynne-Edwards, même si cette tentative s'est avérée très limitée. Si j'ai réussi, vous devriez maintenant être persuadés qu'elle est assez plausible. Mais les premiers chapitres de ce livre auraient dû vous préparer à exprimer votre scepticisme, au point de dire que, aussi vraisemblable que tout cela puisse sembler, il vaudrait mieux que Wynne-Edwards ait une preuve solide de ce qu'il avance, etc. Et, malheureusement, elle ne l'est pas. Il s'agit d'un grand nombre d'exemples qui pourraient être interprétés à sa manière ou bien selon des critères plus conformes à la théorie du « gène égoïste ».

Bien qu'il n'eût jamais utilisé ce terme, le principal artisan de la théorie du gène égoïste au sujet de la planification des naissances fut le grand écologiste David Lack. Il travailla surtout sur la taille des couvées chez les oiseaux sauvages, mais ses théories et conclusions ont le mérite d'être généralisables. Chaque espèce d'oiseaux a tendance à avoir une taille déterminée de couvée. Par exemple, les fous et les guillemots couvent un œuf à la fois, les martinets trois et les mésanges une demi-douzaine ou plus. Il y a une variation dans tout cela : certains martinets n'en pondent que deux à la fois et les mésanges peuvent en pondre douze. Il est raisonnable de supposer que le nombre d'œufs qu'une femelle pond et couve fait au moins partie du contrôle génétique, comme n'importe quelle autre caractéristique, c'est-à-dire qu'il peut y avoir un gène pour la ponte de deux œufs, un allèle rival pour la ponte de trois, un autre pour la ponte de quatre, etc., bien qu'en pratique il y ait peu de chances pour que cela soit aussi simple. La théorie du gène égoïste nous oblige à nous demander lequel de ces gènes sera le plus répandu dans le pool génique. A première vue, il se pourrait que le gène s'occupant de la ponte de quatre œufs ait un avantage sur les gènes qui s'occupent de la ponte de deux ou trois œufs. Si l'on réfléchit un moment, on s'aperçoit que l'argument qui consiste à dire que plus il y en a, meilleur c'est, ne peut être correct. Il conduit à dire que cinq œufs, ce serait meilleur que quatre, dix encore mieux, cent très bien et une infinité le mieux de tout. En d'autres termes, cet argument conduit logiquement à une absurdité. Il est évident qu'il y a des *coûts* et des bénéfices à pondre un grand nombre d'œufs. Une augmentation de la reproduction sera sanctionnée par un élevage moins efficace. Le point essentiel exprimé par Lack est que, pour une espèce donnée dans un environnement donné, il doit y avoir une taille optimale de couvée. Il s'éloigne de Wynne-Edwards lorsqu'il répond à la question : « optimale de quel point de vue ? » Wynne-Edwards dirait que l'optimum important auquel tous les individus devraient aspirer est celui du groupe. Lack dirait que chaque individu égoïste choisit la taille de la couvée qui maximise le nombre de poussins qu'il élève. Si trois représente la taille de couvée idéale pour les martinets, cela signifie pour Lack que tout individu qui essaye d'en élever quatre finira probablement avec moins de petits que ses concurrents, individus plus prudents qui essayent de n'en élever que trois. La raison évidente en serait que la nourriture est si parcimonieusement distribuée entre les quatre bébés que peu d'entre eux survivront jusqu'à l'âge adulte. Cela concernerait à la fois la qualité de départ du jaune contenu dans les quatre œufs et la nourriture donnée aux bébés après leur sortie de l'œuf. Selon Lack, les individus régulent cependant la taille de leurs couvées pour des raisons qui n'ont rien à voir avec l'altruisme. Ils ne pratiquent pas le contrôle des naissances pour éviter la surexploitation des ressources du groupe. Ils le pratiquent de manière à maximiser le nombre de petits survivants, but qui s'avère aller complètement à l'encontre de celui que nous attribuons à la régulation des naissances.

Élever des oisillons est très coûteux. La mère doit investir une grande quantité de nourriture et d'énergie pour faire ses œufs. Il est possible qu'avec l'aide de son partenaire, elle déploie de gros efforts pour construire un nid destiné à contenir et protéger ses œufs. Les parents passent des semaines à couver patiemment ces derniers. Ensuite, lorsque les bébés sortent, les parents s'épuisent à aller leur chercher de la nourriture, sans pratiquement s'accorder de répit. Comme nous l'avons déjà vu, un parent mésange apporte en moyenne de la nourriture toutes les trente secondes, tant qu'il fait jour. Les mammifères, comme nous par exemple, le font d'une manière légèrement différente, mais l'idée fondamentale et répandue selon laquelle la reproduction est quelque chose d'épuisant, surtout pour la mère, n'en est pas moins vraie. Il est évident que si une mère essaye de disperser ses ressources limitées en nourriture et en efforts entre un nombre trop important de petits, elle finira par en élever moins que si elle avait commencé avec des ambitions plus modestes. Elle doit chercher un équilibre entre la reproduction et l'élevage. La quantité totale de nourriture et d'autres ressources qu'une femelle ou un couple peut rassembler constitue le facteur qui détermine le nombre de petits qu'ils peuvent élever. La sélection naturelle, selon Lack, ajuste la taille initiale de la couvée (nombre de poussins,...) de manière à tirer le plus d'avantages de ces ressources limitées.

Les individus qui ont trop d'enfants sont pénalisés non parce que toute la population va s'éteindre, mais simplement parce qu'ils auront moins d'enfants survivants. Les gènes qui font que certains ont trop d'enfants ne sont tout simplement pas transmis de manière importante à la génération suivante, parce qu'un petit nombre de leurs enfants porteront ces gènes jusqu'à l'âge adulte. Ce qui s'est passé pour l'homme civilisé, c'est que la taille des familles n'est plus limitée par une quantité finie de ressources que les parents peuvent fournir. Si un mari et une femme ont plus d'enfants qu'ils ne peuvent en nourrir, l'État, c'est-à-dire le reste de la population, entre en scène et prend soin de ces enfants en surnombre en les gardant vivants et en bonne santé. Rien en fait ne peut empêcher un couple sans ressources d'avoir et d'élever autant d'enfants que la femme est physiquement capable de porter. Mais l'État-providence n'est pas quelque chose de très naturel. Dans la nature, les parents qui ont plus d'enfants qu'ils ne peuvent en élever n'ont pas beaucoup de petits-enfants, et leurs gènes ne sont pas transmis aux générations suivantes. Il n'est en aucune façon nécessaire de recourir à la censure altruiste en matière de contrôle des naissances, parce qu'il n'existe pas d'État-providence dans la nature. Un gène favorisant une faiblesse de ce type est vite puni : les enfants porteurs de ce gène meurent de faim. Puisque nous, humains, ne voulons pas revenir aux anciens modes de vie égoïstes où nous laissions les enfants de familles trop nombreuses mourir de faim, nous avons aboli la famille en tant qu'unité économiquement autosuffisante et lui avons substitué l'État. Mais il ne faudrait pas que le privilège garantissant l'aide aux enfants soit source d'abus.

La contraception est parfois attaquée comme étant un moyen « non naturel ». C'est exact, mais le problème est que l'État-providence l'est aussi. Je pense que la plupart d'entre nous croient que l'État-providence est quelque chose de très souhaitable. Mais vous ne pouvez pas avoir un État-providence contraire à la nature, à moins d'avoir un contrôle des naissances tout aussi peu naturel, sinon le résultat final en sera une misère encore plus grande que celle qui se produit dans la nature. L'État-providence est peut-être le système altruiste le plus important que le règne animal ait connu. Mais tout système altruiste est naturellement instable, parce qu'il est la porte ouverte aux abus d'individus égoïstes prêts à l'exploiter. Les individus humains qui ont plus d'enfants qu'ils ne peuvent en élever sont probablement trop ignorants dans la plupart des cas pour être accusés d'exploitation consciemment malveillante du système. Les institutions et les responsables politiques qui les encouragent délibérément à le faire me semblent plus sujets à caution.

Pour en revenir aux animaux sauvages, l'argument de Lack sur la taille des couvées peut être généralisé à tous les autres exemples qu'utilise Wynne-Edwards : le comportement territorial, les hiérarchies de dominance, etc. Prenez, par exemple, le faisan sur lequel ses collègues et lui ont travaillé. Ces oiseaux mangent de la bruyère et sont disséminés dans la lande sur des territoires contenant apparemment plus de nourriture que leurs propriétaires n'en ont vraiment besoin. En début de saison, ils combattent pour ces territoires, mais après un moment les perdants semblent accepter leur échec et ne se battent plus. Ils deviennent des parias qui n'obtiennent jamais de territoire, et, à la fin de la saison, la plupart d'entre eux sont morts de faim. Seuls les propriétaires d'un territoire se reproduisent. Les non-propriétaires sont physiquement capables de se reproduire, comme le montre le fait que si un propriétaire est tué par un chasseur, l'un des anciens parias s'y installe très vite, et se reproduit alors. L'interprétation donnée par Wynne-Edwards de ce comportement territorial extrême est, comme nous l'avons vu, que les parias « acceptent » d'avoir échoué dans leur quête du ticket ou permis de reproduction ; ils n'essayent pas de se reproduire.

A la lumière de cela, il semble qu'il s'agisse d'un exemple embarrassant à expliquer par la théorie du gène égoïste. Pourquoi les parias n'essayent-ils pas encore et toujours d'évincer un propriétaire de territoire jusqu'à tomber d'épuisement ? Ils sembleraient n'avoir rien à y perdre. Mais attendez, peut-être ont-ils effectivement quelque chose à perdre. Nous avons déjà vu que si un propriétaire de territoire venait à mourir, un paria aurait une chance de prendre sa place et par conséquent de se reproduire. Si les chances pour qu'un paria réussisse par ce biais à obtenir un territoire sont plus grandes que s'il combattait, alors il serait avantageux pour lui, en tant qu'individu égoïste, d'attendre dans l'espoir que quelqu'un meure, plutôt que de gâcher le peu d'énergie qui lui reste dans des combats futiles. Pour Wynne-Edwards, le rôle des parias dans le bien-être du groupe est d'attendre dans les coulisses pour jouer les doublures, prêts à se mettre dans les chaussures de tout propriétaire de territoire qui mourrait sur le théâtre principal de la reproduction du groupe. Nous pouvons voir à présent que cela peut être pour eux, individus égoïstes, la meilleure stratégie. Comme nous l'avons vu au chapitre IV, nous pouvons considérer les animaux comme des joueurs. La meilleure stratégie pour un joueur peut parfois être la stratégie de l'attente et de l'espoir plutôt que celle du rentre-dedans.

De même, on peut expliquer grâce à la théorie du gène égoïste un bon nombre de cas où les animaux semblent « accepter » passivement le statut de non-reproducteur. La forme générale de l'explication est toujours la même : le meilleur pari pour l'individu est de se retenir momentanément avec l'espoir d'avoir de meilleures occasions dans l'avenir. Un phoque qui laisse tranquille les maîtres du harem ne le fait pas pour le bien du groupe. Il attend son heure, une occasion favorable. Même si le moment ne vient jamais et qu'il finit sans descendant, le pari aurait pu être payant. De même, lorsque les lemmings s'enfuient par milliers du cœur d'une explosion démographique, ils n'agissent pas dans le but de diminuer la densité de population dans la région qu'ils laissent derrière eux ! Ils cherchent, chacun égoïstement, un endroit moins surpeuplé où vivre. Le fait que l'un d'entre eux échoue et meure est quelque chose que nous observons après coup. Cela n'altère en rien la probabilité selon laquelle rester derrière eût été un pari moins bon.

Il est un fait bien connu que la surpopulation fait parfois réduire le taux de natalité. C'est quelquefois pris comme une preuve en faveur de la théorie de Wynne-Edwards, alors que c'est tout aussi compatible avec celle du gène égoïste. Par exemple, on a mis des souris ensemble dans un enclos extérieur avec beaucoup de nourriture et on leur a permis de se reproduire librement. La population a augmenté jusqu'à un certain point, puis s'est stabilisée. La raison de cette stabilisation s'est avérée être une diminution de la fertilité des femelles due à la surpopulation : elles avaient moins de petits. Ce genre d'effet a souvent été observé. Sa cause immédiate est souvent appelée « stress », bien que ce genre de terme n'aide pas en lui-même à donner une explication au phénomène. En tout cas, quoi que puisse être sa cause immédiate, il nous faut encore nous interroger sur son explication ultime ou évolutionnaire. Pourquoi la sélection naturelle favorise-t-elle les femelles qui diminuent leur taux de naissance lorsque la surpopulation fait rage ?

La réponse de Wynne-Edwards est claire. La sélection par le groupe favorise ceux dans lesquels les femelles mesurent la population et ajustent leur taux de naissance de manière à ce que les réserves de nourriture ne soient pas surexploitées. Dans les conditions de l'expérience, la nourriture ne s'est jamais raréfiée, mais on ne pouvait attendre des souris qu'elles s'en rendent compte. Elles sont programmées pour vivre dans la nature et il est probable que dans des conditions naturelles la surpopulation soit un indicateur fiable d'une future famine.

Que dit la théorie du gène égoïste? Presque exactement la même chose, mais avec une différence décisive. Vous vous rappelez que, selon Lack, les animaux auront tendance à avoir le nombre optimum de petits à partir de leur propre point de vue égoïste. S'ils *portent* trop ou trop peu de petits, ils finiront par en *élever* moins que s'ils en avaient produit le nombre exact. Maintenant, le « nombre exact » va probablement être un nombre plus petit lors d'une année où il y a surpopulation que lorsque la population est rare. Nous nous sommes déjà mis d'accord sur le fait que la surpopulation va probablement préfigurer la famine. Il est évident que si une femelle se trouve en face d'une preuve fiable que la famine va venir, il est de son propre intérêt égoïste de diminuer ses propres naissances. Les concurrentes qui ne font rien devant les signes annonciateurs de la catastrophe finiront par élever moins de petits, même si en réalité elles en portent plus. Par conséquent nous finissons avec exactement la même conclusion que Wynne-Edwards, bien que le raisonnement évolutionnaire utilisé soit complètement différent.

La théorie du gène égoïste ne pose aucun problème, même en face de « démonstrations épidéictiques ». Vous vous souvenez que Wynne-Edwards fit l'hypothèse que les animaux se montraient délibérément en grands rassemblements, de manière à ce qu'il soit plus facile pour les individus de faire un recensement et de réguler leur taux de naissances en conséquence. Il n'y a aucune preuve directe que ces rassemblements soient épidéictiques, mais supposez seulement qu'une preuve de ce type soit trouvée. La théorie du gène égoïste serait-elle embarrassée? Pas le moins du monde.

Les étourneaux se perchent en grand nombre aux mêmes endroits. Supposez que l'on montre que cette surpopulation hivernale non seulement réduise la fertilité au printemps suivant, mais qu'elle soit due au fait que les oiseaux entendent les appels les uns des autres. On pourrait démontrer expérimentalement que les individus exposés à l'enregistrement très dense et très bruyant d'étourneaux pondent moins d'œufs que ceux exposés à un enregistrement plus calme, moins dense. Par définition, cela indiquerait que les appels des étourneaux constituent une démonstration épidéictique. La théorie du gène égoïste l'expliquerait plutôt de la même manière que lors de l'expérience avec les souris.

Nous partons une fois encore de l'hypothèse selon laquelle les gènes permettant d'avoir une famille plus grande que vous ne pouvez vous le permettre sont automatiquement pénalisés et deviennent moins nombreux dans le pool génique. La tâche d'une pondeuse efficace consiste à prévoir ce que sera pour elle la taille optimale de la couvée, en tant qu'individu égoïste, lors de la saison de reproduction suivante. Vous vous rappelez que, dans le chapitre IV, le mot « prévision » avait un sens particulier. A présent, comment une femelle oiseau peut-elle prévoir la taille optimale de sa couvée ? Quelles variables influenceraient ses prévisions ? Il se peut que de nombreuses espèces fassent une prévision fixe, qui ne change pas d'année en année. Ainsi, en moyenne, la taille optimale d'une couvée de fous est de un. Il est possible que certaines années particulièrement favorables en poisson permettent à un individu de voir son optimum grimper temporairement à deux. Les fous n'ont aucun moyen de savoir à l'avance si une année sera riche ; nous ne pouvons attendre des femelles qu'elles prennent le risque de gâcher leurs ressources sur deux œufs, car alors cela compromettrait leur avenir de reproduction lors d'une année moyenne.

Mais il peut y avoir d'autres espèces, des étourneaux peut-être, chez qui il est possible de prédire en hiver si le printemps à venir va rapporter une bonne récolte d'un type particulier de nourriture. Les agriculteurs ont de nombreux dictons suggérant que des indices comme l'abondance de baies peuvent représenter de bons indicateurs du temps qu'il va faire au printemps suivant. Que ces histoires soient vraies ou non, il est de l'ordre du possible qu'il existe bien de tels repères et qu'un bon prophète puisse en théorie ajuster la taille de sa couvée d'année en année à son propre avantage. Les baies peuvent constituer des indicateurs fiables ou non, mais, comme dans le cas des souris, il semble tout à fait probable que la densité de population soit un bon repère. Une femelle étourneau peut, en principe, savoir que lorsqu'il sera temps de nourrir ses petits au printemps suivant, elle sera en compétition avec des concurrentes de la même espèce. Si elle a un tant soit peu la possibilité d'estimer la densité locale de sa propre espèce en hiver, cela pourra lui fournir un moyen efficace de prévoir s'il lui sera difficile de trouver de la nourriture pour ses petits au printemps suivant. Si elle trouvait que la population hivernale était très importante, sa politique de prudence, de son point de vue égoïste, pourrait bien être de pondre peu d'œufs : l'estimation qu'elle a de la taille optimale de sa propre couvée devrait être revue à la baisse.

Il devient maintenant exact que les individus diminuent la taille de leur couvée en se basant sur leur estimation de la densité de population, et ce sera immédiatement à l'avantage de chaque individu égoïste de prétendre en face des concurrentes que la population est importante, qu'elle le soit ou non en réalité. Si les étourneaux estiment la taille de leur population au bruit qu'émet une harde hivernale, il serait payant que chaque individu crie le plus fort possible jusqu'à atteindre le volume sonore de deux étourneaux. Cette idée que les animaux prétendent être plus nombreux qu'ils ne le sont en réalité fut émise un jour dans un autre contexte par J. R. Krebs et s'appelle « l'effet Beau Geste », en référence à un roman où une tactique similaire était utilisée par une unité de la Légion étrangère. L'idée est ici d'essayer de faire en sorte que les étourneaux du voisinage diminuent la taille de *leur* couvée en dessous de leur véritable optimum. Si vous êtes un étourneau qui réussit cette manœuvre, c'est à votre avantage égoïste, puisque vous diminuez le nombre d'individus qui ne portent pas vos gènes. J'en conclus par conséquent que l'idée de Wynne-Edwards sur les démonstrations épidéictiques peut constituer réellement une bonne idée : il se peut qu'il ait raison sur toute la ligne, mais avec de mauvais arguments. Plus généralement, l'hypothèse de Lack est suffisamment convaincante, en termes de gènes égoïstes, pour prendre en compte toute preuve qui pourrait sembler soutenir la théorie de la sélection par le groupe, si une telle preuve se présente.

Notre conclusion à ce chapitre est que les parents pratiquent la planification des naissances, mais dans le sens où ils optimisent leur taux de natalité, au lieu de le restreindre pour le bien public. Ils essaient de maximiser le nombre de leurs petits survivants, et cela signifie avoir ni trop, ni trop peu de petits. Les gènes qui font qu'un individu a trop de petits ont tendance à ne pas subsister dans le pool génique parce que les petits contenant de tels gènes ne survivent pas jusqu'à l'âge adulte.

Nous en avons fini à présent avec les considérations sur la taille de la famille. Nous allons maintenant traiter des conflits d'intérêts à l'intérieur des familles. Sera-t-il toujours profitable pour une mère de traiter tous ses enfants de la même façon, ou se pourrait-il qu'elle ait des favoris ? La famille devrait-elle fonctionner comme un tout uni ou faut-il s'attendre à trouver l'égoïsme et la tromperie à l'intérieur même du cercle familial ? Tous les membres d'une même famille vont-ils travailler de concert vers le même optimum, ou vont-ils être en « désaccord » sur la définition de cet optimum ? Telles sont les questions auxquelles nous allons tenter de répondre dans le chapitre suivant. En ce qui concerne les conflits qui peuvent survenir dans le couple, il nous faudra attendre le chapitre IX pour en parler.

CHAPITRE VIII

Le conflit des générations

Commençons par nous atteler à la première question posée à la fin du chapitre précédent. Une mère devrait-elle avoir des favoris, ou se comporter de manière également altruiste envers tous ses enfants ? Au risque de paraître ennuyeux, il me faut une fois encore exprimer mes réserves habituelles. Le mot « favori » ne véhicule aucune connotation particulière et le mot « devrait » aucune connotation morale. Je parle d'une mère comme d'une machine programmée pour faire tout ce qui est en son pouvoir pour propager des copies des gènes qu'elle porte. Puisque vous et moi sommes des humains qui savons ce que cela signifie que d'avoir des desseins conscients, il est plus pratique pour moi d'utiliser le langage du raisonnement conscient comme métaphore pour expliquer le comportement des machines à survie.

En pratique, quel sens y aurait-il à dire d'une mère qu'elle a un préféré ? Cela signifierait qu'elle répartit de manière inégale ses ressources entre ses enfants. Les ressources qu'une mère a à sa disposition consistent en une variété de choses. La nourriture en est une évidente, ainsi que les efforts dépensés pour la trouver, puisque cela coûte en soi quelque chose à la mère. Le risque encouru pour protéger les jeunes des prédateurs représente une autre ressource que la mère peut « dépenser » ou refuser de dépenser. L'énergie et le temps consacrés à la construction du nid ou à l'entretien du foyer, à la protection des éléments extérieurs, et, chez certaines espèces, le temps dépensé à éduquer les petits, constituent des ressources précieuses qu'un parent peut donner à ses petits « à son gré » de manière égale ou inégale.

Il est difficile d'imaginer une monnaie commune avec laquelle on pourrait mesurer toutes les ressources qu'un parent peut investir. A l'instar des sociétés humaines qui utilisent l'argent comme unité universellement convertible, en nourriture, territoire ou main-d'œuvre, il nous faut une monnaie qui nous permette de mesurer les ressources qu'une machine à survie individuelle peut investir sur la vie d'un autre individu, en particulier la vie d'un enfant. Il est tentant d'envisager une mesure d'énergie comme la calorie et certains écologistes ont consacré leur temps à évaluer les coûts énergétiques dépensés dans la nature. Elle est cependant inappropriée parce que peu convertible dans la monnaie vraiment importante, « l'étalon-or de l'évolution », c'est-à-dire la survie du gène. En 1972, R. L. Trivers a clairement résolu le problème en créant le concept d'*investissement parental* (bien que, si on lit entre les lignes, on sente que Sir Ronald Fischer, le plus grand biologiste du XXᵉ siècle, parlait à peu près de la même chose en 1930 avec l'expression « dépense parentale »)[1].

L'investissement parental (IP) se définit comme « tout investissement fait par un parent sur un enfant qui augmente les chances de survie de l'enfant (et donc son succès en matière de reproduction), tout cela au prix pour le parent de sa capacité d'investissement sur d'autres enfants ». La beauté de l'investissement parental de Trivers est qu'il se mesure en unités très proches de celles qui sont réellement importantes. Lorsqu'un petit épuise une partie du lait de sa mère, la quantité de lait consommée se mesure non pas en litres, non pas en calories, mais en unités de ce que cela coûte aux autres petits de la même mère. Par exemple, si une mère a deux petits X et Y, et si X boit un demi-litre de lait, une grande partie de l'investissement parental que cela représente est mesurée par l'accroissement de probabilité pour Y de mourir parce qu'il n'a pas bu ce lait. L'investissement parental se mesure en unités de diminution de l'espérance de vie des autres petits, nés ou à naître.

L'investissement parental ne représente pas complètement la

mesure idéale, parce qu'il met trop l'accent sur l'importance du rôle des parents par rapport aux autres relations génétiques. Idéalement, nous devrions utiliser une mesure généralisée d'*investissement altruiste*. On pourrait dire de l'individu *A* qu'il investit sur l'individu *B*, lorsque *A* augmente les chances de survie de *B* au prix de la capacité de *A* à investir sur d'autres individus, y compris lui-même, tous les coûts tenant compte du degré de parenté. Ainsi, l'investissement d'un parent sur l'un de ses enfants devrait idéalement se mesurer en termes de préjudices par rapport à l'espérance de vie non seulement des autres enfants, mais aussi des neveux, des nièces, du parent lui-même, etc. Toutefois, sur bien des aspects ce n'est qu'un faux-fuyant, et la mesure de Trivers vaut la peine d'être utilisée en pratique.

Donc, tout individu adulte a, durant toute sa vie, une certaine quantité d'investissement parental à consacrer à ses petits (et à d'autres parents, et pour lui-même, mais pour simplifier nous ne considérons que le cas des enfants). Cela représente la somme de toute la nourriture qu'il peut rassembler ou préparer durant toute sa vie, tous les risques qu'il est prêt à prendre et toute l'énergie et les efforts qu'il est capable de fournir pour assurer le bien-être de ses petits. Comment une jeune femelle prête à embrasser sa vie d'adulte investit-elle les ressources de sa vie? Quelle serait la politique d'investissement la plus sage qu'il lui faudrait suivre? Nous avons déjà vu dans la théorie de Lack qu'elle ne devrait pas répartir trop frugalement ses investissements entre trop de petits. De cette façon, elle perdrait trop de gènes : elle n'aurait pas assez de petits-enfants. D'autre part, elle ne doit pas consacrer tout son investissement à trop peu d'enfants — enfants gâtés. Il se peut qu'elle se garantisse virtuellement elle-même des petits-enfants, mais les concurrentes qui investissent sur le nombre optimum d'enfants finiront par avoir plus de petits-enfants. Voilà donc pour une politique d'investissement équitable. Notre but est à présent de savoir s'il serait payant pour une mère d'investir inégalement entre ses enfants, c'est-à-dire d'avoir des préférés.

La réponse est qu'il n'y a génétiquement rien qui fasse qu'une mère ait des préférés. Sa parenté avec tous ses enfants est la même : 1/2. Sa stratégie optimale est d'investir *également* sur le nombre d'enfants le plus important qu'elle peut élever, jusqu'à ce que ces enfants puissent se débrouiller par eux-mêmes. Mais nous avons déjà vu que certains individus ont une vie moins risquée que d'autres. Le plus petit d'une portée a autant les gènes de sa mère que ses frères et sœurs plus vigoureux. Mais son espérance de vie est moins grande. Une autre façon de décrire la situation est de dire qu'il a *besoin* d'une partie plus importante de l'investissement parental que celle qui lui est allouée pour devenir aussi fort que ses frères et sœurs. Selon les circonstances, il peut être avantageux pour une mère de refuser de nourrir un petit trop faible et de distribuer sa part d'investissement à ses frères et sœurs. Évidemment, il peut être payant pour elle de donner ce petit en pâture à ses frères et sœurs, ou de le manger et de l'utiliser pour produire du lait. Les truies mangent parfois leurs petits et je ne sais si elles choisissent le plus faible.

Les faibles constituent un exemple particulier. Nous pouvons faire quelques prévisions générales supplémentaires pour savoir si la tendance d'une mère à investir sur un petit dépend de l'âge de ce dernier. Si elle a le choix entre sauver la vie d'un petit et celle d'un autre, et que celui qu'elle ne sauve pas est condamné à mourir, elle devrait préférer le plus âgé parce qu'elle s'expose à perdre une proportion plus importante de son investissement parental s'il meurt à la place de son petit frère. Une meilleure façon d'expliquer cela est peut-être de dire que si elle sauve le petit frère, il lui faudra encore investir des ressources coûteuses sur lui uniquement pour l'amener à l'âge de son frère plus âgé.

Par contre, si ce choix n'est pas aussi difficile que celui de la vie et de la mort, son meilleur pari serait de préférer le plus jeune. Par exemple, supposez que son dilemme consiste à donner un morceau de nourriture au petit ou au grand. Le grand a plus de chances de trouver sans aide sa propre nourriture. Par conséquent, si elle arrêtait de le nourrir, il ne mourrait pas nécessairement. En revanche, le petit, trop jeune pour trouver sa nourriture lui-même, aurait plus de risques de mourir si sa mère donnait la nourriture à son grand frère. Ici, même si la mère préférait que le petit frère meure à la place du grand, elle peut encore donner la nourriture au petit, parce que le grand a de toute façon peu de risques de mourir. C'est pourquoi les mamans mammifères pratiquent le sevrage de leurs petits plutôt que de continuer de les nourrir indéfiniment pendant toute leur vie. Il vient un moment dans la vie d'un petit où il est payant pour la mère de cesser d'investir sur lui pour se tourner vers d'autres petits. Lorsque ce moment arrive, elle veut le sevrer. On pourrait s'attendre à ce qu'une mère qui aurait un moyen de savoir qu'elle a eu son dernier enfant continue d'investir toutes ses ressources sur lui pour le reste de sa vie, et peut-être même de l'allaiter jusqu'à l'âge adulte. Néanmoins, elle devrait *peser* les choses et savoir s'il ne serait pas plus rentable pour elle d'investir sur les petits-enfants ou les neveux et nièces, puisque, bien que le degré de parenté soit inférieur de moitié à celui qu'elle a avec ses enfants, leur capacité à tirer bénéfice de son investissement peut être supérieure au double de celui de l'un de ses propres enfants.

Le moment semble donc venu de parler du phénomène étonnant connu sous le nom de ménopause, qui est l'arrêt assez brutal de la fertilité de la femme lorsqu'elle atteint la quarantaine. Peut-être ce phénomène ne survenait-il pas souvent chez nos ancêtres, puisque peu de femmes vivaient de toute façon assez longtemps pour le connaître. Mais la différence entre l'arrêt brutal de la fertilité chez la femme et la diminution graduelle de celle de l'homme suggère qu'il y a quelque chose de génétiquement « délibéré » en ce qui concerne la ménopause — qu'il s'agit d'une « adaptation ». C'est assez difficile à expliquer. A première vue, on pourrait s'attendre à ce qu'une femme continue d'avoir des enfants jusqu'à ce qu'elle abandonne, même si les années passant rendent de moins en moins probable la possibilité qu'elle ait un enfant survivant. Cela semblerait toujours valoir la peine d'essayer, n'est-ce pas ? Mais il nous faut nous rappeler qu'elle a aussi des liens de parenté avec ses petits-enfants, bien qu'ils soient moitié moins importants.

Pour de nombreuses raisons, peut-être en relation avec la théorie de Medawar sur le vieillissement, les femmes devinrent naturellement de moins en moins efficaces pour élever les enfants au fur et à mesure qu'elles vieillissaient. Par conséquent, l'espérance de vie d'un enfant issu d'une mère âgée était inférieure à celle d'un enfant issu d'une mère jeune. Cela signifie que si une femme avait un enfant et un petit-enfant nés le même jour, le petit-enfant pouvait espérer vivre plus longtemps que l'enfant. Lorsqu'une femme atteignait l'âge auquel la probabilité moyenne pour que chaque enfant atteigne l'âge adulte était à peine de moitié inférieure à celle qu'avait le petit-enfant d'atteindre le même âge, tout gène s'occupant d'investir sur les petits-enfants de préférence aux enfants prospérait. Un gène de ce genre n'était porté que par un seul des quatre petits-enfants, alors que le gène concurrent était porté par l'un des deux enfants, mais la plus grande espérance de vie des petits-enfants l'emportait et le gène de « l'altruisme du petit-enfant » prévalut dans le pool génique. Une femme ne pouvait pas investir complètement sur ses petits-enfants si elle continuait d'avoir elle-même des enfants. Par conséquent, les gènes faisant que la femme devienne stérile après quarante ans sont devenus plus nombreux, puisqu'ils étaient portés par le corps des petits-enfants dont la survie avait l'appui de l'altruisme de la grand-mère.

Cela peut constituer une explication possible de l'évolution de la ménopause chez la femme. La raison pour laquelle la fertilité des hommes diminue petit à petit et non brusquement est probablement que les hommes n'investissent pas autant que les femmes sur chaque enfant. Étant donné qu'il peut toujours faire des enfants à de jeunes femmes, il sera toujours profitable, même à un homme très âgé, d'investir sur des enfants plutôt que sur des petits-enfants.

Jusqu'à présent, dans ce chapitre et le précédent, nous avons tout examiné du point de vue des parents, surtout de la mère. Nous nous sommes demandé si l'on pouvait s'attendre à ce que les parents aient des préférés, et, d'une manière générale, quelle était la meilleure politique d'investissement pour un parent. Mais peut-être que chaque enfant peut pousser ses parents à investir plus sur lui que sur ses frères et sœurs. Même si les parents « ne veulent pas » faire du favoritisme entre leurs enfants, se pourrait-il que les enfants puissent tirer la couverture à eux afin de recevoir le meilleur traitement ? Cela leur serait-il profitable d'agir ainsi ? Plus exactement, les gènes encourageant ce type de comportement parmi les enfants deviendraient-ils plus nombreux dans le pool génique que ceux qui encouragent à n'accepter que la part qui leur incombe en toute justice? Cet aspect a été brillamment analysé par Trivers, dans un article de 1974 intitulé « Parent-Offspring Conflict ».

Une mère a la même parenté avec tous ses enfants, qu'ils soient nés ou encore à naître. Pour des raisons seulement génétiques, elle ne devrait pas avoir de préféré, comme nous l'avons vu. Si elle montre effectivement une préférence, celle-ci devrait se fonder sur des différences telles que l'espérance de vie en fonction de l'âge et d'autres choses. La mère, comme tout individu, a un lien de parenté deux fois plus proche avec elle-même qu'avec n'importe lequel de ses enfants. Toutes choses égales par ailleurs, cela signifie qu'elle devrait égoïstement investir la plus grande partie de ses ressources sur elle-même; mais les autres choses ne sont pas égales. Elle peut faire plus de bien à ses gènes en investissant une bonne partie de ses ressources sur ses enfants, parce que ceux-ci sont plus jeunes et plus faibles qu'elle, et qu'ils peuvent par conséquent tirer plus de bénéfice de chaque unité d'investissement qu'elle ne le pourrait elle-même. Les gènes s'occupant de l'investissement sur des individus plus faibles de préférence à soi-même peuvent prévaloir dans le pool génique, même si les bénéficiaires ne peuvent partager qu'une partie de ces gènes. C'est pourquoi les animaux montrent un comportement d'altruisme parental, ainsi que différents types d'altruismes en relation avec le degré de parenté.

Examinons à présent cette question en nous plaçant du côté de l'enfant. Il a le même degré de parenté que sa mère avec ses frères et sœurs, soit 1/2 dans tous les cas. Par conséquent, il « veut » que sa mère investisse certaines de ses ressources sur ses frères et sœurs. Génétiquement parlant, disons qu'il est aussi altruistiquement disposé vis-à-vis d'eux que vis-à-vis de sa mère. Mais, une fois encore, son degré de parenté vis-à-vis de lui-même est deux fois plus élevé que vis-à-vis de ses frères et sœurs, et cela le pousse à vouloir que sa mère investisse plus sur lui que sur ses frères et sœurs, toutes choses égales par ailleurs. Si votre frère et vous êtes du même âge et que vous avez autant le droit de profiter du lait de votre mère, il « faudrait » que vous essayiez de prendre plus que votre part, et il lui faudrait essayer de tirer plus que la sienne. N'avez-vous jamais entendu une portée de porcelets crier pour être les premiers sur place lorsque la truie s'allonge pour les allaiter? Ou des petits garçons se battre pour la dernière tranche de gâteau? La gourmandise égoïste semble être caractéristique du comportement de l'enfant.

Mais il y a plus que cela. Si je lutte avec mon frère pour avoir un morceau de nourriture, et s'il est plus jeune que moi au point qu'il pourrait en tirer plus de bénéfice que moi, il serait peut-être profitable pour mes gènes que je la lui laisse. Un frère plus âgé peut avoir exactement les mêmes raisons qu'un parent d'adopter un comportement altruiste : dans les deux cas, comme nous l'avons vu, le degré de parenté est de 1/2, et dans les deux cas l'individu plus jeune peut faire meilleur usage de la nourriture que le plus âgé. Si j'ai un gène faisant renoncer à la nourriture, il y a 50 % de chances que mon petit frère ait le même gène. Bien que ce gène ait deux fois plus de chances d'être dans mon propre corps — il *est* à 100 % dans mon corps —, mon besoin en nourriture peut être moitié moins urgent. En général, un enfant « devrait » prendre plus que sa part d'investissement parental, mais seulement jusqu'à un certain point. Jusqu'à quel point? Jusqu'au point où ce que cela aura globalement coûté à ses frères et sœurs, nés ou encore à naître, sera équivalent au double de ce qu'il aura gagné en monopolisant plus de ressources.

Prenez par exemple la question du moment où devrait intervenir le sevrage. Une mère veut cesser d'allaiter son enfant de manière à pouvoir se préparer pour le suivant. Par contre, l'enfant actuel ne veut pas être sevré parce que le lait représente une source de nourriture pratique et sans problème, et qu'il ne veut pas avoir à sortir et faire des efforts pour trouver sa subsistance. Pour être plus exact, il voudra par la suite sortir et faire des efforts pour se nourrir, mais seulement lorsqu'il pourra faire plus de bien à ses gènes en laissant sa mère libre d'élever ses petits frères et sœurs. Plus un enfant grandit, moins il tire de bénéfice relatif d'un litre de lait. La raison en est qu'il est plus grand et que par conséquent un litre de lait est peu par rapport à ses besoins. De plus, il peut de mieux en mieux se débrouiller seul lorsqu'il y est obligé. Par conséquent, lorsqu'un grand enfant boit un litre de lait qui aurait pu être investi sur un plus petit, il prend une partie relativement plus grande de l'investissement parental pour lui-même qu'un jeune enfant buvant la même quantité de lait. Au fur et à mesure que l'enfant grandit, il vient un moment où il vaut mieux pour la mère qu'elle arrête de le nourrir et qu'elle investisse alors sur un autre enfant. Un peu plus tard viendra le moment où l'enfant plus grand voudra lui aussi faire profiter ses gènes et se sèvrera lui-même : lorsqu'un litre de lait peut faire plus de bien aux copies des gènes qui *peuvent se trouver* chez ses frères et sœurs qu'aux gènes qui *se trouvent* dans son corps à lui.

Le désaccord qui peut intervenir entre une mère et son enfant n'est pas absolu, mais quantitatif, car il s'agit d'un désaccord sur le moment du sevrage. La mère veut continuer d'allaiter son enfant jusqu'au moment où l'investissement qu'elle fait sur lui a atteint son maximum, si l'on tient compte de son espérance de vie et de ce qu'elle a déjà investi sur lui. Jusque-là, pas de désaccord. De même, la mère et l'enfant sont tous deux d'accord pour ne pas vouloir poursuivre l'allaitement une fois que le coût pour les enfants à venir représente le double de ce que cela lui rapporte à lui. Mais il y a désaccord entre la mère et l'enfant durant la période intermédiaire où l'enfant prend, du point de vue de la mère, plus que sa part, alors que le coût pour les autres enfants n'est pas encore au point où son bénéfice à lui a doublé.

Le sevrage n'est qu'un exemple de sujet de conflits mère/enfant. On pourrait aussi le considérer comme un conflit entre un individu et ses frères et sœurs à naître. Plus directement, il peut s'agir d'une compétition entre contemporains se concurrençant pour obtenir leur part d'investissement, entre petits d'une même portée ou d'une couvée. Ici, une fois encore, la mère aura normalement à cœur que tout se passe équitablement.

De nombreux oisillons sont nourris au nid par leurs parents. Ils ouvrent tous un large bec, crient, et le parent laisse tomber un vers ou un autre morceau de nourriture dans la bouche ouverte de l'un d'entre eux. La vigueur avec laquelle chaque oisillon crie est, dans l'idéal, proportionnelle à la faim. Par conséquent, si le parent donne toujours de la nourriture à celui qui crie le plus fort, ils auront tous tendance à avoir leur part, puisque lorsque l'un en a eu suffisamment, il ne criera plus aussi fort. Du moins est-ce ce qui se passerait dans le meilleur des mondes possibles, si les individus ne trichaient pas. Mais si l'on suit le concept de notre gène égoïste, nous devons nous attendre à ce que les individus trichent, disent des mensonges quant à leur faim réelle. Ce sera l'escalade, apparemment sans objet puisqu'il pourrait sembler que s'ils mentaient tous en criant trop fort, ce niveau de bruit deviendrait la norme et cesserait de fait d'être un mensonge. Toutefois, il ne peut pas diminuer parce que tout individu qui aurait tendance à diminuer la force de son cri serait pénalisé en étant moins nourri et aurait plus de risques de mourir de faim. Les cris de l'oisillon n'augmentent pas indéfiniment à cause d'autres facteurs. Par exemple, les cris élevés ont tendance à attirer les prédateurs et consomment de l'énergie.

Parfois, comme nous l'avons vu, un membre de la portée est faible, beaucoup plus petit que le reste. Il est incapable de se battre avec autant de vitalité que les autres pour sa nourriture, et souvent il meurt. Nous avons étudié les conditions qui font que pour une mère il est profitable de laisser un petit fragile mourir. Intuitivement, nous pourrions supposer que le faible lui-même continue de se battre jusqu'au bout, mais la théorie ne prévoit pas nécessairement cela. Dès que le faible devient si petit et fragile que son espérance de vie se trouve diminuée au point que le bénéfice de l'investissement parental fait sur lui représente moins de la moitié du bénéfice que le même investissement pourrait rapporter aux autres petits, le faible doit mourir de bonne grâce et de sa propre volonté. Il peut rendre service à ses gènes en agissant ainsi. C'est-à-dire qu'un gène qui donne l'instruction : « Corps, si tu es beaucoup plus petit que les autres membres de la portée, renonce à te battre et meurs », pourrait avoir plus de succès dans le pool génique, parce qu'il a 50 % de chances d'être dans le corps de chaque frère et sœur épargnés, et que ses chances de survie dans le corps du faible sont de toute façon très petites. Il devrait y avoir un point de non-retour dans la vie d'un faible. Avant qu'il l'atteigne, il devrait continuer de se battre. Dès qu'il l'a atteint, il devrait renoncer et plutôt se laisser manger par ses compagnons de portée ou ses parents.

Je n'ai pas parlé de cela lorsque nous discutions de la théorie de Lack sur la taille de la couvée, mais ce qui suit est une stratégie raisonnable pour un parent qui n'a pas encore décidé quelle serait la taille optimale de la couvée pour l'année à venir. La femelle pourrait pondre un œuf de plus que ce qu'elle « pense » être le véritable optimum. Ensuite, si la récolte de l'année s'avérait meilleure que prévue, elle élèverait l'enfant supplémentaire. Sinon, elle peut arrêter les frais. En prenant toujours soin de nourrir les jeunes dans le même ordre, par exemple par ordre de taille, elle s'assure qu'un de ses petits, peut-être le faible, meurt rapidement et qu'elle n'a pas gâché trop de nourriture pour lui, en tout cas pas au-delà de l'investissement initial au stade du jaune d'œuf ou équivalent. Du point de vue de la mère, il se peut que cela soit l'explication du phénomène du rejeton le plus faible. Il représente la contrepartie des paris de sa mère. Cela a été observé chez de nombreux oiseaux.

L'utilisation de notre métaphore représentant l'animal comme une machine à survie, se conduisant comme si elle avait pour « but » de préserver ses gènes, nous permet de parler d'un conflit entre parents et jeunes, un conflit des générations. Ce conflit est subtil et tout est permis pour les deux camps. Un enfant ne perdra aucune occasion de tricher. Il prétendra qu'il est plus affamé qu'il ne l'est en réalité, peut-être plus jeune qu'il n'est, plus en danger qu'il ne l'est réellement. Il est trop petit et trop faible pour brutaliser ses parents physiquement, mais il utilise toutes les armes psychologiques à sa disposition : mensonge, tricherie, tromperie, exploitation, jusqu'au moment où il commence à pénaliser les autres membres de sa famille au-delà de ce que lui permet son degré de parenté avec eux. D'autre part, les parents doivent être vigilants pour déjouer ce mensonge et cette tricherie, et essayer de ne pas s'y laisser prendre. Cela pourrait sembler une tâche facile. Si un parent sait que son petit va probablement lui mentir sur l'intensité de sa faim, il pourra employer la tactique qui consiste à le nourrir avec une quantité fixe de nourriture et rien de plus, même si le petit continue de crier. Le problème est ici qu'il se peut que le petit n'ait pas menti, et que, s'il meurt faute de nourriture, ses parents aient perdu quelques-uns de leurs précieux gènes. Les oiseaux sauvages peuvent mourir s'ils n'ont pas été nourris pendant quelques heures seulement.

A. Zahavi a présenté une forme particulièrement diabolique de chantage perpétré par les petits : le petit crie pour attirer délibérément les prédateurs vers le nid. Le petit « dit » : « Renard, renard, viens me chercher ». Le seul moyen qu'ont les parents pour qu'il arrête de crier est de le nourrir. De cette manière, le petit gagne plus que sa part de nourriture, mais au prix de sa propre exposition au danger. Le principe de cette tactique impitoyable est le même que celui du terroriste à bord d'un avion, menaçant de tout faire sauter et lui avec à moins qu'on ne lui donne une rançon. Je suis sceptique quant à savoir si ce type de comportement a pu être favorisé par l'évolution, non parce qu'il est trop impitoyable, mais parce que je ne sais pas s'il s'avérerait profitable pour le petit maître chanteur. Il a trop à perdre si un prédateur se présente réellement. C'est clair pour un seul petit, ce qui est le cas de l'exemple donné par Zahavi. Peu importe ce que sa mère a déjà pu investir sur lui, il devrait accorder plus de prix à sa propre vie que sa mère, puisqu'elle n'a que la moitié de ses gènes. De plus, cette tactique ne serait pas profitable même si le maître chanteur faisait partie d'une couvée de bébés vulnérables, tous ensemble dans le nid, puisque le maître chanteur a 50 % d'« enjeux » génétiques dans chacun de ses frères et sœurs, et 100 % pour lui. Je suppose que cette théorie pourrait marcher si le prédateur principal avait l'habitude de ne prendre que le plus grand du nid. Il pourrait alors être payant pour le plus petit d'utiliser la menace d'appeler le prédateur, puisqu'il ne se mettrait pas en grand danger lui-même. Ce comportement est analogue à celui qui consiste à tenir un pistolet sur la tempe de votre frère, plutôt que de menacer de vous faire vous-même sauter la cervelle.

La tactique du chantage est potentiellement plus profitable pour le bébé coucou. Il est bien connu que les femelles coucous pondent un œuf dans chacun des différents nids « adoptifs » et qu'elle les laisse ensuite à la charge des parents adoptifs inconscients de la manœuvre, d'une espèce complètement différente. Par conséquent, un bébé coucou n'a aucun intérêt génétique dans ses frères et sœurs adoptifs. (Certaines espèces de bébés coucous n'auront pas de frères et sœurs adoptifs pour une sinistre raison à laquelle nous allons arriver. Pour le moment, je suppose que nous avons affaire à des espèces chez lesquelles les frères et sœurs adoptifs coexistent avec le bébé coucou.) Si un bébé coucou criait suffisamment fort pour attirer les prédateurs, il aurait beaucoup à perdre — sa vie —, mais la mère adoptive en aurait encore plus à perdre, peut-être quatre de ses jeunes. Il pourrait alors être dans son intérêt de le nourrir plus que sa part, et l'avantage acquis par le jeune coucou pourrait l'emporter sur le risque.

Il s'agit de l'un de ces cas où il serait sage de revenir à un langage génique respectable, juste pour être sûrs de ne pas nous être laissé emporter par des métaphores subjectives. Qu'est-ce que cela signifie réellement d'établir une hypothèse selon laquelle les bébés coucous « font du chantage » à leurs parents adoptifs en criant « prédateur, prédateur, viens me prendre, moi et mes petits frères et sœurs » ? En termes géniques, cela veut dire :

Les gènes des coucous provoquant les cris forts sont devenus plus nombreux dans le pool génique des coucous parce que les cris forts poussés par le coucou augmentaient la probabilité que les parents adoptifs nourrissent les bébés coucous. La raison pour laquelle les parents adoptifs répondaient aux cris de cette façon était que les gènes pour répondre aux cris s'étaient répandus dans le pool génique de l'espèce adoptive. La raison de la propagation de ces gènes était que les parents adoptifs qui ne donnaient pas aux coucous de nourriture supplémentaire élevaient un nombre moins important de leurs propres petits — moins que les parents concurrents qui nourrissaient effectivement leurs petits coucous supplémentaires. Cela parce que les prédateurs étaient attirés au nid par les cris du coucou. Bien que les gènes du coucou responsables de l'absence de cris aient eu moins de chances de finir dans le ventre des prédateurs que les gènes responsables des cris, les coucous muets payaient le plus lourd tribut, car ils n'obtenaient pas de rations supplémentaires. Par conséquent, les gènes responsables des cris se sont répandus dans le pool des coucous.

Un raisonnement génétique similaire, calqué sur l'argument

plus subjectif donné ci-dessus, montrerait que bien qu'un gène responsable du chantage puisse se répandre dans le pool génique des coucous, il est peu probable qu'il se répande dans le pool génique d'espèces ordinaires, au moins pas pour la seule raison qu'il attire les prédateurs. Évidemment, chez une espèce ordinaire, il pourrait y avoir d'autres raisons pour lesquelles mes gènes se répandent, comme nous l'avons déjà vu, et celles-ci pourraient *par ailleurs* avoir pour effet d'attirer de temps à autre les prédateurs. Mais ici, l'influence sélective de la prédation aurait entre autres pour effet de diminuer l'intensité des cris. Dans le cas hypothétique des coucous, la nette influence des prédateurs, aussi paradoxale qu'elle puisse sembler à première vue, pourrait rendre les cris plus sonores.

Il n'existe aucune preuve indiquant que les coucous et autres oiseaux ayant des habitudes « parasitaires similaires qui les poussent à faire squatter les nids des autres par leur progéniture » emploient réellement la tactique du chantage. Mais ils ne manquent sûrement pas de cruauté. Par exemple, les indicateurs, comme les coucous, pondent leurs œufs dans les nids d'autres espèces. Le bébé indicateur est équipé d'un bec crochu et acéré. Dès qu'il est sorti de l'œuf, alors qu'il est encore aveugle, nu et, de toute façon, sans défense, il lacère et taillade à mort ses frères et sœurs ; des frères et sœurs morts ne se battent pas pour la nourriture ! Le coucou commun de Grande-Bretagne arrive au même résultat d'une manière légèrement différente. Il a un temps d'incubation plus court que ses frères et sœurs adoptifs, et réussit à sortir de l'œuf avant eux. Dès qu'il est sorti, il jette les autres œufs par-dessus le nid, aveuglément et mécaniquement, mais avec une effroyable efficacité. Il se place sous un œuf en le maintenant dans le creux de son dos, puis le soulève jusqu'au bord du nid, le balance entre ses ailes, et le fait tomber. Il fait de même avec les autres œufs jusqu'à ce qu'il ait le nid pour lui seul et donc toute l'attention de ses parents adoptifs.

L'un des faits les plus remarquables dont j'ai entendu parler l'an dernier fut rapporté d'Espagne par F. Alvarez, L. Arias de Reyna et H. Segura. Ils faisaient des recherches sur la capacité des parents adoptifs — victimes potentielles des coucous — à détecter les intrus, œufs ou poussins de coucous. Au cours de leurs expériences, ils introduisirent dans des nids de pies des œufs et poussins de coucou, et, pour comparer, des œufs et poussins d'autres espèces.

Un jour, ils introduisirent un bébé hirondelle dans un nid de pie. Le lendemain, ils remarquèrent que l'un des œufs de pie se trouvait sur le sol au pied du nid. Il n'était pas cassé, aussi l'ont-ils ramassé, remis dans le nid, puis ont attendu. Ce qu'ils ont vu est absolument remarquable. Le bébé hirondelle se comportait exactement comme un bébé coucou, c'est-à-dire qu'il jetait les œufs hors du nid. Ils replacèrent l'œuf et exactement la même chose se reproduisit. Le bébé hirondelle utilisait la méthode du coucou de balancement des œufs sur son dos entre ses ailes et se penchait en arrière contre le bord du nid pour faire tomber l'œuf.

Alvarez et ses collègues n'ont pas tenté, peut-être sagement, de donner d'explication de leur étonnante observation. Comment un tel comportement a-t-il pu évoluer dans le pool génique de l'hirondelle? Il doit correspondre à quelque chose de la vie normale de l'hirondelle. Les bébés hirondelles n'ont pas l'habitude de se retrouver dans les nids de pie. On ne les trouve normalement jamais dans d'autres nids que le leur. Ce comportement pourrait-il représenter une adaptation évoluée anti-coucou? La sélection naturelle a-t-elle favorisé une politique de contre-attaque dans le pool génique de l'hirondelle, des gènes qui battent le coucou avec ses propres armes? Il semble bien que les nids d'hirondelles ne soient normalement pas parasités par les coucous. Peut-être en est-ce la raison. D'après cette théorie, les œufs de pie de l'expérience subiraient par ailleurs le même traitement, peut-être parce que, comme les œufs de coucou, ils sont plus grands que les œufs d'hirondelle. Mais si les bébés hirondelles peuvent faire la différence entre un grand œuf et un œuf d'hirondelle normal, il est certain que la mère peut en faire de même. Dans ce cas, pourquoi n'est-ce pas la mère qui éjecte l'œuf de coucou puisque ce serait plus facile pour elle que pour le bébé? La même objection s'applique à la théorie selon laquelle le comportement du bébé hirondelle qui enlève les œufs pourris et autres débris du nid est normal. Une fois encore, cette tâche pourrait être — et est —

mieux faite par le parent. Le fait que l'on ait observé que cette opé-
ration difficile d'éjection des œufs, nécessitant un certain savoir-
faire, soit pratiquée par un bébé hirondelle faible et sans défense,
alors qu'une hirondelle adulte pourrait sûrement le faire plus facilement, m'oblige à conclure que, du point de vue du parent, le
bébé ne représente rien.

Il me semble possible que la véritable explication n'ait rien à
voir du tout avec les coucous. Mon sang se glace à cette idée, mais
se pourrait-il que les bébés hirondelles se fassent cela entre eux ?
Puisque le premier-né va entrer en compétition pour l'investissement parental avec ses frères et sœurs à naître, il pourrait être
avantageux pour lui de commencer sa vie en jetant l'un des œufs
restants.

La théorie de Lack sur la taille de la couvée considérait l'optimum du point de vue du parent. Supposez que je sois une maman
hirondelle ; la taille optimum de la couvée selon moi est, par
exemple, de cinq. Mais si je suis un bébé hirondelle, la taille optimum de la couvée, de mon point de vue, peut bien être un nombre
plus petit pourvu que j'en fasse partie ! La mère a une certaine
quantité d'investissement parental qu'elle « désire » distribuer
équitablement entre les cinq jeunes. Mais chaque bébé veut plus
que la part qui lui revient, c'est-à-dire plus qu'un cinquième.
Contrairement au coucou, il ne veut pas tout, parce qu'il a un lien
de parenté avec les autres bébés. Mais il veut absolument plus
qu'un cinquième. Il peut obtenir une part se montant au quart
simplement en éliminant un œuf ; une part de un tiers en en éliminant un autre. Traduit dans le langage génique, un gène du fratricide pourrait se répandre effectivement dans le pool génique,
parce qu'il a 100 % de chances de se trouver dans le corps du frère
tueur, et seulement 50 % de chances de se trouver dans le corps de
la victime.

La principale objection à cette théorie est qu'il est très difficile
de croire que personne n'aurait vu ce comportement diabolique
s'il s'était vraiment produit. Je n'ai aucune explication à vous donner à ce sujet. Il existe différentes races d'hirondelles dans le
monde. On sait que la race espagnole est différente par certains
aspects de la race anglaise. La race espagnole n'a pas été observée

aussi intensivement que la race anglaise, et il est concevable de supposer que le fratricide s'y produise, mais qu'on ne l'a pas encore observé chez elle.

La raison pour laquelle je suggère ici une idée aussi improbable que l'hypothèse du fratricide est que je veux faire une généralisation. En effet, le comportement impitoyable du bébé coucou n'est qu'un cas extrême de ce qui doit se passer dans une famille. Les frères et sœurs ont entre eux un lien de parenté plus grand qu'un bébé coucou vis-à-vis de ses frères et sœurs adoptifs, mais la différence n'est qu'une question de degré. Même si nous ne pouvons pas croire que le véritable fratricide ait pu évoluer, il doit y avoir de nombreux exemples moins graves d'égoïsme, où le prix d'un petit, sous la forme de la perte de ses frères et sœurs, l'emporte avec un rapport supérieur à 2 quant au bénéfice qu'il se fait à lui-même. Dans des cas de ce genre, comme dans l'exemple du sevrage, il y a vrai conflit d'intérêt entre parent et enfant.

Qui a le plus de chances de gagner ce conflit des générations? R. D. Alexander a écrit un article intéressant dans lequel il suggère qu'il existe une réponse générale à cette question. D'après lui, le parent gagnera toujours [2]. Si tel est le cas, vous avez perdu votre temps en lisant ce chapitre. Si Alexander a raison, ce qui est intéressant est ce qui suit. Par exemple, le comportement altruiste pourrait évoluer, non pas à cause du bénéfice que cela pourrait apporter aux gènes de l'individu lui-même, mais seulement à cause des gènes des parents. La manipulation parentale, pour utiliser les termes d'Alexander, devient une autre cause évolutionnaire du comportement altruiste, indépendamment de la sélection par la parenté directe. Il est par conséquent important d'examiner le raisonnement d'Alexander et d'essayer de comprendre pourquoi il a tort. Il faudrait le faire à l'aide de démonstrations mathématiques, mais nous évitons l'utilisation explicite des mathématiques dans ce livre, et il est possible de donner une idée intuitive de ce qui est faux dans la thèse d'Alexander.

Ce qui est fondamentalement génétique dans sa thèse se trouve dans la citation abrégée suivante : « Supposez qu'un jeune [...] s'arrange pour qu'il y ait une distribution inégale des bénéfices parentaux en sa faveur, réduisant de ce fait toute la reproduction

de sa propre mère. Un gène qui améliore ainsi l'aptitude d'un individu lorsqu'il est jeune ne peut pas ne pas réussir à diminuer
encore plus son aptitude lorsqu'il est adulte, car des gènes mutants
de ce genre seront présents en proportion plus importante dans la
descendance de l'individu mutant. » Le fait qu'Alexander considère un gène nouvellement muté n'est pas l'argument fondamental. Il vaut mieux penser à un gène rare hérité de l'un des parents.
L'« aptitude » a la signification technique particulière de succès en
matière de reproduction. Ce qu'Alexander dit en substance, c'est
ceci. Un gène qui a permis à un petit de s'approprier plus que sa
part lorsqu'il était petit, aux dépens de la reproductivité totale de
ses parents, pourrait évidemment augmenter ses chances de survie. Mais il le payera lorsqu'il deviendra lui-même parent, parce
que ses propres enfants auront tendance à hériter du même gène
égoïste, et cela réduira sa reproduction globale. Il sautera avec sa
propre bombe. Par conséquent, le gène ne peut pas réussir, et les
parents doivent toujours gagner le conflit.

Nous devrions avoir des doutes dès l'exposé de cet argument,
parce qu'il repose sur l'hypothèse de l'asymétrie génétique, qui
n'existe pas ici. Alexander utilise les mots « parents » et « descendants » comme s'il existait une différence génétique fondamentale
entre eux. Comme nous l'avons vu, bien qu'il y ait des différences
pratiques entre parents et enfants, les parents étant par exemple
plus vieux que leurs enfants et les enfants sortant du corps de leur
mère, il n'existe pas vraiment d'asymétrie *génétique* fondamentale.
La parenté est de 50 %, que vous l'examiniez sous n'importe quel
angle. Pour illustrer ma pensée, je vais répéter les mots d'Alexander, mais en inversant les mots « parent », « jeune » et autres
expressions. « Supposez qu'un *parent* ait un gène poussant à la distribution *égale* des bénéfices parentaux. Un gène qui, de cette
façon, améliore l'aptitude d'un individu lorsqu'il est *parent*, ne
pourrait pas ne pas réussir à faire encore plus diminuer son aptitude lorsqu'il est *petit*. » Nous arrivons donc à une conclusion
complètement opposée à celle d'Alexander : dans un conflit
parent/enfant, l'enfant doit gagner !

Il est évident qu'il y a ici quelque chose de faux. Les deux arguments ont trop simplifié les choses. Le but de la citation inversée

n'est pas de prouver le contraire de ce qu'Alexander a voulu démontrer, mais simplement de montrer que vous ne pouvez pas proposer des arguments ayant ce type d'asymétrie artificielle. L'argument d'Alexander comme le mien se trompent en examinant les choses du point de vue de *l'individu* — dans le cas d'Alexander, le parent, dans mon cas, l'enfant. Je crois que ce type d'erreur est bien trop facile à faire lorsque nous utilisons le terme technique « aptitude ». C'est pourquoi j'ai évité d'utiliser ce mot dans mon livre. Il n'existe réellement qu'une seule entité dont le point de vue soit important, et cette entité est le gène égoïste. Les gènes se trouvant dans les corps jeunes seront choisis pour leur capacité à surpasser le corps des parents ; les gènes se trouvant dans les corps des parents seront choisis pour leur capacité à surpasser les jeunes. Il n'existe pas de paradoxe dans la mesure où ces mêmes gènes occupent successivement un corps jeune et un corps parental. Les gènes sont choisis pour leur capacité à faire le meilleur usage des outils de pouvoir à leur disposition : ils exploiteront les occasions qui se présentent. Lorsqu'un gène se trouve dans un corps jeune, les occasions sont différentes de celles qu'il a dans un corps parental. Par conséquent, sa politique optimale sera différente aux deux stades de l'histoire du corps. Il n'y a aucune raison de supposer, comme le fait Alexander, que la dernière politique optimale doive nécessairement dépasser la première.

Il y a une autre façon de s'opposer à l'argument d'Alexander. Il fait tacitement l'hypothèse qu'il existe une fausse asymétrie dans la relation parent/enfant d'une part, et dans la relation frère/sœur d'autre part. Vous vous souvenez que, selon Trivers, le prix qu'il en coûte à un enfant égoïste pour avoir pris plus que sa part, raison pour laquelle il n'en prend que jusqu'à un certain point, est le danger de perdre ses frères et sœurs qui portent chacun la moitié de ses gènes. Mais les frères et sœurs ne sont qu'un cas particulier de parents avec un degré de parenté de 50 %. Les futurs enfants de l'enfant égoïste n'ont ni plus ni moins de valeur pour lui que ses frères et sœurs. Par conséquent, il faudrait précisément mesurer le coût net total pour avoir pris plus que sa part de ressources, non seulement à ses frères et sœurs perdus, mais aussi aux descendants futurs perdus à cause de l'égoïsme qui sévissait entre eux.

Alexander a raison en ce qui concerne les inconvénients de la dispersion à vos propres enfants de l'égoïsme juvénile, qui diminue par ailleurs vos propres possibilités à long terme sur le plan de la reproduction, mais cela signifie simplement que nous devons l'ajouter du côté coût dans notre équation. Un petit aura encore de bons résultats en étant égoïste aussi longtemps que les bénéfices nets en ce qui le concerne représenteront au moins la moitié de ce que cela coûtera à ses proches parents. Mais les « proches parents » devraient non seulement comprendre les frères et sœurs, mais aussi nos propres futurs enfants. Un individu devrait calculer son propre bien-être comme ayant deux fois plus de valeur que celui de ses frères, ce qui est l'hypothèse de base qu'émet Trivers. Mais il devrait aussi considérer qu'il a lui-même deux fois plus de valeur que ses propres futurs enfants. La conclusion d'Alexander selon laquelle il y a un avantage caché du côté des parents dans le conflit d'intérêts n'est pas correcte.

En plus de son argument génétique fondamental, Alexander a également des arguments plus pratiques issus d'asymétries indiscutables dans la relation parent/enfant. Le parent est le partenaire actif, celui qui fait vraiment le travail pour obtenir la nourriture, etc.; il est par conséquent en mesure d'imposer le tempo. Si le parent décide de suspendre son activité, le petit ne peut pas faire grand-chose pour l'en empêcher, puisqu'il est plus petit et ne peut pas répondre. Le parent est donc en mesure d'imposer sa volonté sans tenir compte de ce que l'enfant peut vouloir réellement. Cet argument n'est pas entièrement faux, puisque dans ce cas l'asymétrie qu'il postule est réelle. Les parents sont réellement plus grands, plus forts et ont une plus grande expérience du monde que leurs enfants. Ils semblent détenir toutes les cartes, mais le jeune a aussi quelques atouts dans sa manche. Par exemple, il est important pour un parent de connaître l'importance de la faim de ses enfants de manière à distribuer plus efficacement la nourriture. Il pourrait évidemment rationner la nourriture en parts égales pour chacun d'eux, mais dans le meilleur des mondes possibles cela s'avérerait moins efficace qu'un système permettant de donner un petit peu plus à ceux qui pourraient vraiment l'utiliser au mieux. Un système dans lequel chaque enfant décrirait au parent l'importance de sa faim serait idéal pour le parent, et, comme nous l'avons vu, un tel système semble avoir évolué. Mais les jeunes peuvent très bien mentir parce qu'ils *savent* exactement quelle est l'importance de leur faim, alors que le parent ne peut que *deviner* s'ils disent ou non la vérité. Il est presque impossible pour un parent de détecter un petit mensonge, bien qu'il se pût qu'il en détecte un gros.

Une fois encore, c'est tout à l'avantage du parent de savoir quand un bébé est heureux, et c'est une bonne chose pour le bébé d'être capable de dire à ses parents quand il l'est. Les signaux comme le ronronnement et le sourire ont pu être choisis parce qu'ils permettent aux parents de savoir laquelle de leurs actions est la plus bénéfique pour leurs enfants. Quand une mère voit son enfant sourire ou une chatte son chaton ronronner, elle se sent récompensée de la même manière que la nourriture dans l'estomac est la récompense d'un rat dans un labyrinthe. Mais une fois qu'il est admis qu'un sourire béat ou un ronronnement sonore sont des récompenses, le petit est en mesure d'utiliser le sourire ou le ronronnement pour manipuler ses parents et avoir plus que sa part normale d'investissement parental.

Il n'existe alors aucune réponse générale à la question de savoir qui a le plus de chances de gagner le conflit des générations. Ce qui en sortira finalement, c'est un compromis entre la situation idéale désirée par l'enfant et celle désirée par le parent. Il s'agit d'un conflit comparable à celui qui oppose le coucou à ses parents adoptifs ; ce n'est bien sûr pas un combat aussi féroce, car les ennemis ont certains intérêts génétiques en commun — ils ne sont ennemis que jusqu'à un certain point ou pendant quelques périodes sensibles. Cependant, un grand nombre des tactiques employées par les coucous, les tactiques de tromperie et d'exploitation, peuvent être utilisées par le propre jeune d'un parent, bien que le jeune manque de la dose d'égoïsme que l'on attend d'un coucou.

Ce chapitre, ainsi que le suivant, dans lequel nous discuterons des conflits entre partenaires sexuels, pourra sembler horriblement cynique et il se pourrait même qu'il soit angoissant pour des parents humains, attachés comme ils le sont à leurs enfants et l'un à l'autre. Une fois encore, je dois insister sur le fait que je ne parle pas de motifs conscients. Personne ne suggère que les enfants trompent consciemment et délibérément leurs parents à cause des gènes égoïstes qu'ils portent en eux. Et je dois répéter que lorsque je dis quelque chose du genre : « Un enfant ne devrait perdre aucune occasion de tricher... mentir, tromper, exploiter... », je donne au mot « devrait » une signification particulière. Je ne me fais pas l'avocat de ce type de comportement en disant qu'il est moral ou désirable. Je dis simplement que la sélection naturelle aura tendance à favoriser les enfants qui agissent effectivement de cette manière, et que, par conséquent, lorsque nous étudions des populations sauvages, nous pouvons nous attendre à observer chez elles des comportements de tricherie et d'égoïsme à l'intérieur des familles. L'expression « l'enfant devrait tricher » signifie que les gènes qui font tricher les enfants ont l'avantage dans le pool génique. S'il y a une morale humaine à en retirer, c'est que nous devons *enseigner* à nos enfants à se comporter de manière altruiste, car nous ne pouvons espérer que cette qualité fasse biologiquement partie d'eux-mêmes.

CHAPITRE IX

La bataille des sexes

S'il y a conflit d'intérêts entre les parents et les enfants qui ont en commun 50 % de leurs gènes, dans quelle mesure le conflit entre des partenaires qui n'ont, eux, aucun degré de parenté est-il plus important [1] ? Tout ce qu'ils ont en commun, ce sont 50 % d'actions génétiques dans leurs enfants. Puisque père et mère sont intéressés par le bien-être de moitiés différentes de ces mêmes enfants, tous deux pourraient trouver quelque avantage à collaborer pour éduquer leurs enfants. Si un parent peut se défiler en investissant moins que sa quote-part en ressources coûteuses dans chaque enfant, il s'en sortira mieux puisqu'il lui en restera plus à dépenser sur d'autres enfants qu'il aura avec d'autres partenaires sexuels, propageant ainsi un plus grand nombre de ses gènes. On peut donc penser que chaque partenaire essayera d'exploiter l'autre en le forçant à investir plus. Dans l'absolu, ce qu'un individu « aimerait » (je ne parle pas de jouissance physique, bien que cela soit possible), ce serait copuler avec autant de membres du sexe opposé que possible, et laisser à chaque fois au partenaire la charge d'élever les enfants. Comme nous le verrons, cela se produit avec les mâles d'un grand nombre d'espèces, mais chez d'autres, les mâles sont obligés de partager équitablement cette charge. C'est surtout cette conception du partenariat sexuel comme relation de méfiance et d'exploitation mutuelles qui a été montrée par Trivers. Elle est assez nouvelle pour les éthologues.

Nous avions l'habitude de considérer le comportement sexuel, la copulation et la cour qui la précède, comme une entreprise nécessitant deux partenaires, dont la raison d'être serait le bien des deux partenaires ou même celui de l'espèce.

Revenons aux principes de base et essayons d'en savoir plus sur la nature féminine et masculine profonde. Dans le chapitre III, nous avons discuté de sexualité sans insister sur son asymétrie fondamentale. Nous avons simplement accepté le fait que certains animaux sont appelés « mâles » et d'autres « femelles », sans nous demander ce que ces mots voulaient réellement dire. Quelle est l'essence de la masculinité ? Qu'est-ce qui, au fond, définit la femelle ? En tant que mammifères, nous voyons que les sexes sont définis par tout un ensemble de caractéristiques — possession d'un pénis, grossesse, allaitement grâce à des glandes spéciales qui sécrètent le lait, certains traits chromosomiques, etc. Les critères permettant de juger du sexe d'un individu s'appliquent très bien aux mammifères, mais ils ne sont généralement pas plus fiables pour les animaux ou les plantes que le port du pantalon quand on veut connaître le sexe des humains. Chez les grenouilles par exemple, aucun des deux sexes n'a de pénis. Peut-être que les mots « mâle » et « femelle » n'ont donc pas de signification générale. Ce ne sont après tout que des mots, et si nous ne les trouvons pas utiles pour décrire les grenouilles, nous avons toute latitude pour les laisser tomber. Nous pourrions diviser arbitrairement les grenouilles en sexe 1 et sexe 2 si nous le voulions. Cependant, il y a une caractéristique fondamentale entre les sexes que l'on peut utiliser pour qualifier les mâles de mâles et les femelles de femelles chez les animaux et chez les plantes. En effet, les cellules sexuelles ou « gamètes » des mâles sont beaucoup plus petites et plus nombreuses que les gamètes des femelles. C'est vrai des plantes et des animaux. Un groupe d'individus a de grandes cellules sexuelles, et il est pratique d'utiliser pour eux le mot « femelles ». L'autre groupe, qu'il est pratique d'appeler « mâle », a de petites cellules sexuelles. La différence est importante surtout chez les reptiles et les oiseaux, où un seul œuf est suffisamment grand et nutritif pour nourrir un embryon pendant plusieurs semaines. Même chez les humains où l'ovocyte est microscopique, il est encore beaucoup plus grand que le spermatozoïde. Comme nous le verrons, il est possible de dire que toutes les autres différences qui séparent les deux sexes proviennent de cette seule et unique chose.

Chez certains organismes primitifs, certains champignons vénéneux par exemple, il n'y a pas de différence entre mâles et femelles, bien qu'il y ait une sorte de reproduction sexuée. Dans ce système, connu sous le nom d'isogamie, les individus ne peuvent être classés en deux sexes. N'importe qui peut s'accoupler avec n'importe qui. Il n'existe pas deux types différents de gamètes — spermatozoïdes et ovocytes — mais des cellules sexuelles toutes pareilles appelées isogamètes. Les nouveaux individus se forment par fusion de deux isogamètes produits chacun par division méiotique. Si nous avons trois isogamètes A, B et C, A pourrait fusionner avec B ou C, B avec A ou C. Cela n'est jamais vrai dans les systèmes sexuels normaux. Si A est un spermatozoïde et qu'il peut fusionner avec B ou C, alors il est nécessaire que B et C soient des ovocytes, et B ne peut pas fusionner avec C.

Lorsque deux isogamètes fusionnent, tous deux donnent un nombre égal de gènes au nouvel individu ainsi que des quantités égales de réserves de nourriture. Les spermatozoïdes et les ovocytes apportent aussi des quantités égales de gènes, mais les ovocytes vont bien plus loin quant à l'apport d'importantes réserves de nourriture : évidemment, les spermatozoïdes ne donnent rien du tout et tout ce qui les intéresse, c'est de transporter leurs gènes aussi vite que possible jusqu'à l'ovocyte. Par conséquent, au moment de la conception, le père a investi moins que ce qu'il aurait dû (c'est-à-dire 50 %) en termes de ressources sur ses descendants. Puisque chaque spermatozoïde est minuscule, un mâle peut se permettre d'en produire des millions par jour. Cela signifie qu'il est potentiellement capable d'engendrer un très grand nombre de petits sur une très courte période, en utilisant plusieurs femelles. Cela n'est possible que parce que chaque nouvel embryon reçoit à chaque fois de sa mère la nourriture dont il a besoin. Ce qui établit une limite au nombre d'enfants qu'une femelle peut avoir, tandis que le nombre de petits qu'un mâle peut avoir est pratiquement illimité. Là commence l'exploitation de la femelle [2].

Parker et d'autres ont montré comment cette asymétrie a pu évoluer à partir d'un état isogame. En ces temps lointains où toutes les cellules sexuelles étaient interchangeables et avaient à peu près la même taille, certaines auraient eu une taille légèrement supérieure aux autres. D'un certain point de vue, un grand isogamète avait un avantage sur un autre de taille normale, parce qu'il donnait un meilleur départ à l'embryon en lui fournissant de plus grandes quantités de nourriture. Il a donc pu y avoir une tendance évolutionnaire en faveur de plus grands gamètes. Mais il y avait un problème. L'évolution vers de grands isogamètes aurait ouvert la porte à une exploitation égoïste. Les individus qui produisaient des gamètes *plus petits* que la moyenne pouvaient y gagner, pourvu qu'ils fussent certains que leurs petits gamètes fusionneraient avec d'autres très gros. Cela pouvait se réaliser en rendant les plus petits plus mobiles et capables de chercher activement les gros. L'avantage pour l'individu de produire de petits gamètes mobiles était qu'il pouvait se permettre d'en produire plus, et par conséquent d'avoir la possibilité de faire plus d'enfants. La sélection naturelle a favorisé la production de cellules sexuelles plus petites qui étaient capables de bouger pour rechercher les plus grosses et fusionner avec elles. Ainsi nous pouvons imaginer deux « stratégies » évolutionnaires sexuellement divergentes. Il y a la stratégie « honnête » ou du gros investissement. Celle-ci ouvrait automatiquement la voie à une stratégie de petit investissement ou d'exploitation. Une fois apparue la différence entre les deux stratégies, elle s'est amplifiée sans faiblir. Les intermédiaires de taille moyenne furent pénalisés parce qu'ils ne jouissaient pas des avantages de l'une de ces deux stratégies extrêmes. Les exploiteurs évoluèrent vers une taille de plus en plus petite et une mobilité accrue. Les honnêtes évoluèrent jusqu'à atteindre une taille de plus en plus importante afin de compenser les investissements de moins en moins importants des exploiteurs, et ils devinrent immobiles parce qu'ils seraient de toute façon toujours recherchés activement par les exploiteurs. Chaque gamète honnête « aurait préféré » fusionner avec un autre pareil à lui. Mais la pression exercée par la sélection pour bloquer les exploiteurs aurait été moins efficace que celle exercée sur ceux-ci pour qu'ils franchissent l'obstacle : les exploiteurs avaient plus à perdre, donc ils gagnèrent la bataille évolutionnaire. Les gamètes honnêtes devinrent les ovocytes et les exploiteurs, les spermatozoïdes.

Les mâles ont alors l'apparence de créatures bien futiles et, pour des raisons telles que « le bien de l'espèce », nous pourrions nous attendre à ce qu'ils devinssent moins nombreux que les femelles. Puisqu'un seul mâle peut théoriquement produire assez de spermatozoïdes pour servir un harem de cent femelles, nous pourrions supposer que les femelles fussent en surnombre dans les populations animales dans un rapport de 100 contre 1. En d'autres termes, on peut dire que le mâle est plus facilement « épuisable » et que les femelles sont plus « précieuses » aux espèces. C'est d'ailleurs parfaitement vrai du point de vue de l'ensemble des espèces. Pour prendre un exemple extrême, dans une étude concernant les éléphants de mer, on voyait que seulement 4 % d'entre eux étaient impliqués dans 88 % des copulations observées. Dans ce cas, il y a un grand surplus de célibataires qui n'auront probablement jamais la chance de copuler de toute leur vie. Mais ces mâles supplémentaires vivent à part cela une vie normale et mangent les ressources en nourriture de la population avec le même appétit que les autres adultes. Du point de vue du « bien des espèces », c'est un horrible gâchis; les mâles supplémentaires pourraient être considérés comme des parasites sociaux. Ce n'est qu'un exemple de plus des difficultés auxquelles la théorie de la sélection par le groupe se trouve confrontée. La théorie du gène égoïste, au contraire, n'a aucun problème pour expliquer le fait que le nombre de mâles et de femelles soit égal, même lorsque les mâles qui font réellement la reproduction ne représentent qu'une fraction du total. C'est R. A. Fischer qui a proposé la première explication.

Le problème du nombre de naissances de mâles et de femelles est un cas particulier de stratégie parentale. A l'instar de notre discussion sur la taille optimum de la famille que doit avoir un parent pour essayer de maximiser la survie de ses gènes, nous pouvons également discuter du taux sexuel optimal. Vaut-il mieux confier vos précieux gènes à vos fils ou à vos filles ? Supposez qu'une mère ait investi toutes ses ressources sur ses fils, et qu'elle n'ait donc rien laissé à ses filles : a-t-elle en moyenne fait une contribution plus importante au pool génique qu'une mère ayant tout investi sur ses filles ? Est-ce que les gènes préférant les fils deviennent plus ou moins nombreux que ceux qui préfèrent les filles ? Ce qu'a montré Fischer, c'est que dans des circonstances normales le rapport stable de répartition des sexes est de 50/50. Pour savoir pourquoi, il nous faut d'abord en connaître un peu plus sur le mécanisme de détermination du sexe.

Chez les mammifères, le sexe est déterminé génétiquement de la manière suivante. Tous les œufs sont capables de développer soit un mâle, soit une femelle. Ce sont les spermatozoïdes qui portent les chromosomes déterminant le sexe. La moitié des spermatozoïdes produits par un homme engendreront des femelles, à savoir les spermatozoïdes X, et l'autre moitié des mâles, à savoir les Y. Ces deux types de spermatozoïdes se ressemblent. Leur différence réside dans un seul chromosome. Un gène qui ferait qu'un père n'ait que des filles pourrait y parvenir en ne lui faisant fabriquer que des spermatozoïdes X. Un gène qui ferait qu'une mère n'ait que des filles pourrait aussi y arriver en lui faisant sécréter un spermicide sélectif ou en la faisant avorter à chaque fois qu'elle porte des embryons mâles. Ce que nous cherchons, c'est quelque chose d'équivalent à une stratégie évolutionnairement stable (SES) bien qu'ici, encore plus que dans le chapitre sur l'agression, la stratégie ne soit qu'une manière de parler. Un individu ne peut pas littéralement choisir le sexe de ses enfants. Mais il est possible qu'existent des gènes pour n'avoir des enfants que de l'un ou l'autre sexe. Si nous supposons que des gènes de ce type existent, favorisant une répartition inégale des sexes, y a-t-il une chance pour que l'un d'entre eux devienne plus courant dans le pool génique que ses allèles rivaux favorisant une répartition égale des sexes ?

Supposez que, chez les éléphants de mer dont j'ai déjà parlé, un gène mutant survienne qui fasse que les parents n'aient pour ainsi dire que des filles. Puisque les mâles ne manquent pas dans la population, les filles n'auraient aucun problème à trouver des partenaires et le gène poussant à produire des filles se répandrait. La répartition des sexes pourrait alors commencer à pencher du côté des femelles. Du point de vue du bien de l'espèce, cela marcherait, parce qu'un petit nombre de mâles est tout à fait capable, seul, comme nous l'avons vu, de fournir tous les spermatozoïdes nécessaires à un surplus, même énorme, de femelles. Au premier abord, nous pourrions donc nous attendre à ce que le gène produisant des filles continue de se répandre jusqu'à ce que la répartition des sexes soit si inégale que les malheureux mâles restants soient épuisés au point de pouvoir à peine remplir leur tâche. Mais regardons à présent l'énorme avantage génétique dont jouiraient les quelques parents qui produiraient des fils. Quiconque investit sur un fils a de bonnes chances d'être le grand-parent de centaines d'éléphants. Ceux qui ne produisent rien d'autre que des filles sont sûrs d'avoir quelques petits-enfants, mais ce n'est rien en comparaison des possibilités génétiques pleines de promesses qui s'ouvrent à quiconque se spécialiserait dans la production de fils. Par conséquent, les gènes pour la production de fils deviendront plus nombreux et ce sera le retour du balancier.

Pour simplifier, j'ai pris l'image du balancier. En réalité, il n'aurait jamais été permis au balancier de revenir si loin en arrière en ce qui concerne la domination féminine, parce que la pression de la demande de fils aurait commencé à le ramener dans l'autre sens dès que la distribution des sexes serait devenue inégale. La stratégie consistant à produire en nombre égal des fils et des filles est évolutionnairement stable dans la mesure où tout gène qui s'en écarte subit une perte sèche.

Je vous parle de cette histoire en termes de nombre de fils par rapport au nombre de filles, mais pour être exact il faudrait parler en termes d'investissement parental, autrement dit de la nourriture et autres ressources qu'un parent a à offrir, évaluées comme je l'ai expliqué dans le chapitre précédent. Les parents devraient *investir* équitablement dans leurs fils et leurs filles. Cela signifie qu'ils devraient habituellement avoir autant de fils que de filles. Mais il pourrait y avoir des taux inégaux de répartition des sexes qui soient évolutionnairement stables, pourvu que les quantités de nourriture fournies soient réparties de la même manière entre les fils et les filles. Dans le cas des éléphants de mer, une politique consistant à avoir trois fois plus de filles que de fils, tout en faisant de chaque fils un supermâle en investissant trois fois plus de nourriture et autres ressources sur lui, pourrait être stable. En investissant plus de nourriture sur un fils et en le rendant grand et fort, un parent pourrait augmenter ses chances de gagner la récompense suprême que constitue le harem. Mais il s'agit d'un cas particulier. Normalement, le montant investi sur chaque fils sera en gros égal au montant investi sur chaque fille, et habituellement la distribution des sexes est, numériquement parlant, de un pour un.

Dans son long voyage à travers les générations, un gène moyen passera donc approximativement la moitié de son temps dans des corps masculins et l'autre moitié dans des corps féminins. Certains effets génétiques ne se produisent que dans le corps d'un des deux sexes. On les appelle effets géniques limités au sexe. Un gène contrôlant la longueur du pénis ne s'exprime que dans des corps masculins, mais on le trouve aussi dans des corps féminins et il peut arriver qu'il ait sur eux des effets différents. On ne voit pas pourquoi un homme n'hériterait pas de sa mère une tendance à développer un long pénis.

Quel que soit le sexe du corps dans lequel le gène se trouve, nous pouvons nous attendre à ce qu'il fasse le meilleur usage des occasions offertes par le type de corps où il est. Ces occasions peuvent différer selon que le corps est celui d'un mâle ou d'une femelle. En première approximation, nous pouvons une fois de plus supposer que chaque corps est une machine égoïste qui essaye de faire au mieux dans l'intérêt de l'ensemble de ses gènes. La meilleure politique s'offrant à un gène égoïste prendra souvent une forme différente selon que le corps sera mâle ou femelle. Bref, nous utiliserons de nouveau la convention de l'individu agissant comme s'il avait des desseins conscients. Comme précédemment, nous garderons à l'esprit qu'il ne s'agit que d'une figure de style. Un corps est en réalité une machine à survie aveuglément programmée par ses gènes égoïstes.

Revenons aux partenaires avec lesquels nous avons commencé ce chapitre. En tant que machines égoïstes, ils « veulent » des fils et des filles en nombre égal. Ils sont d'accord sur ce point. Là où ils ne sont pas d'accord, c'est sur l'identité de celui qui va supporter les coûts qu'implique l'éducation de chacun des petits. Chaque individu veut autant de petits survivants que possible. Moins il ou elle est obligé d'investir sur l'un de ces petits, plus il ou elle pourra en avoir. Le moyen évident de réaliser cette situation séduisante est de pousser votre partenaire sexuel à investir plus que sa part normale de ressources dans chacun des petits, en vous laissant libre d'avoir d'autres petits avec d'autres partenaires. Cela représenterait une stratégie enviable pour chacun des deux sexes, mais c'est plus difficile à réaliser pour la femelle. Puisqu'elle investit au départ plus que le mâle sous forme de production de grands ovocytes très nutritifs, une mère est déjà, au moment de la conception, « condamnée » à plus s'impliquer vis-à-vis de chaque petit que le père. C'est elle qui perdra le plus si le petit meurt. Il lui faudrait ensuite investir plus que le père *dans l'avenir* pour mener un autre petit jusqu'au même degré de développement. Si elle essayait la tactique d'abandonner le petit au père pour partir avec un autre mâle, le père pourrait, à un coût relativement peu élevé pour lui, réagir en abandonnant également le bébé. Par conséquent, du moins au début du développement du petit, s'il devait y avoir abandon, ce serait probablement celui du père abandonnant la mère plutôt que l'inverse. De même, on peut s'attendre à ce que les femelles investissent plus dans leurs petits que les mâles, non seulement à leur naissance, mais aussi tout au long de leur développement. Ainsi, chez les mammifères par exemple, c'est la femelle qui porte le fœtus dans son propre corps, c'est elle qui l'allaite dès qu'il est né, c'est elle qui supporte la plus grande partie de la tâche de l'élever et le protéger. Le sexe féminin est exploité et cette exploitation repose sur le fait que les ovocytes sont plus grands que les spermatozoïdes.

Évidemment, chez de nombreuses espèces, le père travaille dur et prend scrupuleusement soin des jeunes. Mais même dans ces conditions, il nous faut nous attendre à ce que ce soit l'évolution qui pousse les mâles à investir un petit peu moins sur chaque petit et à avoir plus de petits de femelles différentes. Ce que je veux simplement dire, c'est que les gènes auront tendance à penser : « Corps, si tu es mâle, quitte ta partenaire un petit peu plus tôt que mon allèle concurrent ne pousserait à le faire, et cherche une autre femelle », de manière à réussir dans le pool génique. Dans la pratique, l'importance de cette pression évolutionnaire varie beaucoup en fonction des espèces. Pour nombre d'entre elles, chez les paradisiers par exemple, la femelle ne reçoit aucune aide du mâle et élève seule ses petits. D'autres espèces comme les mouettes tridactyles forment des couples monogames d'une fidélité exemplaire, les deux partenaires se partageant la tâche d'élever les petits. Ici, il me faut émettre l'hypothèse que l'évolution a exercé une sorte de pression inverse : il doit y avoir une sanction et un bénéfice attachés à l'emploi de la stratégie de l'exploitation égoïste du partenaire, et chez les mouettes tridactyles c'est la sanction qui l'emporte sur le bénéfice. Ce ne sera en définitive intéressant pour un père de quitter sa femelle et ses petits que si la femelle a des chances raisonnables de les élever seule.

Trivers a étudié les choix possibles se présentant à une mère qui a été abandonnée par son partenaire. Le mieux serait pour elle de tromper un autre mâle pour qu'il adopte son petit en « croyant » qu'il s'agit du sien. Ce ne serait pas trop difficile s'il s'agissait encore d'un fœtus à naître. Évidemment, alors que le petit porte la moitié des gènes de sa mère, il ne porte aucun de ceux de son trop crédule beau-père. La sélection naturelle pénaliserait sévèrement une telle crédulité chez les mâles et favoriserait les mâles qui tueraient tous les enfants accompagnant la nouvelle partenaire. Il s'agit probablement de la véritable explication de l'effet Bruce : les souris mâles sécrètent une substance chimique qui, lorsqu'elle est flairée par une femelle en gestation, peut provoquer chez elle un avortement. Elle n'avorte que si l'effluve est différent de celui de son ancien partenaire. De cette manière, une souris mâle détruit les petits qui ne seraient pas d'elle et rend sa nouvelle femelle réceptive à ses avances sexuelles. Ardrey considère par ailleurs l'effet Bruce comme un mécanisme de contrôle de la population ! On trouve un exemple similaire chez les lions qui, lorsqu'ils viennent d'arriver dans un groupe, assassinent les petits existants, certainement parce que ces derniers ne sont pas les leurs.

Un mâle peut arriver au même résultat sans tuer nécessairement les petits de sa femelle. Il peut faire sa cour pendant un long moment avant de copuler avec une femelle, écartant ainsi tous les autres mâles qui l'approchent et l'empêchant de s'enfuir. De cette manière, il peut attendre, voir si elle abrite en son sein des petits, et dans ce cas l'abandonner. Nous verrons plus loin une raison pour laquelle une femelle pourrait vouloir une longue période de « fiançailles » avant de copuler. Nous avons ici une des raisons pour lesquelles un mâle pourrait aussi en avoir le désir. Pourvu qu'il puisse isoler la femelle de tout contact avec d'autres mâles, cette période probatoire l'aide à éviter de jouer le bienfaiteur envers les petits d'un autre mâle.

Si l'on suppose qu'une femelle abandonnée ne peut pas tromper un autre mâle pour qu'il adopte ses petits, que peut-elle faire d'autre ? Tout dépend de l'âge du petit. S'il vient juste d'être conçu, il est vrai qu'elle a investi un œuf et peut-être plus sur lui, mais cela peut valoir encore la peine d'avorter et de trouver un nouveau partenaire aussi vite que possible. Dans ces circonstances, ce serait à la fois à son avantage et à celui de son nouveau compagnon qu'elle avorte — puisque nous faisons l'hypothèse qu'elle n'a aucun espoir de le tromper pour le forcer à adopter son petit. Cela pourrait constituer l'explication de l'efficacité de l'effet Bruce sur la femelle.

Un autre choix s'offre à la femelle abandonnée, qui est de tenir le coup et d'élever son petit toute seule. Cela lui sera extrêmement profitable si le petit est déjà grand. Plus il le sera, plus elle aura investi sur lui, et moins cela lui coûtera de finir de l'élever. Même s'il est encore jeune, cela vaudra encore la peine pour elle d'essayer de sauver quelque chose de son investissement initial, même si elle doit travailler deux fois plus pour nourrir le petit, maintenant que le mâle est parti. Que le petit porte la moitié des gènes du mâle ne lui est d'aucun secours, même si elle pensait se venger de lui en abandonnant le petit à son tour. Cela ne rime absolument à rien, même en ce qui concerne son propre intérêt. Le petit porte la moitié de ses gènes à elle, et c'est à elle seule de faire face au dilemme.

Paradoxalement, une politique raisonnable pour une femelle sur le point d'être abandonnée pourrait consister à lâcher le mâle *avant* qu'il ne la lâche elle. Ceci pourrait être avantageux pour elle, même si son investissement dans le petit est déjà supérieur à celui du mâle. La vérité, peu agréable à entendre, est que dans certaines circonstances l'avantage est au partenaire qui part le *premier*, que ce soit le père ou la mère. Comme le dit Trivers, le partenaire abandonné se retrouve en face d'un choix cruel. Il s'agit d'un argument horrible, mais assez subtil. Il faut s'attendre à ce qu'un parent s'en aille quand il peut dire : « Ce petit est maintenant assez grand pour que l'un de nous *puisse* finir de l'élever tout seul. Par conséquent, il serait plus avantageux pour moi de partir maintenant, dans la mesure où je serais sûr que mon partenaire ne partira pas aussi. Si je partais effectivement dès maintenant, mon partenaire ferait ce qui est le mieux pour ses gènes. Il ou elle serait forcé de prendre une décision plus difficile que pour moi actuellement, parce que je serais déjà loin. Mon partenaire « saurait » que si elle ou il partait aussi, le petit mourrait sûrement. Donc, si je fais l'hypothèse que mon partenaire prendra la décision qui est la meilleure pour ses gènes égoïstes, j'en conclus que le mieux, pour moi, est de partir le premier. C'est particulièrement vrai puisqu'il y a une forte possibilité que mon partenaire "pense" de la même façon que moi, et qu'il saisisse à tout moment l'occasion de m'abandonner ! » Comme toujours, ce monologue subjectif n'a pour but que d'illustrer notre propos. Ce qui est important, c'est que les gènes qui font partir *en premier* pourraient simplement faire l'objet d'une sélection favorable, contrairement à ceux qui font partir *en deuxième position*.

Nous avons étudié certains comportements qu'une femelle pourrait adopter dans le cas où elle est abandonnée par son mâle. Mais ils ont tous deux l'air de tirer parti d'un état de choses négatif. La femelle peut-elle faire quelque chose pour empêcher le mâle de l'exploiter autant, et cela dès le début ? Elle a une bonne carte en main. Elle peut refuser de copuler. Elle est demandée sur le marché, parce qu'elle apporte en dot un grand ovocyte rempli de substances nutritives. Un mâle qui réussit à copuler gagne pour ses descendants une précieuse réserve de nourriture. La femelle peut être en mesure de marchander avant de copuler. Une fois qu'elle a copulé, elle a joué son joker — elle a livré son ovocyte au mâle. C'est bien joli de parler de marchandages, mais nous savons très bien que cela ne se passe pas ainsi en réalité. Y a-t-il quelque chose d'équivalent à passer un marché dont l'évolution se soit faite par sélection naturelle ? J'envisagerai deux possibilités, appelées la stratégie du bonheur conjugal et la stratégie du mâle dominant.

La version la plus simple de la stratégie du bonheur conjugal est la suivante. La femelle examine le mâle et essaye de trouver chez lui des signes de fidélité et de goût pour la vie de famille. Il est bien sûr inévitable qu'il y ait des différences dans la population des mâles en ce qui concerne leur disposition à être des compagnons fidèles. Si les femelles pouvaient reconnaître à l'avance de telles qualités, elles s'arrangeraient pour en bénéficier en choisissant les mâles qui en sont porteurs. Il existe un moyen pour une femelle d'y parvenir, qui est de faire durer les choses pendant un long moment en faisant la sainte nitouche. Tout mâle trop impatient pour attendre que la femelle consente ensuite à copuler a peu de chances d'être un partenaire fidèle. En insistant sur la nécessité d'une longue période de fiançailles, une femelle évince les soupirants habituels et ne copule finalement qu'avec le mâle qui a fait montre de qualités de fidélité et de persévérance. La timidité féminine est en fait très répandue dans le monde animal, de même que les longues périodes de cour et de fiançailles. Comme nous l'avons déjà vu, de longues fiançailles peuvent aussi bénéficier à un mâle lorsqu'il a peur d'être dupé et forcé ainsi à élever les petits d'un autre.

Les rituels de cour nécessitent un investissement prénuptial considérable de la part du mâle. La femelle peut refuser de copuler jusqu'à ce que le mâle lui ait construit un nid. Ou bien le mâle peut avoir à lui fournir une quantité substantielle de nourriture. C'est bien sûr très positif du point de vue de la femelle, mais cela suggère aussi une version possible de la stratégie du bonheur conjugal. Les femelles pourraient-elles forcer les mâles à investir de manière si importante *avant* copulation qu'il ne serait plus de l'intérêt de ces derniers de les abandonner *après* copulation ? Cette idée est attrayante. Un mâle qui attend qu'une femelle timide copule avec lui en paye le prix : il s'interdit de copuler avec d'autres femelles et dépense beaucoup d'énergie et de temps à la courtiser. Au moment où il a enfin le droit de copuler avec la femelle choisie, il sera inévitablement lourdement « attaché ». Il sera très peu tenté de l'abandonner s'il sait que toute femelle qu'il approchera fera traîner les choses de la même manière avant de passer aux actes.

Comme je l'ai montré dans un de mes articles, il y a une erreur dans le raisonnement de Trivers à ce stade. Il a pensé que l'investissement initial attachait à lui seul un individu pour l'obliger à réaliser l'investissement futur. Il s'agit d'un mauvais calcul. Un homme d'affaires ne dirait jamais : « J'ai déjà investi tant dans le Concorde (par exemple) que je ne peux me permettre d'y renoncer maintenant. » Il devrait plutôt se demander s'il ne vaudrait pas mieux *pour son avenir* arrêter les frais et abandonner le projet maintenant, même s'il a déjà beaucoup investi dedans. De même, il est inutile qu'une femelle force un mâle à investir lourdement sur elle dans l'espoir que cela empêchera le mâle de la quitter. Cette version du bonheur conjugal dépend d'une hypothèse encore plus délicate. C'est que l'on peut être sûr qu'une majorité de femelles jouera le même jeu. S'il y a des femelles libres dans la population, prêtes à recevoir des mâles ayant abandonné leur partenaire, cela vaudrait alors la peine pour un mâle d'abandonner sa partenaire sans tenir compte de l'importance de l'investissement qu'il a déjà fait sur ses petits.

Beaucoup de choses dépendent par conséquent de la façon dont se comporte la majorité des femelles. Si nous pouvions parler en termes de coalition entre femelles, il n'y aurait pas de problème. Mais une coalition de femelles ne peut pas plus évoluer que la coalition de colombes dont nous avons parlé au chapitre V. A la place, il nous faut rechercher des stratégies évolutionnairement stables. Prenons la méthode d'analyse des rencontres agressives de Maynard Smith et appliquons-la au sexe [3]. Ce sera un petit peu plus compliqué que dans le cas des faucons et des colombes, parce que nous aurons deux stratégies femelles et deux stratégies mâles.

Comme dans les études de Maynard Smith, le mot « stratégie » fait référence à un programme de comportement inconscient et aveugle. Nos deux stratégies femelles seront qualifiées de *timide* et de *rapide* et les deux stratégies mâles de *fidèle* et de *galante*. Les règles comportementales dérivant de ces quatre catégories sont les suivantes. Les femelles timides ne copuleront pas avec un mâle avant qu'il n'ait terminé une longue et coûteuse période de cour de plusieurs semaines. Les femelles rapides copuleront immédiatement avec n'importe qui. Les mâles fidèles sont prêts à faire leur

cour pendant un long moment et, après copulation, à rester avec
la femelle pour l'aider à élever les petits. Les mâles galants perdent
vite patience si une femelle ne veut pas copuler tout de suite avec
eux : ils vont en chercher une autre ; après copulation, ils ne
restent pas non plus pour se comporter en bons pères, mais s'en
vont à la recherche de nouvelles femelles. Comme dans le cas des
faucons et des colombes, ce ne sont pas les seules stratégies possibles, mais il est très instructif d'en étudier le destin.

A l'instar de Maynard Smith, nous utiliserons des valeurs hypothétiques arbitraires pour évaluer les différents coûts de bénéfices.
Pour être plus général, on peut le faire avec des symboles algé-
briques, mais les nombres sont plus faciles à comprendre. Supposez que le gain génétique obtenu par chaque parent lorsqu'un
enfant est élevé soit de +15 unités. Le coût occasionné par l'élevage d'un petit, le coût de sa nourriture, tout le temps passé à le
soigner et tous les risques pris pour lui, se montent à −20 unités.
Le coût est exprimé négativement parce qu'il est « payé » par les
parents. On exprime aussi négativement le coût du temps perdu
lors d'une cour prolongée. Supposons que ce dernier se monte à
−3 unités.

Imaginez une population dans laquelle toutes les femelles sont
timides et tous les mâles fidèles. Il s'agit d'une société idéalement
monogame. Dans chaque couple, le mâle et la femelle obtiennent
en moyenne le même gain. Ils obtiennent +15 pour chaque petit
élevé ; ils partagent le coût de l'élevage de ce dernier à part égale
(−20), soit une moyenne de −10 chacun. Ils payent tous les deux
les −3 points de pénalité pour perte de temps lors d'une cour prolongée. Le gain moyen pour chacun est par conséquent de
+15 −10 −3 = +2.

Supposons maintenant qu'une seule femelle rapide entre dans
cette population. Elle se débrouille très bien. Elle ne paye pas le
prix du retard parce qu'elle n'accepte pas de cour prolongée. Puisque tous les mâles de la population sont fidèles, elle peut être sûre
de trouver un bon père pour ses petits, quel que soit celui avec
lequel elle va s'accoupler. Son résultat moyen par enfant est de
+15 −10 = +5. Elle fait trois unités de mieux que ses concurrentes
timides. Par conséquent, les gènes rapides vont commencer à se
répandre.

Si le succès des femelles rapides grandit au point qu'elles finissent par dominer dans la population, les choses vont commencer à changer aussi du côté des mâles. Jusqu'à présent, les mâles fidèles ont eu le monopole. Mais à présent, si un mâle galant arrive, il commence par faire de meilleurs scores que ses concurrents fidèles. Dans une population où les femelles sont rapides, les chances de rencontrer un mâle galant sont évidemment importantes. Il obtient +15 si un enfant est élevé et ne supporte aucun des deux coûts. Ce que le non-paiement de ces coûts signifie pour lui, c'est qu'il est libre de s'en aller et de s'accoupler avec une autre femelle. Chacune de ses infortunées partenaires se débat seule avec son petit, supportant le coût total se montant à −20, bien qu'elle ne paye rien en ce qui concerne la perte de temps due à une cour prolongée. Le résultat net pour une femelle rapide lorsqu'elle rencontre un mâle galant est de +15 −20 = −5; le résultat pour le galant est de +15. Dans une population où toutes les femelles sont rapides, les gènes du galant se répandront comme une traînée de poudre.

Si les galants augmentent tant et si bien qu'ils en viennent à dominer la partie mâle de la population, les femelles rapides se retrouveront dans l'embarras. Toute femelle timide aura un gros avantage. Si une femelle timide rencontre un mâle galant, il ne se passera rien. Elle insistera pour avoir une cour prolongée; il refusera et s'en ira chercher une autre femelle. Aucun des deux partenaires ne payera le prix du temps perdu. Il n'y aura pas de gain non plus puisque aucun petit ne résultera de leur rencontre. Cela donne un résultat net de 0 pour la femelle timide dans une population où tous les mâles sont des galants. Ce chiffre semble faire pâle figure, mais c'est mieux que d'avoir −5, résultat moyen obtenu par une femelle rapide. Même si une femelle rapide décidait d'abandonner son petit après avoir été abandonnée par un galant, il lui faudrait encore payer le prix considérable de l'œuf. C'est ainsi que les gènes timides commencent à se répandre à nouveau dans la population.

Pour terminer ce cycle hypothétique, lorsque les femelles timides voient leur nombre augmenter tant et si bien qu'elles finissent par dominer à nouveau, les mâles galants, qui ont eu la vie si facile avec les femelles rapides, commencent à voir l'étau se resserrer. Femelle après femelle, ils se voient opposer l'exigence d'une longue et difficile période de cour. Les galants vont de femelle en femelle et se voient toujours raconter la même histoire. Le résultat final pour un galant lorsque toutes les femelles sont timides est de 0. A présent, si un seul mâle fidèle montre le bout de son nez, il sera le seul avec lequel les femelles voudront copuler. Son gain net est de +2, ce qui est meilleur que celui des galants. C'est de cette manière que les gènes de la fidélité commencent à augmenter, et la boucle est bouclée.

Comme dans le cas de l'analyse de l'agression, j'ai parlé comme s'il s'agissait d'un phénomène qui oscillait sans cesse. Mais, comme dans ce premier cas, on peut montrer qu'en réalité il n'y aurait pas d'oscillation. Le système convergerait vers un état stable [4]. Si vous calculez, il se trouve qu'une population est évolutionnairement stable quand les 5/6 des femelles sont timides et les 5/8 des mâles fidèles. Cela dépend évidemment des nombres arbitraires desquels nous sommes partis, mais il est facile d'établir des taux stables pour n'importe quelle autre hypothèse arbitraire.

Comme dans les analyses de Maynard Smith, nous n'avons pas à tenir compte du fait qu'il y a deux sortes de mâles et deux sortes de femelles. On pourrait tout aussi bien réaliser une stratégie évolutionnairement stable si chaque mâle passait 5/8 de son temps à être fidèle et le reste à être galant, et si chaque femelle passait les 5/6 de son temps à être timide et le 1/6 restant à être rapide. Quelle que soit la manière dont vous voyez la SES, ce qu'elle veut dire, c'est ceci. Quelle que soit la tendance qu'ont les membres des deux sexes à dévier de leur fréquence stable, ils seront pénalisés par le changement correspondant dans les taux des stratégies de l'autre sexe, qui tourne alors à son tour au désavantage de celui qui a enfreint les règles en premier. La stratégie évolutionnairement stable sera par conséquent préservée.

Nous pouvons en conclure qu'il est certainement possible pour une population dominée par des femelles timides et des mâles fidèles d'évoluer. C'est dans ces circonstances que la stratégie du bonheur conjugal semble vraiment fonctionner. Nous n'avons pas à penser en termes de coalition des femelles timides. La timidité peut vraiment valoir la peine d'être jouée pour les gènes égoïstes d'une femelle.

Les femelles peuvent mettre en pratique ce type de stratégie de différentes façons. J'ai déjà suggéré qu'une femelle pourrait refuser de copuler avec un mâle qui lui a déjà construit un nid ou l'a au moins aidée. Chez les oiseaux monogames, il arrive souvent que la copulation ne se passe qu'après la construction du nid. L'effet en est qu'à la conception, le mâle a déjà investi beaucoup plus sur l'enfant que ses simples spermatozoïdes.

Demander à un mâle à la recherche d'une femelle de construire un nid constitue pour celle-ci un moyen efficace de le piéger. On pourrait penser que presque tout ce qui coûte beaucoup au mâle donnerait des résultats en théorie, même si le prix payé ne prend pas directement la forme de bénéfices pour les petits à naître. Si toutes les femelles d'une population forçaient les mâles à réaliser quelque chose de coûteux et difficile, comme de tuer un dragon ou d'escalader une montagne, avant de consentir à copuler, elles pourraient en théorie diminuer la tentation éventuelle qu'auraient les mâles de les abandonner après la copulation. Tout mâle tenté d'abandonner sa partenaire et d'essayer de répandre un plus grand nombre de ses gènes avec une autre femelle s'arrêterait à la pensée qu'il aurait à tuer un autre dragon. En pratique, cependant, il est peu probable que les femelles imposent des tâches aussi ardues à leurs soupirants que de tuer un dragon ou de se mettre en quête du Graal. La raison en est qu'une femelle concurrente qui imposerait une tâche moins difficile aurait un avantage sur des femelles à l'esprit plus romantique demandant un gage d'amour inutile. Construire un nid est peut-être moins romantique que de tuer un dragon ou de nager dans l'Hellespont, mais c'est beaucoup plus utile.

Il existe une autre pratique dont j'ai déjà parlé, utile également pour la femelle, qui est le nourrissage par le mâle. Chez les oiseaux, on a souvent considéré cette pratique comme une sorte de régression vers un comportement juvénile de la part de la femelle. Elle mendie de la nourriture au mâle en faisant la même chose qu'un jeune oiseau. On a supposé que c'était attirant pour un mâle, de la même manière qu'un homme trouve un zézaiement ou une moue attrayants chez une femme adulte. La femelle oiseau a besoin à ce moment-là de toute la nourriture qu'elle peut avoir, car elle se constitue des réserves pour fournir l'effort nécessaire à la fabrication de ses énormes ovocytes. Le nourrissage effectué par le mâle faisant sa cour représente probablement un investissement qu'il fait directement sur les œufs. Il a par conséquent pour effet de diminuer la disparité entre les deux parents en ce qui concerne leur investissement initial sur les jeunes.

Plusieurs insectes et araignées présentent le même phénomène de nourrissage par le mâle faisant sa cour. Ici, une autre explication s'est quelquefois avérée trop évidente. Puisque, comme dans le cas de la mante religieuse, le mâle peut se trouver en danger d'être mangé par la femelle plus grande que lui, tout ce qu'il pourra faire pour diminuer son appétit jouera en sa faveur. On peut dire que l'investissement de l'infortuné mâle de mante religieuse sur ses petits a une consonance macabre. Il est utilisé comme nourriture pour aider à faire les ovocytes, qui seront ensuite fécondés *post mortem* par ses propres spermatozoïdes.

Une femelle jouant la stratégie du bonheur conjugal, qui ne fait que regarder les mâles pour essayer de *reconnaître* chez eux à l'avance les qualités de fidélité, risque d'être déçue. Tout mâle qui peut se faire passer pour un bon et loyal partenaire, mais qui cache en réalité une forte tendance à abandonner et tromper, pourrait avoir un grand avantage. Aussi longtemps que ses partenaires abandonnées auront une chance d'élever certains des petits, le galant transmettra plus de gènes qu'un mâle concurrent, bon père et bon mari. Les gènes favorisant la tromperie efficace chez les mâles seront favorisés dans le pool génique.

A l'inverse, la sélection naturelle favorisera les femelles qui auront développé une aptitude à déjouer une telle tromperie. Un moyen pour elles d'y parvenir consiste à jouer les difficiles lorsqu'elles sont courtisées par un nouveau mâle, mais, lors de saisons d'accouplements successives, à accepter de plus en plus rapidement les avances du partenaire de l'année précédente. Cela pénalisera automatiquement les jeunes mâles commençant leur première saison, qu'ils soient ou non hypocrites. Le lot des femelles naïves dont c'est la première année contiendra une proportion relativement importante de gènes provenant de pères infidèles, mais les pères fidèles ont l'avantage la deuxième année et les suivantes de la vie d'une mère, car ils ne doivent pas passer par les mêmes rituels de cour, coûteux en énergie et en temps. Si la majorité des individus d'une population sont les enfants de mères expérimentées et non naïves — il s'agit d'une hypothèse raisonnable chez les espèces jouissant d'une longue espérance de vie —, les gènes donnant des pères honnêtes et bons finiront par prévaloir dans le pool génique.

Pour simplifier, j'ai parlé comme si le mâle était soit purement honnête, soit complètement hypocrite. En réalité, il est plus probable que tous les mâles, comme évidemment tous les individus, soient un petit peu décevants, dans la mesure où ils sont programmés pour prendre l'avantage lorsque se présentent des occasions d'exploiter leur partenaire. La sélection naturelle, en aiguisant la capacité de chaque partenaire à détecter la malhonnêteté de l'autre, a permis de garder à un niveau très bas les tromperies de grande envergure. Les mâles ont plus à gagner de la malhonnêteté que les femelles, et nous devons nous attendre à ce que, même chez les espèces où les mâles font montre d'un altruisme parental considérable, ils auront habituellement tendance à travailler un petit peu moins que les femelles et à être un peu plus vite prêts à se défiler. Chez les oiseaux et les mammifères, il est certain que c'est la norme.

Il existe toutefois des espèces chez lesquelles le mâle travaille vraiment plus que la mère pour élever les petits. Chez les oiseaux et les mammifères, ces cas de dévouement paternel sont exceptionnels, mais ils sont monnaie courante chez les poissons. Pourquoi [5] ? Il s'agit d'un défi à la théorie du gène égoïste qui m'a étonné pendant un long moment. Une solution ingénieuse me fut suggérée récemment lors d'un cours donné par Mlle T. R. Carlisle. Elle utilise l'idée de Trivers de « lien cruel » de la manière suivante.

De nombreux poissons ne copulent pas, mais se contentent de rejeter leurs cellules sexuelles dans l'eau. La fécondation se produit dans l'eau et non à l'intérieur du corps de l'un des deux partenaires. Il s'agit probablement de la façon dont la reproduction sexuée se fit dans les premiers temps. Les animaux terrestres comme les oiseaux, les mammifères et les reptiles ne peuvent se permettre ce genre de fécondation externe, parce que leurs cellules, qui nécessitent un milieu humide, sécheraient. Les gamètes d'un sexe — du mâle, puisque ce sont les spermatozoïdes qui sont mobiles — sont introduits dans l'intérieur humide d'un membre du sexe opposé — la femelle. C'est tout pour les faits. A présent, passons aux idées. Après la copulation, la femelle est laissée en possession physique de l'embryon. Il se trouve à l'intérieur de son corps. Même si elle pond les œufs fécondés presque immédiatement, le mâle a encore le temps de disparaître, et donc de forcer la femelle à accepter le « lien cruel » de Trivers. Le mâle se voit inévitablement fournir l'occasion de prendre en premier la décision d'abandonner, empêchant la femelle de faire d'autres choix et la forçant à décider soit de laisser les jeunes mourir, soit de rester avec eux et de les élever. C'est pourquoi le dévouement maternel est plus répandu chez les animaux terrestres que le dévouement paternel.

Mais, chez les poissons et autres animaux aquatiques, les choses sont très différentes. Si le mâle n'introduit pas physiquement ses spermatozoïdes dans le corps de la femelle, on ne voit pas pourquoi il serait nécessaire que ce soit forcément celle-ci qui reste avec « le bébé sur les bras ». L'un quelconque des deux partenaires peut faire une rapide volte-face et laisser l'autre en possession des œufs qui viennent d'être fécondés. Mais il y a une autre raison pour laquelle il se pourrait que le mâle soit souvent le plus vulnérable. Il semble probable qu'une bataille évolutionnaire se développera pour savoir lequel pondra ses cellules sexuelles en premier. Le partenaire qui le fait a pour avantage de laisser l'autre en possession des nouveaux embryons. D'autre part, le partenaire qui les rejette en premier court le risque que son partenaire éventuel ne le suive pas. A présent, c'est le mâle qui est ici le plus vulnérable, seulement parce que les spermatozoïdes sont plus légers et ont plus de risques de se disperser que les ovocytes. Si une femelle expulse ses ovocytes trop tôt, c'est-à-dire avant que le mâle ne soit prêt, cela n'est pas très grave dans la mesure où les ovocytes, relativement grands et lourds, ont beaucoup de chances de rester sous forme d'un groupe cohérent pendant un certain temps. Par conséquent, une femelle poisson peut se permettre de prendre le « risque » d'expulser tôt ses ovocytes. Le mâle n'ose pas prendre ce risque, car s'il expulse ses spermatozoïdes trop tôt, ceux-ci se disperseront avant que la femelle ne soit prête ; ce ne sera plus alors la peine qu'elle expulse ses ovocytes. C'est à cause de ce problème que le mâle doit attendre que la femelle expulse ses ovocytes, pour ensuite éjecter ses spermatozoïdes dans leur direction. Mais elle a eu quelques précieuses secondes pour disparaître, le mettant de force en face du dilemme de Trivers. Cette théorie explique donc clairement pourquoi le dévouement paternel est si courant dans l'eau et si rare sur la terre ferme.

Laissant de côté les poissons, je me tourne à présent vers l'autre principale stratégie de la femelle, la stratégie du mâle dominant. Chez les espèces où cette politique est adoptée, les femelles se résignent en effet à ne chercher aucune aide du père de leurs petits et se consacrent plutôt à la recherche de bons gènes. Une fois encore, elles utilisent l'arme du regard de copulation. Elles refusent de s'accoupler à n'importe quel mâle et choisissent avec le plus grand soin le mâle avec lequel elles vont accepter de copuler. Certains mâles portent à n'en pas douter un plus grand nombre de bons gènes que d'autres, gènes qui seraient bons pour les perspectives de survie des fils et des filles. Si une femelle peut d'une façon ou d'une autre détecter les bons gènes chez les mâles en utilisant des signes visibles extérieurement, elle peut faire beaucoup de bien à ses gènes en les alliant à de bons gènes paternels. Pour utiliser notre analogie des rameurs, une femelle peut ainsi minimiser le risque que ses gènes se retrouvent en mauvaise compagnie. Elle peut essayer de trouver par elle-même de bons équipiers pour ses propres gènes.

Il y a de fortes chances que la plupart des femelles se mettent d'accord pour désigner les meilleurs mâles, puisqu'elles sont toutes en possession de la même information. Par conséquent, les quelques heureux élus s'acquitteront du plus gros de la copulation. Ils sont tout à fait capables de le faire, car tout ce qu'ils doivent donner aux femelles, ce ne sont que des spermatozoïdes qui ne leur coûtent pratiquement rien. Cela s'est peut-être passé ainsi pour les éléphants de mer et les paradisiers. Les femelles ne per-mettent qu'à un petit nombre de mâles de s'en tirer à bon compte avec la stratégie idéale de l'exploitation égoïste à laquelle tous les mâles aspirent, mais elles s'assurent que seuls les meilleurs peuvent accéder à cette denrée rare.

Si on se place du point de vue de la femelle qui essaie de trouver de bons gènes avec lesquels unir les siens, que recherche-t-elle? Elle veut la preuve de la capacité à la survie. Il est évident que tout mâle potentiel qui lui fait la cour a prouvé qu'il était capable de survivre au moins jusqu'à l'âge adulte, mais il n'a pas forcément prouvé qu'il pouvait survivre beaucoup plus longtemps. Une poli-tique assez bonne pour une femelle pourrait consister à n'accepter que les mâles mûrs. Quels que puissent être leurs inconvénients, ils ont au moins prouvé qu'ils pouvaient survivre et il y a des chances qu'elle allie ses gènes à ceux de la longévité. Cependant, il ne sert à rien de s'assurer que ses enfants vivent longtemps si, dans le même temps, ils ne lui donnent pas de petits-enfants. La longé-vité n'est pas, de prime abord, une preuve de virilité. Il est sûr qu'un mâle dont la vie a été longue a pu précisément survivre *parce qu'*il ne prenait pas de risques en matière de reproduction. Une femelle qui choisit un vieux mâle ne va pas nécessairement avoir plus de descendants qu'une femelle concurrente choisissant un jeune qui montre d'autres signes révélant qu'il est porteur de bons gènes.

De quel genre de signes s'agit-il? Il y a de nombreuses possibili-tés. Peut-être prennent-ils la forme de muscles solides permettant de mieux attraper la nourriture ou de longues jambes permettant de se mettre rapidement hors de portée des prédateurs. Il serait bon pour ses gènes qu'une femelle les allie à de telles caractéris-tiques, car ces dernières pourraient constituer des qualités utiles pour ses fils et ses filles. Pour commencer, nous pouvons imaginer que les femelles choisissent les mâles en se basant sur des qualités ou indicateurs parfaitement authentiques reflétant les bons gènes qui, eux, sont cachés. Mais nous voici arrivés à un point intéres-sant exprimé par Darwin et clairement énoncé par Fischer. Dans une société où les mâles se concurrencent les uns les autres pour être choisis comme reproducteurs par les femelles, l'une des meilleures choses qu'une mère puisse faire pour ses gènes est de faire un fils qui deviendra ensuite un beau mâle. Si elle peut être sûre que son fils fera partie des quelques heureux mâles qui auront le droit de réaliser la plupart des copulations de la société lorsqu'il sera adulte, elle aura un nombre énorme de petits-enfants. Le résultat final en est que la qualité la plus désirable aux yeux des femelles est tout simplement l'attirance sexuelle elle-même. Une femelle qui s'accouple avec un mâle ayant un énorme « sex-appeal » a plus de chances d'avoir des fils capables d'attirer les femelles de la génération suivante, qui lui feront à leur tour de nombreux petits-enfants. On peut alors penser qu'au départ les femelles choisissent les mâles en fonction de qualités qui sautent aux yeux, comme des muscles puissants, mais une fois ces qualités automatiquement acceptées chez les femelles, car passant pour être des éléments de séduction, la sélection naturelle continue de les favoriser simplement parce qu'elles sont des éléments de séduction à part entière.

Il se peut que des extravagances telles que l'appendice caudal des mâles oiseaux de paradis aient évolué grâce à un type de processus instable qui s'est emballé [6]. Au départ, les femelles ont pu choisir un appendice caudal légèrement plus long que d'habitude en le considérant comme une qualité désirable chez les mâles, peut-être parce qu'il était le signe d'une saine constitution. Un appendice court a pu constituer un révélateur de déficience vita-minique — preuve d'une mauvaise capacité à obtenir sa nourri-ture. Ou peut-être que les mâles à queue courte n'avaient pas de bonnes capacités pour s'enfuir face à leurs prédateurs et qu'ils se l'étaient donc vu arracher par ces derniers. Remarquez que nous n'avons pas à faire l'hypothèse que la queue courte était en elle-même génétiquement héritée ; elle sert seulement de révélateur de quelque faiblesse génétique. De toute façon, quelle qu'en soit la raison, supposons que les femelles de l'espèce ancestrale oiseau de paradis aient préféré aller avec des mâles possédant des appen-dices plus longs que la normale. Étant donné qu'il y avait une contribution génétique à la variation naturelle de la longueur de l'appendice caudal chez le mâle, cela finit par provoquer son allon-gement chez les mâles de la population. Les femelles suivirent une règle simple : regarder tous les mâles et aller avec celui qui portait l'appendice caudal le plus long. Toute femelle qui s'éloignait de cette règle était pénalisée, *même si* les queues étaient déjà devenues si longues qu'elles finissaient par vraiment encombrer les mâles qui en étaient affublés. Cela arrivait parce qu'une femelle ne produisant pas de fils à queue longue avait peu de chances d'avoir des fils considérés comme séduisants. Comme la mode pour les vêtements féminins ou le design des voitures américaines, la tendance vers un long appendice caudal décolla et atteignit sa vitesse de croisière. Elle ne s'arrêta que lorsque les queues devinrent si ridiculement longues que leurs inconvénients manifestes commencèrent à l'emporter sur leur rôle d'attribut de séduction.

Il s'agit d'une idée difficile à avaler et elle s'est attiré bon nombre de sceptiques depuis son premier énoncé par Darwin sous le nom de sélection sexuelle. L'un de ceux qui n'y croient pas est A. Zahavi, dont nous avons déjà parlé au sujet de sa théorie « Renard, renard ». Il avance son propre « principe du handicap » comme explication concurrente, exaspérément contradictoire. Il fait remarquer que le fait même que les femelles essayent de choisir des mâles pour leurs bons gènes ouvre la porte à la tromperie de la part des mâles. De gros muscles peuvent constituer une qualité réelle pour une femelle, mais alors qu'est-ce qui peut empêcher les mâles d'avoir des muscles artificiels ? Si cela coûte moins cher pour le mâle de développer de faux muscles, la sélection naturelle favorisera les gènes qui les produisent. Par conséquent, cela ne prendra pas longtemps avant que la contre-sélection favorise les femelles capables de déjouer cette tromperie. L'argument de base de Zahavi est que la publicité mensongère sexuelle sera ensuite mise au jour par les femelles. Il conclut donc que les mâles qui réussiront vraiment seront ceux qui feront une vraie publicité, ceux qui montreront de manière palpable qu'ils ne trompent pas. Si nous parlons réellement de gros muscles, alors les mâles qui n'en donnent qu'une *apparence* visuelle seront vite détectés par les femelles. Mais un mâle qui démontre, en levant des poids lourds ou en exerçant des pressions, qu'il a réellement de gros muscles réussira à convaincre les femelles. En d'autres termes, Zahavi croit qu'un mâle viril ne doit pas seulement avoir l'apparence d'un mâle de bonne qualité : il doit réellement en être un, sinon il ne sera pas accepté en tant que tel par des femelles sceptiques. Il y aura ensuite une évolution dans la difficulté des démonstrations que seuls pourront exécuter les véritables mâles.

Jusqu'à présent, tout va bien. Nous en venons maintenant à la partie de la théorie de Zahavi qui reste vraiment en travers de la gorge. Il suggère que l'appendice caudal des oiseaux de paradis et des paons, les bois des cerfs et les autres caractéristiques de la sélection par le sexe, qui ont toujours semblé paradoxaux parce qu'ils paraissent constituer des handicaps pour leurs possesseurs, évoluent précisément *parce qu'* ils sont des handicaps. Un oiseau mâle avec une queue longue et encombrante parade devant les femelles pour dire qu'il est si fort qu'il peut survivre *malgré* elles. Pensez à une femme en train de regarder deux hommes courir. Si tous deux passent la ligne d'arrivée en même temps, mais que l'un porte un grand sac de charbon sur le dos, la femme en conclura naturellement que l'homme au fardeau est un coureur plus rapide.

Je ne crois pas à cette théorie, bien que je ne sois pas sûr d'être aussi sceptique à son égard que lorsque j'en ai entendu parler pour la première fois [7]. Je fis remarquer alors que la conclusion logique devrait en être l'évolution de mâles n'ayant qu'un seul œil et une seule jambe. Zahavi, qui est israélien, rétorqua immédiatement : « Certains de nos meilleurs généraux n'ont qu'un œil ! » Néanmoins, le problème reste que la théorie du handicap semble comporter une contradiction fondamentale. Si le handicap est réel — et il est de l'essence même de la théorie qu'il en soit ainsi —, alors il pénalisera la descendance aussi sûrement qu'il pourra attirer les femelles. Il est en tout cas important que ce handicap ne soit pas transmis aux filles.

Si nous retraduisons la théorie du handicap en termes de gènes, nous obtenons quelque chose de ce genre. Un gène qui pousse les mâles à développer un handicap tel qu'une longue queue devient plus courant dans le pool génique parce que les femelles choisissent les mâles qui ont des handicaps. Les femelles choisissent les mâles qui ont des handicaps parce que les gènes qui poussent les femelles à faire ce choix deviennent également importants dans le pool génique. Cela parce que les femelles ayant un goût pour les mâles handicapés choisiront automatiquement des mâles ayant de bons gènes sur d'autres aspects, puisque ces mâles ont survécu jusqu'à l'âge adulte en dépit de leur handicap. Ces « autres » bons gènes seront bénéfiques pour le corps des enfants, qui ensuite survivront pour propager les gènes du handicap lui-même, ainsi que ceux faisant choisir les mâles handicapés. Pourvu que les gènes du handicap lui-même n'exercent leur influence que sur les fils et que les gènes pour la préférence sexuelle n'affectent que les filles, il se pourrait que la théorie marche. Tant qu'elle n'est formulée qu'avec des mots, nous ne pouvons pas savoir si oui ou non elle marchera. Nous avons une meilleure idée de son fonctionnement éventuel lorsqu'elle est retranscrite sous forme d'un modèle mathématique. Jusqu'à présent, les généticiens mathématiciens qui ont essayé de transformer le principe du handicap en un principe viable ont échoué. Peut-être est-ce dû au fait qu'ils ne sont pas assez malins. L'un d'entre eux est Maynard Smith, aussi aurais-je tendance à privilégier la première hypothèse.

Si un mâle peut démontrer sa supériorité sur les autres mâles sans que cela implique qu'il soit lui-même handicapé, personne ne doutera qu'il pourra augmenter de cette manière sa réussite sur le plan génétique. Ainsi, les éléphants de mer mâles gagnent et gardent leurs harems, non parce qu'ils sont esthétiquement attirants pour les femelles, mais simplement parce qu'ils réussissent à battre tous les mâles qui essayent de s'approprier le harem. On sait que les maîtres de harems gagnent les combats contre ces soi-disant usurpateurs seulement pour la raison évidente qu'ils restent maîtres des harems. Les usurpateurs ne gagnent pas souvent, parce que, s'ils en étaient capables, ils l'auraient déjà fait avant ! Toute femelle qui s'accouple exclusivement avec un maître de harem associe par conséquent ses gènes à ceux d'un mâle suffisamment fort pour gagner les défis successifs provenant de l'important surplus de mâles désespérément célibataires. Avec un peu de chance, ses fils hériteront de la capacité de leur père à posséder un harem. En pratique, une femelle d'éléphant de mer n'a pas beaucoup le choix, parce que le maître du harem la bat si elle essaie de s'écarter du troupeau. Il reste toutefois un principe selon lequel les femelles qui choisissent de s'accoupler avec des mâles qui gagnent en tireront un bénéfice pour leurs gènes. Comme nous l'avons vu, il existe des exemples de femelles préférant s'accoupler avec des mâles qui possèdent un territoire et qui ont un haut statut dans la hiérarchie de dominance.

Pour résumer ce chapitre, les différents types de systèmes de reproduction que nous pouvons trouver chez les animaux — la monogamie, la promiscuité, les harems, etc. — peuvent être jusqu'ici interprétés en termes de conflits d'intérêt entre mâles et femelles. Les individus des deux sexes « veulent » optimiser leur capacité reproductrice de leur vivant. A cause de la différence fondamentale existant entre la taille et le nombre des spermatozoïdes et des ovocytes, les mâles ont en général plus de probabilités de s'orienter vers la promiscuité et le manque d'instinct paternel. Les femelles ont deux réponses (contre-stratégies) à leur disposition, que j'ai qualifiées de stratégies du bonheur conjugal et du mâle dominant. Les circonstances écologiques dans lesquelles se trouve une espèce détermineront le choix des femelles en faveur de l'une ou l'autre, ainsi que la manière dont les mâles y répondront. En pratique, on peut trouver toutes les situations intermédiaires entre le mâle dominant et le bonheur conjugal, et, comme nous l'avons vu, il y a des cas où le père se consacre encore plus que la mère à l'élevage des petits. Le but de ce livre n'est pas de décrire les comportements d'espèces particulières, aussi ne vais-je pas parler de ce qui prédispose une espèce à se tourner vers telle ou telle forme de système de reproduction. Je vais plutôt parler des différences que l'on observe couramment entre les mâles et les femelles en général, et montrer comment on peut les interpréter. Je ne vais donc pas m'étendre sur les espèces chez lesquelles ces différences sont subtiles, puisque ce sont en général celles qui ont choisi la stratégie du bonheur conjugal.

Premièrement, ce sont les mâles qui ont opté pour des couleurs chatoyantes sexuellement attractives et ce sont les femelles qui sont plus ternes. Les individus des deux sexes veulent éviter d'être mangés par les prédateurs ; et il y aura donc une pression révolutionnaire exercée sur les deux sexes pour qu'ils aient des couleurs ternes. Les couleurs chatoyantes attirent les prédateurs autant que les partenaires sexuels. En termes de gènes, cela signifie que les gènes donnant des couleurs chatoyantes ont plus de chances de finir dans l'estomac des prédateurs que ceux qui donnent des couleurs ternes. D'autre part, ces derniers peuvent avoir moins de chances de se retrouver dans la génération suivante, puisque les individus ternes ont plus de difficultés à attirer une partenaire. Il y a par conséquent des pressions de sélection conflictuelles : les prédateurs qui ont tendance à retirer les gènes donnant des couleurs chatoyantes du pool génique, et les partenaires sexuels qui retirent les gènes donnant des couleurs ternes. Comme dans de nombreux autres cas, les machines à survie efficaces peuvent être considérées comme réalisant un compromis entre les différentes pressions de sélection conflictuelles. Ce qui nous intéresse pour le moment, c'est que le compromis optimal pour un mâle semble différent de celui de la femelle. Évidemment, c'est complètement compatible avec notre conception des mâles, gros joueurs prenant de gros risques. Parce qu'un mâle produit plusieurs millions de spermatozoïdes pour chaque ovocyte produit, les spermatozoïdes dépassent de loin les ovocytes dans la population. Un ovocyte donné a donc beaucoup plus de chances de fusionner avec un spermatozoïde que ce dernier avec un ovocyte. Les ovocytes constituent des ressources relativement précieuses, et, par conséquent, une femelle n'a pas besoin d'être aussi attirante sexuellement qu'un mâle pour être sûre que ses ovocytes soient fécondés. Un mâle est parfaitement capable d'engendrer tous les enfants nés dans une large population de femelles. Même si un mâle a une vie courte parce que sa queue aux couleurs criardes attire les prédateurs ou qu'elle s'emmêle dans les buissons, il a pu engendrer un très grand nombre d'enfants avant de mourir. Un mâle peu attirant ou terne pourra vivre aussi longtemps qu'une femelle, mais il aura peu d'enfants et ses gènes ne seront pas transmis. A quoi cela servira-t-il au mâle de rester en vie et de perdre ses gènes immortels ?

Une autre différence courante entre les deux sexes réside dans le fait que les femelles sont plus exigeantes que les mâles en ce qui concerne leur partenaire. L'une des raisons en est d'éviter l'accouplement avec un membre d'une autre espèce. De telles hybridations sont une mauvaise chose pour toutes sortes de raisons. Parfois, comme dans le cas d'un homme copulant avec une chèvre, la copulation ne mène même pas à la formation d'un embryon, si bien qu'on ne perd pas grand-chose. Lorsque des espèces plus proches sont croisées, telles que des chevaux et des ânes, le coût peut cependant se révéler considérable, au moins pour la femelle. Un embryon de mule va se former et coloniser son utérus pendant onze mois. Il prendra une grande quantité de l'investissement parental, non seulement sous forme de nourriture absorbée par le placenta, et ensuite plus tard sous forme de lait, mais par-dessus tout en temps, lequel aurait pu être employé à élever d'autres petits. Ensuite, lorsque la mule atteint l'âge adulte, elle s'avère stérile. Il est possible qu'il en soit ainsi parce que, bien que les chromosomes du cheval et de la mule se ressemblent suffisamment pour travailler ensemble à l'édification d'un bon corps solide de mule, ils ne sont pas assez similaires pour travailler correctement durant la méiose. Quelle qu'en soit la raison exacte, l'investissement considérable consenti par la mère pour élever la mule sera totalement perdu du point de vue de ses gènes. Les juments devront être très prudentes afin de ne copuler qu'avec un autre cheval et non un âne. En termes de gènes, tout gène de cheval qui dit : « Corps, si tu es une femelle, copule avec n'importe quel vieux mâle, qu'il soit cheval ou âne », est un gène qui peut très bien se retrouver dans une impasse, le corps de la mule, et l'investissement parental de la mère sur ce petit dévalorise lourdement sa capacité à élever des chevaux fertiles. D'autre part, un mâle a moins à perdre s'il s'accouple avec un membre de la mauvaise espèce et, bien qu'il n'ait peut-être rien à y gagner non plus, nous devrions nous attendre à ce qu'il soit moins exigeant dans le choix d'une partenaire. Là où on l'a étudié, cela s'est révélé exact.

Même à l'intérieur des espèces, il peut y avoir des raisons à ces exigences de la part des femelles. L'accouplement incestueux comme l'hybridation a beaucoup de risques d'avoir des conséquences génétiques néfastes dans ce cas, parce que les gènes récessifs létaux et semi-létaux sont mis au jour. Une fois encore, les femelles ont plus à perdre que les mâles puisque leur investissement sur un enfant est plus grand. Là où les tabous existent, nous devrions nous attendre à ce que les femelles soient plus strictes dans leur respect des tabous. Si nous supposons qu'il y a plus de chances pour que le partenaire le plus âgé dans une relation incestueuse soit l'initiateur actif, nous devons nous attendre à ce que les unions incestueuses dans lesquelles le mâle est plus âgé que la femelle soient plus nombreuses. Par exemple, l'inceste père/fille serait plus courant que l'inceste mère/fils. L'inceste frère/sœur aurait une fréquence intermédiaire.

En général, les mâles seraient plus hétérogènes que les femelles. Puisqu'une femelle produit un nombre limité d'ovocytes, à un rythme assez lent, elle tirera peu de choses de copulations multiples avec des mâles différents. Par contre, un mâle qui peut produire des millions de spermatozoïdes chaque jour a tout à gagner de tous les accouplements hétérogènes qu'il aura l'occasion de faire. Trop de copulations peuvent ne pas coûter trop à la femelle, sauf une perte de temps et d'énergie, mais elles ne lui apportent rien de positif. A contrario, un mâle ne pourra jamais faire autant de copulations qu'il y a de femelles : dans son cas, le mot « excès » ne veut rien dire.

Je n'ai pas parlé explicitement de l'homme, mais, inévitablement, lorsque nous parlons d'arguments évolutionnaires comme ceux qui se trouvent dans ce chapitre, nous ne pouvons nous empêcher de penser à notre propre espèce et à nos propres expériences. La notion de femelle reculant la copulation jusqu'à ce qu'un mâle fasse la preuve d'une fidélité à long terme fait jouer la corde sensible. Cela pourrait suggérer que les femelles humaines préfèrent jouer la stratégie du bonheur conjugal plutôt que celle du mâle viril. De nombreuses sociétés humaines sont évidemment monogames. Dans notre propre société, l'investissement parental des deux parents est important et pas si déséquilibré que cela. Évidemment, les mères en font directement plus pour leurs enfants que les pères, mais les pères travaillent souvent dur dans un sens plus indirect pour fournir les biens matériels destinés aux enfants. D'autre part, certaines sociétés humaines sont hétérogènes et beaucoup ont pour base le harem. Ce que cette variété étonnante suggère, c'est que la façon de vivre de l'homme est beaucoup plus largement déterminée par la culture que par les gènes. Toutefois, il est encore possible que les mâles humains en général aient une tendance à l'hétérogénéité, et les femelles à la monogamie, comme nous le prévoyions en nous basant sur des arguments évolutionnaires. Laquelle de ces deux tendances l'emporte dans certaines sociétés dépend des circonstances culturelles, de la même manière que chez les animaux elle dépend des circonstances écologiques.

Le sujet de la publicité sexuelle est une caractéristique anormale de notre société. Comme nous l'avons vu, l'évolution a fortement marqué son empreinte pour que ce soient les mâles qui se montrent et les femelles qui soient ternes. L'homme occidental moderne est sans doute exceptionnel sur ce point. Il est évidemment exact que certains hommes mettent des vêtements flamboyants et que certaines femmes s'habillent de manière terne, mais en moyenne il ne fait aucun doute que dans notre société ce soit la femelle qui montre l'équivalent de la queue de paon et non le mâle. Les femmes se maquillent le visage et se collent de faux cils. Sauf quelques cas particuliers comme les acteurs, les hommes ne le font pas. Les femmes semblent s'intéresser à leur apparence et y sont encouragées par la presse spécialisée. Les magazines pour hommes s'occupent moins de l'attirance sexuelle que ces derniers dégagent, et un homme qui attache trop d'importance à sa mise est le candidat rêvé pour éveiller les suspicions des hommes et des femmes. Lorsque l'on décrit une femme dans la conversation, on parlera surtout de son attrait ou manque d'attrait sexuel. C'est vrai que l'interlocuteur soit un homme ou une femme. Lorsqu'on parle d'un homme, les adjectifs utilisés n'ont souvent rien à voir avec le sexe.

Confronté à ces faits, un biologiste serait forcément amené à penser qu'il étudie une société dans laquelle ce sont les femelles qui se battent pour les mâles et non l'inverse. Dans le cas des paradisiers, nous avions décidé que les femelles étaient ternes parce qu'elles n'avaient pas besoin de se concurrencer pour avoir un mâle. Les mâles sont brillants et fastueux, car ce sont les femelles qui font la demande et qui peuvent se permettre d'être difficiles. La raison pour laquelle ce sont les femelles qui font la demande est que les ovocytes représentent une ressource plus rare que les spermatozoïdes. Que s'est-il passé chez l'homme occidental moderne ? Le mâle est-il réellement devenu le sexe recherché, celui qui établit les critères de demande, le sexe qui peut se permettre d'être difficile ? S'il en est ainsi, pourquoi ?

CHAPITRE X

Un tiens vaut mieux
que deux tu l'auras

Nous avons examiné les interactions parentales, sexuelles et agressives entre machines à survie de la même espèce. Mais certains aspects frappants d'interactions animales ne semblent pas couverts par ces rubriques. L'un d'eux est la propension qu'ont beaucoup d'animaux à vivre en groupe. Les oiseaux se regroupent, les insectes essaiment, les poissons et les baleines nagent les uns avec les autres, les mammifères terrestres vivent en troupeaux ou chassent en groupes. Ces rassemblements comprennent habituellement des membres d'une seule espèce, mais il y a des exceptions. Les zèbres vivent souvent en troupeaux avec les gnous, et l'on voit parfois des rassemblements d'oiseaux contenant plusieurs espèces.

Les bénéfices qu'un individu égoïste peut espérer retirer d'une vie en groupe sont assez divers. Je ne vais pas en dresser l'inventaire, mais plutôt en donner quelques exemples en reparlant des comportements altruistes que j'ai décrits au chapitre 1 et que j'ai promis d'expliquer. Cela nous conduira à examiner les insectes sociaux sans lesquels aucun récit d'altruisme animal ne serait complet. À la fin de ce chapitre assez éclectique, je parlerai de l'idée importante d'altruisme réciproque, celui du « Si tu me grattes le dos, je gratterai le tien ».

Si les animaux vivent ensemble en groupes, leurs gènes doivent en tirer plus de bénéfices qu'ils n'en investissent. Une harde de hyènes peut attraper une proie beaucoup trop grosse pour qu'un seul individu puisse la porter, si bien qu'il est plus avantageux pour un groupe d'individus égoïstes de chasser en bande, même si cela implique de partager la nourriture. C'est probablement pour des raisons similaires que certaines araignées travaillent ensemble à l'édification d'une toile communautaire. Les pingouins empereurs gardent la chaleur en se serrant les uns contre les autres. Ils y gagnent, car ils ont une surface à présenter aux éléments plus petite que s'ils étaient seuls. Un poisson qui nage en oblique derrière un autre poisson peut tirer un avantage hydrodynamique de la turbulence produite par le poisson de tête. Voilà peut-être en partie la raison pour laquelle les poissons nagent en groupe. Les coureurs cyclistes connaissent ce phénomène d'aspiration qui peut aussi être à l'origine des formations de vol en V des oiseaux. Il s'agit probablement d'une compétition pour éviter la position désavantageuse de meneur. Il est possible que les oiseaux tiennent contre leur gré cette position de tête — il s'agit d'une forme d'altruisme réciproque retardé qui sera discuté à la fin de ce chapitre.

Un grand nombre des bénéfices dérivés de la vie en groupe ont eu un lien avec le désir de ne pas être mangé par les prédateurs. Une formulation élégante de cette théorie fut donnée par W. D. Hamilton, dans un article intitulé « Geometry for the Selfish Herd ». A moins que cela ne conduise à une mauvaise interprétation, je dois insister sur le fait que par « troupeau égoïste » (*selfish herd*) il entendait « troupeau constitué d'individus égoïstes ».

Une fois encore, nous allons commencer avec un « modèle » simple qui, bien qu'abstrait, nous aidera à comprendre le monde réel. Supposez qu'une espèce animale soit chassée par un prédateur qui attaque toujours la proie individuelle la plus proche de lui. Du point de vue du prédateur, il s'agit d'une stratégie raisonnable puisqu'elle tend à diminuer la dépense en énergie. Du point de vue de la proie, la conséquence est intéressante. Cela signifie que chaque proie essayera à tout moment d'éviter d'être trop près du prédateur. Si la proie peut détecter le prédateur à certaine distance, elle s'enfuira purement et simplement. Mais si le prédateur est capable de se présenter sans prévenir, par exemple s'il se tapit dans l'herbe haute pour se cacher, alors chaque proie pourra encore prendre des mesures pour minimiser les risques de se trouver près du prédateur. Nous pouvons nous figurer chaque proie comme étant entourée par un « domaine de danger », une sorte de bulle à l'intérieur de laquelle chaque point est plus proche de cet individu qu'il ne l'est de n'importe quel autre. Par exemple, si les proies marchent en formation géométrique régulière, le domaine de danger autour de chacune (à moins qu'elle ne soit sur le bord) pourrait avoir la forme d'un hexagone. S'il arrivait qu'un prédateur se cache dans le domaine hexagonal de danger entourant l'individu A, cet individu sera probablement mangé. Les individus se trouvant à la lisière du troupeau sont particulièrement vulnérables, car leur domaine de danger n'a pas la forme d'un hexagone relativement important, mais inclut une large étendue du côté ouvert.

A présent, un individu sensé essayera de se constituer un domaine de danger aussi petit que possible. En particulier, il essayera d'éviter de se trouver à la lisière du troupeau. S'il s'y trouve, il prendra des mesures immédiates pour aller vers le centre. Malheureusement, il faut bien quelqu'un à la lisière, mais chacun souhaite que ce soit l'autre ! Il se produira une migration continuelle de la lisière du troupeau vers le centre. Si ce dernier était au départ lâche et éparpillé, il deviendra bientôt étroitement uni à cause de ce processus de migration vers le centre. Même si nous commençons notre modèle sans qu'il y ait du tout de tendance à la constitution d'un troupeau et que les animaux proies commencent en étant dispersés au hasard, le besoin égoïste de chaque individu sera de réduire son domaine de danger en essayant de se mettre dans un vide entre d'autres individus. Ce phénomène conduira rapidement à la formation de troupeaux dont la densité deviendra de plus en plus importante.

Il est évident que dans la vie réelle la tendance à l'agrégation est limitée par des pressions qui s'opposent, sinon tous les individus finiraient par mourir d'étouffement ! Mais ce modèle est encore intéressant dans la mesure où il nous montre que même des hypothèses très simples peuvent prévoir la formation d'un troupeau. De plus, des modèles plus élaborés ont été proposés. Le fait qu'ils soient plus réalistes ne retire rien au modèle simple de Hamilton qui nous aide à réfléchir au problème de la formation des troupeaux.

Le modèle du troupeau égoïste ne laisse pas de place à des interactions d'entraide. Il n'y a pas d'altruisme ici, seulement l'exploitation égoïste par chaque individu de ses voisins. Mais dans la vie réelle il y a des cas où les individus semblent prendre des mesures actives pour préserver des prédateurs les autres membres du groupe. Les cris d'alarme des oiseaux sautent à l'esprit. Ces derniers fonctionnent certainement comme des signaux d'alarme dans le sens où ils poussent les individus qui les entendent à prendre des mesures immédiates de fuite. Il n'y a aucun signe qui permette de dire que l'émetteur du cri « essaye de détourner le feu du prédateur » de ses collègues. Il les informe simplement de l'existence du prédateur — il les prévient. Néanmoins, cet acte d'alarme semble, au moins à première vue, un geste altruiste parce qu'il a pour *effet* d'appeler l'attention du prédateur vers l'émetteur du cri. Nous pouvons induire cela indirectement d'un fait qui fut observé par P. R. Marler. Les caractéristiques physiques des appels semblent idéales pour compliquer leur localisation. Si on demandait à un ingénieur acousticien de concevoir un son qu'un prédateur trouverait difficile à localiser, il produirait quelque chose d'assez semblable aux vrais signaux d'alarme émis par de nombreux oiseaux chanteurs. A présent, dans la nature, la mise au point de ces appels a dû se faire grâce à la sélection naturelle et nous savons ce que cela veut dire. Cela signifie qu'un grand nombre d'individus sont morts parce que leurs signaux d'alarme n'étaient pas tout à fait parfaits. Par conséquent, il semble qu'il y ait danger à émettre des signaux d'alarme. La théorie du gène égoïste présente un avantage convaincant lié à l'émission de cris d'alarme suffisamment importants pour contrebalancer ce danger.

En fait, ce n'est pas très difficile. Les cris d'alarme des oiseaux ont si souvent été cités comme étant « maladroits » pour la théorie darwinienne que c'est devenu une sorte de sport que de rêver à leur trouver des explications. En conséquence, nous avons à présent tant de bonnes explications qu'il est difficile de se rappeler pourquoi on a fait tant de bruit autour de cette affaire. Il est évident que si la bande inclut des parents proches, un gène poussant à émettre un cri d'alarme peut prospérer parce qu'il a de bonnes chances de se trouver dans le corps de certains des individus qu'il a sauvés. C'est vrai même si l'auteur du cri paye chèrement son altruisme en attirant l'attention du prédateur sur lui.

Si cette idée de sélection par la parenté ne vous satisfait pas, vous pouvez choisir entre beaucoup d'autres théories. L'émetteur du cri a de nombreuses façons de tirer un bénéfice égoïste du fait d'alerter ses compagnons. Trivers tourne autour de cinq bonnes idées, mais je trouve que les deux qui suivent, et qui sont de moi, sont les plus convaincantes. J'appelle la première la théorie « cave » (prononcer « ka-vé » ; mot issu du latin et signifiant « attention »), encore utilisée par les écoliers pour prévenir de l'approche du professeur. Cette théorie convient aux oiseaux qui se terrent immobiles dans les broussailles lorsqu'un danger menace. Supposez qu'un groupe de ce genre d'oiseaux se nourrisse dans un champ. Un faucon ne se trouve pas loin. Il n'a pas encore vu le groupe et il ne vole pas dans leur direction, mais il y a un risque que ses yeux perçants les repère à n'importe quel moment ; alors, il se lancera à l'attaque. Supposez qu'un des membres du groupe, mais pas les autres, voie le faucon. Cet individu aux yeux perçants pourrait immédiatement faire le mort et se dissimuler dans l'herbe. Mais cela lui serait peu bénéfique parce que ses compagnons marchent encore autour de lui et font du bruit sans se cacher. L'un d'entre eux pourrait attirer l'attention du faucon, et le groupe entier serait alors en péril. D'un point de vue purement égoïste, la meilleure politique pour l'individu qui repère le faucon le premier est de pousser rapidement un cri d'alarme à l'adresse de ses compagnons, ce qui les fera taire et réduira les risques d'attirer le faucon par inadvertance là où eux se trouvent.

L'autre théorie dont je veux parler peut être qualifiée de « théorie du "ne rompez jamais les rangs" ». Elle convient aux espèces d'oiseaux qui s'enfuient en s'envolant lorsqu'un prédateur approche, jusque dans un arbre par exemple. Une fois encore, imaginez qu'un individu d'un groupe d'oiseaux en train de se nourrir ait repéré un prédateur. Que va-t-il faire ? Il pourrait simplement s'envoler sans rien dire à ses collègues. Mais il se retrouverait alors seul, ne faisant plus partie d'une bande relativement anonyme; un homme seul est perdu. On sait bien que les faucons recherchent les pigeons égarés, mais même s'il n'en était pas ainsi, il y a de nombreuses raisons de croire que quitter les rangs pourrait s'avérer une politique suicidaire. Même si ses compagnons le suivaient, l'individu qui s'envole le premier augmente temporairement son périmètre de danger. Que la théorie de Hamilton soit vraie ou fausse, il doit y avoir un énorme avantage à vivre en bande, sinon les oiseaux ne le feraient pas. Quel que puisse être cet avantage, l'individu qui quitte la bande avant les autres annulera, du moins en partie, ledit avantage. S'il ne doit pas rompre les rangs, qu'est donc censé faire l'oiseau observateur? Peut-être simplement continuer comme si rien ne s'était passé et compter sur la protection que lui assure son appartenance à la bande. Mais cette attitude comporte aussi de graves dangers. L'oiseau se trouve encore à découvert, dans une position extrêmement vulnérable. Il serait bien plus en sécurité dans un arbre. La meilleure solution est évidemment de voler pour se mettre à l'abri dans un arbre, mais aussi de s'assurer que *tout le monde fasse la même chose*. De cette manière, il ne deviendra pas un élément isolé et ne supprimera pas les avantages inhérents à l'appartenance à un groupe; au contraire, il gagnera celui de voler pour se mettre à couvert. Une fois de plus, l'émission d'un signal d'alarme est considérée comme un avantage purement égoïste. E. L. Charnov et J. R. Krebs ont proposé une théorie similaire dans laquelle ils vont jusqu'à utiliser le mot « manipulation » pour décrire ce que l'oiseau émetteur du cri d'alarme fait à sa bande. Voilà qui nous éloigne beaucoup de l'altruisme pur et désintéressé!

A première vue, ces théories peuvent sembler incompatibles avec l'affirmation selon laquelle l'individu qui donne l'alarme attire le danger sur lui. Il n'y a en fait aucune incompatibilité. Il se mettrait même plus en danger s'il n'appelait pas. Certains individus sont morts parce qu'ils ont donné l'alarme, surtout ceux dont les cris étaient faciles à localiser. Les autres sont morts parce qu'ils ne poussaient pas de cri d'alarme. La théorie « cave » et celle du « ne rompez jamais les rangs » ne sont que deux explications parmi beaucoup d'autres pour expliquer ce phénomène.

Que se passe-t-il pour la gazelle de Thomson dont j'ai parlé au chapitre I, et dont l'altruisme apparemment suicidaire émut Ardrey au point qu'il déclara que ce comportement ne pouvait s'expliquer que par la sélection par le groupe? Ici, la théorie du gène égoïste se heurte à un défi plus difficile. Les cris d'alarme chez les oiseaux marchent bien, mais ils sont clairement conçus pour être aussi discrets que possible. Il n'en va pas de même pour les sauts très hauts des gazelles. Les gazelles semblent se comporter comme si elles attiraient délibérément l'attention du prédateur, presque comme si elles le narguaient. Cette observation a conduit à l'élaboration d'une théorie délicieusement osée. Elle fut d'abord préfigurée par N. Smythe, mais, amenée à sa conclusion logique, elle porte la griffe facilement reconnaissable de A. Zahavi.

On peut présenter la théorie de Zahavi de la manière suivante. Pour lui, ces sauts démesurés, loin de constituer un signal pour les autres gazelles, sont réellement destinés aux prédateurs. Ils sont remarqués par les autres gazelles et affectent en cela leur comportement, mais ce n'est qu'une conséquence, car ces sauts sont choisis en premier lieu comme un signal en direction du prédateur. Si l'on traduit grossièrement ce langage en français, cela signifie : « Regarde comme je peux sauter haut, je suis une gazelle saine et en bonne condition ; tu ne peux donc pas m'attraper, il serait plus sage que tu choisisses ma voisine qui ne saute pas aussi haut que moi ! » Dans des termes moins anthropomorphiques, les gènes faisant sauter si haut ont peu de chances d'être mangés par les prédateurs, parce que ceux-ci choisissent une proie facile à attraper. En particulier, de nombreux prédateurs mammifères sont connus pour leur propension à se tourner vers des proies vieilles et malades. Un individu qui saute haut montre, d'une manière exagérée, le fait qu'il n'est ni vieux ni malade. Selon cette théorie, la démonstration est loin d'être altruiste. Ce n'est rien d'autre que de l'égoïsme puisque son objet est de persuader le prédateur de chasser quelqu'un d'autre. Il y a d'une certaine façon une compétition pour voir qui saute le plus haut, le perdant étant celui que le prédateur aura choisi.

L'autre exemple sur lequel j'ai promis de revenir est celui des abeilles kamikazes, qui piquent les voleurs de miel, mais qui dans l'affaire se suicident d'une manière quasi certaine. L'abeille n'est qu'un exemple d'insectes très *sociaux*. Les guêpes, les fourmis et les termites ou « fourmis blanches » en sont d'autres. Je désire parler des insectes sociaux en général, et pas seulement des abeilles suicidaires. Les exploits des insectes sociaux sont légendaires, en particulier leurs comportements étonnants en matière de coopération et d'altruisme apparent. Les missions suicides des abeilles piqueuses sont un exemple typique de leur abnégation. Chez les fourmis « pot de miel », il y a une caste d'ouvrières ayant des abdomens grotesquement enflés, car remplis de nourriture, et dont la seule fonction dans la vie consiste à rester suspendues sans bouger au plafond comme des ampoules électriques, et à être utilisées comme entrepôts de nourriture par les autres ouvrières. Du point de vue humain, elles mènent une vie végétative ; leur individualité est apparemment soumise au bien-être de la communauté. Une société de fourmis, abeilles ou termites réalise une sorte d'individualité à un niveau plus élevé. La nourriture est partagée au point que l'on peut parler de l'existence d'un estomac communautaire. L'information est partagée si efficacement par des signaux chimiques et par la fameuse « danse » des abeilles que la communauté se conduit presque comme si elle avait en propre un seul système nerveux et des organes des sens. Les intrus sont reconnus et chassés avec la sélectivité que l'on peut trouver dans le système immunitaire d'un corps. La température plutôt élevée régnant à l'intérieur de la ruche est régulée presque aussi précisément que celle du corps humain, même si une abeille n'est pas un animal « à sang chaud ». Finalement, et c'est peut-être le plus important, l'analogie s'étend à la reproduction. La majorité des individus dans une colonie d'insectes sociaux sont des ouvrières stériles. La « ligne germinale » — ligne de continuité des gènes immortels — coule dans le corps d'une minorité d'individus, les reproducteurs. Ceux-ci ressemblent à nos propres cellules reproductrices, qui se trouvent dans nos testicules et nos ovaires. Les ouvrières stériles sont semblables à nos cellules hépatiques, musculaires et nerveuses.

Le comportement kamikaze et les autres formes d'altruisme et de coopération de la part des ouvrières ne sont pas étonnants une fois que l'on a accepté le fait qu'elles sont stériles. Le corps d'un animal normal est manipulé pour assurer la survie de ses gènes à la fois en portant la progéniture et en prenant soin d'autres individus contenant les mêmes gènes. Le suicide, du point de vue de la prise en charge d'autres individus, est incompatible avec la mise au monde de descendants futurs. L'autosacrifice suicidaire évolue par conséquent rarement. Mais une abeille ouvrière ne porte jamais de petits. Tous ses efforts sont destinés à préserver ses gènes en prenant soin de parentes qui ne sont pas ses descendants. La mort d'une seule ouvrière stérile n'est pas plus grave pour ses gènes que la perte des feuilles ne l'est pour les gènes de l'arbre.

On est tenté de donner un vernis mystique aux insectes sociaux, mais cela n'est vraiment pas nécessaire. Il vaut la peine de regarder en détail la manière dont la théorie du gène égoïste les considère, et en particulier la façon dont elle explique l'origine évolutionnaire de ce phénomène extraordinaire qu'est la stérilité de l'ouvrière, dont beaucoup de choses semblent découler.

Une colonie d'insectes sociaux constitue une grande famille, dont les membres descendent habituellement tous de la même mère. Les ouvrières, qui se reproduisent rarement, voire jamais elles-mêmes, sont souvent divisées en différentes castes comprenant les petites ouvrières, les grandes ouvrières, les soldats et des castes très spécialisées comme les abeilles à miel. Les femelles reproductrices sont appelées reines. Les mâles reproducteurs sont parfois appelés bourdons ou rois. Dans les sociétés plus avancées, les reproducteurs ne font jamais rien d'autre que procréer, mais ils y excellent. Ils se reposent sur les ouvrières pour leur nourriture et leur protection, et les ouvrières sont aussi responsables de l'élevage de la progéniture. Chez certaines espèces de fourmis et de termites, la femelle a grossi jusqu'à devenir une immense usine à production d'ovocytes, à peine reconnaissable en tant qu'insecte, car elle est plusieurs centaines de fois plus grande qu'une ouvrière et complètement incapable de bouger. Elle est constamment soignée par les ouvrières qui la nettoient, la nourrissent et transportent son flot ininterrompu d'œufs vers les nurseries de la communauté. Si une reine aussi monstrueuse doit bouger de la cellule royale, elle est portée en l'état sur le dos de centaines d'ouvrières avançant laborieusement.

Au chapitre VII, j'ai introduit la distinction entre porter une progéniture et en prendre soin. J'ai dit que les stratégies mixtes, combinant portée et élevage, évolueraient normalement. Au chapitre V nous avons vu que les stratégies mixtes évolutionnairement stables pourraient être de deux types généraux. Un individu d'une population pourrait se comporter des deux manières : ainsi, les individus réalisent habituellement un mélange judicieux de portée et d'élevage d'une progéniture ; *ou bien* on peut diviser la population en deux types d'individus : c'est la façon dont nous avons d'abord décrit l'équilibre entre les faucons et les colombes. A présent, il est théoriquement possible de réaliser un équilibre évolutionnairement stable entre porter et élever selon la première situation : on pourrait diviser la population en individus qui portent la progéniture et ceux qui l'élèvent. Mais cela ne peut être évolutionnairement stable que si ceux qui élèvent sont des parents proches des individus pour lesquels ils élèvent la progéniture, au moins aussi proches qu'ils le seraient vis-à-vis de la leur s'ils en avaient une. Bien qu'il soit possible en théorie que l'évolution soit allée dans cette direction, cela ne semble s'être vraiment produit que chez les insectes sociaux [1].

Les insectes sociaux sont divisés en deux types principaux : ceux qui portent et ceux qui élèvent. Ceux qui portent sont les mâles et femelles reproducteurs. Ceux qui élèvent sont les ouvrières — les mâles et femelles stériles chez les termites, les femelles stériles chez tous les autres insectes sociaux. Les deux catégories font leur travail plus efficacement parce qu'elles ne doivent pas se préoccuper de l'autre. Mais de quel point de vue ce système est-il efficace ? La question lancée ironiquement à la face de la théorie darwinienne sera cet éternel refrain : « Que se passe-t-il pour les ouvrières ? »

Certains ont répondu : « Rien ». Ils croient que la reine fait ce qu'elle veut, manipulant les ouvrières grâce à des substances chimiques pour parvenir à ses fins, les obligeant à prendre soin de sa progéniture. Il s'agit d'une version de la théorie de la « manipulation parentale » d'Alexander que nous avons rencontrée au chapitre VIII. L'idée contraire est que les ouvrières « exploitent » les reproducteurs, les manipulant pour qu'ils augmentent leur productivité en propageant des répliques des gènes des ouvrières. Il est certain que les machines à survie que produit la reine ne sont pas la progéniture des ouvrières, mais qu'elles constituent néanmoins des parents proches. C'est Hamilton qui se rendit brillamment compte qu'au moins chez les fourmis, les abeilles et les guêpes les ouvrières pouvaient réellement avoir une parenté plus étroite avec cette progéniture que la reine elle-même ! Cela l'amena, comme plus tard Trivers et Hare, à l'un des triomphes les plus spectaculaires de la théorie du gène égoïste. En voici le raisonnement.

Les insectes du groupe connu sous le nom d'hyménoptères, comprenant les fourmis, les abeilles et les guêpes, ont un système très inhabituel de détermination du sexe. Les termites n'appartiennent pas à ce groupe et ne partagent pas la même particularité. Un nid d'hyménoptères a typiquement une seule reine mature. Elle a effectué un seul vol d'accouplement lorsqu'elle était jeune et en a profité pour emmagasiner des spermatozoïdes pour le reste de sa longue vie — dix ans ou même plus. Elle répartit les spermatozoïdes entre ses ovocytes au fur et à mesure des années, les fécondant ainsi à mesure qu'ils sortent de ses trompes. Mais tous les ovocytes ne sont pas fécondés. Ceux qui ne le sont pas deviennent des mâles. Par conséquent, un mâle n'a pas de père, et toutes les cellules de son corps ne contiennent qu'un seul ensemble de chromosomes (tous en provenance de sa mère) au lieu d'un double (l'un du père et l'autre de la mère) comme cela se passe chez nous. Si l'on fait une analogie avec le chapitre III, un mâle hyménoptère n'a qu'une seule copie de chaque « volume » dans chacune de ses cellules, au lieu de deux comme c'est le cas habituellement.

Par contre, une femelle hyménoptère est normale, car elle a effectivement un père et porte bien les deux ensembles de chromosomes dans chacune des cellules de son corps. Que la femelle devienne ouvrière ou reine, cela ne dépend pas de ses gènes mais de la façon dont elle est élevée. Autrement dit, chaque femelle a un ensemble complet de gènes lui permettant d'être reine et un ensemble complet de gènes lui permettant d'être ouvrière (ou plutôt des ensembles de gènes destinés à constituer chaque caste spécialisée d'ouvrières, soldats, etc.). Pour savoir quel ensemble de gènes sera « mis en route », tout dépend de la façon dont la femelle est élevée, en particulier de la nourriture qu'elle reçoit.

Bien qu'il y ait de nombreuses complications, cela dépeint bien la façon dont les choses se passent. Nous ne savons pas pourquoi ce système extraordinaire de reproduction sexuée a évolué. Il ne fait aucun doute que ce fut pour de bons motifs, mais pour le moment il nous faut juste le considérer comme un fait curieux concernant les hyménoptères. Quelle que soit la raison qui a induit cette curiosité, elle foule aux pieds les règles bien établies du chapitre VI, qui permettent de calculer le degré de parenté. Elle signifie que les spermatozoïdes d'un seul mâle, au lieu d'être tous différents comme ils le sont dans nos corps, sont tous exactement pareils. Un mâle n'a qu'un seul ensemble de gènes dans chacune des cellules de son corps et non un ensemble double. Chaque spermatozoïde doit par conséquent recevoir l'ensemble de gènes complet au lieu des 50 % habituels que nous, par exemple, recevons. Tous les spermatozoïdes d'un mâle donné sont donc identiques. Essayons à présent de calculer la parenté entre une mère et son fils. Si on sait qu'un mâle possède un gène A, quelles sont les chances pour que sa mère l'ait aussi ? La réponse doit être de 100 % puisque le mâle n'a pas de père et qu'il a reçu tous ses gènes de sa mère. Mais supposez maintenant que l'on sache que la reine a le gène B. Les chances pour que son fils l'ait aussi ne sont que de 50 % puisqu'il n'a que 50 % de ses gènes. Il semble qu'il y ait ici une contradiction, mais ce n'est pas le cas. Un mâle a *tous* ses gènes de sa mère, mais une mère ne donne que la *moitié* de ses gènes à son fils. La solution à ce paradoxe apparent réside dans le fait qu'un mâle n'a que la moitié du nombre habituel de gènes. Il ne sert à rien de se demander si le « véritable » indice de parenté est 1/2 ou 1. L'indice n'est qu'une mesure créée par l'homme et, s'il conduit à des difficultés dans des cas particuliers, il faut l'abandonner et revenir aux principes de base. Du point de vue d'un gène A dans le corps d'une reine, la chance pour que le gène soit partagé par un fils est exactement de 1/2, comme pour une fille. Du point de vue de la reine, par contre, sa progéniture des deux sexes lui est aussi proche que les enfants humains le sont par rapport à leurs parents.

Les choses commencent à se compliquer lorsque nous en venons aux sœurs. Les vraies sœurs partagent le même père : les deux spermatozoïdes qui les ont conçues étaient identiques dans chaque gène. Par conséquent, les sœurs sont équivalentes à de vraies jumelles en ce qui concerne leurs gènes paternels. Si une femelle a un gène *A*, elle a dû l'avoir de son père ou de sa mère. Si elle l'a eu de sa mère, il y a 50 % de chances pour que sa sœur l'ait aussi. Mais, si elle l'a eu de son père, les chances pour que sa sœur l'ait aussi sont de 100 %. La parenté entre sœurs hyménoptères n'est donc pas de 1/2 comme c'est le cas des animaux normaux, mais de 3/4.

Il s'ensuit qu'une femelle hyménoptère a une parenté plus proche avec ses vraies sœurs qu'avec sa progéniture, quel qu'en soit le sexe [2]. Comme Hamilton s'en est rendu compte (bien qu'il ne l'expliquât pas tout à fait de la même manière), il se pourrait bien que ceci prédispose une femelle à exploiter sa propre mère pour en faire une machine efficace à produire des sœurs. Un gène faisant produire des sœurs par procuration se réplique plus rapidement qu'un gène faisant produire directement des petits. C'est ainsi que la stérilité des ouvrières a évolué. Ce n'est certainement pas par accident si la véritable socialité, ainsi que la stérilité de l'ouvrière, semblent avoir évolué pas moins de onze fois, *de manière indépendante*, chez les hyménoptères et seulement une fois dans le reste du règne animal, principalement chez les termites.

Il y a cependant un écueil. Si les ouvrières arrivent à exploiter leur mère pour en faire une machine à produire des sœurs, il leur faut quelque peu brider sa tendance naturelle à leur donner un nombre égal de petits frères. Du point de vue d'une ouvrière, les chances pour qu'un frère contienne l'un de ses gènes ne sont que de 1/4. Par conséquent, si on permettait à la reine de produire autant de mâles que de femelles pour reproduire, l'exploitation ne ferait pas de bénéfices en ce qui concerne les ouvrières. Elles n'optimiseraient pas la propagation de leurs précieux gènes.

Trivers et Hare se sont rendu compte que les ouvrières devaient essayer d'infléchir la proportion des sexes en faveur des femelles. Ils ont pris les calculs de Fischer sur les taux de sexe optimaux (que nous avons évoqués au chapitre précédent) et les ont refor-

mulés pour le cas particulier des hyménoptères. Il s'avère que le
taux stable d'investissement pour une mère est comme d'habitude
de 1 pour 1. Mais le taux stable pour une sœur est de 3 pour 1 en
faveur des sœurs et non des frères. Si vous êtes une femelle hyménoptère, le moyen le plus efficace de propager vos gènes est de
vous abstenir de vous accoupler et de faire en sorte que ce soit
votre mère qui vous fournisse des frères et sœurs reproducteurs
suivant une proportion de 3 pour 1. Mais *s'il vous faut* absolument
avoir votre propre progéniture, vous pouvez faire encore plus de
bien à vos gènes en ayant des fils et des filles reproducteurs en
proportions égales.

Comme nous l'avons vu, la différence entre les reines et les
ouvrières n'est pas génétique. En ce qui concerne ses gènes, il se
pourrait qu'un embryon femelle soit destiné à devenir soit une
ouvrière qui « veut » un ratio des sexes de 3 pour 1, soit une reine
qui « veut » un ratio de 1 pour 1. Qu'entend-on par « vouloir » ?
Cela signifie qu'un gène qui se retrouve dans le corps d'une reine
peut mieux se propager si ce corps investit d'une manière égale sur
des fils et des filles reproducteurs. Mais le même gène se trouvant
dans le corps d'une ouvrière peut mieux se répandre s'il s'arrange
pour que la mère de ce corps ait plus de filles que de fils. Il n'existe
pas ici à proprement parler de paradoxe. Un gène doit tirer le
meilleur parti de tous les pouvoirs à sa disposition. S'il a la possibilité d'influencer le développement d'un corps destiné à devenir
une reine, sa stratégie optimale pour exploiter ce contrôle est
constituée d'une seule chose. S'il a la possibilité d'influencer la
façon dont le corps d'une ouvrière se développe, sa stratégie optimale pour exploiter ce pouvoir est différente.

Cela signifie qu'il y a conflit d'intérêts au niveau même de
l'exploitation de la reine. Celle-ci « essaye » d'investir également
sur des mâles et des femelles. Les ouvrières essayent de déséquili-
brer le taux de répartition des sexes de manière à avoir trois
femelles pour un mâle. Si nous avons raison de décrire les
ouvrières comme des éleveurs et la reine comme leur poulinière, il
est possible que les ouvrières finissent par réussir à atteindre leur
taux de 3 pour 1. Sinon, si la reine en est vraiment une et que les
ouvrières sont ses esclaves ainsi que les nourrices obéissantes des

nurseries royales, nous devrions nous attendre à ce que le taux dominant soit celui de la reine, c'est-à-dire qu'il y ait une femelle pour un mâle. Qui gagne dans ce cas la bataille des générations ? Il s'agit d'une chose qui peut être étudiée en laboratoire, et c'est ce que Trivers et Hare ont fait en utilisant un nombre important d'espèces de fourmis.

La proportion des sexes qui nous intéresse est celle qui nous donne la proportion de mâles et de femelles reproducteurs. Ceux-ci sont pourvus d'ailes et jaillissent périodiquement de la fourmilière pour effectuer des vols d'accouplement à la suite desquels les jeunes reines peuvent essayer de fonder de nouvelles colonies. Ce sont ces formes ailées de fourmis qu'il faut comptabiliser pour obtenir une estimation de la distribution des sexes. Maintenant, les mâles et femelles reproducteurs ont, chez de nombreuses espèces, des tailles différentes. Cela complique les choses puisque, comme nous l'avons vu dans le chapitre précédent, les calculs de Fischer sur le taux optimal de répartition des sexes s'applique strictement, non pas au nombre de mâles et de femelles, mais à la *quantité d'investissement* effectué sur ces mâles et ces femelles. Trivers et Hare ont contourné le problème en les pesant. Ils ont pris vingt espèces de fourmis et ont estimé le taux de distribution des sexes en termes d'investissement sur les reproducteurs. Ils ont trouvé que le taux mesuré se rapprochait assez du 3 pour 1 prévu par la théorie disant que les ouvrières travaillent pour leur propre compte [3].

Il semble que, chez les fourmis étudiées, le conflit d'intérêt soit « gagné » par les ouvrières. Cela n'est pas surprenant puisque les corps des ouvrières, gardiens des nurseries, ont plus de pouvoir en pratique que les corps des reines. Les gènes essayant de manipuler le monde par l'intermédiaire du corps des reines sont pris de vitesse par les gènes qui manipulent le monde à travers le corps des ouvrières. Trivers et Hare se sont aperçus que l'on pouvait utiliser une circonstance de ce genre pour en faire un test critique de la théorie.

Cela met en lumière le fait qu'il y ait des espèces de fourmis qui prennent des esclaves. Les ouvrières des espèces où règne l'esclavage soit ne font aucun travail ordinaire, soit y sont très mauvaises. Leur spécialité est d'effectuer des raids pour rapporter des esclaves. La vraie guerre au cours de laquelle les armées ennemies combattent jusqu'à la mort n'est connue que chez l'homme et les insectes sociaux. Chez de nombreuses espèces de fourmis, il existe une caste spécialisée d'ouvrières connues sous le nom de soldats, qui ont de formidables mâchoires de combat et qui consacrent leur temps à combattre pour la colonie contre d'autres armées de fourmis. Les raids pour capturer des esclaves ne représentent qu'un type particulier d'effort de guerre. Les esclavagistes montent une attaque contre un nid de fourmis appartenant à une espèce différente, essayent de tuer les défenseurs et emportent les jeunes qui ne sont pas encore sortis de l'œuf. Ces jeunes naissent dans le nid de leurs geôliers. Ils ne se « rendent pas compte » qu'ils sont des esclaves et ils se mettent au travail, suivant pour cela les programmes imprimés dans leur système nerveux, effectuant toutes les tâches qu'ils effectueraient normalement dans leur propre nid. Les soldats preneurs d'esclaves poursuivent leurs expéditions alors que les esclaves restent dans la fourmilière et font le travail routinier qui consiste à nettoyer la fourmilière, y stocker de la nourriture et prendre soin des œufs.

Les esclaves ignorent heureusement le fait qu'ils n'ont aucun lien de parenté avec la reine et la progéniture qu'ils soignent. À leur insu, ils élèvent de nouveaux escadrons d'esclavagistes. Il ne fait aucun doute que la sélection naturelle, en agissant sur les gènes des espèces esclaves, favorise aussi les adaptations anti-esclavage. Cependant, celles-ci n'ont apparemment aucun effet puisque l'esclavage est un phénomène très répandu.

La conséquence de l'esclavage qui nous intéresse est la suivante. La reine des espèces esclavagistes a maintenant la possibilité de faire basculer le taux de distribution des sexes du côté qui lui « plaît », parce que ses véritables enfants, les esclavagistes, n'ont plus de pouvoir dans les nurseries. Ce pouvoir est aux mains des esclaves. Les esclaves « pensent » qu'elles soignent leurs propres frères et sœurs et il est possible qu'elles agissent selon *les critères en vigueur dans leur propre nid* pour arriver à un taux de 3 pour 1 en faveur des sœurs. Mais la reine d'une espèce esclavagiste est capable de contrecarrer ce comportement; or la sélection ne favo-

rise pas la mise en route chez les esclaves de contre-mesures destinées à neutraliser celles de la reine, puisque les esclaves n'ont
aucun lien de parenté avec la progéniture esclavagiste.

Par exemple, supposez que dans une espèce de fourmis les
reines « essaient » de déguiser les œufs de mâles en leur donnant
la même odeur que ceux des femelles. La sélection naturelle favorisera normalement chez les ouvrières tout comportement qui leur
permettra de mettre au jour ce déguisement. Nous pouvons imaginer une bataille évolutionnaire au cours de laquelle les reines
« changent le code » continuellement et où ouvrières le « cassent ».
La guerre sera gagnée par quiconque réussira à faire passer le plus
de gènes à la génération suivante *via* le corps de reproducteurs. Ce
serait normalement les ouvrières, comme nous l'avons vu. Mais,
lorsque la reine d'une espèce *esclavagiste* change de code, les
esclaves ouvrières ne peuvent développer leur capacité à casser le
code. Cela parce qu'un gène d'une esclave permettant de « casser
le code » ne se trouve pas dans le corps d'un reproducteur, et par
conséquent ne peut être transmis. Tous les reproducteurs appartiennent à l'espèce esclavagiste et sont parents avec la reine et non
avec les esclaves. Si les gènes des esclaves arrivent à rentrer dans
le corps d'un reproducteur, c'est parce que ce dernier appartient
au nid d'où elles ont été kidnappées. Si les esclaves s'y efforcent, ce
sera en vain, car leurs efforts ne porteront pas sur le bon code ! Les
reines des espèces esclavagistes peuvent donc changer leur code
en toute liberté sans qu'il y ait de risque pour que les gènes permettant de casser le code se propagent à la génération suivante. Le
résultat qui s'ensuivrait devrait nous donner pour les espèces
esclavagistes un taux d'investissement de 1 pour 1 au lieu de 3
pour 1 chez les reproducteurs des deux sexes. Pour une fois, la
reine réussira à s'imposer, et c'est exactement ce qu'ont observé
Trivers et Hare bien qu'ils n'aient étudié que deux espèces esclavagistes.

Je dois souligner que j'ai parlé de cette histoire d'une manière
idéalisée. La vie réelle n'est pas aussi propre et nette. Par exemple,
l'espèce d'insectes sociaux la plus connue de toutes, l'abeille à
miel, semble agir de la manière la « plus mauvaise ». Les mâles
jouissent par rapport aux reines d'un grand surplus d'investisse-

ment — voilà qui ne semble avoir aucun sens du point de vue des ouvrières comme de celui de la reine mère. Hamilton a proposé une solution possible à cette énigme. Il fait remarquer que, lorsqu'une reine abeille quitte la ruche, elle s'en va avec un important escadron d'ouvrières qui l'aident à commencer une nouvelle colonie. Ces ouvrières sont perdues pour la ruche d'origine, et les dépenses mises en jeu pour les produire doivent être prises en compte dans l'évaluation du coût de la reproduction : pour chaque reine quittant la ruche, il faut produire un nombre *supplémentaire* d'ouvrières. L'investissement réalisé sur ces ouvrières supplémentaires devrait être considéré comme faisant partie de l'investissement réalisé sur les femelles reproductrices. Il faudrait mettre les ouvrières supplémentaires dans la balance par rapport aux mâles lorsque l'on calcule le taux de distribution des sexes. Il ne s'agissait donc pas après tout d'une difficulté sérieuse pour la théorie.

Il reste un autre mécanisme plus gênant à expliquer à l'aide de cette élégante théorie, qui est le fait que, chez de nombreuses espèces, la jeune reine s'accouple lors du vol nuptial non pas avec un seul mâle, mais avec plusieurs. Cela signifie que le taux de parenté moyen entre les filles est de moins de 3/4, et peut même approcher 1/4 dans les cas extrêmes. Il est tentant, bien que ce ne soit probablement pas très logique, de considérer cela comme une manœuvre sournoise dirigée par les reines à l'encontre des ouvrières! Par ailleurs, cela pourrait suggérer que les ouvrières servent de chaperon à leur reine lors de son vol nuptial pour l'empêcher de s'accoupler plus d'une fois. Mais cela n'aiderait en aucune manière les gènes des ouvrières — seulement ceux de la future génération d'ouvrières. Il n'existe aucun esprit de classe chez ces dernières. Tout ce qui « intéresse » chacune d'entre elles, ce sont leurs propres gènes. Il aurait été possible qu'une ouvrière ait « aimé » chaperonner sa propre mère, mais elle n'en aurait pas eu l'occasion, car n'ayant pas été conçue à ce moment-là. Une jeune reine lors de son vol nuptial est la sœur de la génération des ouvrières du moment et non leur mère. Par conséquent, elles *sont* de son côté, plutôt que de celui de la génération suivante d'ouvrières qui ne sont que leurs nièces. La tête me tourne et il est grand temps de clore ce sujet.

J'ai utilisé l'analogie de l'exploitation pour expliquer ce que les ouvrières hyménoptères font à leur mère. Cette exploitation est due au gène de l'exploitation. Les ouvrières utilisent leur mère comme un moyen plus efficace de fabriquer des copies de leurs propres gènes qu'elles ne pourraient le faire elles-mêmes. Les gènes sortent des chaînes de production sous forme de paquets appelés individus reproducteurs. Il ne faudrait pas confondre cette analogie de l'exploitation avec un sens tout à fait différent que l'on donne aux insectes sociaux quand on dit qu'ils font de l'exploitation. Les insectes sociaux ont découvert bien avant l'homme que la culture de la nourriture pouvait être bien plus efficace que la chasse et la cueillette.

Par exemple, plusieurs espèces de fourmis du Nouveau Monde, ainsi que, de manière complètement indépendante, les termites africains, cultivent des « champignonnières ». Les plus connues sont les fourmis parasols d'Amérique du Sud. Elles y sont très performantes. On a trouvé des colonies de plus de deux millions d'individus. Leur nid est constitué d'immenses complexes souterrains faits de passages et de galeries qui vont jusqu'à une profondeur de trois mètres ou plus, réalisées grâce à l'extraction de plus de quarante tonnes de terre. Les chambres souterraines contiennent les champignonnières. Les fourmis sèment délibérément les champignons d'une espèce particulière sur un lit de compost spécial qu'elles préparent en mâchant des feuilles jusqu'à les réduire en très petits morceaux. Au lieu de stocker directement leur propre nourriture, les ouvrières entassent des feuilles pour les transformer en compost. « L'appétit » d'une colonie de fourmis parasol en ce qui concerne ces feuilles est gargantuesque. Cela en fait une catastrophe naturelle majeure ; toutefois, les feuilles ne constituent pas de la nourriture en elles-mêmes, mais de la nourriture pour les champignons. Les fourmis récoltent ensuite les champignons, les mangent et les donnent à leur progéniture. Les champignons digèrent plus efficacement les feuilles que ne pourrait le faire l'estomac des fourmis, ce qui est la raison pour laquelle les fourmis tirent profit de cet arrangement. Il est possible que les champignons en tirent aussi avantage, même s'ils sont récoltés : les fourmis les essaiment plus efficacement que ne pourrait le faire leur propre système de dispersion des spores. De plus, les fourmis « sarclent » les champignonnières, les protègent d'espèces de champignons étrangères. En éliminant la compétition, il se peut que cela avantage les champignons domestiques des fourmis. On peut dire qu'il s'est installé une sorte d'altruisme mutuel entre les fourmis et les champignons. Il est remarquable qu'un système très similaire de culture de champignons ait évolué d'une manière complètement indépendante chez les termites, qui n'ont aucune parenté avec les fourmis.

Les fourmis ont, en plus des plantes qu'elles cultivent, leurs propres animaux domestiques. Les pucerons ont une spécialité qui consiste à aspirer la sève des plantes. Ils peuvent pomper cette sève plus efficacement qu'ils ne peuvent ensuite la digérer, si bien qu'ils sécrètent directement un liquide qui a gardé une grande partie de sa valeur nutritive. Des gouttes de « miellure » riches en sucres sortent de l'arrière du puceron à un rythme élevé, et dans certains cas cette sécrétion excède par heure le poids de l'insecte. La miellure tombe normalement sur le sol — il se peut qu'il s'agisse de la nourriture providentielle connue sous le nom de « manne » dans l'Ancien Testament. Mais les fourmis de plusieurs espèces l'interceptent dès qu'elle quitte le puceron. Les fourmis « traient » les pucerons et leur caressent l'arrière-train avec leurs antennes et leurs pattes. Les pucerons répondent, retenant apparemment dans certains cas leurs gouttelettes jusqu'à ce qu'une fourmi les caresse, et ils vont même jusqu'à les retenir si une fourmi n'est pas prête à les accepter. On a suggéré que certains pucerons ont évolué jusqu'à avoir un arrière-train qui ressemble au faciès d'une fourmi, ce qui a pour effet de mieux les attirer. Ce qu'un puceron doit attendre de ce genre de relation, c'est une protection contre ses ennemis naturels. Comme nos propres vaches laitières, ils mènent une vie confortable, et les espèces de pucerons les plus utilisées par les fourmis ont perdu leurs mécanismes normaux de défense. Dans certains cas, ce sont les fourmis qui prennent soin de la progéniture des pucerons dans leurs propres nids souterrains, prenant soin des œufs, puis des jeunes pucerons et, finalement, lorsqu'ils sont adultes, ce sont encore elles qui les mènent gentiment à la surface dans des pâtures protégées.

On qualifie une relation de bénéfice mutuel entre membres d'espèces différentes de mutualisme ou de symbiose. Les membres d'espèces différentes ont souvent beaucoup de choses à s'offrir parce qu'ils peuvent apporter différents « savoir-faire » à leurs partenaires. Ce type d'asymétrie fondamentale peut mener à des stratégies évolutionnairement stables de coopération mutuelle. Les pucerons portent le bon type de mâchoire leur permettant d'aspirer la sève, mais ce système n'est pas très efficace quand il s'agit de se défendre. Les fourmis ne peuvent pas aspirer la sève, mais elles peuvent combattre. Les gènes de fourmis poussant à élever et à protéger les pucerons ont été favorisés dans le pool génique des fourmis. Les gènes de pucerons poussant à coopérer avec les fourmis ont été favorisés dans le pool génique des pucerons.

Les relations symbiotiques sont courantes chez les animaux et les plantes. A première vue, on peut croire que le lichen n'est qu'une plante comme les autres. Mais en réalité il s'agit d'une union intime et symbiotique entre un champignon et une algue verte. Aucun des deux partenaires ne pourrait vivre sans l'autre. Si leur union était devenue un petit peu plus intime, nous n'aurions plus été capables de dire qu'un lichen était un organisme double. Peut-être y a-t-il alors d'autres organismes doubles ou triples que nous n'avons pas considérés comme tels. Peut-être en sommes-nous un nous-mêmes?

A l'intérieur de chacune de nos cellules se trouvent de nombreux corps microscopiques appelés mitochondries. Les mitochondries sont des usines chimiques qui fournissent la plus grosse partie de l'énergie dont nous avons besoin. Si nous perdions nos mitochondries, nous mourrions dans les secondes qui suivent. On a dit récemment qu'il était possible que les mitochondries aient été des bactéries symbiotiques qui se sont unies avec nos cellules au début de l'évolution. Des suggestions similaires ont été émises pour d'autres petits organismes se trouvant à l'intérieur de nos cellules. Il s'agit de l'une de ces idées révolutionnaires auxquelles il faut prendre le temps de s'habituer, mais qu'il est temps d'accepter. Je suppose que nous en viendrons à accepter l'idée plus radicale qui consiste à dire que chacun de nos gènes est une unité symbiotique. Nous sommes des colonies gigantesques de gènes symbiotiques. On ne peut pas proprement parler de « preuves » pour en démontrer la véracité ; comme j'ai essayé de le suggérer dans les premiers chapitres, cela dépend vraiment de la façon dont nous pensons que les gènes fonctionnent chez les espèces sexuées. Le revers de la médaille est qu'il se peut que les virus ne soient rien d'autre que des gènes qui se sont « séparés » de colonies telles que nous-mêmes. Les virus sont constitués d'ADN pur (ou d'une molécule qui s'autoréplique et qui lui ressemble) entouré d'une membrane protéique. Ce sont tous des parasites. Ce qui est suggéré, c'est qu'ils ont évolué à partir de gènes « rebelles » qui se sont échappés, et qu'ils voyagent à présent de corps en corps dans les airs au lieu d'emprunter les véhicules plus conventionnels que sont les ovocytes et les spermatozoïdes. Si cela est vrai, nous pourrions tout au mieux nous considérer comme des colonies de virus ! Certains d'entre eux coopèrent en symbiose et voyagent de corps en corps *via* les spermatozoïdes et les ovocytes. Ce sont les « gènes » conventionnels. Les autres vivent en parasites et voyagent au petit bonheur. Si l'ADN parasitaire voyage dans les ovocytes et les spermatozoïdes, il forme peut-être le surplus « paradoxal » d'ADN dont j'ai parlé au chapitre 3. S'il voyage dans les airs ou par d'autres moyens directs, on l'appelle « virus » au sens habituel du terme.

Mais il s'agit de spéculations pour l'avenir. A présent, ce qui nous importe c'est la symbiose à un niveau plus élevé de relations entre des organismes pluricellulaires, plutôt qu'à l'intérieur de ces derniers. Le mot « symbiose » est utilisé habituellement pour associer des membres d'espèces différentes. Mais, à présent que nous avons exprimé le point de vue de la théorie du « bien des espèces » sur l'évolution, il semble qu'il n'y ait aucune raison logique de faire une distinction entre les associations de membres d'espèces différentes et celles de membres de la même espèce. En général, les associations à bénéfice mutuel évolueront si chaque partenaire peut obtenir plus qu'il ne doit donner. C'est vrai si nous parlons de membres de la même bande de hyènes, ou de créatures largement différentes telles que les fourmis et les pucerons, ou les abeilles et les fleurs. En pratique, il se peut qu'il soit difficile de distinguer les cas où il y a véritable bénéfice réciproque des cas d'exploitation à sens unique.

L'évolution des associations à bénéfice mutuel est théoriquement facile à imaginer si les faveurs sont simultanément accordées et reçues comme dans le cas des partenaires constituant le lichen. Mais des problèmes se posent s'il y a retard entre la faveur et son retour. C'est parce que le premier bénéficiaire d'une faveur peut être tenté de tricher et refuser de la rendre lorsque vient son tour. La solution à ce problème est intéressante et vaut la peine d'être discutée en détail. Je peux y arriver grâce à un exemple hypothétique.

Supposez qu'une espèce d'oiseau soit parasitée par une espèce particulièrement mauvaise de tiques véhiculant une maladie dangereuse. Il est très important que ces tiques soient retirées aussi vite que possible. Normalement, un oiseau peut retirer ses propres tiques lorsqu'il se lisse les plumes. Toutefois, il y a un endroit — le sommet du crâne — qu'il ne peut atteindre avec son propre bec. La solution à ce problème est à la portée de n'importe quel humain. Un individu peut ne pas être capable d'atteindre sa propre tête, alors que rien n'est plus facile pour un ami de le faire pour lui. Plus tard, lorsque l'ami est lui-même parasité, cette bonne action peut lui être rendue. L'épouillage mutuel est en fait très répandu chez les oiseaux et les mammifères.

Cela met tout de suite en scène l'intuition. Quiconque est capable de prévoir peut s'apercevoir qu'il est sensé de mettre au point des arrangements d'épouillage mutuel. Mais nous avons appris à nous méfier de ce qui semble intuitivement sensé. Le gène n'a pas le don de double vue. Est-ce que la théorie du gène égoïste peut prendre en compte l'épouillage mutuel ou « altruisme réciproque » dans le cas où il existe un délai entre les bonnes actions et leur réciproque ? Williams a brièvement discuté de ce problème dans son livre de 1966 auquel j'ai déjà fait référence. Il conclut, comme Darwin avant lui, que l'altruisme réciproque retardé peut évoluer chez des espèces capables de se reconnaître et dont les individus peuvent se souvenir les uns des autres. En 1971, Trivers creusa la question. Lorsqu'il écrivit, il n'avait pas encore à sa disposition le concept de stratégie évolutionnairement stable (SES) de Maynard Smith. S'il l'avait eu, je pense qu'il l'aurait utilisé, car il fournit un moyen naturel d'exprimer ses idées. Sa référence au

« dilemme du prisonnier » — énigme favorite de la théorie des jeux — montre que sa pensée le menait déjà dans les mêmes directions.

Supposez que B ait un parasite au sommet de son crâne. A le lui enlève. Plus tard, c'est A qui se retrouve avec un parasite sur la tête. Il va naturellement chercher B pour que ce dernier lui rende sa faveur. B lui tourne simplement le dos et s'en va. B est un tricheur, un individu qui accepte de bénéficier de l'altruisme d'autres individus, mais qui ne le rend pas ou pas suffisamment. Les tricheurs s'en sortent mieux que les altruistes parce qu'il tirent bénéfice sans en payer le coût. Il est certain que le coût du toilettage de la tête d'un autre individu semble petit en comparaison du bénéfice de se voir retirer un dangereux parasite, mais il n'est pas négligeable. Il faut y passer un certain temps et y consacrer une bonne dose d'énergie.

Supposez que la population comprenne des individus qui adoptent l'une des deux stratégies. Comme dans les analyses de Maynard Smith, nous ne parlons pas de stratégies conscientes, mais de programmes de comportement inconscient mis en route par les gènes. Appelons ces stratégies Épouilleur et Tricheur. Les Épouilleurs toilettent quiconque en a besoin, sans discrimination. Les Tricheurs acceptent l'altruisme des Épouilleurs, mais ne toilettent jamais personne d'autre, même s'il s'agit de quelqu'un qui les a déjà toilettés. Comme dans le cas des faucons et des colombes, nous allons assigner arbitrairement des points en fonction du paiement. Peu importent les valeurs exactes, du moment que le bénéfice d'être toilette est supérieur au coût du toilettage. Si l'incidence des parasites est élevée, tout Épouilleur se trouvant dans la population d'Épouilleurs peut compter être toilette autant qu'il toilette. Le gain moyen réalisé par un Épouilleur dans une population d'Épouilleurs est positif. Ils s'en sortent tous en fait plutôt bien. Mais à présent supposez qu'un Tricheur fasse partie de la population. Étant le seul Tricheur, il peut être sûr d'être toiletté par tout le monde, mais ne donne rien en retour. Son score moyen est meilleur que celui obtenu en moyenne par les Épouilleurs. Les gènes favorisant les Tricheurs commenceront par conséquent à se répandre dans la population. Les gènes des

Épouilleurs connaîtront vite l'extinction, parce que, peu importe la distribution de la population, les Tricheurs s'en sortiront toujours mieux que les Épouilleurs. Par exemple, examinez le cas d'une population comprenant 50 % d'Épouilleurs et 50 % de Tricheurs. Le score moyen pour les Épouilleurs et les Tricheurs sera inférieur à celui d'individus appartenant à une population comprenant 100 % d'Épouilleurs. Mais alors les Tricheurs s'en sortiront mieux que les Épouilleurs parce qu'ils tirent tous les bénéfices — quels qu'ils soient — et ne donnent rien en retour. Lorsque la proportion de Tricheurs atteindra 90 %, le score moyen pour tous les individus sera très bas : il se peut à présent qu'un très grand nombre d'individus des deux catégories soient en train de mourir de l'infection véhiculée par les tiques. Mais même à ce stade les Tricheurs s'en sortiront mieux que les Épouilleurs. Même si toute la population est vouée à l'extinction, les Épouilleurs n'arriveront jamais à mieux s'en sortir que les Tricheurs. Par conséquent, aussi longtemps que nous ne considérerons que ces deux stratégies, rien ne pourra empêcher l'extinction des Épouilleurs et, très probablement, l'extinction de toute la population.

Mais à présent supposez qu'il y ait une troisième stratégie que vous appellerez Rancunier. Les Rancuniers toilettent les étrangers et les individus qui les ont précédemment toilettés. Cependant, si un individu les trompe, ils s'en souviennent et en gardent rancune ; ils refuseront de toiletter cet individu dans l'avenir. Dans une population de Rancuniers et d'Épouilleurs, il est impossible de dire qui est quoi. Les deux types se comportent de façon altruiste envers tout le monde, ils font un score moyen élevé et équivalent. Dans une population comprenant une grande proportion de Tricheurs, un seul Rancunier n'aurait aucun succès. Il dépenserait une grande quantité d'énergie à toiletter la plupart des individus rencontrés — car cela lui prendrait du temps pour garder une dent contre eux tous. Par contre, personne ne le toiletterait en retour. Si les Rancuniers sont rares par rapport aux Tricheurs, le gène du Rancunier finira par disparaître. Une fois que les Rancuniers ont réussi à constituer une communauté importante au point d'atteindre une proportion critique, leurs chances de se rencontrer deviennent toutefois suffisamment importantes pour ne pas prendre en compte les efforts perdus à toiletter les Tricheurs. Lorsque cette proportion critique est atteinte, ils commencent à recevoir un gain moyen supérieur à celui des Tricheurs, et les Tricheurs sont conduits plus rapidement à l'extinction. Lorsque les Tricheurs frisent l'extinction, leur taux de déclin se ralentit et ils peuvent survivre sous forme d'une minorité pendant une période assez longue, parce que pour tout Tricheur, individu devenu rare, il n'y a qu'une petite chance pour qu'il rencontre à nouveau le même Rancunier : par conséquent, la proportion d'individus de la population gardant une dent contre un Tricheur sera peu élevée.

J'ai parlé de ces stratégies comme s'il était intuitivement évident que l'on ait su ce qui allait arriver. En fait, ce n'est pas si évident, et j'ai bien pris la précaution de simuler sur ordinateur pour vérifier que cette intuition était exacte. Le Rancunier s'avère évidemment une stratégie évolutionnairement stable par rapport à l'Épouilleur et au Tricheur, dans la mesure où, dans une population comprenant beaucoup de Rancuniers, aucun Tricheur ou Épouilleur ne l'envahira. Mais le Tricheur est également une SES, parce qu'une population qui comprend une grande part de Tricheurs ne sera envahie ni par un Rancunier ni par un Épouilleur. Une population pourrait appartenir à l'une ou l'autre de ces deux SES. A long terme, il se pourrait qu'elle saute de l'une à l'autre. En fonction de la valeur des scores — les hypothèses en simulation étaient évidemment complètement arbitraires — l'un ou l'autre des deux états stables aura une « zone d'attraction » plus importante et aura plus de chances d'être atteint. Notez par ailleurs que, bien qu'une population de Tricheurs puisse avoir plus de chances de s'éteindre qu'une population de Rancuniers, cela n'affecte en rien son statut de SES. Si une population arrive à une SES qui conduit à l'extinction, elle s'éteint et c'est bien dommage [4].

Il est assez agréable de regarder une simulation par ordinateur qui débute avec une forte majorité d'Épouilleurs, une minorité de Rancuniers juste au-dessus de la fréquence critique, et une minorité de Tricheurs d'environ la même taille. La première chose qui se produit est une diminution extraordinaire de la population des Épouilleurs à mesure que les Tricheurs les exploitent avec une particulière cruauté. Les Tricheurs jouissent d'une explosion de population, atteignant son sommet au moment où le dernier Épouilleur disparaît. Mais les Tricheurs doivent encore compter avec les Rancuniers. Durant le déclin précipité des Épouilleurs, les Rancuniers ont vu leur nombre diminuer doucement, battus en brèche par les Tricheurs en pleine prospérité, mais réussissant avec peine à maintenir le leur. Après que le dernier Épouilleur est mort et que les Tricheurs ne peuvent plus s'en sortir si facilement grâce à l'exploitation égoïste, les Rancuniers commencent à se répandre doucement aux dépens des Tricheurs. La croissance de leur population prend régulièrement de la vitesse. Elle s'accélère brusquement, la population Tricheurs s'effondre et frise l'extinction, puis se stabilise à mesure qu'elle jouit des privilèges inhérents à la rareté et à la liberté, par rapport aux Rancuniers. Cependant, doucement et inexorablement, les Tricheurs sont rejetés et les Rancuniers prennent possession de tout. Paradoxalement, la présence des Épouilleurs a vraiment mis les Rancuniers en danger au début de l'histoire, parce qu'ils étaient responsables de la prospérité temporaire des Tricheurs.

A ce propos, mon exemple hypothétique sur les dangers d'une absence de toilettage est tout à fait plausible. Des souris gardées en isolement développent de vilaines plaies sur des parties de la tête qu'elles ne peuvent atteindre. Dans une étude, des souris gardées en groupe ne souffrirent pas de ce problème, parce qu'elles se léchaient mutuellement la tête. Il serait intéressant de tester expérimentablement la théorie de l'altruisme réciproque, et il semble que les souris pourraient constituer d'excellents sujets d'expérience.

Trivers parle de la remarquable symbiose du poisson nettoyeur. On sait que quelque cinquante espèces, comprenant des petits poissons et des crevettes, vivent en se nourrissant de parasites collés à la surface de poissons plus gros appartenant à d'autres espèces. Le gros poisson tire évidemment un grand avantage de ce nettoyage, et les nettoyeurs profitent d'un bon garde-manger. La relation est symbiotique. Dans de nombreux cas, les grands poissons ouvrent leur bouche et permettent aux nettoyeurs d'y rentrer pour leur détartrer les dents et d'en sortir en nageant à travers les branchies qu'ils nettoient également. On pourrait s'attendre à ce qu'un grand poisson attende la fin du nettoyage pour manger le nettoyeur. Pourtant, au lieu de cela, il laisse le nettoyeur s'en aller sans lui faire de mal. Il s'agit d'un fait important d'altruisme apparent puisque, dans de nombreux cas, le nettoyeur a la même taille que les proies normales du grand poisson.

Les poissons nettoyeurs portent des zébrures spéciales et nagent d'une manière telle qu'ils sont qualifiés de nettoyeurs. Les grands poissons s'interdisent de manger les petits poissons qui ont ce type de zébrures et qui les approchent en effectuant ce type de danse. Au contraire, ils entrent dans une espèce de transe et donnent au nettoyeur le libre accès à leur extérieur et leur intérieur. Les gènes égoïstes étant ce qu'ils sont, il n'est pas surprenant que des tricheurs impitoyables et exploiteurs soient entrés dans le jeu. Il existe des espèces de petits poissons qui ressemblent comme deux gouttes d'eau aux nettoyeurs et dansent de la même manière pour avoir un sauf-conduit aux alentours du grand poisson. Lorsque le grand poisson est entré dans sa transe expectative, le poisson tricheur, au lieu de retirer un parasite, mord un morceau du gros poisson et s'enfuit sans demander son reste. Mais, en dépit des tricheurs, la relation entre les poissons nettoyeurs et leurs clients est la plupart du temps stable et amicale. La profession de nettoyeur joue un rôle important dans la vie quotidienne de la communauté coralliaire. Chaque nettoyeur a son propre territoire et on a vu de grands poissons faire la queue en attendant d'être toilettés comme s'ils étaient chez le coiffeur. C'est probablement l'attachement au site qui a rendu possible l'évolution de l'altruisme réciproque retardé dans ce cas. Le bénéfice que tire un grand poisson de retourner sans cesse chez le même « coiffeur », plutôt que d'en chercher toujours un autre, doit l'emporter sur le coût qu'entraîne le fait de s'abstenir de manger le nettoyeur. Puisque les nettoyeurs sont petits, cela n'est pas difficile à croire. La présence de tricheurs imitant la danse des nettoyeurs met probablement en danger les nettoyeurs de bonne foi en exerçant une pression sur le grand poisson pour qu'il mange les danseurs zébrés. L'attachement au site de la part des véritables nettoyeurs permet aux clients de les trouver et d'éviter les tricheurs.

L'homme s'est vu quant à lui attribuer une longue mémoire et une capacité à reconnaître les autres. Nous pourrions par conséquent nous attendre à ce que l'altruisme réciproque ait joué un rôle important dans l'évolution humaine. Trivers va plus loin en suggérant que beaucoup de nos caractéristiques psychologiques — telles que l'envie, la sympathie, la culpabilité, la gratitude, etc. — ont été formées par sélection naturelle pour améliorer la capacité à tricher, à détecter les tricheurs, et à éviter d'être considéré comme un tricheur. Un cas particulièrement intéressant est celui des « tricheurs subtils » qui semblent rendre la pareille, mais qui, au fur et à mesure que le temps passe, rendent moins que ce qu'ils reçoivent. Il est même possible que le cerveau humain, le plus gros de tous les êtres de la création, et sa prédisposition à raisonner mathématiquement, aient évolué en tant que mécanisme qui prédispose à tricher toujours plus et à développer des capacités toujours plus fines de détection de ces tricheries chez les autres. L'argent constitue un signe formel d'altruisme réciproque retardé.

Il n'y a pas de fin aux spéculations fascinantes que l'idée d'altruisme réciproque engendre lorsque nous l'appliquons à notre propre espèce. Aussi tentant que ce puisse être, je ne peux pas fournir de meilleure explication que mon voisin; aussi vaut-il mieux que je laisse le lecteur avec lui-même.

CHAPITRE XI

Les « mèmes »,
nouveaux réplicateurs

Jusqu'à présent, je n'ai pas beaucoup parlé de l'homme en particulier, bien que je ne l'aie pas délibérément exclu non plus. J'ai utilisé le terme de « machine à survie » notamment parce que le mot « animal » aurait exclu les plantes ainsi que, dans l'esprit de certaines personnes, les humains. Les arguments que j'ai avancés devraient, de prime abord, s'appliquer à tout être évolué. Il faut avoir de bonnes raisons pour exclure une espèce. Y en a-t-il pour supposer que notre propre espèce soit unique ? Je crois que la réponse est oui.

Tout ce qui constitue les particularités de l'homme peut se résumer à un mot : « la culture ». J'utilise ce mot non pas au sens élitiste du terme, mais comme un scientifique. La transmission culturelle est analogue à la transmission génétique dans la mesure où, bien qu'elle soit fondamentablement conservatrice, elle peut donner lieu à une forme d'évolution. Rabelais ne pourrait tenir une conversation avec un Français contemporain même s'ils étaient unis par une chaîne ininterrompue de quelque vingt générations de Français, dont chacun pourrait parler à son voisin immédiat dans la chaîne comme un fils parle à son père. Le langage semble « évoluer » par des moyens non génétiques et à une vitesse dont l'importance dépasse celle de l'évolution génétique.

La transmission culturelle n'est pas uniquement spécifique à l'homme. Le meilleur exemple non humain que je connaisse a été récemment décrit par P. F. Jenkins à propos du chant de l'oiseau appelé corneille cendrée, qui vit sur des îles au large de la Nouvelle-Zélande. Sur l'île où il travaillait, il répertoria environ neuf chants différents. Un mâle donné chantait un ou plusieurs de ces chants. On pouvait classer les mâles par groupes dialectaux. Par exemple, un groupe de huit mâles ayant des territoires contigus chantait un chant particulier appelé le chant CC. D'autres groupes en chantaient des différents. Parfois, les membres d'un groupe avaient en commun plus d'un chant. En comparant les chants des pères et des fils, Jenkins montra que les mélodies des chants n'étaient pas génétiquement héritées. Chaque jeune mâle avait beaucoup de chances de développer des chants identiques à ceux de ses voisins territoriaux en les imitant, comme c'est le cas pour le langage humain. Durant presque toute la période où Jenkins était là, il y eut sur l'île un nombre déterminé de chants, un genre de « pool de chants » duquel chaque jeune mâle tirait son répertoire. Mais, de temps à autre, Jenkins se trouvait le témoin privilégié de l'« invention » d'un nouveau chant, due à une mauvaise imitation d'un ancien. Il écrit : « On a montré que de nouvelles formes de chants apparaissaient par le changement de l'intonation d'une note, la répétition d'une note, l'élision de notes ou la combinaison de parties de chants existants. [...] L'apparence de la nouvelle forme était un événement brutal et le résultat était suffisamment stable pour durer des années. De plus, dans un certain nombre de cas, la variante était transmise correctement dans sa nouvelle forme aux jeunes recrues, si bien qu'un groupe véritablement cohérent de chanteurs se développait. » Jenkins fait référence aux origines des nouveaux chants comme étant des « mutations culturelles ».

Chez la corneille cendrée, le chant évolue vraiment par des moyens non génétiques. Il y a d'autres exemples d'évolution culturelle chez les oiseaux et les singes, mais ce ne sont que des bizarreries intéressantes. Seule notre propre espèce montre réellement ce que peut faire l'évolution culturelle. Le langage n'est qu'un exemple parmi d'autres. Les modes en matière de vêtements et de régimes, les cérémonies et les coutumes, l'art et l'architecture, l'électronique et la technologie, évoluent tous dans l'histoire d'une manière qui ressemble à une évolution génétique en accéléré, mais qui n'a réellement rien à voir avec cette évolution génétique. Pourtant, comme dans celle-ci, des changements progressifs peuvent se produire. Il y a un sens dans lequel la science moderne est réellement meilleure que l'ancienne. Non seulement il y a un changement, dans le sens de l'amélioration, de notre compréhension de l'univers au fur et à mesure que les siècles s'écoulent, mais il est admis que le présent essor du progrès remonte à la Renaissance et qu'il fut précédé d'une étonnante période de stagnation au cours de laquelle la culture scientifique européenne était restée au niveau atteint par les Grecs. Mais, comme nous l'avons vu au chapitre V, l'évolution génétique peut aussi procéder par paliers.

L'analogie entre évolution culturelle et évolution génétique a fréquemment été montrée, parfois avec des arrière-pensées mystiques complètement inutiles. L'analogie entre les progrès scientifiques et l'évolution génétique par sélection naturelle a en particulier été mise en lumière par Sir Karl Popper. Je veux même aller plus loin dans les directions qu'explorent actuellement, par exemple, le généticien L. L. Cavalli-Sforza, l'anthropologue F. T. Cloak et l'éthologue J. M. Cullen.

En tant que darwinien enthousiaste, je n'ai pas été satisfait des explications que mes collègues ont données au sujet du comportement humain. Ils ont essayé de chercher des « avantages biologiques » dans les différents attributs de la civilisation humaine. Par exemple, ils ont considéré la religion tribale comme un mécanisme permettant d'affirmer l'identité du groupe, précieuse pour une espèce chassant en hardes, à l'intérieur desquelles les individus comptent sur l'entraide pour attraper une grosse proie rapide. Il est fréquent que les termes employés pour exprimer de telles théories fassent implicitement partie de la conception de la sélection par le groupe, mais il est possible de reformuler ces théories en termes de théorie orthodoxe de la sélection par le gène. Il se peut que les humains aient vécu pendant de longues périodes en groupes familiaux. La sélection par la parenté et la sélection en faveur de l'altruisme réciproque ont pu agir sur les gènes humains pour produire un grand nombre de nos attributs psychologiques fondamentaux. Ces idées sont plausibles jusqu'à un certain point,

mais je trouve qu'elles ne commencent à cerner le formidable défi
que constitue l'explication de la culture, l'évolution culturelle et les
immenses différences entre les cultures humaines du monde
entier qu'à partir de l'égoïsme extérieur des Ik d'Ouganda décrit
par Colin Turnbull, ou de l'altruisme gentil des Arapesh de Marga-
ret Mead. Je pense qu'il nous faut à nouveau revenir aux tout premiers principes. L'argument que j'avancerai, aussi surprenant qu'il
puisse sembler de la part de l'auteur des premiers chapitres, est
que, pour comprendre l'évolution de l'homme moderne, il nous
faut commencer par rejeter le gène comme seul fondement de nos
idées sur l'évolution. Je suis un darwinien enthousiaste, mais je
pense que le darwinisme est une théorie trop vaste pour être
réduite au contexte étroit du gène. Le gène ne constituera qu'une
analogie dans mon exposé, et rien de plus.

Qu'y a-t-il à présent de si spécial à propos des gènes ? La réponse
réside dans le fait que ce sont des réplicateurs. Les lois de la physique sont supposées vraies pour tout l'univers accessible. Certains
principes de biologie peuvent-ils avoir une valeur universelle ?
Lorsque des astronautes partent en voyage pour de lointaines planètes, ils peuvent espérer découvrir des créatures étranges et sur-
naturelles, difficilement imaginables. Qu'y a-t-il de vrai dans la vie,
où qu'elle se trouve et quelles que soient ses bases chimiques ? S'il
existe des vies dont la constitution chimique est basée sur le sili-
cium plutôt que sur le carbone, ou sur l'ammoniac plutôt que sur
l'eau, si l'on découvre des créatures qui entrent en ébullition et
meurent à – 100ºC, si l'on trouve une forme de vie fondée non pas
sur la chimie, mais sur des circuits électroniques, existera-t-il
encore un principe général applicable à toute forme de vie ? Je
n'en sais rien, mais s'il fallait parier je miserais sur un seul principe fondamental : la loi selon laquelle toute vie évolue par la survie différentielle d'entités qui se répliquent [1]. Il se trouve que les
gènes et la molécule d'ADN constituent les entités capables de se
répliquer qui prévalent sur notre planète. Il peut y en avoir
d'autres. Si elles existent, à condition que d'autres exigences soient
remplies, elles deviendront presque inévitablement la base d'un
processus évolutionnaire.

Nous faudra-t-il aller dans les mondes lointains pour trouver d'autres sortes de réplicateurs et d'autres genres d'évolution ? Je pense qu'un nouveau type de réplicateur est apparu récemment sur notre planète ; il nous regarde bien en face. C'est encore un enfant, il se déplace maladroitement dans la soupe originelle, mais subit déjà un changement évolutionnaire à une cadence qui laisse les vieux gènes pantelants et loin derrière.

La nouvelle soupe est celle de la culture humaine. Nous avons besoin d'un nom pour ce nouveau réplicateur, d'un nom qui évoque l'idée d'une unité de transmission culturelle ou d'une unité d'*imitation*. « Mimème » vient d'une racine grecque, mais je préfère un mot d'une seule syllabe qui sonne un peu comme « gène », aussi j'espère que mes amis, épris de classicisme, me pardonneront d'abréger mimème en *mème* [2]. Si cela peut vous consoler, pensons que mème peut venir de « mémoire » ou du mot français « même » qui rime avec « crème » (qui veut dire le meilleur, le dessus du panier).

On trouve des exemples de mèmes dans la musique, les idées, les phrases clés, la mode vestimentaire, la manière de faire des pots ou de construire des arches. Tout comme les gènes se propagent dans le pool génique en sautant de corps en corps par le biais des spermatozoïdes et des ovocytes, les mèmes se propagent dans le pool des mèmes, en sautant de cerveau en cerveau par un processus qui, au sens large, pourrait être qualifié d'imitation. Si un scientifique, dans ce qu'il lit ou entend, trouve une bonne idée, il la transmet à ses collègues et à ses étudiants, la mentionnant dans ses articles et dans ses cours. Si l'idée éveille de l'intérêt, on peut dire qu'elle se propage elle-même d'un cerveau à l'autre. Comme mon collègue N. K. Humphrey l'a résumé clairement : « [...] les mèmes devraient être considérés techniquement comme des structures vivantes, et non pas simplement comme des métaphores [3]. Lorsque vous plantez un mème fertile dans mon esprit, vous parasitez littéralement mon cerveau, le transformant ainsi en un véhicule destiné à propager le mème, exactement comme un virus peut parasiter le mécanisme génétique d'une cellule hôte. Ce n'est pas seulement une façon de parler. Le mème pour, par exemple, "la croyance en la vie après la mort" existe physiquement à plusieurs millions d'exemplaires, comme l'est une structure dans le système nerveux humain ».

Considérez l'idée même de Dieu. Nous ne savons pas comment elle est arrivée dans le pool mémique. Elle tire probablement son origine de nombreuses « mutations » indépendantes. En tout cas, elle est évidemment très ancienne. Comment se réplique-t-elle? Par la tradition orale et écrite, avec, en plus, la grande musique et les arts. Pourquoi a-t-elle une valeur de survie si élevée? Rappelez-vous que « valeur de survie » ne signifie pas ici la valeur d'un gène dans le pool génique, mais la valeur d'un mème dans le pool mémique. La question signifie en réalité : qu'est-ce qui dans l'idée même de Dieu lui donne sa stabilité et un tel pouvoir de pénétration dans l'environnement culturel? La valeur de survie du mème Dieu dans le pool mémique provient de son énorme attrait psychologique. Il fournit une réponse superficiellement plausible à des questions profondes et troublantes sur l'existence. Il suggère que les injustices de ce monde peuvent être rectifiées dans l'autre. Les « bras éternels » forment un écran protecteur face à nos incapacités qui, comme le placebo d'un médecin, n'en sont pas moins efficaces, même s'ils sont imaginaires. Ce sont quelques-unes des raisons pour lesquelles l'idée de Dieu a été si expressément copiée par des générations de cerveaux individuels. Dieu existe même s'il n'a que la forme d'un mème ayant une valeur de survie élevée ou... un pouvoir infectieux très virulent dans l'environnement fourni par la culture humaine.

Certains de mes collègues m'ont suggéré que cet exposé de la valeur de survie du mème Dieu appelle à se poser une autre question. Dans la dernière analyse, ils essayent toujours de revenir à « l'avantage biologique ». Pour eux, ce n'est pas suffisant de dire que l'idée d'un dieu a un « grand attrait psychologique ». Ils veulent connaître la *raison* de cet attrait. L'attrait psychologique signifie un appel au cerveau, et le cerveau est formé par sélection naturelle des gènes dans le pool génique. Ils veulent trouver un moyen permettant, avec un cerveau de ce type, d'améliorer la survie du gène)

J'ai beaucoup de sympathie pour cette attitude, et je ne mets pas en doute les avantages génétiques qu'il y a à posséder des cerveaux tels que les nôtres. Néanmoins, je pense que lesdits collègues, s'ils examinent avec soin les fondements de leurs propres hypothèses, trouveront qu'ils se posent juste autant de questions que moi. La raison fondamentale pour laquelle il est de bonne politique d'expliquer les phénomènes biologiques en termes d'avantage génétique, c'est que les gènes sont des réplicateurs. Dès que la soupe originelle a rassemblé les conditions nécessaires pour faire des copies d'eux-mêmes, les réplicateurs ont pris le relais. Pendant plus de trois milliards d'années, l'ADN a été le seul réplicateur qu'il valait la peine de mentionner dans le monde. Mais il ne gardera pas nécessairement indéfiniment ce monopole. A chaque fois que les conditions seront rassemblées pour qu'un nouveau réplicateur *puisse* faire des copies de lui-même, ces nouveaux réplicateurs prendront le relais et commenceront à leur tour une nouvelle évolution. Une fois que cette évolution aura commencé, elle ne sera en aucune façon l'esclave de la première. L'ancienne évolution due à la sélection par les gènes, et grâce à la fabrication de cerveaux, fournit une « soupe » dans laquelle les premiers mèmes ont fait leur apparition. Une fois répliqués, les mèmes se sont répandus, et leur propre type d'évolution, plus rapide, a pris son essor. Nous, biologistes, avons si profondément assimilé l'idée d'évolution génétique que nous avons tendance à oublier qu'il ne s'agit que de l'un des nombreux types possibles d'évolution.

L'imitation au sens large est la façon dont les mèmes *peuvent* se répliquer. Mais, de même qu'il existe des gènes qui n'arrivent pas à se répliquer correctement, certains mèmes réussissent mieux dans le pool mémique que d'autres. C'est analogue à la sélection naturelle. J'ai parlé d'exemples particuliers de qualités qui rendent la valeur de survie élevée parmi les mèmes. Mais en général ce doivent être les mêmes que celles discutées à propos des réplicateurs du chapitre 2 : longévité, fécondité et fidélité de copie. La longévité de n'importe quelle copie d'un mème est probablement relativement peu importante, comme c'est le cas pour n'importe quelle copie d'un gène. La copie de l'air « Auld Lang Syne » (ce n'est qu'un au revoir, mes frères) qui existe dans mon cerveau ne durera que ce que durera mon existence [4]. La copie du même air imprimée dans mon volume du *Scottish Student's Song Book* ne va probablement pas durer beaucoup plus longtemps. Mais j'espère que, dans les siècles à venir, des copies du même air seront imprimées sur papier et dans le cerveau des gens. Comme dans le cas des gènes, la fécondité est beaucoup plus importante que la longévité de copies particulières. Si le mème est une idée scientifique, sa dispersion dépendra de la façon dont les scientifiques la jugeront acceptable ; une mesure grossière de sa valeur de survie pourrait être obtenue en comptant le nombre de fois qu'elle a été citée dans les journaux scientifiques de ces dernières années [5]. S'il s'agit d'un air populaire, sa dispersion par le pool mémique peut être estimée au nombre de gens que l'on entend le siffler dans la rue. S'il s'agit d'un style de chaussures de femmes, la population « méméticienne » pourra utiliser les statistiques de ventes dans les magasins de chaussures. Certains mèmes, comme certains gènes, réalisent à court terme de brillants succès en se répandant rapidement, mais ils ne durent pas longtemps dans le pool mémique. Les chansons populaires et les talons aiguilles n'en sont que des exemples. D'autres, tels que les lois religieuses juives, peuvent continuer de se propager pendant des milliers d'années, habituellement à cause de la grande pérennité des écrits.

Cela m'amène à exprimer la troisième qualité générale qui fait qu'un réplicateur est bon : la fidélité de copie. Je dois admettre ici que je suis sur un terrain glissant. A première vue, on pourrait croire que les mèmes ne sont pas du tout des réplicateurs extrêmement fidèles. Chaque fois qu'un scientifique entend parler d'une idée et qu'il la transmet à quelqu'un d'autre, il y a beaucoup de chances pour qu'il la transforme un peu. Je n'ai fait aucun secret de ce que je dois aux idées de R. L. Trivers pour la rédaction de ce livre. Pourtant, je ne les ai pas répétées en utilisant ses propres termes. Je les ai déformées à mon idée, les mélangeant avec celles d'autres personnes et les miennes. Ces mèmes vous sont transmis sous forme modifiée. Cela semble complètement à l'opposé du type « tout ou rien » qui caractérise la transmission des gènes. Tout se passe comme si la transmission mémique était tout le temps l'objet de fusions et de mutations.

Il est possible que cette apparence de non-particularité soit illusoire et que l'analogie avec les gènes tienne encore. Après tout, si nous jetons un œil à l'héritage de nombreuses caractéristiques génétiques, telles que la taille humaine ou la couleur de la peau, cela n'a pas l'air d'être le résultat du travail de gènes indivisibles et uniques. Si un Noir et une Blanche font des enfants, ces derniers ne sont ni noirs ni blancs, mais intermédiaires. Cela ne signifie pas que les gènes impliqués ne soient pas particuliers. C'est seulement qu'ils sont si nombreux à s'occuper de la couleur de la peau, chacun ayant un effet si ténu, qu'ils *semblent* fusionner. Jusqu'à présent, j'ai parlé des mèmes comme s'il était évident que le contenu d'une seule unité mémique était parfaitement connu. C'est évidemment loin d'être le cas. J'ai dit d'un chant qu'il constituait un seul mème, mais qu'en est-il d'une symphonie ? Combien de mèmes représente-t-elle ? Le mème est-il un mouvement, une mélodie reconnaissable, une mesure, un accord, ou quoi d'autre encore ?

Je vais encore une fois faire appel au jeu de mots utilisé au chapitre III. J'y avais divisé le « complexe génique » en grandes et petites unités génétiques et les unités en unités. Le « gène » y était défini non pas d'une manière rigide, mais comme une unité pratique, une longueur de chromosome donnant une fidélité de copie suffisante pour servir d'unité viable de sélection naturelle. Si un air de la *Neuvième Symphonie* de Beethoven est suffisamment distinct et qu'il est utilisé comme indicatif exaspérant d'une station de radio européenne, alors on peut qualifier cet air, dans ce contexte précis, de mème unique. Par ailleurs, il a matériellement diminué ma capacité à apprécier la symphonie originale.

De même, lorsque nous disons que tous les biologistes croient, de nos jours, à la théorie de Darwin, nous ne voulons pas dire que chaque biologiste a, gravé dans son cerveau, une copie identique des mots exacts écrits par Charles Darwin lui-même. Chaque individu a sa propre manière d'interpréter les idées de Darwin. Il a appris probablement, non pas à partir des écrits originaux de ce dernier, mais de ceux d'auteurs bien plus récents. Beaucoup de ce qu'a dit Darwin est inexact dans les détails. S'il lisait ce livre, Darwin y reconnaîtrait à peine sa propre théorie, bien que je garde l'espoir qu'il apprécierait la manière dont je l'ai expliquée. Pourtant, malgré tout cela, il y a quelque chose, un brin de darwinisme, présent dans la tête de chaque individu comprenant la théorie. Si ce n'était pas le cas, alors presque n'importe quelle affirmation au sujet de deux personnes en accord l'une avec l'autre ne voudrait rien dire. Un « même-idée » pourrait être défini comme une entité capable d'être transmise d'un cerveau à un autre. Le même de la théorie de Darwin forme donc la base essentielle de l'idée commune à tous les cerveaux qui comprenne la théorie. Les *différences* résidant dans la façon dont les gens se représentent la théorie ne font alors, par définition, pas partie du même. Si la théorie de Darwin peut se subdiviser en éléments de manière telle que les gens croient à l'élément *A* et non à l'élément *B*, alors que les autres croient à *B* et non à *A*, il faudrait considérer *A* et *B* comme des mèmes différents. Si presque tous ceux qui croient à *A* croient aussi à *B* — si les mèmes sont étroitement « liés » pour reprendre le terme génétique —, il devient pratique de les réunir en un seul même.

Poursuivons plus avant l'analogie entre les mèmes et les gènes. Tout au long de ce livre, j'ai insisté sur le fait que nous ne devions pas penser que les gènes étaient des agents ayant des buts conscients. La sélection naturelle aveugle les pousse cependant à se comporter comme s'ils avaient un but précis, et par moments, il a été pratique de parler des gènes en utilisant un tel langage. Par exemple, lorsque nous disons que « les gènes essayent d'augmenter leur nombre dans les pools géniques futurs », ce que nous voulons réellement dire c'est que « les gènes qui ont un comportement destiné à augmenter leur nombre dans les pools géniques futurs constituent des gènes dont nous voyons les effets dans le monde ». Comme nous avons trouvé qu'il était pratique de nous représenter les gènes comme des agents actifs, travaillant dans le seul but de survivre, peut-être serait-il pratique d'en faire autant avec les mèmes. En aucun cas nous ne nous en faisons une image mystique. Dans les deux situations, l'idée de but n'est qu'une métaphore, mais nous avons déjà vu combien la métaphore du gène nous a apporté. Nous avons même utilisé des mots tels que gènes « égoïstes » et « impitoyables », en sachant très bien qu'il ne s'agissait que d'une façon de parler. Pouvons-nous, exactement dans le même esprit, chercher des mèmes égoïstes et impitoyables ?

Il y a ici un problème en ce qui concerne la nature de la compétition. Là où il y a reproduction, chaque gène est en concurrence

directe avec ses propres allèles — concurrents pour la même place
sur le chromosome. Les mèmes semblent ne rien avoir d'équivalent aux chromosomes et aux allèles. Je suppose qu'il y a ici un
sens courant qui nous permet de dire que de nombreuses idées ont
des « contraires ». Mais en général les mèmes ressemblent aux
premières molécules réplicatrices, flottant librement et au hasard
dans la soupe originelle, plutôt qu'aux gènes modernes nettement
appariés dans leurs troupes chromosomiques. Dans quel sens les
mèmes se concurrencent-ils les uns les autres ? Devrions-nous
alors les qualifier d'« égoïstes » ou d'« impitoyables », s'ils n'ont
pas d'allèles ? La réponse est oui, parce que, dans un sens, ils
doivent sacrifier entre eux à une sorte de concurrence.

N'importe quel utilisateur d'ordinateur sait combien sont précieux le temps et la mémoire de celui-ci. Dans de nombreux
grands centres de calcul, le coût de leur utilisation est exactement
converti en argent; ou bien chaque utilisateur peut se voir allouer
une tranche horaire dont l'unité est la seconde et une tranche
d'espace dont l'unité est le « mot ». Les ordinateurs dans lesquels
les mèmes vivent sont les cerveaux humains [6]. Le temps y est certainement un facteur plus limitatif que la mémoire, et il est l'enjeu
d'une compétition importante. Le cerveau humain, et le corps qui
le contrôle, ne peut pas faire plus que une ou un petit nombre de
choses à la fois. Si un mème veut dominer l'attention du cerveau
humain, il doit le faire aux dépens de ses concurrents « rivaux ». Il
y a d'autres valeurs pour lesquelles les mèmes entrent en compétition; ce sont, par exemple, le temps de radio et de télévision,
l'espace de mouillage, les centimètres de colonnes dans les journaux et les espaces sur les étagères de bibliothèques.

Dans le cas des gènes, nous avons vu au chapitre III que des
complexes coadaptés de gènes peuvent se produire dans le pool
génique. Un grand ensemble de gènes impliqués dans l'imitation
chez les papillons a fini par se constituer en un bloc très lié sur un
chromosome. Ce bloc est si homogène qu'il peut être considéré
comme étant un seul et même gène. Au chapitre V, nous avons
rencontré l'idée plus compliquée d'ensemble de gènes évolutionnairement stable. Un ensemble cohérent de dents, de mâchoires,
d'intestins et d'organes des sens a évolué dans le pool génique des

carnivores, alors qu'un ensemble différent mais stable de caractéristiques a émergé du pool génique des herbivores. Quelque chose d'analogue s'est-il produit dans les pools mémiques ? Est-ce que le même Dieu s'est, par exemple, associé à d'autres mèmes particuliers, et cette association participe-t-elle à la survie de chacun des mèmes participants ? Peut-être pourrions-nous considérer une Église organisée avec son architecture, ses rituels, ses lois, sa musique, son art et sa tradition écrite comme un ensemble stable coadapté de mèmes s'entraidant ?

Pour prendre un exemple précis, un aspect de la doctrine s'est révélé très efficace pour faire appliquer les règles religieuses. Il s'agit de la menace du feu de l'enfer. De nombreux enfants, et même certains adultes, croient qu'ils souffriront des tourments effroyables après leur mort s'ils n'obéissent pas aux règles de l'Église. Cette technique de persuasion particulièrement abominable a causé d'énormes tourments durant tout le Moyen Age, et même de nos jours. Mais c'est une technique très efficace. Elle aurait même pu être délibérément échafaudée par un prêtre machiavélique, spécialisé dans les techniques d'endoctrinement. Toutefois, je ne crois pas que les prêtres aient été si malins. Il est beaucoup plus probable que des mèmes inconscients aient assuré leur propre survie grâce aux mêmes qualités de pseudo-implacabilité que les gènes. L'idée du feu de l'enfer est très simple et *se perpétue d'elle-même* à cause de son impact psychologique important. Elle a été associée avec le mème Dieu parce que ces deux concepts se renforcent l'un l'autre et s'entraident pour survivre dans le pool mémique.

Il y a un autre membre du complexe mémique religieux que l'on appelle foi. Cela signifie avoir une confiance aveugle, en l'absence de toute preuve et même quand il en existe qui démontrent le contraire. On raconte toujours l'histoire de saint Thomas, non pas pour que nous l'admirions pour son incrédulité, mais pour que nous admirions les autres apôtres en comparaison. Thomas voulait une preuve. Rien n'est plus létal pour certains types de mèmes que d'avoir la propension à rechercher des preuves. Les autres apôtres, dont la foi était si forte qu'ils n'avaient pas besoin de preuve, nous sont présentés comme l'exemple à suivre. Le mème de la foi aveugle assure sa propre pérennité grâce au simple expédient inconscient dont le principe est de décourager toute recherche rationnelle.

La foi aveugle peut justifier n'importe quoi [7]. Si un homme croit à un dieu différent, ou même s'il utilise un rituel différent pour adorer le même dieu, la foi aveugle peut décréter qu'il doit mourir — sur la croix, sur le bûcher, occis par l'épée d'un croisé, mitraillé dans les rues de Beyrouth ou pulvérisé par une bombe dans un bar de Belfast. Les mèmes de la foi aveugle ont leurs propres lois impitoyables de propagation. Il s'agit de la foi aveugle pure et dure, qu'elle soit patriotique, politique ou religieuse.

Les mèmes et les gènes peuvent souvent se renforcer les uns les autres, mais ils se trouvent parfois en opposition. Par exemple, l'habitude du célibat n'est probablement pas héritée génétiquement. Un gène du célibat est condamné à l'échec dans le pool génique, sauf dans des circonstances très particulières comme nous les trouvons chez les insectes sociaux. Par contre un *mème* du célibat peut réussir dans le pool mémique. Par exemple, supposez que le succès d'un mème dépende à tout prix du temps que mettent les gens à se le transmettre activement. Tout le temps passé à faire autre chose que d'essayer de transmettre ce mème peut être considéré comme du temps perdu du point de vue du mème. Le mème du célibat est transmis par les prêtres aux jeunes garçons qui n'ont pas encore décidé ce qu'ils veulent faire de leur vie. Le moyen de transmission est l'influence humaine utilisée sous ses différents aspects tels que les sermons écrits et oraux, les exemples personnels, etc. Supposez pour cet exposé qu'il se trouve que le mariage d'un prêtre affaiblisse son pouvoir sur ses ouailles, par exemple parce que cela occuperait une grande partie de son temps et de son attention. Cet argument a évidemment été avancé comme raison officielle de l'obligation du célibat chez les prêtres. Si c'était le cas, il s'ensuivrait que le mème du célibat aurait une valeur de survie plus importante que celui du mariage. Évidemment, l'inverse serait vrai pour un *gène* du célibat. Si un prêtre est une machine à survie pour les mèmes, le célibat constitue un attribut pour lui. Le célibat n'est qu'un partenaire mineur dans un important complexe de mèmes religieux s'assistant mutuellement.

Je présume que les complexes de mèmes coadaptés évoluent comme les complexes de gènes coadaptés. La sélection favorise les mèmes qui exploitent leur environnement culturel à leur avantage. Cet environnement consiste en d'autres mèmes qui ont aussi été sélectionnés. Le pool mémique est un ensemble évolutionnairement stable que de nouveaux mèmes ne peuvent envahir.

J'ai montré l'aspect négatif des mèmes, mais ils ont aussi un bon côté. Quand nous mourons, nous laissons derrière nous les gènes et les mèmes. Nous avons été construits comme des machines à gènes, créés pour les transmettre. Dans trois générations, personne ne se souviendra plus de l'air que nous avions. Votre fils et votre petit-fils peuvent vous ressembler par les traits du visage, leurs dons musicaux ou la couleur de leurs cheveux, mais à chaque génération la contribution de vos gènes est réduite de moitié. Avant longtemps, elle atteindra une proportion négligeable. Nos gènes sont immortels, mais la *collection* des gènes qui forme chacun de nous est vouée à la disparition. Elizabeth II est la descendante directe de Guillaume le Conquérant, mais il est probable qu'elle n'a pas un seul des gènes de l'ancien roi. Il est inutile de rechercher l'immortalité dans la reproduction.

Mais si vous contribuez à la culture du monde, si vous avez une bonne idée, si vous composez un chant, inventez une bougie pour un moteur, écrivez un poème, ils resteront intacts bien longtemps après que vos gènes se seront dissous dans le pool commun. Un ou deux gènes de Socrate peuvent ou non être vivants aujourd'hui, mais, comme G. C. Williams l'a fait remarquer, cela n'intéresse personne. Par contre, les complexes des mèmes de Socrate, Léonard de Vinci, Copernic et Marconi sont toujours bien présents.

Aussi spéculatif que puisse être mon exposé de la théorie des mèmes, il y a un point sur lequel je voudrais insister une fois encore. Lorsque nous regardons l'évolution des caractéristiques culturelles et leur valeur de survie, il nous faut savoir de *quelle* survie nous parlons exactement. Comme nous l'avons vu, les biologistes ont l'habitude de rechercher des avantages au niveau du gène (ou de l'individu, du groupe ou de l'espèce, c'est selon les goûts de chacun). Ce que nous n'avons pas encore pris en compte, c'est qu'une caractéristique culturelle ait pu évoluer d'une certaine manière parce qu'*elle y a trouvé son avantage.*

Nous n'avons pas à rechercher des valeurs biologiques conventionnelles de survie pour des caractéristiques telles que la religion, la musique ou la danse rituelle, bien que celles-ci puissent y être également présentes. Une fois que les gènes auront pourvu leurs machines à survie d'un cerveau capable d'imiter rapidement, les mèmes prendront immédiatement le contrôle. Nous n'avons même pas à énoncer un avantage génétique de l'imitation bien que cela aiderait sûrement. Tout ce qui est nécessaire, c'est que le cerveau soit *capable* d'imitation : les mèmes évolueront ensuite pour exploiter à plein cette capacité.

J'en termine à présent avec ce sujet des nouveaux réplicateurs ainsi que sur une note d'espoir justifiée. La seule caractéristique humaine qui ait pu ou non évoluer mémiquement est sa capacité à prévoir de manière consciente. Les gènes égoïstes (et, si vous acceptez l'hypothèse de ce chapitre, on peut dire que les mèmes non plus) n'ont pas le don de double vue. Ce sont des réplicateurs inconscients et aveugles. Le fait qu'ils se répliquent, et certaines conditions supplémentaires, signifient bon gré mal gré qu'ils tendront à évoluer vers ce qui, dans le sens particulier de ce livre, peut être qualifié d'égoïsme. On ne peut espérer d'un simple réplicateur, gène ou mème, qu'il renonce à un avantage égoïste à court terme même si cela valait la peine d'attendre le long terme. Nous l'avons vu dans le chapitre sur l'agression. Même si une « coalition de colombes » faisait mieux pour *un seul individu* que la stratégie évolutionnairement stable, la sélection naturelle favoriserait de toute façon la SES.

Il est possible pourtant qu'une autre qualité de l'homme soit sa capacité à faire montre d'un altruisme véritablement désintéressé et authentique. Je l'espère, mais je ne vais donner d'argument ni dans un sens ni dans l'autre, ni spéculer sur sa possible évolution mémique. Le point sur lequel je veux insister est le suivant : même si nous regardons le mauvais côté de l'homme et supposons qu'il soit fondamentalement égoïste, notre double vue consciente — c'est-à-dire notre capacité à simuler le futur en imagination — pourrait nous sauver des pires excès de l'égoïsme des réplicateurs aveugles. Nous avons au moins l'équipement intellectuel pour favoriser nos intérêts égoïstes à long terme, plutôt que nos intérêts égoïstes à court terme. Nous pouvons voir les bénéfices à long terme de notre participation à une « coalition de colombes », et nous pouvons nous réunir autour d'une table pour discuter des moyens de faire marcher cette coalition. Nous avons le pouvoir de défier les gènes égoïstes hérités à notre naissance et, si nécessaire, les mèmes égoïstes de notre endoctrinement. Nous pouvons même discuter des moyens de cultiver et de nourrir délibérément des sentiments altruistes purs et désintéressés — chose qui n'a pas de place dans la nature et qui n'a jamais existé auparavant dans toute l'histoire du monde. Nous sommes construits pour être des machines à gènes et élevés pour être des machines à mèmes, mais nous avons le pouvoir de nous retourner contre nos créateurs. Nous sommes les seuls sur terre à pouvoir nous rebeller contre la tyrannie des réplicateurs égoïstes [8].

CHAPITRE XII

Les bons finissent les premiers

Ce sont les bons qui finissent les derniers. Il semble que cette expression provienne du monde du base-ball, bien que certaines autorités en réclament la paternité et lui donnent une autre signification. Le biologiste américain Garrett Hardin l'utilisa pour résumer le message de ce qu'il est possible d'appeler la « sociobiologie » ou « générie égoïste ». Il est aisé de constater combien cette expression est opportune. Si nous traduisons l'expression familière « les bons » en langage darwinien, un bon est un individu qui aide les autres membres de son espèce, à ses propres dépens, à transmettre leurs gènes à la génération suivante. Les bons semblent alors destinés à voir leurs effectifs diminuer : la bonté connaît une mort darwinienne. Mais il existe une autre interprétation technique du mot courant « bon ». Si nous adoptons cette définition, qui n'est pas trop loin du sens familier, les bons peuvent finir les *premiers*. C'est de cette conclusion plus optimiste qu'il s'agit dans ce chapitre.

Rappelons-nous les Rancuniers du chapitre X. Il s'agissait d'oiseaux qui s'entraidaient d'une manière apparemment altruiste, mais qui refusaient d'aider — qui avaient une dent contre — les individus qui avaient antérieurement refusé de les aider. Les Rancuniers en venaient à dominer la population parce qu'ils transmettaient plus de gènes aux générations suivantes que les Épouilleurs (qui aidaient les autres sans discrimination et étaient exploités) ou les Tricheurs (qui essayaient d'exploiter impitoyablement tout le monde et finissaient par se détruire eux-mêmes). L'histoire des Rancuniers illustrait un important principe général que Robert Trivers appela « l'altruisme réciproque ». Comme nous l'avons vu dans l'exemple du poisson nettoyeur, l'altruisme réciproque ne se réduit pas aux membres d'une seule espèce. Il est valable pour toutes les relations qualifiées de symbiotiques — par exemple, les fourmis trayant leur « troupeau » de pucerons. Depuis que le chapitre X a été écrit, le scientifique et politologue américain Robert Axelrod (qui travaille en partie en collaboration avec W. D. Hamilton, dont le nom a été maintes fois cité dans ce livre) a étendu cette idée d'altruisme réciproque à de nouveaux axes de recherches tout à fait intéressants. C'est Axelrod qui a inventé le sens technique du mot « bon » auquel j'ai fait allusion dans mon premier paragraphe.

A l'instar de nombreux scientifiques, économistes, mathématiciens et psychologues, Axelrod a été fasciné par un jeu de hasard élémentaire appelé le « dilemme du prisonnier ». Il est si simple que j'ai connu des gens intelligents qui ne le comprenaient pas du tout, car ils pensaient que ce jeu contenait forcément des difficultés cachées! Mais sa simplicité est trompeuse. Il existe des rayons entiers dans les bibliothèques qui sont consacrés aux ramifications de ce jeu séduisant. De nombreuses personnes faisant autorité pensent qu'il détient la clé de la défense stratégique et que nous devrions l'étudier pour éviter une troisième guerre mondiale. En tant que biologiste, je suis d'accord avec Axelrod et Hamilton sur le fait que beaucoup d'animaux et de plantes sauvages sont impliqués dans des parties sans fin de « dilemme du prisonnier » à l'échelle de l'Évolution.

Dans sa version originale humaine, voici comment la partie se joue. Un « banquier » adjuge et paye les gains aux deux joueurs. Supposons que je joue contre vous (bien que, comme nous le verrons plus tard, « contre » est précisément la situation dans laquelle nous ne devons pas nous trouver). Il n'y a que deux cartes dans chacune de nos mains, marquées COOPÉRER et DÉSERTER. Pour jouer, nous choisissons chacun l'une de nos cartes et nous la mettons sur la table sans la montrer, de manière à ce qu'aucun de nous ne soit influencé par le jeu de l'autre : en effet, nous agissons simultanément. Nous attendons maintenant que le banquier retourne les cartes. Il y a du suspens parce que nos gains ne dépendent pas seulement des cartes que nous avons jouées (et que chacun de nous connaît), mais également de la carte de l'autre joueur (que nous ne connaîtrons que lorsque le banquier l'aura révélée).

Puisqu'il y a 2 x 2 cartes, quatre résultats sont possibles. Pour chacun, nos gains seront les suivants (donnés en dollars pour rappeler les origines nord-américaines de ce jeu) :

Résultat 1 : Nous avons tous les deux joué COOPÉRER. Le banquier nous verse à chacun trois cents dollars. Cette somme rondelette est appelée « récompense de la coopération mutuelle ».

Résultat 2 : Nous avons tous les deux joué DÉSERTER. Le banquier nous taxe chacun de dix dollars. Cela est appelé « punition pour désertion mutuelle ».

Résultat 3 : Vous avez joué COOPÉRER ; j'ai joué DÉSERTER. Le banquier me paye cinq cents (la « tentation de déserter ») et vous taxe de cent dollars (« l'Épouilleur »).

Résultat 4 : Vous avez joué DÉSERTER ; j'ai joué COOPÉRER. Le banquier vous paye le règlement de la « tentation de déserter » qui se monte à cinq cents dollars et me taxe de cent dollars (« l'Épouilleur »).

Les résultats 3 et 4 sont de toute évidence la réciproque l'un de l'autre : un joueur s'en sort très bien et l'autre très mal. Dans les résultats 1 et 2, nous nous en sortons aussi bien l'un que l'autre, mais le résultat 1 est meilleur pour nous *deux* que le résultat 2. Les quantités exactes d'argent ne sont pas importantes. Il n'est pas important non plus de savoir combien de paiements sont positifs (gains) et combien sont négatifs (amendes). Ce qui importe, c'est leur ordre pour que le jeu puisse être qualifié de vrai « dilemme du prisonnier ». La « tentation de déserter » doit être meilleure que la « récompense de la coopération mutuelle », qui doit être meilleure que la « punition pour désertion mutuelle » et encore meilleure que le paiement de « l'Épouilleur ». (A strictement parler, il faut une condition supplémentaire pour que l'on puisse qualifier ce jeu de vrai « dilemme du prisonnier » : la moyenne des règlements de la « tentation de déserter » et de « l'Épouilleur » ne doit pas excéder la « récompense de la coopération mutuelle ». On verra la raison de cette condition supplémentaire plus tard.) Les quatre résultats sont résumés dans le schéma de règlements donné par la figure A.

	vous coopérez	vous désertez
je coopère	*Plutôt bon* (récompense de la coopération mutuelle) Gain : trois cents dollars	*Très mauvais* (l'Épouilleur) Amende : cent dollars
je déserte	*Très bon* (tentation de déserter) Gain : cinq cents dollars	*Plutôt mauvais* (punition pour désertion mutuelle) Amende : dix dollars

Figure A. *Règlements me concernant pour les différents résultats du jeu du « dilemme du prisonnier ».*

Mais pourquoi le « dilemme »? Pour le voir, jetons un œil au schéma de règlement et imaginons les pensées qui pourraient me passer par la tête alors que je joue contre vous. Je sais que vous ne pouvez jouer que deux cartes : COOPÉRER et DÉSERTER. Étudions-les dans l'ordre. Si vous avez joué DÉSERTER (nous devons regarder la colonne de droite), la meilleure que j'aurais pu jouer aurait aussi été DÉSERTER. Évidemment, j'aurais encouru l'amende pour désertion mutuelle, mais si j'avais coopéré j'aurais eu le règlement de l'Épouilleur, ce qui est encore pire. Maintenant, voyons ce que vous auriez pu faire d'autre (regardez la colonne de gauche), à savoir jouer la carte COOPÉRER. Une fois encore, DÉSERTER représente la meilleure chose que j'aurais pu faire. Si j'avais coopéré, nous aurions tous les deux obtenu le score assez élevé de trois cents dollars. Mais si j'avais déserté, j'aurais gagné encore plus — cinq cents dollars. La conclusion en est que, sans tenir compte de la carte que vous jouez, mon meilleur coup est de *toujours déserter*.

Ainsi, grâce à une logique imparable, sans tenir compte de ce que vous faites, j'ai mis au point une tactique qui consiste à toujours déserter. Et vous, avec une logique non moins parfaite, établirez la même chose. Ainsi, lorsque deux joueurs à l'esprit rationnel se rencontreront, ils joueront DÉSERTER et finiront avec une amende ou un gain faible. Cependant, chacun sait parfaitement que si seulement ils avaient joué COOPÉRER, ils auraient *tous deux* obtenu la récompense relativement élevée pour coopération mutuelle (trois cents dollars dans notre exemple). C'est pourquoi ce jeu est qualifié de « dilemme »; c'est pourquoi aussi il semble paradoxalement si exaspérant que l'on a même proposé de faire passer une loi l'interdisant.

« Prisonnier » vient d'un exemple imaginaire particulier. La monnaie, dans ce cas, n'est pas représentée par de l'argent, mais par des peines de prison. Deux hommes — appelons-les Lupin et Vidocq — sont en prison, car on les suspecte d'avoir joué un rôle dans un crime. Chaque prisonnier, dans sa propre cellule, est invité à trahir son collègue (DÉSERTER) en donnant une preuve contre lui. Ce qui va se produire dépend de ce que l'autre fait, et aucun ne sait ce que l'autre a fait. Si Lupin rejette entièrement la faute sur Vidocq, Vidocq rend l'histoire plausible en gardant le silence (coopérant avec son prétendu ami qui s'avère également déloyal), Vidocq se voit condamné à une lourde peine de prison alors que Lupin s'en sort sans dommage, car il s'est servi de la « tentation de déserter ». Si chacun trahit l'autre, tous deux sont accusés de crime, mais reçoivent un certain crédit pour avoir fourni une preuve, si bien qu'ils obtiennent une peine quelque peu réduite, quoique encore sévère : c'est la « punition pour désertion mutuelle ». S'ils coopèrent tous les deux (entre eux et non avec les autorités) en refusant de parler, il n'y a pas assez de preuves pour les accuser du crime principal et ils sont condamnés à une peine légère pour un délit moins grave; c'est la « récompense pour coopération mutuelle ». Bien qu'il semble étrange de qualifier de récompense une peine de prison, c'est ainsi que ces hommes la verraient si l'autre choix consistait en une période plus longue derrière les barreaux. Vous remarquerez que, bien que les « règlements » ne se fassent pas en dollars, mais en peines de prison, les caractéristiques essentielles de ce jeu sont préservées (regarder l'ordre de préférence des quatre résultats). Si vous vous mettez à la place de chaque prisonnier, en supposant que tous deux soient motivés par un intérêt personnel rationnel et en ayant à l'esprit qu'ils ne peuvent se parler pour se mettre d'accord, vous verrez qu'ils n'ont chacun d'autre choix que de trahir l'autre, se condamnant par conséquent tous deux à de lourdes peines.

Y a-t-il un moyen de sortir de ce dilemme? Les deux joueurs savent que, quoi que puisse faire leur adversaire, ils ne peuvent rien faire de mieux eux-mêmes que de déserter; cependant, tous deux savent que, si seulement ils avaient *tous deux* coopéré, *chacun* s'en serait mieux sorti. Si... si... si seulement il pouvait y avoir un moyen d'arriver à un accord, un moyen de rassurer chaque joueur en lui disant qu'il peut avoir confiance en l'autre et ne pas avoir recours à cette roulette égoïste, un moyen d'établir un accord.

Dans ce jeu simple du « dilemme du prisonnier », il n'y a pas moyen d'assurer la confiance. Sauf si l'un au moins des joueurs est un Épouilleur doublé d'un saint, trop bon pour ce monde, le jeu est condamné à finir dans la désertion mutuelle, avec ses résultats paradoxalement pauvres pour les deux joueurs. Mais il existe une version de ce jeu qui s'appelle le « dilemme itéré (ou répété) du prisonnier ». Ce jeu est plus complexe à cause de l'existence de l'espoir.

Le jeu itéré consiste simplement à répéter le jeu ordinaire un nombre indéfini de fois avec les mêmes joueurs. Une fois encore, nous nous faisons face, vous et moi, avec un banquier entre nous. Une fois encore, nous avons chacun une main contenant juste deux cartes appelées COOPÉRER et DÉSERTER. Une fois encore, nous jouons en étalant l'une ou l'autre de ces cartes et le banquier paye la note ou perçoit les amendes selon les règles énoncées plus haut. Mais, au lieu que la partie prenne fin à ce moment, nous reprenons nos cartes et nous nous préparons pour un nouveau tour. Les tours successifs des parties nous donnent l'occasion d'établir la confiance ou la méfiance, de jouer la réciprocité, la conciliation, le pardon ou la revanche. Lors d'une partie indéfiniment longue, le point important réside dans le fait que nous pouvons gagner tous les deux aux dépens du banquier plutôt qu'à nos propres dépens.

Après dix tours, j'aurais pu théoriquement gagner cinq mille dollars, mais seulement si vous aviez été particulièrement idiot (ou trop bon) pour jouer COOPÉRER chaque fois, en dépit du fait que je désertais tout le temps. Si l'on est plus réaliste, il est facile pour chacun de nous de tirer au banquier trois mille dollars en jouant tous les deux COOPÉRER pendant dix tours. Pour ce faire, il ne faut pas être particulièrement saint, parce que nous pouvons voir tous les deux, à partir des coups joués antérieurement, qu'il faut faire confiance à l'autre. Nous pouvons en effet mettre de l'ordre dans le comportement de l'autre. Il peut probablement arriver autre chose, à savoir qu'aucun de nous ne fasse confiance à l'autre : nous jouons tous les deux DÉSERTER pendant dix tours et le banquier gagne cent dollars d'amendes de chacun de nous. Ce qui va probablement se produire, c'est que nous allons partiellement nous faire confiance et chacun jouera une séquence comprenant à la fois COOPÉRER et DÉSERTER, ce qui produira en fin de compte une somme d'argent intermédiaire.

Les oiseaux du chapitre X qui se retiraient l'un l'autre les tiques de leur plumage jouaient au jeu itéré du « dilemme du prisonnier ». Comment cela se peut-il ? Rappelez-vous qu'il est important pour un oiseau de se retirer ses propres tiques, mais qu'il ne peut atteindre le sommet de sa propre tête ; c'est pour cela qu'il a besoin d'un compagnon. Il semble qu'il serait juste qu'il renvoie l'ascenseur plus tard. Mais ce service coûte du temps et de l'énergie à l'oiseau, quoique de manière pas trop importante. Si un oiseau peut s'en sortir en trichant — en se faisant retirer ses propres tiques, mais en refusant de rendre la pareille —, il gagne tous les bénéfices sans en supporter les coûts. Ordonnez les résultats et vous trouverez qu'évidemment il s'agit d'un véritable jeu du « dilemme du prisonnier ». Si les deux coopèrent (s'ils s'enlèvent réciproquement leurs tiques), c'est bien, mais il existe encore la tentation de faire mieux en refusant de supporter les coûts qu'implique la réciprocité. Si tous deux désertent (en refusant de se retirer leurs tiques), c'est plutôt mauvais, mais pas autant que s'ils faisaient l'effort de se retirer leurs tiques, mais ils finissent en restant quand même infestés. On trouvera schéma des gains dans la figure B.

	vous coopérez	vous désertez
je coopère	*Plutôt bon* (récompense de la coopération mutuelle) vous me retirez mes tiques, mais je paie ma part en retirant les vôtres	*Très mauvais* (l'Épouilleur) je garde mes tiques, mais je retire les vôtres
je déserte	*Très bon* (tentation de déserter) vous retirez mes tiques, mais je ne retire pas les vôtres	*Plutôt mauvais* (punition pour désertion mutuelle) je garde mes tiques mais vous aussi, ce qui me console

Figure B. *Le jeu des tiques des oiseaux : mes résultats dans les différentes situations.*

Il ne s'agit que d'un exemple. Mais plus vous y réfléchissez, plus il apparaît que la vie est constituée de jeux du type « dilemme du prisonnier itéré », non seulement pour les êtres humains, mais aussi pour les animaux et les plantes. La vie des plantes ? Oui, pourquoi pas ? Rappelons-nous que nous ne parlons pas de stratégie consciente (bien que cela soit possible par moments), mais de stratégies au sens de Maynard Smith, c'est-à-dire de stratégies concernant ces gènes qui pourraient faire de la préprogrammation. Plus tard, nous ferons la connaissance de plantes, de divers animaux et même de bactéries qui, tous, jouent au jeu du « dilemme du prisonnier itéré ». En attendant, explorons plus avant ce qui est si important dans l'itération.

Contrairement au jeu simple, qui est assez prévisible dans la mesure où DÉSERTER représente la seule stratégie rationnelle, la version itérée offre un large champ de combinaisons stratégiques. Dans le jeu simple, il n'y a que deux stratégies possibles, COOPÉRER et DÉSERTER. Cependant, l'itération permet de concevoir de nombreuses stratégies possibles et il n'est en aucun cas évident de savoir laquelle est la meilleure. Celle qui suit en est un exemple parmi des milliers d'autres : « Jouer COOPÉRER la plupart du temps, mais jouer DÉSERTER sur 10 % des tours pris au hasard ». Ou bien on pourrait choisir des stratégies conditionnelles tenant compte de ce qui s'est passé antérieurement durant le jeu. Mon « Rancunier » constitue un bon exemple ; il a une bonne mémoire des visages, et, bien que fondamentalement désireux de coopérer, il déserte si l'autre joueur a déserté auparavant. Le joueur pourrait adopter des stratégies plus ou moins sévères et décider d'avoir la mémoire plus courte.

En clair, les stratégies disponibles dans le jeu itéré ne sont limitées que par notre ingéniosité. Pouvons-nous décider laquelle est la meilleure ? C'est la tâche à laquelle Axelrod lui-même s'est attelé. Il a eu l'idée amusante d'organiser une compétition et a passé des annonces demandant à des spécialistes en théorie des jeux de proposer des stratégies. Les stratégies dans ce sens précis consistaient en règles préétablies pour répondre à des actions, si bien qu'il était nécessaire aux candidats de rentrer leurs données en langage informatique. Quatorze stratégies ont été proposées. Pour faire bonne mesure, Axelrod en a ajouté une quinzième, appelée « aléatoire », qui jouait simplement COOPÉRER et DÉSERTER au hasard et servait de jeu de fond en tant que « non-stratégie » : si une stratégie ne peut pas faire mieux que « aléatoire », elle est certainement assez mauvaise.

Axelrod a traduit les quinze stratégies dans un langage de programmation courant et les a fait s'affronter dans un ordinateur puissant. Chaque stratégie jouait chacune son tour avec chacune des autres (y compris avec elle-même) le « dilemme du prisonnier itéré ». Puisqu'il y avait quinze stratégies, il y avait donc 15 × 15 soit deux cent vingt-cinq parties qui se jouaient séparément dans l'ordinateur. Lorsque chaque paire avait joué deux cents coups, les gains étaient totalisés et le gagnant déclaré.

Nous n'avons pas à nous préoccuper de savoir quelle stratégie a gagné et contre qui elle a gagné. Ce qui importe, c'est de savoir quelle est la stratégie qui a accumulé le plus d'« argent » lorsque l'on a fait le total par rapport aux quinze paires. « Argent » signifie simplement ici « points », accordés selon le schéma suivant :

« coopération mutuelle », trois points; « tentation de déserter », cinq points; « punition pour désertion mutuelle », un point (il s'agit de l'équivalent de notre amende légère dans le premier jeu); le règlement de « l'Épouilleur », zéro point (c'est l'équivalent de la lourde amende du premier jeu).

	vous coopérez	vous désertez
je coopère	*Plutôt bon* (récompense de la coopération mutuelle) Trois points	*Très mauvais* (l'Épouilleur) Zéro point
je déserte	*Très bon* (tentation de déserter) Cinq points	*Plutôt mauvais* (punition pour désertion mutuelle) Un point

Figure C. *Tournoi d'ordinateur d'Axelrod :*
règlements me concernant pour les différentes situations.

Le score maximal possible réalisable par n'importe quelle stratégie était de quinze mille points par tour (deux cents tours à cinq points le tour, pour chacun des quinze adversaires). Le score minimum possible était de zéro. Il va sans dire qu'aucun de ces deux extrêmes ne fut atteint. Le maximum qu'une stratégie pouvait réellement envisager de gagner sur une moyenne d'une de ses quinze paires ne peut dépasser six cents points. C'est ce que deux joueurs recevraient chacun s'ils avaient bien coopéré, obtenant trois points pour chacun des deux cents tours que comprenait le jeu. Si l'un d'eux succombait à la tentation de déserter, il finirait probablement avec moins de six cents points à cause de la riposte de l'autre joueur (la plupart des stratégies utilisées comprenaient une sorte de programme permettant la riposte). Nous pouvons utiliser six cents comme une sorte de repère pour une partie et exprimer tous les scores en pourcentage par rapport à ce repère. Sur cette échelle, il est théoriquement possible de totaliser jusqu'à

166 % (mille points), mais en pratique aucun résultat moyen de stratégie n'excédait six cents.

Rappelez-vous que les « joueurs », lors de ce tournoi, n'étaient pas des humains, mais des programmes informatiques, des stratégies préprogrammées. Leurs auteurs humains jouaient le même rôle que les gènes programmant le corps (pensez à l'ordinateur pour le jeu d'échecs du chapitre IV et à l'ordinateur d'Andromède). Vous pouvez penser que les stratégies sont des « mandats » miniatures pour leurs auteurs. Évidemment, un seul auteur aurait pu présenter plus d'une stratégie (bien que cela eût été de la triche — et Axelrod ne l'eût certainement pas permis — si un auteur avait « noyauté » la compétition avec des stratégies dont l'une eût reçu les bénéfices de la coopération des autres qui se seraient sacrifiées).

Des stratégies ingénieuses furent proposées, bien qu'elles aient été évidemment beaucoup moins ingénieuses que leurs auteurs. Il est remarquable que la stratégie gagnante ait été la plus simple et à première vue la moins ingénieuse de toutes. On l'appela « donnant donnant ». Elle était proposée par le professeur Anatol Rapoport, psychologue renommé et théoricien des jeux à Toronto. « Donnant donnant » commence par coopérer sur le premier coup, puis copie simplement le coup précédent de l'autre joueur.

Quel est le processus du « donnant donnant » ? Comme toujours, ce qui arrive dépend de l'autre joueur. Supposons d'abord que cet autre joueur pratique aussi le « donnant donnant » (rappelez-vous que chaque stratégie se jouait aussi bien contre elle-même que contre les quatorze autres). Les deux « donnant donnant » commencent en coopérant. Au coup suivant, chaque joueur copie le coup précédent de l'autre, qui était COOPÉRER. Tous deux continuent et finissent par gagner les 100 % du score « repère » de six cents points.

Supposons maintenant que « donnant donnant » joue contre une stratégie appelée « sondeur naïf ». Le « sondeur naïf » n'était pas vraiment introduit dans la compétition d'Axelrod, mais il est instructif. Il est fondamentalement identique au « donnant donnant », sauf que, de temps à autre, disons au hasard tous les dix coups, il joue une désertion gratuite et réclame le score élevé de la

« tentation ». Jusqu'à ce que le « sondeur naïf » essaye l'une de ses désertions gratuites, les joueurs pourraient aussi bien n'être que deux « donnant donnant ». Une séquence longue et mutuellement profitable de coopération semble devoir suivre son cours, avec un score de référence confortable de 100 % pour les deux joueurs. Mais soudain, sans crier gare, disons au huitième coup, le « sondeur naïf » déserte. « Donnant donnant », évidemment, a joué COO-PÉRER sur ce coup, et se trouve ainsi descendu par le score de « l'Épouilleur » qui est de zéro point. Le « sondeur naïf » semble s'en être bien sorti puisqu'il a obtenu cinq points sur ce coup. Mais, au coup suivant, « donnant donnant » « se venge ». Il joue DÉSERTER, simplement en suivant la règle qu'il s'est fixée d'imiter le coup précédent de son opposant. Pendant ce temps, le « sondeur naïf » suit aveuglément sa règle préétablie de copie et a copié le coup COOPÉRER de son opposant. Il reçoit à présent le règlement de zéro point de « l'Épouilleur », alors que « donnant donnant » obtient le score élevé de cinq points. Lors du coup suivant, le « sondeur naïf » contre-attaque — plutôt mal, pourrait-on penser — contre la désertion de « donnant donnant ». Et l'alternance se poursuit. Durant ces coups alternatifs, les deux joueurs reçoivent une moyenne de deux points et demi par coup (la moyenne de cinq et zéro). C'est inférieur aux trois points par coup que les deux joueurs peuvent amasser s'ils coopèrent (et, à ce propos, c'est la raison pour laquelle la « condition supplémentaire » est restée inexpliquée). Ainsi, lorsque le « sondeur naïf » joue contre « donnant donnant », tous deux s'en sortent beaucoup moins bien que lorsque « donnant donnant » joue contre un autre « donnant donnant ». Lorsque le « sondeur naïf » joue contre un autre « sondeur naïf », tous deux s'en sortent encore moins bien, puisque les coups de désertion réciproque ont tendance à commencer plus tôt.

Étudions maintenant une autre stratégie, appelée le « sondeur repentant ». Le « sondeur repentant » ressemble au « sondeur naïf », sauf qu'il prend une part active à échapper à la vengeance alternative. Pour ce faire, il lui faut une mémoire légèrement plus longue que « donnant donnant » ou le « sondeur naïf ». Il se rappelle s'il vient de déserter spontanément et si le résultat consistait en une riposte rapide. S'il en est ainsi, « plein de remords », il permet à son adversaire de porter « un seul coup gratuit » sans riposter. Cela signifie que des coups de vengeance mutuelle sont étouffés dans l'œuf. Si à présent vous faites fonctionner une partie imaginaire entre le « sondeur repentant » et « donnant donnant », vous trouverez que les coups de riposte soi-disant mutuelle sont rapidement mis hors de combat. La plupart du temps, ce jeu se passe en coopération mutuelle avec deux joueurs qui se partagent un score généreux. Le « sondeur repentant » fait mieux contre « Donnant donnant » que le « sondeur naïf », bien que les résultats n'atteignent pas ceux obtenus par « donnant donnant » contre lui-même.

Certaines des stratégies du tournoi d'Axelrod étaient beaucoup plus sophistiquées que le « sondeur repentant » ou le « sondeur naïf », mais elles finissaient aussi avec moins de points, en moyenne, que le simple « donnant donnant ». Évidemment, la moins gagnante de toutes les stratégies (sauf « aléatoire ») fut la plus élaborée. Elle fut proposée sous le nom de « anonyme » — mystère ayant donné lieu à bon nombre de spéculations : une *éminence grise* du Pentagone ? Le chef de la CIA ? Henry Kissinger ? Axelrod lui-même ? Je suppose que nous ne le saurons jamais.

Ce n'est pas si intéressant que cela d'examiner en détail les différentes stratégies qui furent proposées. Il ne s'agit pas ici d'un livre sur l'ingéniosité des programmes informatiques. Il est plus intéressant de classifier les stratégies selon certaines catégories et d'examiner le succès de ces divisions plus larges. La catégorie la plus importante admise par Axelrod est celle qu'il qualifie de « gentille ». Une stratégie gentille est une stratégie qui ne déserte jamais la première. « Donnant donnant » en est un exemple. Elle est capable de déserter, mais elle ne le fait que par représailles. Le « sondeur naïf » comme le « sondeur repentant » sont de mauvaises stratégies parce qu'elles désertent parfois, quoique rarement, sans provocation. Des quinze stratégies participant au tournoi, huit étaient gentilles. C'est-à-dire que les huit stratégies qui avaient gagné le plus de points étaient celles-là, et les sept mauvaises traînaient derrière. « Donnant donnant » obtint un total moyen de cinq cent quatre points et demi : 84 % de notre repère de six cents, et donc un bon score. Les autres stratégies gentilles obtinrent seulement un petit peu moins, leurs scores s'étendant de 83,4 % à 78,6 %. Il y a un grand écart entre ce score et les 66,8 % obtenus par Graaskamp, celles des mauvaises stratégies, qui obtint le meilleur résultat. Il semble plutôt convaincant que les bons s'en sortent bien dans ce jeu.

Un autre mot technique employé par Axelrod est « pardonner ». Une stratégie qui pardonne est une stratégie qui, bien qu'elle puisse riposter, a une mémoire courte. Elle oublie vite les anciennes mauvaises actions. « Donnant donnant » est une stratégie de pardon. Le déserteur se fait taper sur les doigts, mais après « donnant donnant » passe l'éponge. Le « rancunier » du chapitre 10 est totalement sans pitié. Sa mémoire dure tout le long du jeu. Il n'oublie jamais la rancune qu'il a contre un joueur qui a eu le malheur de déserter contre lui, ne fût-ce qu'une seule fois. Une stratégie formellement identique au « rancunier » fut introduite dans le tournoi d'Axelrod sous le nom de « Friedman », et elle ne brilla pas particulièrement. De toutes les bonnes stratégies (notez qu'elle est techniquement bonne bien qu'elle soit totalement sans pitié), « rancunier/Friedman » obtint presque les moins bons résultats. La raison pour laquelle ces stratégies impitoyables ne s'en sortent pas bien, c'est qu'elles ne peuvent échapper aux cycles de vengeance mutuelle même lorsque leur adversaire est « repentant ».

Il est possible de pardonner encore plus que « donnant donnant ». Cette stratégie permet à ses adversaires de déserter deux fois en suivant avant de riposter. Cela semble trop vertueux et magnanime. Néanmoins, Axelrod établit que, si seulement quelqu'un avait proposé « donnant donnant », il aurait gagné le tournoi. Cela parce que cette stratégie est très bonne pour éviter les coups de la stratégie de vengeance mutuelle.

Ainsi, nous avons mis la main sur des caractéristiques de stratégies gagnantes : la bonté et la mansuétude. Cette conclusion, qui semble presque utopique — puisqu'elle dit que bonté et mansuétude payent —, fut une surprise pour bon nombre de spécialistes qui avaient essayé d'être trop rusés en proposant des stratégies imperceptiblement méchantes, alors que même ceux qui avaient proposé des stratégies gentilles n'avaient pas osé présenter quoi que ce fût d'aussi miséricordieux que « donnant donnant ».

Axelrod annonça qu'il organiserait un second tournoi. Il rentra soixante-deux possibilités et ajouta encore « aléatoire », ce qui en faisait soixante-trois en tout. Cette fois, le nombre exact de coups par partie n'était pas fixé à deux cents, mais restait indéfini, pour une bonne raison que j'expliquerai plus tard. Nous pouvons encore exprimer les scores en pourcentage du « repère » ou du « toujours coopérer », même si ce repère nécessite un calcul plus compliqué qui n'est plus fixé à six cents points.

Les programmeurs du second tournoi avaient tous reçu les résultats du premier, y compris l'analyse d'Axelrod sur la raison pour laquelle « donnant donnant » et d'autres stratégies bonnes et indulgentes avaient obtenu de bons résultats. On s'attendait seulement à ce que les concurrents prennent note de cette information d'une façon ou d'une autre. En fait, ils se sont divisés en deux écoles de pensée. Certains dirent que la bonté et la mansuétude étaient des qualités qui permettaient de toute évidence de gagner. De ce fait, ils proposèrent des stratégies de bonté et de clémence. John Maynard Smith alla si loin qu'il proposa la stratégie super-clémente du « donnant » pour deux « donnant ». L'autre école de pensée se dit qu'un grand nombre de ses collègues qui avaient lu l'analyse d'Axelrod proposeraient maintenant des stratégies de bonté et de pardon. Par conséquent, elle proposa des stratégies de méchanceté en essayant d'exploiter ces mollesses anticipées !

Mais, une fois encore, la méchanceté ne paya pas. Une fois encore, « donnant donnant », proposée par Anatol Rapoport, fut la gagnante et totalisa 96 % du score de référence. Et ce furent encore les stratégies de gentillesse qui obtinrent les meilleurs résultats par rapport aux stratégies de méchanceté. Les quinze meilleures stratégies étaient toutes bonnes sauf une, et toutes les autres étaient mauvaises sauf une. Mais, bien que la stratégie du vertueux « donnant » pour deux « donnant » eût gagné le premier tournoi si elle avait été présentée, elle ne gagna pas le second, parce qu'il y avait à présent des stratégies de méchanceté plus sub-tiles, capables de prendre sans pitié comme proie ce genre de mol-lesse accomplie.

Cela souligne un point important concernant ces tournois. Le succès d'une stratégie dépend de ce à quoi les autres stratégies sont soumises. C'est le seul moyen de prendre en compte la différence entre le second tournoi, dans lequel la stratégie « donnant » pour deux « donnant » était au bas de la liste, et le premier tournoi qu'elle aurait gagné. Mais, comme je l'ai déjà dit, il ne s'agit pas d'un livre sur l'ingéniosité des programmeurs informatiques. Existe-t-il un moyen objectif permettant de juger quelle est vraiment la stratégie la meilleure, dans un sens plus général et moins arbitraire ? Les lecteurs des premiers chapitres se seront déjà préparés à trouver la réponse dans la théorie des stratégies évolutionnairement stables.

J'étais de ceux auxquels Axelrod fit connaître ses premiers résultats et leur demanda de proposer une stratégie pour ce second tournoi. Je n'en fis rien, mais suggérai autre chose. Axelrod avait déjà commencé à réfléchir en termes de SES, mais je sentis que cette tendance était si importante que je lui écrivis pour lui suggérer de prendre contact avec W. D. Hamilton, qui était alors, bien qu'Axelrod l'ignorât, dans un autre service de la même université du Michigan. Il prit évidemment contact avec Hamilton et le résultat de leur collaboration ultérieure prit la forme d'un article, signé conjointement et considéré comme très brillant, qui fut publié dans le journal *Science* en 1981 et remporta le prix Newcomb Cleveland de l'Association américaine pour les progrès de la science. En plus de discussions sur des exemples biologiques de « dilemmes du prisonnier itérés » dans un style particulièrement agréable, Axelrod et Hamilton donnèrent ce que je considère comme la reconnaissance qui était due à l'approche SES.

Comparez l'approche SES au système de « la pétition signée en rond » que suivirent les deux tournois d'Axelrod. Une pétition signée en rond, c'est comme une ligue de football. Chaque stratégie était opposée à chaque autre un nombre égal de fois. Le score final d'une stratégie était la somme des points qu'elle gagnait contre toutes les autres. Pour réussir dans un tournoi de pétition en rond, une stratégie doit, par conséquent, être un bon concurrent face à toutes les autres stratégies que les gens ont effectivement proposées. Axelrod donne le nom de « robuste » à une stratégie qui est bonne face à un large éventail d'autres stratégies. « Donnant donnant » s'avéra être une stratégie robuste. Mais l'ensemble des stratégies que les gens ont proposées représente un ensemble arbitraire. Ce fut le point qui nous causa du souci plus haut. Il s'avéra justement que, dans le premier tournoi d'Axelrod, environ la moitié des entrées étaient bonnes. « Donnant donnant » gagna dans ces conditions et « donnant » pour deux « donnant » aurait gagné si elle avait été proposée. Mais supposons que presque toutes les entrées aient été mauvaises. Cela aurait pu se produire très facilement. Après tout, six stratégies sur quatorze étaient mauvaises. Si treize d'entre elles l'avaient été, « donnant donnant » n'aurait pas gagné. Cet « environnement » aurait été mauvais. Non seulement l'argent gagné, mais l'ordre hiérarchique du succès parmi les stratégies, dépendent du choix des stratégies ; cela dépend, en d'autres termes, de quelque chose d'aussi arbitraire que la fantaisie humaine. Comment pouvons-nous réduire cet arbitraire ? En « pensant SES ».

Une stratégie évolutionnairement stable se caractérise principalement, comme on l'a vu dans les premiers chapitres, par le fait qu'elle continue à bien s'en sortir lorsqu'elle constitue une population déjà nombreuse dans la population des stratégies. Dire que « donnant donnant », par exemple, est une SES revient à dire que « donnant donnant » s'en sort bien dans un environnement dominé par les « donnant donnant ». On pourrait considérer cela comme une forme particulière de « robustesse ». En tant qu'évolutionnistes, nous sommes tentés de la considérer comme la seule forme de robustesse qui soit importante. Pourquoi est-elle si importante ? Parce que dans le monde du darwinisme les gains ne sont pas versés en argent ; ils sont versés en descendants. Pour un darwinien, une stratégie qui réussit est une stratégie qui a pris une place importante dans la population des stratégies. Pour qu'une stratégie continue de réussir, elle doit bien s'en sortir spécifiquement lorsqu'elle est importante, c'est-à-dire dans un environnement dominé par des copies d'elle-même.

Pratiquement, Axelrod effectua un troisième tour de son tournoi comme la sélection naturelle aurait pu le faire, en recherchant une SES. Il ne l'appela pas réellement un troisième tour, puisqu'il ne sollicita pas de nouvelles entrées, mais utilisa les mêmes soixante-trois que pour le deuxième tour. Je trouve pratique de le traiter comme étant le troisième tour, parce que je pense qu'il diffère des deux tournois de « pétitions » d'une manière plus fondamentale que la différence entre les deux tournois de « pétitions ».

Axelrod prit les soixante-trois stratégies et les mélangea à nouveau dans l'ordinateur pour créer la « première génération » d'une évolution. En « génération 1 », par conséquent, « l'environnement » comportait une représentation égale des soixante-trois stratégies. A la fin de la génération 1, les gains de chaque stratégie étaient réglés, non en « argent » ou en « points », mais en *descendants* identiques à leurs parents (asexués). Les générations passant, certaines stratégies se firent plus rares, puis disparurent. D'autres stratégies devinrent plus nombreuses. A mesure que les proportions changeaient, l'environnement dans lequel se jouaient les coups futurs du jeu changeait également.

Puis, après environ mille générations, il n'y eut plus d'autres changements de proportions dans l'environnement. Le point de stabilité était atteint. Avant cela, les fortunes des différentes stratégies connurent des hauts et des bas exactement comme dans la simulation effectuée par l'ordinateur avec les « tricheurs », les « épouilleurs » et les « rancuniers ». Certaines de ces stratégies commencèrent à disparaître dès le début et la plupart n'existaient plus à la deux centième génération. Parmi les stratégies de méchanceté, une ou deux commencèrent par voir leur fréquence augmenter, mais leur prospérité, comme celle des « tricheurs » dans ma simulation, fut de courte durée. La seule stratégie de méchanceté qui survécut au-delà de la deux centième génération s'appelait « Harrington ». Les fortunes de « Harrington » augmentèrent très fort pendant environ les cent cinquante premières générations. Ensuite, elles déclinèrent petit à petit, approchant l'extinction aux alentours de la millième génération. « Harrington » s'en sortit temporairement bien pour la même raison que mon « tricheur » du début. Elle exploita les mous comme « donnant » pour deux « donnant » (trop cléments), alors que ceux-ci existaient encore. Ensuite, alors que les mous étaient conduits à l'extinction, « Harrington » les suivit car il ne lui restait plus de proie facile. Le champ était libre pour les stratégies « gentilles » ou « sujettes à provocations » comme « donnant donnant ».

« Donnant donnant » arriva première cinq fois sur six lors du troisième tour, tout à fait comme durant les premier et deuxième tours. Cinq autres stratégies gentilles, mais sujettes à provocation, obtinrent presque d'aussi bons résultats (fréquents dans cette population) que « donnant donnant »; l'une d'elles gagna le sixième tour. Lorsque toutes les stratégies de méchanceté furent éliminées, on ne put distinguer les stratégies de gentillesse de « donnant donnant » ou les unes des autres, parce que, étant toutes gentilles, elles s'opposaient en jouant simplement COOPÉRER.

Une des conséquences de cette impossibilité de les distinguer est que, bien que « donnant donnant » ressemble à une SES, elle n'en est pas véritablement une. Rappelez-vous que, pour être une SES, une stratégie ne doit pas pouvoir être envahie, lorsque le cas se présente, par une stratégie rare, mutante. Maintenant, il est vrai que « donnant donnant » ne peut être envahie par une stratégie de méchanceté, mais pour une stratégie de gentillesse, c'est une autre affaire. Comme nous venons de le voir, dans une population de stratégies de gentillesse, elles se ressembleront et se comporteront toutes exactement de la même façon : elles coopéreront tout le temps. Ainsi, toute autre stratégie de gentillesse, comme la stratégie qui consiste à « toujours coopérer » et qui est la plus vertueuse, bien qu'il soit admis qu'elle ne jouira pas d'un avantage sélectif positif sur « donnant donnant », peut s'immiscer dans la population sans être remarquée. Ainsi, techniquement, « donnant donnant » n'est pas une SES.

Vous pourriez penser que, puisque le monde reste avec la même proportion de gentillesse, nous pourrions tout aussi bien considérer « donnant donnant » comme une SES. Malheureusement, regardez ce qui va se produire. Contrairement à « donnant donnant », « toujours coopérer » n'est pas stable face à l'invasion de stratégies de méchanceté telles que « toujours déserter ». Cette stratégie s'en sort bien face à « toujours coopérer » puisqu'elle obtient le score élevé de la « Tentation ». Les stratégies de méchanceté telles que « toujours déserter » se comporteront de manière à ce que les stratégies de trop grande gentillesse comme « toujours coopérer » restent minoritaires.

Mais bien que « donnant donnant » ne soit pas à strictement

parler une SES, il est probablement juste de considérer une sorte de mélange de stratégies de type « donnant donnant » fondamentalement gentilles, mais qui se permettent de riposter, comme étant grossièrement équivalentes en pratique à une SES. Un tel mélange pourrait comprendre un petit apport de méchanceté. Robert Boyd et Jeffrey Lorberbaum, dans l'un des travaux les plus intéressants à la suite de ceux d'Axelrod, envisageaient la constitution d'un mélange de « donnant » pour deux « donnant » et d'une stratégie appelée le « donnant donnant méfiant ». Cette stratégie est techniquement méchante, mais elle n'est pas *très* méchante. Elle ne fait que se comporter comme « donnant donnant » lui-même après le premier coup, mais — et c'est ce qui la rend techniquement méchante — elle déserte au tout premier coup du jeu. Dans un environnement entièrement dominé par le « donnant donnant », le « donnant donnant méfiant » ne prospère pas, car sa désertion initiale libère une suite ininterrompue de vengeances mutuelles. Lorsqu'il rencontre un joueur de « donnant» pour deux « donnant », la plus grande mansuétude de ce dernier étouffe cette récrimination dans l'œuf. Les deux joueurs finissent le jeu avec au moins le score repère. Tout C, et le « donnant donnant » méfiant obtient un bonus pour sa désertion initiale. Boyd et Lorberbaum montrèrent qu'une population de « donnant donnant » pouvait être envahie, évolutionnairement cela s'entend, par un *mélange* de « donnant » pour deux « donnant » et de « donnant donnant méfiant », les deux prospérant dans le sillage l'un de l'autre. Cette combinaison n'est certainement pas la seule à pouvoir conduire à une invasion de ce genre. Il existe probablement de nombreux mélanges de stratégies légèrement méchantes avec des stratégies gentilles et très clémentes qui, ensemble, sont capables de conduire à une invasion. Certains pourraient considérer cela comme un reflet d'aspects habituels de la vie humaine.

Axelrod admit que « donnant donnant » n'était pas une SES à strictement parler, et par conséquent inventa l'expression « stratégie collectivement stable » pour la décrire. Comme dans le cas d'une vraie SES, il est possible à plus d'une stratégie d'être collectivement stable au même moment. C'est une question de chance quand on en vient à dominer une population. « Toujours déserter » est stable également, ainsi que « donnant donnant ». Dans une population qui a déjà été dominée par « toujours déserter », aucune autre stratégie ne peut mieux faire. Nous pouvons traiter ce problème comme ayant deux pôles de stabilité qui sont « toujours déserter » et « donnant donnant » (soit un mélange de stratégies pour la plupart de gentillesse et de représailles). Le pôle stable qui dominera la population en premier aura le plus de chances de rester dominant.

Mais qu'est-ce que le mot « dominer » signifie réellement, du point de vue quantitatif? Combien doit-il y avoir de « donnant donnant » pour qu'ils l'emportent sur « toujours déserter »? Cela dépend des sommes détaillées que le banquier a accepté de payer précisément dans ce jeu. Tout ce que nous pouvons dire en général, c'est qu'il existe une fréquence ou seuil critique. D'un côté, le seuil critique de « donnant donnant » est dépassé et la sélection avantagera plus « donnant donnant ». D'un autre côté, le seuil critique de « toujours déserter » est dépassé et la sélection avantagera de plus en plus « toujours déserter. » Vous vous souvenez que nous avons rencontré l'équivalent de ce seuil critique au chapitre X avec l'histoire des « rancuniers » et des « tricheurs ».

Par conséquent, il est évidemment important de savoir de quel côté une population *commence* à croître. Et il nous faut savoir comment il se pourrait qu'une population passe par hasard de l'autre côté de ce seuil critique. Supposons que nous commencions avec une population se situant déjà du côté de « toujours déserter ». Les quelques individus « donnant donnant » ne se rencontrent pas assez souvent pour être utiles les uns aux autres. Ainsi, la sélection naturelle favorise la solution extrême « toujours déserter ». Si seulement cette population pouvait, simplement par une entrée faite au hasard, passer de l'autre côté du seuil, elle pourrait descendre la pente qui mène vers la population « donnant donnant », et tout le monde s'en sortirait mieux aux frais du banquier (ou de la nature). Mais évidemment les populations n'ont pas de volonté de groupe, pas d'intention ou de but commun. Elles ne peuvent pas effectuer les efforts nécessaires pour passer ce seuil. Elles ne le passeront que si les forces aveugles de la nature les y contraignent.

Comment cela pourrait-il se produire? Une façon de répondre consiste à dire que cela pourrait arriver « par hasard ». Mais le « hasard » n'est qu'un mot utilisé pour exprimer l'ignorance. Il signifie « déterminé par des moyens inconnus jusqu'à présent et non spécifiés ». Nous pouvons faire un petit peu mieux que « hasard ». Nous pouvons penser à des moyens pratiques par lesquels il se trouve qu'un jour une minorité d'individus « donnant donnant » augmente la masse critique. Cela revient à rechercher des moyens permettant à des individus « donnant donnant » de se regrouper en nombre suffisant pour qu'ils puissent tous en tirer bénéfice aux dépens du banquier.

Ce raisonnement semble prometteur, mais il est assez vague. Comment se pourrait-il que des individus qui se ressemblent se retrouvent précisément ensemble pour former des communautés locales? Du point de vue de la nature, le moyen le plus évident d'y parvenir est d'utiliser la génétique — la parenté. On trouve en général que les animaux de la plupart des espèces vivent près de leurs sœurs, frères et cousins, plutôt que près de membres inconnus de la population. Il ne s'agit pas nécessairement d'un choix. Cela provient automatiquement de la « viscosité » de la population, c'est-à-dire de la tendance qu'ont les individus à continuer de vivre près de l'endroit où ils sont nés. Par exemple, à travers l'histoire, et souvent dans le monde (et au contraire de ce qui se passe dans notre monde moderne), des individus humains se sont rarement éloignés de plus de quelques kilomètres de l'endroit où ils sont nés. En conséquence, des regroupements locaux de parents génétiques se constituent. Je me souviens avoir visité une île au large de la côte ouest de l'Irlande et d'avoir été frappé par le fait que presque tout le monde avait les oreilles décollées les plus énormes que j'aie jamais vues. Ce phénomène pouvait difficilement être dû au fait qu'elles étaient adaptées au climat (il y a des vents très forts). C'était parce que la plupart des habitants avaient des liens très forts de parenté.

Les parents génétiques devront non seulement se ressembler au niveau des traits du visage, mais également sur un tas d'autres aspects. Par exemple, ils se ressembleront dans leur propension génétique à jouer — ou ne pas jouer — au « donnant donnant ».

Ainsi, même si le « donnant donnant » est rare dans la population considérée dans son ensemble, il se peut qu'il existe localement. Il se peut qu'à un endroit les individus « donnant donnant » soient en nombre suffisant pour prospérer grâce à leur coopération mutuelle, même si les calculs ne prenant en compte que la fréquence globale de la population totale tendent à suggérer qu'ils sont en dessous du seuil critique.

Si cela se produit, il se peut que les individus « donnant donnant », coopérant les uns avec les autres dans de petites enclaves locales et confortables, puissent prospérer, si bien qu'ils passeront de petits groupes à des communautés locales plus importantes. Ces communautés locales peuvent devenir si importantes qu'elles s'étendront à d'autres régions, régions qui avaient été en leur temps dominées numériquement par des individus jouant « toujours déserter ». En réfléchissant à ces enclaves locales, mon île irlandaise constitue un parallèle erroné, parce qu'elle est physiquement isolée. Pensons plutôt à une population importante dans laquelle il y a peu de mouvements, si bien que les individus ont tendance à ressembler plus à leurs proches voisins qu'à leurs voisins plus éloignés, même s'il y a un brassage continuel au niveau de toute la région.

Si l'on en revient à notre seuil critique, alors « donnant donnant » pourrait le franchir. Tout ce qui est nécessaire, c'est une petite colonie locale, une colonie qui aura naturellement tendance à se développer dans les populations naturelles. « Donnant donnant » a une qualité intrinsèque, à savoir qu'il franchit le seuil pour retourner vers son côté, même lorsqu'il se fait rare. C'est comme s'il y avait un passage secret sous le seuil. Mais ce passage secret contient un clapet antiretour : il y a une asymétrie. Contrairement à « donnant donnant », « toujours déserter », bien qu'il soit une véritable SES, ne peut utiliser une communauté locale pour franchir le seuil. Au contraire. Les communautés locales d'individus « toujours déserter », loin de prospérer, s'en sortent *très mal* lorsqu'ils sont en présence les uns des autres. Loin de s'entraider gentiment aux frais du banquier, ils se tapent dessus. « Toujours déserter » n'obtient donc aucune aide de ses parents ou de la viscosité de la population, contrairement à « donnant donnant ».

Ainsi, bien qu'il soit douteux que « donnant donnant » soit une SES, il a une sorte de stabilité supérieure. Qu'est-ce que cela peut signifier ? Stable veut sûrement dire stable. Nous adoptons ici une idée plus profonde. « Toujours déserter » résiste à l'invasion pendant un long moment. Mais si nous attendons assez longtemps, un millier d'années peut-être, « donnant donnant » réunira le compte nécessaire pour basculer par-dessus le seuil, et cette population essaimera. Mais le contraire ne se produira pas. « Toujours déserter », comme nous l'avons vu, ne peut bénéficier du phénomène de regroupement et ne jouit donc pas de ce haut degré de stabilité.

« Donnant donnant », comme nous l'avons vu, est gentil, ce qui signifie qu'il n'est jamais le premier à déserter, et « clément », ce qui signifie qu'il a une mémoire courte pour les mauvaises actions perpétrées dans le passé. J'introduis à présent d'autres termes techniques d'Axelrod. « Donnant donnant » est aussi « non envieux ». Etre *envieux*, dans la terminologie Axelrod, signifie s'efforcer d'avoir plus d'argent que l'autre joueur, plutôt qu'une quantité importante de l'argent du banquier. Etre *non envieux* signifie être tout à fait heureux si l'autre joueur gagne autant d'argent du banquier. « Donnant donnant » ne gagne jamais vraiment une partie. Réfléchissez-y et vous verrez qu'il ne *peut pas* obtenir un score plus élevé que son « adversaire » dans quelque partie sur ce soit, car il ne déserte jamais sauf pour riposter. Tout ce qu'il peut faire, c'est agir avec son adversaire. Mais il a tendance à réaliser chaque coup avec un score commun élevé. En ce qui concerne la stratégie du « donnant donnant » et d'autres stratégies de gentillesse, le mot même d'« adversaire » est inadéquat. Malheureusement, lorsque les psychologues font des parties de « dilemme du prisonnier itéré » entre de vrais humains, presque tous les joueurs succombent à l'envie et s'en sortent donc relativement mal en termes d'argent. Il semble que beaucoup de gens, peut-être même sans y penser, préfèrent descendre l'autre joueur que coopérer avec lui pour descendre le banquier. Les travaux d'Axelrod ont montré quelle faute cela constituait.

Il ne s'agit d'une faute que dans certains types de jeux. Les théoriciens des jeux les divisent en « somme zéro » et en « somme non-zéro ». Une somme zéro est une somme dans laquelle un gain pour

un joueur représente une perte pour l'autre. Les échecs constituent une somme zéro, car le but de chaque joueur est de gagner
et cela signifie faire perdre l'autre joueur. Le « dilemme du prisonnier » est toutefois un jeu de somme non-zéro. Il y a un banquier
qui verse l'argent et il est possible pour les joueurs de s'allier
contre la banque et de se payer sa tête.

Cette histoire de se payer la tête de la banque tout le temps du
jeu me fait penser à un vers charmant de Shakespeare dans *Henry
VI* : « La première chose à faire, c'est de tuer tous les hommes de
loi. »

Dans ce que nous qualifions de « litiges » civils, il y a souvent en
fait une grande place pour la coopération. Ce qui ressemble à une
confrontation de somme-zéro peut, avec un peu de bonne volonté,
être changé en jeu de somme non-zéro bénéfique pour tout le
monde. Prenons le cas du divorce. Un bon mariage est évidemment un jeu à somme non-zéro qui consiste en une coopération.
Mais, même lorsqu'il s'effondre, il existe toutes sortes de raisons
qui font qu'un couple pourrait continuer à coopérer et à traiter ce
divorce comme une somme non-zéro. Comme si le bien-être des
enfants n'était pas une raison suffisante, les honoraires des deux
avocats creuseront un large trou dans les finances familiales.
Ainsi, on ne voit pas pourquoi un couple rationnel et civilisé ne
commencerait pas par aller consulter *ensemble* un seul avocat,
n'est-ce pas ?

Eh bien non. Au moins en Angleterre et, jusque très récemment,
dans les cinquante États des États-Unis, la loi, ou plus strictement
— et de manière plus significative — le propre code déontologique
des avocats, ne leur permet pas de le faire. Les avocats ne doivent
accepter qu'un seul membre du couple comme client. On ferme la
porte à l'autre personne, et cette dernière n'a plus comme alternative que de ne pas prendre d'avocat du tout ou d'aller en consulter
un autre. Et c'est alors que le plus drôle se produit. Dans des
chambres séparées, mais d'une seule voix, les deux avocats
commencent immédiatement à parler en utilisant le « nous » et
« eux ». Vous comprenez que « nous » ne signifie pas « ma femme
et moi », mais « mon avocat et moi, contre elle et son avocat ».
Lorsque l'affaire passe en justice, elle est vraiment appelée « Smith
contre Smith » ! L'affrontement sera féroce, que le couple se

déchire ou non, qu'ils se soient mis ou non d'accord pour adopter une attitude cordiale l'un envers l'autre. Et qui bénéficie de cette lutte du « je gagne, tu perds »? Les avocats uniquement, sans doute.

Ce malheureux couple a été attiré dans un jeu à somme nulle. Pour les avocats, en revanche, le cas Smith contre Smith représente un joli jeu comportant une grosse somme non négligeable, les Smith effectuant les paiements et les deux professionnels trayant le compte joint de leurs clients en faisant preuve d'une coopération minutieusement codée. L'une des façons dont ils coopèrent consiste à faire des propositions dont tous deux savent bien que l'autre partie ne les acceptera pas. Cela entraîne une contre-proposition qu'une fois encore tous savent inacceptable. Et ainsi de suite. Chaque lettre, chaque appel téléphonique échangé entre les « adversaires » qui coopèrent allonge la note. Avec un peu de chance, cette procédure peut se poursuivre pendant des mois, voire des années, avec des coûts qui augmentent en proportion. Les avocats ne se concertent pas pour que cela se passe ainsi. Au contraire, il est ironique que ce soit leur isolement scrupuleux qui représente l'instrument principal de leur coopération aux dépens des clients. Il se peut que les avocats ne soient même pas conscients de ce qu'ils font. A l'instar des chauves-souris vampires que nous rencontrerons bientôt, ils jouent selon des règles rituelles. Le système fonctionne sans qu'il existe une organisation ou une surveillance consciente. Il est entièrement destiné à nous faire participer à des jeux à somme nulle. Somme nulle pour les clients, mais somme *non* nulle pour les avocats.

Que faut-il faire? Le choix de Shakespeare n'est pas convenable. Il serait plus correct de modifier la loi. Mais la plupart des parlementaires viennent des professions juridiques et ont une mentalité de somme nulle. Il est difficile d'imaginer une atmosphère plus contradictoire que celle de la Chambre des députés. (Les tribunaux préservent au moins la décence des débats. Autant que possible, puisque « mon nouvel ami et moi » coopérons parfaitement quand il s'agit de trouver le chemin de la banque.) Peut-être faudrait-il apprendre à des législateurs bien intentionnés ainsi qu'à des avocats repentants un peu de théorie des jeux. Il est juste d'ajouter que certains avocats jouent exactement le rôle opposé en persuadant les clients qui visent une lutte à somme nulle qu'ils feraient mieux de parvenir à un règlement à somme non nulle hors du tribunal.

Qu'en est-il des jeux de la vie humaine? Quels sont ceux qui ont une somme nulle et ceux qui ont une somme non nulle? Et — parce qu'il ne s'agit pas de la même chose — quels aspects de la vie *percevons-nous* comme étant à somme nulle ou à somme non nulle? Quels aspects de la vie humaine génèrent « l'envie » et quels sont ceux qui génèrent la coopération contre un « banquier »? Pensez, par exemple, aux discussions sur les « différentiels » de salaires. Lorsque nous négocions nos augmentations de salaires, sommes-nous motivés par « l'envie » ou coopérons-nous pour obtenir le meilleur revenu réel? Supposons-nous, dans la vie réelle comme dans des expériences psychologiques, que nous jouons un jeu à somme nulle alors que ce n'est pas le cas? Je ne fais que poser ces questions épineuses. Y répondre serait aller au-delà du domaine, habituellement. Par moments, il peut devenir un peu à somme non nulle. Cela s'est produit en 1977 dans la Ligue anglaise de football (les autres jeux qualifiés de football — le rugby-football, le football australien, le football américain, le football irlandais, etc., sont aussi des jeux à somme nulle normalement). Les équipes de la Ligue de football sont partagées en quatre divisions. Les clubs jouent contre d'autres clubs à l'intérieur de leur division, accumulant ainsi des points pour chaque victoire ou match nul durant la saison. Le fait d'être en première division est une position prestigieuse — et lucrative — pour un club puisque cela lui assure un large public. A la fin de chaque saison, les trois derniers clubs de la première division sont relégués en seconde pour la saison suivante. Cela semble un sort terrible qui mérite que l'on fasse de gros efforts pour l'éviter.

Le 18 mai 1977, dernier jour de la saison de football de l'année, deux des trois équipes reléguées en deuxième division étaient déjà connues, mais rien n'était encore fixé pour la troisième. Elle devait de toute façon figurer parmi les trois équipes suivantes : Sunderland, Bristol ou Coventry. Ces trois équipes avaient alors tout à perdre ce samedi-là. Sunderland jouait contre une quatrième équipe (dont l'appartenance à la première division ne faisait aucun doute). Il se trouva que Bristol et Coventry devaient jouer l'une contre l'autre. On savait que si Sunderland gagnait, l'équipe déclassée serait soit Bristol soit Coventry, en fonction des résultats de leur rencontre. Les deux parties cruciales se déroulaient théoriquement en même temps. Il s'avéra pourtant que le match Bristol-Coventry eut cinq minutes de retard. En conséquence, le résultat du match de Sunderland fut connu avant la fin du match Bristol-Coventry. C'est ici que se trouve le nœud de cette histoire compliquée.

Pendant la plus grande partie du match entre Bristol et Coventry, le jeu était, pour citer un reportage de l'époque, « rapide et souvent furieux », une bataille âpre (si vous aimez ce genre de chose) et durement disputée. Il y eut de très beaux buts marqués de part et d'autre, si bien que le score était de 2 à 2 à la quatre-vingtième minute du match. C'est alors que, deux minutes avant la fin, la nouvelle parvint que Sunderland avait perdu. Immédiatement, l'entraîneur de l'équipe de Coventry fit inscrire cette information sur le panneau électronique géant placé à l'autre bout du terrain. Apparemment, les vingt-deux joueurs purent la lire et ils se rendirent tous compte qu'ils n'avaient plus besoin de jouer fort. Un match nul représentait tout ce qu'il fallait à chaque équipe pour éviter d'être déclassée. Il était évident que s'efforcer de marquer des buts était à présent une mauvaise politique puisque, en éloignant des joueurs de la défense, cela comportait un risque de perdre vraiment — et d'être déclassé finalement. Les deux équipes s'efforcèrent donc d'obtenir le match nul. Pour citer le même reportage : « Les supporters, qui s'étaient conduits en ennemis vindicatifs quelques secondes auparavant lorsque Don Gillies marqua un but égalisateur à la quatre-vingtième minute, célébrèrent ensemble le résultat du match de Sunderland. L'arbitre Ron Challis regarda, sans pouvoir y faire grand-chose, les joueurs pousser le ballon et ne pas inquiéter l'homme qui en avait la possession. » Ce qui avait auparavant été un jeu à somme nulle était soudain devenu, à cause d'une nouvelle venue de l'extérieur, un jeu à somme non nulle. Compte tenu des termes de notre discussion initiale, tout se passa comme si un banquier extérieur était apparu comme par magie, donnant ainsi la possibilité à Bristol et Coventry de bénéficier du même résultat, soit un match nul.

Les sports nécessitant un public tels que le football constituent normalement des jeux à somme nulle pour une bonne raison. Il est plus excitant pour les foules de regarder des joueurs s'affronter vigoureusement que de les voir fraterniser. Mais la vie réelle, la vie humaine, animale et végétale, n'est pas destinée à plaire aux spectateurs. De nombreuses situations de la vie réelle constituent en pratique des jeux à somme non nulle. La nature joue souvent le rôle de « banquier », les individus peuvent donc bénéficier mutuellement des succès obtenus. Ils n'ont pas à descendre leurs rivaux pour pouvoir tirer eux-mêmes des bénéfices. Sans s'éloigner des lois fondamentales du gène égoïste, nous pouvons voir de quelle manière la coopération et l'assistance mutuelle peuvent se développer même si on se trouve dans un monde fondamentalement égoïste. Nous pouvons voir comment, selon le sens donné à ce terme par Axelrod, les gentils finissent les premiers.

Mais rien de cela ne fonctionne à moins que le jeu ne soit *itéré*. Les joueurs doivent savoir (ou « savent ») que le jeu en cours n'est pas le dernier qui se déroule entre eux. Selon l'expression obsédante d'Axelrod, « l'ombre du futur » doit être longue. Mais quelle doit en être la longueur? Elle ne peut être indéfiniment longue. D'un point de vue théorique, peu importe la durée du jeu; la chose importante, c'est qu'aucun des joueurs ne *sache* quand le jeu va se terminer. Supposez que vous et moi jouions l'un contre l'autre, et que nous sachions tous les deux que le nombre de tours sera exactement de cent. A présent, nous comprenons que, le centième tour, étant le dernier, sera équivalent à un coup pour rien du « dilemme du prisonnier ». La seule stratégie rationnelle pour chacun de nous consistera donc à jouer au centième tour DÉSERTER, et nous pourrons chacun supposer que l'autre joueur fera la même chose et qu'il sera complètement décidé à déserter au dernier tour. On peut donc éliminer le dernier tour puisque son résultat est prévisible. Mais à présent le quatre-vingt-dix-neuvième tour sera aussi un coup pour rien et le seul choix rationnel sera également de DÉSERTER. Le quatre-vingt-dix-huitième tour succombe au même

raisonnement et ainsi de suite en remontant. Deux joueurs strictement rationnels, dont chacun suppose que l'autre est strictement
rationnel, ne peuvent rien faire d'autre que déserter s'ils savent
tous les deux combien il y aura de tours durant le jeu. C'est pour
cette raison que, lorsque les théoriciens des jeux parlent de
« dilemme itéré ou répété du prisonnier », ils supposent toujours
que la fin du jeu n'est pas prévisible ou n'est connue que du banquier.

Mais, si le nombre exact de tours n'est pas connu avec certitude
dans la vie courante, il est souvent possible d'effectuer une extra-
polation statistique qui nous permettra de savoir pendant
combien de temps il est *possible* que le jeu se prolonge. Cette évaluation peut jouer un rôle important dans la stratégie. Si je
remarque que le banquier s'énerve et regarde sa montre, je peux
supposer que le jeu est probablement sur le point de se terminer,
et, par conséquent, il se peut que je sois tenté de déserter. Si je suspecte que vous avez aussi remarqué l'énervement du banquier, il
se peut que j'aie peur que vous puissiez vous aussi envisager la
désertion. Je serai probablement très soucieux de déserter le premier. Surtout dans la mesure où je peux craindre que vous crai-
gniez que je...

La distinction élémentaire que fait le mathématicien entre le jeu
du « dilemme du prisonnier » et le jeu du « dilemme itéré du prisonnier » est trop simple. On peut s'attendre à ce que chaque
joueur se comporte comme s'il possédait une estimation toujours
mise à jour de la durée probable du jeu. Plus longue sera son estimation, plus il jouera en suivant les attentes du mathématicien
pour le vrai jeu itéré : en d'autres termes, plus il sera gentil et clément, moins il sera envieux. Plus son estimation de l'avenir du jeu
sera courte, plus il aura tendance à jouer selon les attentes du
mathématicien : plus il sera méchant, moins il sera clément.

Axelrod donne une illustration touchante de l'importance de la
consistance de l'ombre du futur, à partir d'un phénomène remarquable qui est apparu durant la Première Guerre mondiale : le soi-
disant système du « vivre et laisser vivre ». Il prend sa source dans
la recherche effectuée par l'historien et sociologue Tony Ashworth.
On sait parfaitement bien qu'à Noël les troupes britanniques et
allemandes ont brièvement fraternisé et qu'elles ont bu ensemble

dans le no man's land. Ce que l'on sait moins, mais qui est selon moi plus intéressant, c'est que des pactes de non-agression officieux et tacites, un système de « vivre et laisser vivre », se sont développés le long du front pendant au moins deux ans à partir de 1914. On cite l'exemple d'un officier supérieur britannique qui, visitant les tranchées, aurait été étonné de voir les soldats allemands marcher à portée de fusil derrière leurs propres lignes. « Nos hommes semblaient ne pas y faire attention. Je me promis d'empêcher de telles choses de se produire lorsque nous prendrions la place ; de telles choses ne devraient pas être permises. Il est évident que ces gens ne savaient pas qu'il y avait une guerre. Les deux camps croyaient apparemment dans les vertus de la politique du vivre et laisser vivre. »

La théorie des jeux et le « dilemme du prisonnier » n'avaient pas encore été inventés à cette époque, mais nous pouvons voir assez clairement, avec un peu de jugeote, ce qui se passait et Axelrod en a fourni une analyse fascinante. Dans la guerre de tranchées qui faisait rage, l'ombre du futur pour chaque compagnie était longue. C'est-à-dire que chaque groupe de sapeurs britanniques pouvait s'attendre à voir le même groupe de sapeurs allemands pendant de nombreux mois. De plus, les simples soldats ne savaient jamais quand ils allaient être déplacés, si jamais ils l'étaient un jour (les ordres militaires sont notoirement arbitraires, capricieux et incompréhensibles pour ceux qui les reçoivent). L'ombre du futur était suffisamment longue et indéterminée pour favoriser le développement d'une coopération de type « donnant donnant ». Il va sans dire, bien sûr, que la situation était équivalente au jeu du « dilemme du prisonnier ».

Pour parler de véritable « dilemme du prisonnier », rappelez-vous que les gains doivent suivre un classement particulier. Les deux camps doivent considérer la coopération mutuelle (CC) comme préférable à la désertion mutuelle. La désertion alors que l'autre camp coopère (DC) est préférable si vous pouvez vous en sortir. Coopérer alors que l'autre camp déserte (CD) est pire que tout. La désertion mutuelle (DD) est ce que les généraux aimeraient voir. Ils veulent voir leurs propres gars, mauvais comme la peste, tiraillant sur l'ennemi chaque fois qu'ils en ont l'occasion.

La coopération mutuelle était indésirable du point de vue des états-majors parce qu'elle ne les aidait pas à gagner la guerre. Mais

elle était extrêmement désirable du point de vue des soldats en
tant qu'individus, et cela dans les deux camps. Ils ne voulaient pas
se faire tuer. Bien sûr — et cela prend en compte les autres conditions de règlement nécessaires pour que la situation soit un vrai
« dilemme du prisonnier » — ils étaient probablement d'accord
avec les généraux dans leur désir de gagner la guerre plutôt que de
la perdre. Mais ce n'est pas le choix auquel l'individu soldat est
confronté. Il est improbable que le résultat de la guerre dans son
ensemble soit matériellement affecté par ce qu'il fait lui en tant
qu'individu. La coopération mutuelle avec les soldats ennemis
vous faisant face de l'autre côté d'un no man's land affecte votre
propre destin et est grandement préférable à la désertion
mutuelle, même s'il se peut que, pour des raisons patriotiques ou
disciplinaires, vous préfériez marginalement déserter (DC) à
condition de pouvoir vous en sortir. Il semble que cette situation
représentait un véritable « dilemme du prisonnier ». On pouvait
s'attendre à ce que quelque chose comme le « donnant donnant »
se développe et cela se produisit.

La stratégie localement stable dans une partie des tranchées
n'était pas nécessairement le « donnant donnant » lui-même.
« Donnant donnant » fait partie d'une famille de stratégies de gentillesse, de riposte, mais aussi de mansuétude, dont toutes, bien
qu'elles ne soient pas techniquement stables, sont difficiles à envahir une fois qu'elles émergent. Trois « donnant donnant » par
exemple se développèrent localement : Nous sortons la nuit des
tranchées... Les sentinelles allemandes sont dehors, et il n'est pas
considéré comme convenable de tirer. Les choses réellement
méchantes sont les grenades... Elles peuvent tuer huit ou neuf
hommes si elles tombent dans une tranchée... Mais nous n'utilisons jamais les nôtres à moins que les Allemands ne deviennent
particulièrement bruyants comme lorsqu'ils ripostent, ce qui se
produit une fois sur trois lorsque nous revenons.

Il est important pour un membre de la famille des stratégies
« donnant donnant » que les joueurs soient punis pour désertion.
La menace de représailles doit toujours être présente. Les démonstrations de la capacité à riposter représentaient une caractéristique
notable du système « vivre et laisser vivre ». Les tirs sporadiques des
deux camps démontraient leur virtuosité meurtrière en tirant, non

pas sur les soldats ennemis, mais sur des cibles inanimées proches des ennemis, technique utilisée dans les westerns (comme éteindre une bougie en tirant dessus). Il semble que l'on n'ait jamais répondu de manière satisfaisante à la question de savoir pourquoi les deux premières bombes atomiques opérationnelles ont été lancées sur deux villes — contre les avis vigoureusement exprimés par les plus grands physiciens responsables de leur développement — au lieu d'en démontrer la puissance dans une mise en scène spectaculaire, comme dans notre exemple de la chandelle.

Une caractéristique importante des stratégies de « donnant donnant » est leur clémence. Cela, comme nous l'avons vu, aide à étouffer ce qui pourrait autrement se changer en longues séries préjudiciables de vengeances mutuelles. L'importance de la riposte est rendue encore plus étonnante par le récit qu'en fait un officier britannique (comme si la première phrase nous laissait dans le doute) : « Je prenais le thé avec la compagnie A lorsque nous entendîmes des cris. Nous allâmes aux nouvelles et découvrîmes que nos hommes et les Allemands étaient sur leurs parapets respectifs. Il y eut soudain une salve qui ne fit aucun dégât. Naturellement les deux camps descendirent et nos hommes commencèrent à injurier les Allemands, lorsque soudain un courageux Allemand monta sur son parapet et cria : "Nous sommes désolés ; nous espérons que personne n'a été blessé. Ce n'est pas notre faute, c'est celle de cette damnée artillerie prussienne." »

Axelrod commente ainsi : cette excuse « va bien au-delà d'un simple effort destiné à éviter les représailles. Elle montre le regret moral d'avoir violé une situation de confiance et le souci que quelqu'un ait pu être blessé ». Cet Allemand était certainement admirable et très courageux.

Axelrod insiste aussi sur l'importance du caractère prévisible et du rituel maintenant un cadre stable de confiance mutuelle. Un exemple amusant consistait en la « salve du soir » tirée par l'artillerie britannique avec une régularité d'horloge à un certain endroit des lignes. Voici les mots d'un soldat allemand : « A sept heures, elle arrivait — si régulièrement que vous pouviez régler votre montre sur elle... Elle avait toujours le même objectif, sa portée était correcte, elle ne variait jamais latéralement, n'était jamais ni trop longue, ni trop courte... Il y avait même des gars qui rampaient jusque-là... un peu avant sept heures pour les voir exploser. »

L'artillerie allemande faisait exactement la même chose comme le décrit le récit suivant, du côté britannique : « Ils étaient si réguliers dans leur choix des cibles, des heures de tirs et du nombre de coups tirés [...] que le colonel Jones [...] savait à la minute près où l'obus suivant tomberait. Ses calculs étaient très exacts et il pouvait prendre ce qui semblait de grands risques à des officiers non initiés, sachant que le bombardement stopperait avant qu'il ait atteint l'endroit bombardé. »

Axelrod fait remarquer que de « tels rituels de mise à feu de routine et effectués pour la forme envoyaient un double message. Au haut commandement, ils signifiaient l'agression, mais à l'ennemi ils signifiaient la paix ».

Ce système du « vivre et laisser vivre » aurait pu être mis au point par négociation verbale, par des stratèges conscients de ce qu'ils faisaient en négociant autour d'une table. En fait, ce n'était pas le cas. Ce système s'est développé au travers d'une série de conventions locales par des gens répondant au comportement les uns des autres ; les soldats en tant qu'individus étaient probablement à peine conscients de son développement. Cela ne doit pas nous surprendre. Les stratégies de l'ordinateur d'Axelrod étaient absolument inconscientes. C'était leur comportement qui permettait de les qualifier de gentilles ou de mauvaises, de clémentes ou non, d'envieuses ou pas. Les programmeurs qui les conçurent ont pu être n'importe laquelle de ces choses, mais peu importe. Une stratégie gentille, clémente et non envieuse pouvait facilement être programmée dans l'ordinateur par un homme très méchant, et vice versa. La gentillesse d'une stratégie se reconnaît à son attitude, non à ses motifs (car elle n'en a pas), ni à son auteur (qui s'est mis en retrait lorsque le programme a été mis dans l'ordinateur). Un programme informatique peut se conduire d'une manière stratégique sans être conscient de sa stratégie, ou évidemment de rien du tout.

Nous sommes bien sûr totalement habitués à l'idée des stratèges inconscients ou au moins de stratèges dont la conscience, si elle existe, est inutile. Il y a un grand nombre d'exemples de stratèges inconscients au fil des pages de ce livre. Les programmes d'Axelrod constituent un excellent modèle de la façon dont, tout au long de ce livre, nous avons mené notre réflexion sur les animaux et les plantes, ainsi qu'évidemment les gènes. Il est donc naturel de se demander si ses conclusions optimistes — sur le succès de la gentillesse non envieuse et clémente — s'appliquent aussi au monde de la nature. La réponse est affirmative, car il est évident qu'elles s'appliquent. A condition seulement que la nature établisse des jeux du type « dilemme du prisonnier », que l'ombre du futur soit longue et que les jeux soient des jeux à somme non nulle. Ces conditions sont certainement remplies globalement dans le royaume des vivants.

Personne ne proclamera jamais qu'une bactérie constitue un stratège conscient, alors que les parasites bactériens sont probablement engagés dans des parties sans fin de « dilemme du prisonnier » avec leurs hôtes, et qu'il n'y a aucune raison pour que nous n'attribuions pas les adjectifs d'Axelrod — clément, non envieux, etc. — à leurs stratégies. Axelrod et Hamilton font remarquer que les bactéries normalement inoffensives ou utiles peuvent devenir mauvaises et même causer une infection mortelle chez une personne blessée. Un médecin dirait que les « résistances naturelles » de la personne sont diminuées par la blessure. Mais peut-être que la véritable raison a un lien avec les jeux de type « dilemme du prisonnier ». Peut-être les bactéries ont-elles quelque chose à gagner, mais qu'habituellement elles restent sur leur réserve? Dans le jeu entre l'humain et les bactéries, « l'ombre du futur » est normalement longue, puisqu'un humain type peut vivre pendant des années, quel que soit son âge. Par contre, un humain sérieusement blessé peut présenter à ses hôtes bactériens une ombre du futur potentiellement beaucoup plus réduite. La « tentation de déserter » correspondante commence quand elle semble représenter une option plus attractive que la « récompense pour coopération ». Il va sans dire que personne n'irait jusqu'à suggérer que les bactéries mettent tout cela au point dans leurs vilaines petites têtes! La sélection sur plusieurs générations a certainement installé chez elles une règle inconsciente qui les contrôle par des moyens biochimiques.

Selon Axelrod et Hamilton, les plantes peuvent même prendre leur revanche, évidemment, faut-il encore le répéter, de manière inconsciente. Les figuiers et les guêpes à figuier partagent une intime relation de coopération. La figue que vous mangez n'est pas réellement un fruit. Il y a à une extrémité un trou minuscule et, si vous y jetez un œil (il faudrait que vous soyez aussi petit que la guêpe du figuier pour le faire, et elles sont minuscules : heureusement trop petites pour être remarquées quand vous mangez une figue), vous y trouvez des centaines de minuscules fleurs le long des parois. La figue constitue une serre intérieure sombre pour les fleurs, une chambre intérieure de pollinisation. Et les seuls agents pouvant mener à bien cette pollinisation sont les guêpes du figuier. L'arbre bénéficie alors de la moisson des guêpes. Mais que contiennent-elles qui intéresse tant les guêpes ? Elles déposent leurs œufs dans les minuscules fleurs que les larves mangent ensuite. Elles pollinisent les autres fleurs se trouvant sur le même figuier. « Déserter », pour une guêpe, signifierait mettre ses œufs dans un nombre trop important de fleurs de la figue et en polliniser trop peu. Mais comment un figuier pourrait-il riposter ? D'après Axelrod et Hamilton, « il s'avère que dans de nombreux cas, si une guêpe de figuier qui pénètre dans une jeune figue ne pollinise pas assez de fleurs pour que celles-ci donnent des graines, et qu'au lieu de cela elle met tous ses œufs dans presque toutes les fleurs, l'arbre arrête très tôt le développement de la figue. Toute la progéniture de la guêpe est alors perdue. »

Un exemple bizarre de ce qui ressemble à un arrangement de type « donnant donnant » dans la nature a été découvert par Eric Fischer chez un poisson hermaphrodite, la perche de mer. Contrairement à nous, ces poissons n'ont pas un sexe déterminé à la conception par leurs chromosomes. Au lieu de cela, chaque individu est capable de remplir le rôle du mâle et de la femelle. A chaque fois qu'ils frayent, ils produisent soit des ovocytes, soit des spermatozoïdes. Ils forment des couples monogames et ils jouent dans ce couple chacun à leur tour le rôle du mâle et celui de la femelle. Maintenant, nous pouvons supposer que chaque poisson pris individuellement, s'il pouvait s'en sortir, « préférerait » jouer tout le temps le rôle du mâle parce que c'est plus économique. Autrement dit, un individu qui réussirait à persuader son partenaire de jouer le rôle de la femelle la plupart du temps gagnerait tous les bénéfices des investissements que cette « dernière » aurait faits dans les œufs, alors que « lui » garderait des ressources suffisantes pour autre chose, par exemple s'accoupler à un autre poisson.

En fait, Fischer a observé que les poissons pratiquent ce système en stricte alternance. Ils font ce qui se pratique dans un jeu de type « donnant donnant ». Et il est possible qu'ils y soient obligés, parce qu'il semble qu'il s'agisse d'un véritable jeu de « dilemme du prisonnier », quoique quelque peu compliqué. Jouer COOPÉRER signifie jouer le rôle de la femelle lorsque c'est à votre tour de le faire. Essayer de jouer le rôle du mâle lorsque c'est à votre tour de jouer celui de la femelle revient à jouer la carte DÉSERTER. La désertion est vulnérable face à la riposte : le partenaire peut refuser de jouer le rôle de la femelle la fois suivante, alors que ce serait son tour à elle (à lui ?) de le faire, ou bien « elle » pourrait tout simplement mettre fin à la relation. Fischer observa bien évidemment que les couples ayant un partage inégal des rôles avaient tendance à se séparer.

Il est une question que les sociologues et les psychologues se posent parfois : pourquoi les donneurs de sang (dans des pays tels que la Grande-Bretagne, où ils ne sont pas payés) donnent-ils leur sang ? Je trouve difficile de croire que la réponse réside dans la réciprocité ou l'égoïsme déguisé au sens strict. Ce n'est pas comme si des donneurs réguliers recevaient des traitements préférentiels lorsqu'ils en viennent à avoir besoin d'une transfusion. Ils ne reçoivent même pas de médailles pour leur geste. Peut-être suis-je un grand naïf d'être tenté de voir dans ce geste un véritable cas d'altruisme pur et désintéressé. Quoi qu'il en soit, le partage du sang chez les chauves-souris vampires semble aller parfaitement avec le modèle donné par Axelrod. Nous le savons grâce à des travaux de G. S. Wilkinson.

Il est bien connu que les vampires se nourrissent de sang la nuit. Il n'est pas facile pour eux de prendre leur repas, mais s'ils y parviennent, il s'agit d'un repas important. Lorsque l'aube arrive, certains individus auront eu peu de chance et s'en seront retournés complètement vides, alors que ceux qui auront réussi à trouver une victime auront probablement sucé beaucoup de sang. La nuit suivante, la chance peut tourner. Ainsi, cela aurait toutes les apparences d'un comportement d'altruisme réciproque. Wilkinson découvrit que les individus qui avaient de la chance donnaient effectivement par régurgitation du sang à leurs compagnons moins heureux. Sur cent dix régurgitations observées par Wilkinson, soixante-dix-sept pouvaient facilement être interprétées comme des cas de mères nourrissant leurs petits, et de nombreux autres exemples de partage de sang comportaient d'autres catégories de parents génétiques. Toutefois, il subsistait encore des exemples de partage de sang parmi des chauves-souris n'ayant aucun lien de parenté. Il est significatif que les individus en question ici avaient tendance à être des « compagnons de chambre » — ils avaient toutes les occasions d'interagir l'un sur l'autre de manière répétée comme l'exige le « dilemme itéré du prisonnier ». Mais est-ce que les autres exigences d'un « dilemme itéré du prisonnier » ont été remplies ? La matrice de règlements de la figure D montre ce qu'il faudrait observer si c'était le cas.

	vous coopérez	vous désertez
je coopère	*Plutôt bon* (récompense de la coopération mutuelle) On me donne du sang lors de mes mauvaises nuits, ce qui me sauve. Je donne du sang lors de mes bonnes nuits, ce qui me coûte peu.	*Très mauvais* (l'Épouilleur) Je vous sauve la vie lors d'une bonne nuit, et ça me coûte. Mais, lors d'une mauvaise nuit, vous me laissez mourir de faim.
je déserte	*Très bon* (tentation de déserter) Vous me sauvez la vie lors d'une mauvaise nuit. Mais, lors d'une bonne nuit, ça ne me coûte rien de vous laisser tomber.	*Plutôt mauvais* (punition pour désertion mutuelle) Je vous laisse tomber lors de mes bonnes nuits, ça ne me coûte rien. Mais, lors des mauvaises nuits, je cours de risque de mourir de faim.

Figure D. *Chauve-souris vampire donneuse de sang : règlements me concernant dans les différentes situations.*

Est-ce que l'économie des vampires se conforme vraiment à cette table ? Wilkinson a regardé à partir de quel moment les vampires affamés commençaient à perdre du poids. A partir de cela, il a calculé le temps que cela prendrait à une chauve-souris repue pour mourir de faim, le temps que cela prendrait à une chauve-souris dénutrie de mourir de faim et tous les cas intermédiaires. Cela lui a permis de calculer la quantité de sang nécessaire par unité de vie prolongée. Il a trouvé, et ce n'est pas réellement surprenant, que le taux d'échange était différent et qu'il dépendait de l'état de dénutrition d'une chauve-souris. Une quantité donnée de sang ajoutait plus d'heures à la vie d'une chauve-souris extrêmement dénutrie qu'à une autre qui l'était moins. En d'autres termes, bien que l'acte de donner du sang augmentât les risques de mourir pour le donneur, cette augmentation était petite comparée à l'augmentation des chances de survie pour celui qui recevait le sang. Économiquement parlant, il semble donc possible que l'économie des vampires se conforme aux règles du « dilemme du prisonnier ». Le sang dont le donneur se défait lui est moins précieux que la même quantité de sang pour le récipiendaire. Lors de ses nuits de malchance, il tirerait réellement un énorme bénéfice d'un don de sang. Mais lors de ses nuits de chance il n'en tirerait qu'un léger bénéfice, s'il pouvait s'en sortir, en désertant — en refusant de donner du sang. « S'en sortir » ne signifie évidemment quelque chose que si les chauves-souris adoptent une sorte de stratégie du « donnant donnant ». Ainsi, les autres conditions pour l'évolution de la réciprocité du « donnant donnant » sont-elles remplies ?

En particulier, ces chauves-souris peuvent-elles se reconnaître entre elles comme des individus ? Wilkinson a mené une expérience sur des chauves-souris en captivité pour prouver qu'elles le pouvaient. L'idée de base était de prendre une chauve-souris pour une nuit et de ne pas lui donner à manger alors que les autres étaient bien nourries. La pauvre chauve-souris affamée fut alors remise avec les autres et Wilkinson observa laquelle, si jamais il y en avait une, lui donnerait de la nourriture. L'expérience fut répétée de nombreuses fois, chaque chauve-souris devenant la victime affamée. Le point important était que cette population de chauves-souris captives était constituée de deux groupes distincts, pris dans des cavernes séparées de plusieurs kilomètres. Si les vampires sont capables de reconnaître leurs amies, la chauve-souris expérimentalement affamée devrait alors être nourrie par celles provenant de sa propre caverne.

Et c'est ce qui se produisit. Treize cas de don de sang furent observés. Douze fois sur treize, la chauve-souris donneuse était une « vieille amie » de la victime affamée, prise dans la même caverne ; une fois seulement sur treize la chauve-souris victime fut nourrie par une « nouvelle amie » qui ne provenait pas de la même caverne. Évidemment, cela pourrait être une coïncidence, mais nous pouvons calculer les chances pour que cela n'en soit pas une. Elles sont de moins de deux pour mille. On peut donc en conclure sans pratiquement se tromper que les chauves-souris ont nourri leurs vieilles amies en toute connaissance de cause, plutôt que de nourrir des étrangères provenant d'une autre caverne.

Les vampires sont à l'origine de nombreux mythes. Pour les disciples de l'Église victorienne, ils représentent les forces du mal qui terrorisent la nuit, retirant les fluides vitaux, sacrifiant des vies innocentes simplement pour assouvir leur soif. Si l'on combine cela avec un autre mythe victorien selon lequel le rouge de la nature se retrouve dans les mâchoires et les griffes, les vampires ne sont-ils pas l'incarnation des peurs les plus profondes concernant le monde du gène égoïste ? Pour ma part, je suis sceptique envers tout ce qui parle de mythes. Si nous voulons savoir où se trouve la vérité dans des cas particuliers, nous devons regarder. Ce que le corpus darwinien nous donne, ce ne sont pas des espoirs sur des organismes particuliers. Il nous donne quelque chose de plus subtil et de plus précieux : la compréhension du principe. Mais, s'il faut que nous ayons des mythes, les faits réels sur les vampires pourraient nous donner une morale différente. Pour les chauves-souris elles-mêmes, les liens génétiques sont importants, mais ce n'est pas tout. Elles s'élèvent au-dessus des liens de parenté pour former leurs propres liens durables de fraternité loyale par le sang. Les vampires pourraient former l'avant-garde d'un nouveau mythe confortable, un mythe de partage, de coopération. Ils pourraient proclamer l'idée bénéfique selon laquelle, même avec des gènes égoïstes à la barre, les gentils peuvent finir les premiers.

CHAPITRE XIII

La portée du gène

Au cœur de la théorie du gène égoïste règne un certain paradoxe. Il s'agit de celui qui existe entre le gène et le corps de l'individu, agent fondamental de la vie. D'une part, nous avons l'image séduisante de réplicateurs d'ADN indépendants, gambadant comme des chamois, libres et sans contraintes durant des générations, rassemblés temporairement dans des machines à survie à usage unique, spirales immortelles rejetant une succession sans fin de spirales mortelles au fur et à mesure qu'elles se frayent un chemin vers leurs destins séparés. D'autre part, nous observons les corps individuels eux-mêmes et nous voyons que chacun constitue de toute évidence une machine cohérente, intégrée, extrêmement compliquée, destinée à un but évident. Un corps *ne ressemble pas* au produit d'un assemblage temporaire et flou d'agents génétiques hostiles qui n'ont guère le temps de se connaître avant d'embarquer à bord du spermatozoïde ou de l'ovocyte pour former la branche suivante de la grande diaspora génétique. Il a un cerveau qui n'a qu'une fonction, celle de coordonner une coopérative de membres et d'organes des sens pour réaliser un seul but. Le corps ressemble à un agent extraordinaire ayant ses propres règles et se comporte comme tel.

Dans certains chapitres de ce livre, nous avons d'ailleurs réfléchi à l'organisme individuel en tant qu'agent s'efforçant d'optimiser ses succès en les transférant à tous ses gènes. Nous avons imaginé des animaux individuels mettant en œuvre un système économique complexe basé sur des « pseudo »-calculs sur les bénéfices génétiques de différents types d'actions. Pourtant, dans d'autres chapitres, la raison d'être fondamentale a été présentée du point de vue des gènes. Sans cette vision de la vie qu'a le gène, il n'y a pas de raison particulière qu'un organisme *attache plus d'importance* à sa reproduction et à sa parenté que, par exemple, à sa propre longévité.

Comment allons-nous résoudre le paradoxe qui consiste à regarder la vie à partir de deux points de vue ? Ma propre tentative est exposée dans *The Extended Phenotype*, le livre qui, plus que tout dans ma vie professionnelle, représente ce que j'ai fait de mieux et constitue pour moi une source de joie et de fierté. Ce chapitre est un petit échantillon de certains des thèmes abordés dans ce livre, mais je préférerais en vérité que vous arrêtiez votre lecture ici et que vous passiez à *The Extended Phenotype* !

N'importe qui ayant une opinion sensée sur la sélection darwinienne ne travaille pas directement sur les gènes. L'ADN est emprisonné dans la protéine, emmailloté dans ses membranes, protégé du reste du monde et invisible à la sélection naturelle. Si la sélection essayait de choisir les molécules d'ADN directement, elle trouverait difficilement un critère pour le faire. Tous les gènes se ressemblent, comme toutes les cassettes audio se ressemblent. Les différences importantes entre les gènes apparaissent seulement dans leurs *effets*. Cela signifie habituellement les effets sur le développement embryonnaire et donc sur la forme et le comportement du corps. Les gènes qui gagnent sont ceux qui, dans un environnement influencé par tous les autres gènes d'un même embryon, ont des effets bénéfiques sur cet embryon. Bénéfique signifie qu'ils permettent à l'embryon de se développer pour devenir un adulte à part entière, un adulte capable de se reproduire et de transmettre ces mêmes gènes aux générations futures. Le mot technique *phénotype* est utilisé pour les manifestations qu'un gène a sur le corps, l'effet qu'un gène, par rapport à ses allèles, a sur le corps *via* le développement. L'effet phénotypique d'un gène pourrait être, par exemple, la couleur verte de l'œil. En pratique, la plupart des gènes ont plus d'un aspect phénotypique, par exemple la couleur verte de l'œil et les cheveux bouclés. La sélection naturelle favorise certains gènes non pas à cause de la nature des gènes eux-mêmes, mais à cause de leurs conséquences — leurs effets phéno-typiques.

Les darwiniens ont habituellement choisi de discuter des gènes dont les aspects phénotypiques sont bénéfiques ou pénalisateurs par rapport à la survie et à la reproduction de corps entiers. Ils ont eu tendance à ne pas prendre en compte les bénéfices apportés au gène lui-même. C'est en partie la raison pour laquelle le paradoxe se trouvant au cœur de la théorie ne se fait normalement pas ressentir. Par exemple, un gène peut réussir s'il améliore la vitesse d'un prédateur. Tout le corps du prédateur, y compris tous ses gènes, a plus de succès parce qu'il court plus vite. Sa vitesse l'aide à survivre pour avoir des enfants, et il transmettra donc plus de copies de tous ses gènes, y compris de celui de la vitesse. Ici, le paradoxe disparaît facilement, car ce qui est bon pour un gène l'est pour tous les autres.

Mais que se passerait-il si un gène comportait un aspect phéno-typique qui soit bon pour lui, mais mauvais pour le reste des gènes se trouvant dans le corps ? Il ne s'agit pas d'une hypothèse d'école. On en connaît des cas, comme par exemple celui du phénomène mystérieux appelé comportement méiotique. Vous vous souvenez que la méiose constitue le cas particulier de division cellulaire qui partage en deux le nombre de chromosomes et donne des sperma-tozoïdes ou des ovocytes. La méiose normale est une vraie loterie. De chaque paire d'allèles, il ne peut y en avoir qu'un qui entre dans un spermatozoïde ou un ovocyte donné. Mais il est aussi probable qu'il fasse partie de l'une ou l'autre paire, et si vous faites la moyenne sur un grand nombre de spermatozoïdes (ou d'ovocytes), il s'avère que la moitié contient un allèle, et l'autre moitié l'autre allèle. La méiose est juste, comme quand on joue à pile ou face. Mais, bien que nous pensions traditionnellement que jouer à pile ou face c'est faire confiance au hasard, cela constitue quand même un phénomène physique influencé par une multitude de facteurs — le vent, la force avec laquelle la pièce est lancée, etc. La méiose est également un processus physique et peut être influencée par les gènes. Que se passerait-il si un gène mutant survenait, ayant un effet non pas sur quelque chose d'évident comme la couleur des yeux ou la frisure des cheveux, mais sur la méiose elle-même ? Supposons que cela se produise et altère la méiose d'une façon telle que le gène mutant lui-même ait plus de chances que son allèle de finir dans l'ovocyte. De tels gènes existent et on les appelle « altérateurs de ségrégation ». Ils sont d'une simplicité diabolique. Lorsqu'un altérateur de ségrégation survient par mutation, il s'étend inexorablement dans la population aux dépens de son allèle. Il s'agit du phénomène connu sous le nom de « comportement méiotique ». Il se produira même si les effets sur le bien-être du corps et sur le bien-être des autres gènes du corps sont désastreux.

Tout au long de ce livre, nous avons été attentifs au fait que des organismes individuels pouvaient « tricher » de manière subtile contre leurs compagnons. Nous parlons ici de gènes trichant contre les autres gènes avec lesquels ils partagent un corps. Le généticien James Crow les a appelés « gènes qui faussent le système ». L'un des altérateurs de ségrégation le mieux connu est le gène « t » qui se trouve dans les souris. Lorsqu'une souris a deux gènes « t », soit elle meurt jeune, soit elle est stérile ; « t » est donc « létal » au stade homozygote. Si une souris mâle n'a qu'un seul gène « t », elle sera normale et en bonne santé, sauf sur un point important. Si vous examinez les spermatozoïdes de ce type de souris, vous trouvez que 95 % d'entre eux possèdent le gène « t » et seulement 5 % l'allèle normal. Il s'agit de toute évidence d'une énorme distorsion par rapport au taux de 50 % auquel nous nous attendions. Chaque fois que, dans une population sauvage, un allèle « t » se développe par mutation, sa croissance est exponentielle. Comment en serait-il autrement alors qu'il possède un avantage si injustement important dans la loterie méiotique ? Il se développe si rapidement que bientôt un grand nombre d'individus de la population héritent de ce gène « t » à double dose (c'est-à-dire de leurs parents). Ces individus meurent ou sont stériles, et très vite la population locale est en voie d'extinction. On pense que des populations de souris sauvages se sont éteintes dans le passé à cause d'une épidémie de gènes « t ».

Les altérateurs de ségrégations n'ont pas tous des effets

secondaires aussi destructeurs que ceux du gène « t ». Néanmoins, la plupart d'entre eux ont au moins des conséquences défavorables. (Presque tous les effets génétiques secondaires sont mauvais, et une nouvelle mutation ne se développera normalement que si ses mauvais effets sont compensés par ses effets bénéfiques. Si les bons et les mauvais effets s'appliquent au corps entier, l'effet global pourra encore être favorable pour le corps. Mais, si les mauvais effets s'appliquent au corps et que les bons sont seulement sur le gène, du point de vue du corps, l'effet global est mauvais.) En dépit de ses effets secondaires destructeurs, si un altérateur de ségrégation se développe par mutation, il s'étendra sûrement à toute la population. La sélection naturelle (qui, après tout, fonctionne au niveau génétique) favorise l'altérateur de ségrégation, même si ses effets au niveau de l'organisme individuel sont probablement mauvais.

Bien que les altérateurs de ségrégation existent, ils ne sont pas très courants. Nous pourrions aussi nous demander pourquoi ils ne le sont pas, ce qui est une autre manière de se demander pourquoi le processus de la méiose est normalement juste, aussi scrupuleusement impartial que de jouer à pile ou face. Nous trouverons que cette réponse ne tient plus, une fois que nous aurons compris pourquoi il est inévitable que les organismes existent.

L'existence d'organismes individuels est une chose admise *a priori* par les biologistes, probablement parce qu'ils accomplissent leurs différents rôles suivant une ligne unie et intégrée. Les questions sur la vie sont conventionnellement des questions sur les organismes. Les biologistes se demandent pourquoi les organismes font telle ou telle chose. Ils se demandent fréquemment pourquoi les organismes se regroupent en sociétés, et non — alors qu'ils le devraient — pourquoi la matière vivante se regroupe d'abord en organismes. Pourquoi la mer n'est-elle plus un champ de bataille primordial pour les réplicateurs libres et indépendants ? Pourquoi les anciens réplicateurs se sont-ils regroupés pour fabriquer des robots encombrants et y résider, et pourquoi ces robots-corps individuels — c'est-à-dire vous et moi — sont-ils si grands et si compliqués ?

Il est même difficile pour de nombreux biologistes de voir qu'il y a là matière à débat, parce qu'il s'agit pour eux comme une seconde nature de poser leurs questions aux niveaux des organismes individuels. Certains biologistes vont jusqu'à voir dans l'ADN un dispositif utilisé par les organismes pour se reproduire, simplement comme l'œil est un dispositif utilisé par les organismes pour voir ! Les lecteurs de ce livre reconnaîtront que cette attitude constitue une très grande erreur. C'est la vérité que l'on renverse. Ils reconnaîtront que l'attitude alternative, la vie vue au travers du gène égoïste, a un gros problème qui lui est propre. Ce problème — presque le problème inverse — consiste à se demander pourquoi les organismes individuels existent, surtout sous une forme si importante et destinée à un but cohérent qui est de conduire les biologistes dans l'erreur en retournant la vérité. Pour résoudre notre problème, il nous faut commencer par oublier les vieilles attitudes qui prennent pour argent comptant l'organisme individuel ; sinon la question reste vaine. L'instrument avec lequel nous purgerons nos esprits est ce que j'appelle le « phénotype étendu ». C'est de lui et de sa signification que je vais maintenant parler.

Les effets phénotypiques d'un gène sont normalement considérés comme étant les effets que ce gène produit sur le corps dans lequel il se trouve. Il s'agit de la définition conventionnelle. Mais nous allons voir qu'il nous faut penser aux effets phénotypiques d'un gène comme à *l'ensemble des effets qu'il produit sur le monde*. Il se peut que les effets d'un gène s'avèrent se réduire simplement à la succession de corps dans lesquels il se trouve. Mais cela va de soi. Il s'agit de quelque chose qui devrait faire partie de notre définition même. Dans tout cela, rappelez-vous que les effets phénotypiques d'un gène sont les outils par lesquels il se transmet à la génération suivante. Tout ce que je vais ajouter, c'est que ces outils peuvent sortir de la paroi du corps de l'individu. Que pourrait signifier en pratique de parler d'un gène ayant un effet phénotypique étendu au monde extérieur au corps dans lequel il se trouve ? Les exemples qui viennent à l'esprit sont des artefacts comme les barrages des castors, les nids des oiseaux ou les maisons des phryganes.

Les mouches phryganes sont des insectes d'un marron-gris

assez indéfinissable que la plupart d'entre nous ne remarquent pas, car elles volent plutôt maladroitement au-dessus des rivières quand elles sont adultes. Mais, avant de le devenir, elles subissent une longue métamorphose et leurs larves marchent dans le lit des rivières. Les larves de phryganes ne sont rien d'autres qu'insignifiantes. Pourtant, elles font partie des créatures terrestres les plus remarquables. Utilisant un ciment qu'elles fabriquent elles-mêmes, elles se construisent adroitement des maisons tubulaires à l'aide de matériaux qu'elles recueillent dans le lit du ruisseau. La maison est mobile, bougeant avec les phryganes comme la coquille d'un escargot ou d'un bernard-l'ermite, sauf que l'animal la construit au lieu de la produire ou de la trouver. Certaines espèces utilisent des bâtons comme matériaux de construction, d'autres des fragments de feuilles mortes, d'autres de petites coquilles d'escargots. Mais les plus impressionnantes des maisons de phryganes sont peut-être celles qui sont construites avec de la pierre locale. La phrygane choisit ses pierres avec soin, rejetant celles qui sont trop grandes ou trop petites par rapport au trou existant dans la paroi, faisant même tourner chaque pierre jusqu'à ce qu'elle soit parfaitement ajustée.

Pourquoi cela nous impressionne-t-il tant ? Si nous nous efforçons de prendre du recul, nous devrions être plus impressionnés par l'œil de la phrygane ou l'articulation de son coude que par l'architecture modeste de sa maison de pierre. Après tout, l'œil et l'articulation du coude sont beaucoup plus compliqués et « élaborés » que la maison. Cependant c'est peut-être parce que l'œil et l'articulation du coude se développent de la même façon que notre œil ou notre coude, que nous sommes, de façon tout à fait illogique, plus impressionnés par un processus de construction pour lequel, lorsque nous sommes dans le sein de nos mères, nous n'en revendiquons pas le crédit.

Après une telle digression, je ne peux résister à la tentation d'aller plus loin. Impressionnés comme nous le sommes par la maison de la phrygane, nous le sommes pourtant moins, et cela de manière tout à fait paradoxale, que nous ne le serions par des réalisations équivalentes faites par des animaux plus proches de nous. Imaginez les gros titres des journaux si un biologiste marin découvrait une espèce de dauphins capable de produire de grands filets de pêche à larges mailles, d'un diamètre équivalent à la longueur de vingt dauphins mis bout à bout! Pourtant, nous considérons que les toiles d'araignées constituent un phénomène normal et qu'elles représentent une nuisance dans une maison plutôt qu'une des merveilles du monde. Et pensez à l'enthousiasme démesuré que cela produirait si Jane revenait du fleuve Gombe avec des photos de chimpanzés sauvages construisant leurs propres maisons, avec des toits solides, une isolation correcte grâce à des matériaux constitués de pierres soigneusement choisies, bien ajustées et cimentées! Les larves de phryganes, qui font justement cela, ne soulèvent pourtant qu'un intérêt passager. On dit parfois, comme pour se défendre de ce comportement à deux vitesses, que les phryganes et les araignées réalisent leurs prouesses par « instinct ». Mais alors quoi? D'une certaine façon, cela les rend encore plus impressionnantes.

Revenons au cœur de notre sujet. La maison de la phrygane, comme nul ne peut en douter, est une adaptation née de la sélection darwinienne. Elle a dû être favorisée par la sélection, de même que, par exemple, la dure coquille des homards. Il s'agit d'une couverture de protection pour le corps. En tant que telle, elle est bénéfique à tout l'organisme et à l'ensemble de ses gènes. Mais nous avons appris par nous-mêmes à considérer les bénéfices dont jouit l'organisme comme des coïncidences, évolutionnairement parlant. Les bénéfices réellement importants sont ceux dont jouissent les gènes qui donnent à la coquille ses propriétés protectrices. Dans le cas du homard, il s'agit d'un fait connu. Il est évident que la coquille du homard fait partie de son corps. Mais qu'en est-il pour la maison de la phrygane?

La sélection naturelle a favorisé les gènes ancestraux des phryganes en s'arrangeant pour que leurs possesseurs construisent des maisons efficaces. Les gènes ont travaillé sur le comportement, certainement en influençant le développement embryonnaire du système nerveux. Mais ce qu'un généticien voudrait vraiment voir, c'est l'effet des gènes sur la forme et les autres caractéristiques des maisons. Le généticien devrait reconnaître les gènes « chargés » de la forme des maisons dans un sens aussi précis que pour les gènes chargés, par exemple, de la forme des jambes. Il est admis que personne n'a vraiment étudié la génétique des maisons des phryganes. Le faire équivaudrait à enregistrer les pedigrees de phryganes nées en captivité, et leur élevage est difficile. Mais il n'y a pas à étudier la génétique pour être sûr qu'il existe un gène de ce type, ou au moins qu'il y eut un jour des gènes qui influencèrent les différences entre les maisons des phryganes. Tout ce dont vous avez besoin, c'est d'une bonne raison de croire que les maisons des phryganes sont une adaptation darwinienne. Dans ce cas, il y a eu nécessairement des gènes contrôlant les variations dans les maisons des phryganes, car la sélection ne peut produire des adaptations à moins qu'il n'y ait des différences héréditaires parmi lesquelles il faille choisir.

Bien que les généticiens puissent penser qu'il s'agit d'une idée étrange, il est sensé de parler des gènes contrôlant la forme de la pierre, sa taille, sa dureté, etc. Tout généticien qui conteste ce langage doit, pour être conséquent, éviter de parler tout le temps de gènes destinés à contrôler la couleur des yeux, de gènes permettant la flétrissure des petits pois, etc. Une des raisons pour lesquelles cette idée pourrait sembler étrange dans le cas des pierres, c'est que celles-ci ne constituent pas un matériau vivant. De plus, l'influence des gènes sur les propriétés de la pierre semble assez indirecte. Un généticien pourrait rétorquer que l'influence directe des gènes prend sa source dans le système nerveux, qui intervient dans le comportement décidant du choix de la pierre en tant que matière et non sur les pierres elles-mêmes. Mais j'invite un tel généticien à être prudent quant aux implications possibles de cette influence des gènes sur le système nerveux, alors qu'en fait leur pouvoir se limite à une synthèse protéique. L'influence d'un gène sur un système nerveux ou, en ce qui nous concerne, sur la couleur des yeux et/ou sur le processus de flétrissement du petit pois, est *toujours* indirecte. Le gène détermine une séquence protéique qui influence X qui influence Y qui influence Z qui influence ensuite le flétrissement de la graine ou le montage cellulaire du système nerveux. La maison des phryganes n'est qu'une extension de ce type de séquence. La dureté de la pierre représente un effet phénotypique *étendu* des gènes de la phrygane. S'il est légitime de dire qu'un gène affecte le flétrissement d'un petit pois ou le système nerveux d'un animal (tous les généticiens le pensent), alors il doit l'être aussi de dire qu'un gène affecte la dureté des pierres dans une maison de phrygane. Étonnant, n'est-ce pas ? Pourtant, ce raisonnement est imparable.

Nous sommes prêts pour la deuxième étape de cette démonstration : les gènes se trouvant dans un seul organisme peuvent avoir des effets phénotypiques étendus sur le corps d'un autre organisme. Les maisons des phryganes nous ont aidés dans notre démarche précédente ; les coquilles d'escargots nous aideront cette fois-ci. La coquille est à l'escargot ce que la maison de pierre est à la larve de phrygane. Elle est sécrétée par les propres cellules de l'escargot, si bien qu'un généticien conventionnel serait heureux de parler de gènes « supervisant » les qualités de la coquille, telles que son épaisseur. Mais il s'avère que les escargots parasités par certains types de trématodes ont des coquilles extrêmement épaisses. Que signifie cet épaississement ? Si les escargots parasités avaient eu des coquilles extrafines, nous expliquerions ce phénomène facilement en disant qu'il s'agit d'un effet débilitant sur la constitution de l'escargot. Mais comment allons-nous expliquer cet *épaississement* ? Une coquille plus épaisse protège probablement mieux l'escargot. Tout semble se passer comme si les parasites aidaient vraiment leur hôte à améliorer sa coquille. Cette explication est-elle la bonne ?

Réfléchissons un peu plus. Si les coquilles épaisses sont réellement meilleures pour les escargots, pourquoi n'en ont-ils pas de toute façon ? La réponse réside probablement dans des considérations économiques. La fabrication d'une coquille coûte cher à l'escargot. Elle nécessite de l'énergie. Elle nécessite du calcium et d'autres substances chimiques tirées d'une nourriture chèrement acquise. Toutes ces ressources, si elles n'étaient pas utilisées à sécréter la substance de la coquille, seraient employées à autre chose, par exemple à augmenter sa progéniture. Un escargot qui dépense des trésors d'énergie à fabriquer une coquille très épaisse s'est acheté la sécurité pour son propre corps. Mais à quel prix ? Il se peut qu'il vive plus longtemps, mais il réussira moins bien dans le domaine de la reproduction, et il se peut qu'il n'arrive pas à transmettre ses gènes. Parmi les gènes non transmis se trouveront les gènes permettant de construire des coquilles très épaisses. En d'autres termes, il est possible qu'une coquille soit trop épaisse ou (bien évidemment) trop mince. Ainsi, quand un trématode pousse un escargot à sécréter une coquille très épaisse, il ne lui rend pas service, à moins que ce soit le trématode qui supporte le coût de l'épaississement de la coquille. Mais nous pouvons parier sans risque que ce dernier n'est pas si généreux. Le trématode exerce une influence chimique cachée sur l'escargot pour le forcer à s'éloigner de l'épaisseur de coquille qu'il « préfère ». Cela prolonge peut-être la vie de l'escargot. Mais cela n'aide pas ses gènes.

Et le trématode ? Pourquoi un tel comportement ? Voici ce que je propose. Les gènes du trématode, comme ceux de l'escargot, ont tout à gagner de la survie du corps de l'escargot, toutes choses égales par ailleurs. Mais la survie n'est pas la même chose que la reproduction, et il y a probablement un compromis. Alors que les gènes de l'escargot ont tout à gagner de la reproduction de ce dernier, ceux du trématode y ont par contre tout à perdre. Un trématode donné n'a en effet aucun espoir particulier que ses gènes soient abrités par les descendants de son hôte. Il se pourrait qu'ils le soient, mais ceux de ses rivaux trématodes pourraient l'être aussi. Étant donné que la longévité de l'escargot doit être achetée au prix d'une certaine perte dans ses capacités reproductrices, les gènes du trématode sont « heureux » de faire payer ce prix à l'escargot puisqu'ils n'ont aucun intérêt à ce que ce dernier se reproduise. Les gènes de l'escargot ne sont pas heureux de payer ce prix, puisque leur futur à long terme dépend de la reproduction de l'escargot. Je suggère donc que les gènes du trématode exercent une influence sur les cellules sécrétant la substance de la coquille, influence qui leur est bénéfique mais qui coûte cher aux gènes de l'escargot. Cette théorie est vérifiable, bien que des expériences de ce genre n'aient pas encore été conduites.

Nous sommes à présent à même de généraliser la leçon des phryganes. Si j'ai raison en ce qui concerne le comportement des gènes du trématode, il s'ensuit que nous pouvons légitimement dire que les gènes du trématode influencent le corps des escargots de la même manière que les gènes de l'escargot influencent le corps de l'escargot. Tout se passe comme si les gènes sortaient de leur « propre » corps et manipulaient le monde extérieur. Comme dans le cas des phryganes, il se pourrait que ce langage mette les généticiens mal à l'aise. Ils ont l'habitude qu'un gène ait des effets limités au corps dans lequel il se trouve. Mais, comme dans le cas des phryganes, un examen attentif de ce qu'un généticien entend par gène ayant des « effets » montre qu'un tel malaise n'a pas lieu d'être. Nous avons seulement à accepter que le changement qui s'est produit dans la coquille de l'escargot soit une adaptation due au trématode. Si c'est exact, cela a dû provenir de la sélection darwinienne de ses gènes. Nous avons démontré que les effets phénotypiques d'un gène peuvent s'étendre non seulement aux objets inanimés comme les pierres, mais également aux « autres » organismes vivants.

L'histoire des escargots et des trématodes ne constitue qu'un début. Les parasites de tout type sont connus depuis longtemps comme exerçant des influences insidieuses, mais fascinantes sur leurs hôtes. Une espèce de parasite protozoaire microscopique appelé *Nosema*, qui infeste les larves des escarbots de la farine, a « découvert » comment fabriquer une substance chimique particulière aux escarbots. Comme d'autres insectes, ces escarbots ont une hormone appelée hormone juvénile qui garde les larves à l'état de larves. La transformation normale de la larve en adulte est déclenchée par l'arrêt de la production d'hormone juvénile par la larve. Le parasite *Nosema* a réussi à synthétiser (un composé chimique très proche de) cette hormone. Des millions de *Nosema* se rassemblent pour produire en masse cette hormone juvénile dans le corps de la larve, l'empêchant ainsi de devenir adulte. Ce qui se passe alors, c'est que cette larve continue de grandir pour devenir une larve géante pesant deux fois plus qu'un adulte normal. Ce n'est pas bon pour la propagation des gènes de l'escarbot, mais il s'agit d'une corne d'abondance pour les parasites *Nosema*. Le gigantisme de la larve d'escarbot est un effet phénotypique étendu des gènes protozoaires.

Et il existe un autre cas pouvant réellement provoquer une anxiété encore plus freudienne que les escarbots — la castration parasitaire ! Les crabes sont parasités par une créature appelée

Sacculina. Les Sacculina s'apparentent à des mouchettes, bien qu'à les voir, vous penseriez plutôt à une plante parasitaire. Elles ont un système de racines élaboré qui s'enfonce profondément dans les tissus du malheureux crabe et se nourrit de son corps. Ce n'est probablement pas par accident que, parmi les premiers organes que la *Sacculina* attaque, se trouvent les testicules ou les ovaires du crabe ; elle épargne les organes dont le crabe a besoin pour survivre — du moment qu'ils ne servent pas à la reproduction — du moins pendant un temps. Le crabe est effectivement castré par le parasite. Comme un bœuf de boucherie, le crabe castré garde pour son corps l'énergie et les ressources qu'il n'utilise pas pour se reproduire — tout cela devenant une source alimentaire très riche pour le parasite, aux dépens de la reproduction du crabe. C'est exactement le même phénomène que pour le *Nosema* et l'escarbot de la farine, ainsi que pour le trématode et l'escargot. Dans ces trois cas, les changements opérés dans l'hôte, si nous acceptons qu'il s'agit d'adaptations darwiniennes, doivent être considérés comme des aspects phénotypiques étendus des gènes parasites. Les gènes sortent de leur « propre » corps pour influencer les phénotypes d'autres corps.

Dans une large mesure, les intérêts des gènes parasites et ceux des gènes de l'hôte peuvent coïncider. Du point de vue du gène égoïste, nous pouvons penser que les gènes du trématode *comme ceux* de l'escargot sont des « parasites » du corps de l'escargot. Tous deux gagnent à être entourés par la même coquille protectrice, bien qu'ils aient un avis divergent quant à l'épaisseur précise qu'ils « préfèrent » pour la coquille. Cette divergence trouve ses racines dans le fait qu'ils entrent dans le corps de l'escargot et l'abandonnent de manières différentes. Pour les gènes de l'escargot, l'abandon se fait par les spermatozoïdes ou les ovocytes. Pour les gènes du trématode, c'est très différent. Sans rentrer dans des détails compliqués, l'important est que le moyen de transport utilisé par leurs gènes pour quitter l'escargot n'est ni les ovocytes, ni les spermatozoïdes de ce dernier.

A mon avis, la question la plus importante à se poser sur un parasite est la suivante : est-ce que ses gènes sont transmis aux générations futures par les mêmes voies que les gènes de l'hôte ? Si ce n'est pas le cas, on peut s'attendre à ce qu'ils fassent du mal à l'hôte d'une façon ou d'une autre. Mais, si c'est le cas, le parasite fera tout ce qu'il peut pour aider l'hôte non seulement à survivre, mais aussi à se reproduire. Si on considère cela à l'échelle de l'évolution, il cessera d'être un parasite, il coopérera avec l'hôte, et il se peut que par la suite il ne fasse plus qu'un avec les tissus de l'hôte et ne soit plus reconnaissable en tant que parasite. Comme je l'ai suggéré plus haut, nos cellules ont peut-être dépassé de beaucoup ce spectre de l'évolution : il se peut que nous soyons tous des restes d'anciennes fusions parasitaires.

Regardez ce qui peut arriver lorsque des gènes de parasites et des gènes d'hôte partagent le même transport. Les escarbots perce-bois (de l'espèce *Xyleborus ferrugineus*) sont parasités par des bactéries qui ne vivent pas seulement dans le corps de leur hôte, mais utilisent également les œufs de l'hôte en tant que moyen de transport pour pénétrer dans leur nouvel hôte. Les gènes de ce genre de parasites font donc tout pour profiter des circonstances comme les gènes de leur hôte. On peut s'attendre à ce que les deux ensembles de gènes « s'assemblent » pour les mêmes raisons qui font qu'en temps normal tous les gènes d'un organisme individuel s'assemblent. Il est inutile que certains d'entre eux s'avèrent être des « gènes d'escarbots » alors que d'autres sont des « gènes bactériens ». Les deux ensembles de gènes sont « intéressés » par la survie des escarbots et la propagation de leurs œufs, parce que tous deux « voient » que les œufs d'escarbots représentent leur passeport pour l'avenir. Ainsi, les gènes bactériens partagent un destin commun avec des gènes de leur hôte, et dans mon interprétation, nous devrions nous attendre à ce que les bactéries coopèrent avec leurs escarbots sur tous les aspects de la vie.

Il s'avère que « coopérer » est ici un euphémisme. Le service qu'elles rendent aux escarbots ne pourrait pas être plus étroit. Il s'avère que ces escarbots sont haplodiploïdes comme les abeilles et les guêpes (*cf.* chapitre 10). Si un ovocyte est fécondé par un mâle, il donnera toujours comme une femelle. Un ovocyte non fécondé donne un mâle. En d'autres termes, les mâles n'ont pas de père. Les ovocytes qui les produisent se développent spontanément, sans être pénétrés par un spermatozoïde. Mais, contrairement aux ovocytes des abeilles et des guêpes, les ovocytes des escarbots ambrosiens doivent être pénétrés par *quelque chose*. Et c'est là que les bactéries entrent en jeu. Elles piquent les ovocytes non fécondés, ce qui provoque le développement de mâles d'escarbots. Ces bactéries représentent justement le type de parasite qui, comme je l'ai déjà dit, devrait cesser d'être un parasite et devenir un associé, précisément parce qu'il est transmis par les œufs de l'hôte en même temps que les « propres » gènes de l'hôte. Enfin, leurs « propres » corps vont sûrement disparaître pour se confondre complètement avec celui de « l'hôte ».

On peut trouver encore une image révélatrice parmi les espèces d'hydres — petits animaux sédentaires et tentaculés, comme les anémones de mer. Leurs tissus sont parasités par des algues. Dans les espèces *Hydra vulgaris* et *Hydra attenuata*, les algues sont de vrais parasites des hydres et les rendent malades. Chez *Chlorohydra viridissima* par contre, les algues ne sont jamais absentes des tissus des hydres et sont utiles pour leur santé en leur fournissant de l'oxygène. A présent, nous voici au point intéressant. Comme il fallait nous y attendre, chez les *Chlorohydra* les algues se transmettent à la génération suivante grâce aux œufs de l'hydre. Chez les deux autres espèces, elles ne se transmettent pas ainsi. Les intérêts des gènes des algues et des gènes de la *Chlorohydra* coïncident. Tous deux ont intérêt à faire tout ce qui est en leur pouvoir pour augmenter la production d'ovocytes de *Chlorohydra*. Mais les gènes des deux autres espèces d'hydres « ne sont pas d'accord » avec les gènes de leurs algues. C'est-à-dire pas dans la même mesure. Les deux ensembles de gènes peuvent avoir intérêt à ce que les corps des hydres survivent. Mais seuls les gènes de l'hydre se soucient de la reproduction de l'hydre. Ainsi, les algues se maintiennent en tant que parasites débilitants, au lieu d'évoluer vers une franche coopération. Le point important, faut-il encore le répéter, c'est qu'un parasite dont les gènes aspirent à la même destinée que les gènes de leur hôte partage tous les intérêts de son hôte et cessera ensuite d'agir comme parasite.

Dans ce cas, le destin prend la forme des générations suivantes. Les gènes de *Chlorohydra* et les gènes d'algue, les gènes d'escarbot et les gènes de bactérie, ne pourront avoir d'avenir qu'en passant

dans les œufs de l'hôte. Par conséquent, quels que puissent être les
« calculs » faits par les gènes parasites quant à la politique à choisir pour en recevoir les résultats optimaux sur tous les aspects de
la vie, ils convergeront exactement ou presque vers la même politique optimale que les mêmes « calculs » faits par les gènes de
l'hôte. Dans le cas de l'escargot et des parasites trématodes, nous
avons décidé qu'ils avaient des vues différentes quant à l'épaisseur
de la coquille. Dans le cas des escarbots ambrosiens et de leurs
bactéries, l'hôte et le parasite sont d'accord sur la même longueur
d'aile, ainsi que sur toutes les autres caractéristiques du corps de
l'escarbot. Nous pouvons le prévoir sans connaître les détails
concernant l'utilisation que les escarbots pourraient faire de leurs
ailes ou de quoi que ce soit d'autre. Nous le pouvons simplement
grâce à notre raisonnement selon lequel les gènes de l'escarbot et
ceux des bactéries feront toutes les démarches nécessaires pour
avoir un futur commun — favorable à la propagation des œufs de
l'escarbot.

Nous pouvons envisager d'amener ce développement à sa
conclusion logique et de l'appliquer à nos « propres » gènes normaux. Nos propres gènes coopèrent non parce qu'ils *sont* les
nôtres, mais parce qu'ils partagent la même sortie — le spermatozoïde ou l'ovocyte — pour aller dans l'avenir. Si un gène faisant
partie d'un organisme comme le corps humain pouvait découvrir
un moyen de se développer sans dépendre de l'ovocyte ou du spermatozoïde, il l'emprunterait et se montrerait moins coopératif. En
effet, il s'efforcerait d'obtenir pour son avenir des résultats différents de ceux des autres gènes appartenant au même corps.
Nous avons déjà vu des exemples de gènes qui truquent la méiose
pour la retourner en leur faveur. Peut-être y a-t-il aussi des gènes
qui se sont séparés des transporteurs habituels que sont les sper-
matozoïdes/ovocytes et qui se sont ouvert un chemin parallèle.

Il existe des fragments d'ADN qui ne sont pas incorporés dans
les chromosomes, mais qui flottent librement et se multiplient
dans les liquides cellulaires, surtout les cellules des bactéries. Ils
prennent des noms variés tels que viroïdes ou plasmides. Un plasmide est encore plus petit qu'un virus et ne comporte normalement que quelques gènes. Certains plasmides sont capables de se

coller à un chromosome sans que cela se voie. La soudure est si parfaite que l'on ne peut pas la discerner : on ne distingue pas le plasmide des autres parties du chromosome. Les mêmes plasmides peuvent également se séparer du chromosome de la même façon qu'ils s'y sont accolés. Cette capacité de l'ADN à se couper et se souder, à se coller et se désunir des chromosomes sans problème est l'un des faits les plus excitants qui aient été mis en lumière depuis la première édition de ce livre. D'ailleurs, la preuve récente de l'existence de ces plasmides peut être considérée également comme une preuve éclatante de ce qui a été avancé au chapitre X (page 248) (qui semblait un peu trop osé à l'époque). De certains points de vue, peu importe que ces fragments aient été à l'origine de parasites envahisseurs ou de rebelles marginaux. Leur comportement sera probablement le même. Je vais parler de ces fragments épars de manière à bien faire comprendre ma position.

Considérez un morceau rebelle d'ADN humain qui soit capable de se désolidariser de son chromosome, de flotter librement dans la cellule, et peut-être même de se multiplier en de nombreuses copies puis de se souder à un autre chromosome. Quels autres chemins aussi peu orthodoxes pour l'avenir pourrait exploiter ce genre de réplicateur rebelle ? Nous perdons continuellement des cellules de notre peau ; une grande quantité de la poussière de nos maisons est constituée de cellules détachées de notre corps. Nous devons respirer tout le temps les cellules des uns et des autres. Si vous passez vos doigts à l'intérieur de votre bouche, vous libérerez des centaines de cellules vivantes. Les baisers et caresses des amants doivent transférer des multitudes de cellules des deux côtés. Un morceau d'ADN rebelle pourrait se trouver dans l'une de ces cellules. Si les gènes pouvaient découvrir un début de chemin peu orthodoxe dans un autre (parallèlement à, ou au lieu de la voie habituelle constituée par les spermatozoïdes et les ovocytes), nous devons nous attendre à ce que la sélection naturelle favorise leur opportunisme et l'améliore. Il en va de même des méthodes effectives qu'ils utilisent, et il n'y a aucune raison pour qu'elles soient différentes des machinations ourdies par les virus — lesquelles sont bien trop prévisibles pour un théoricien du gène égoïste/du phénotype étendu.

Lorsque nous prenons un coup de froid ou que nous avons un rhume, nous pensons normalement que les symptômes sont des conséquences ennuyeuses de l'activité des virus. Mais dans certains cas il semble plus probable qu'ils soient délibérément créés par le virus lui-même pour l'aider à voyager d'un hôte à un autre. Non content d'être simplement respiré dans l'atmosphère, le virus nous fait tousser ou éternuer par à-coups. Le virus de la rage est transmis par la salive de l'animal mordeur. Chez le chien, l'un des symptômes de la maladie est une sécrétion abondante de bave, et le chien, qui est normalement gentil et calme, devient un mordeur féroce. Il est inquiétant également de constater qu'au lieu de rester dans un rayon d'un kilomètre environ de chez lui comme le font les chiens normaux, ce dernier devient un chien errant au comportement frénétique, qui propage très loin le virus. Il a même été suggéré que ce symptôme hydrophobe bien connu encourageait le chien à secouer la tête pour enlever la mousse humide de sa bouche — et avec elle le virus. Il n'y a pas à ma connaissance de preuve directe que les maladies sexuellement transmissibles augmentent la libido de ceux qui en souffrent, mais je suppose que cela vaudrait la peine de se pencher sur ce problème. On suppose qu'il existe certainement un aphrodisiaque, la Mouche espagnole, dont on dit qu'elle agit en poussant les gens à se gratter... Les virus excellent justement à ce genre de chose. La comparaison entre l'ADN humain rebelle et les virus parasitaires envahisseurs nous amène à considérer qu'il n'y a pas de différence importante entre eux. Il se peut bien sûr que les virus aient été le résultat de rassemblements de gènes rebelles. Si nous voulons ériger une distinction, elle devrait se trouver entre les gènes qui se transmettent de corps à corps *via* le chemin habituel des spermatozoïdes et des ovocytes, et des gènes qui se transmettent de corps à corps *via* des chemins peu orthodoxes et « parallèles ». Ces deux catégories peuvent comprendre des gènes qui viennent des gènes chromosomiques eux-mêmes. Et ces deux catégories peuvent comprendre des gènes qui viennent des parasites envahisseurs extérieurs. Ou, comme j'en ai fait l'hypothèse au chapitre X, peut-être que tous les gènes chromosomiques « eux-mêmes » devraient être considérés comme mutuellement parasitaires. La différence importante entre mes deux classes de gènes réside dans les circonstances divergentes de leur venue pour tirer bénéfice dans le futur. Un gène de virus du rhume et un gène chromosomique rebelle humain s'arrangent ensemble lorsqu'ils veulent que leur hôte éternue. Un gène chromosomique normal et un virus transmis par les voies sexuelles s'arrangent ensemble pour que leur hôte copule. Il est amusant de penser que tous pourraient vouloir que leur hôte soit sexuellement séduisant. De plus, un gène chromosomique normal et un virus transmis par les ovocytes de l'hôte s'arrangeraient pour que leur hôte soit non seulement un bon soupirant, mais qu'il réussisse aussi dans tous les aspects de la vie, c'est-à-dire qu'il devienne un parent loyal et ridiculement indulgent, voire un grand-parent.

La phrygane vit dans sa maison et les parasites dont j'ai parlé jusqu'à présent vivaient à l'intérieur de leurs hôtes. Les gènes sont alors physiquement proches de leurs effets phénotypiques étendus, aussi proches que le sont ordinairement les gènes de leurs phénotypes conventionnels. Mais les gènes peuvent agir à distance; les phénotypes étendus peuvent avoir de grandes ramifications. L'une des plus longues à laquelle je pense franchit un lac. A l'instar d'une toile d'araignée ou d'une maison de phrygane, un barrage de castors figure parmi les véritables merveilles du monde. Sa finalité dans la théorie darwinienne n'est pas très claire, mais il doit certainement y en avoir une pour que les castors passent tant de temps et dépensent tant d'énergie à le construire. Le lac qu'ils créent sert probablement à protéger la tanière du castor des prédateurs. Il fournit aussi une voie d'eau pratique pour voyager et transporter des bûches. Les castors utilisent le principe de la flottaison du bois pour la même raison que les compagnies canadiennes utilisent les rivières et les marchands de charbon du xviiie siècle les canaux. Quel que soit son intérêt, un lac de castor représente un trait caractéristique et visible du paysage. Il s'agit d'un phénotype, au même titre que les dents et la queue du castor, et il s'est développé sous l'influence de la sélection darwinienne. Cette dernière doit fonctionner par variations génétiques. Ici, le choix a dû s'opérer entre les bons lacs et les moins bons. La sélection a favorisé les gènes de castor qui rendaient les lacs appropriés au transport des arbres, de même qu'elle a favorisé les gènes qui donnaient des dents capables de les abattre. Les lacs sont une illustration des effets phénotypiques étendus des gènes de castors, qui peuvent s'étendre sur plusieurs centaines de mètres. Il s'agit donc là d'une bien longue portée !

Il n'est pas non plus nécessaire que les parasites vivent à l'intérieur de leurs hôtes ; leurs gènes peuvent s'exprimer dans leurs hôtes, mais à distance. La progéniture du coucou ne vit pas à l'intérieur des grives ou des fauvettes ; elle ne leur suce pas le sang ou ne leur dévore pas les tissus, et pourtant nous n'hésitons pas à lui coller l'étiquette de parasite. Les adaptations du coucou pour manipuler le comportement des parents d'adoption peuvent être considérées comme une action phénotypique à distance par les gènes du coucou.

Il est facile de sympathiser avec les parents adoptifs dupés qui incubent les œufs du coucou. Les ramasseurs d'œufs humains ont aussi été trompés par la ressemblance parfaite avec, par exemple, les œufs de la fauvette ou ceux de la farlouse (différentes races de femelles coucous se spécialisent dans différentes espèces d'hôtes). Ce qui est plus difficile à comprendre, c'est le comportement des parents adoptifs à la fin de la saison envers les jeunes coucous qui ont presque toutes leurs plumes. Le coucou est habituellement beaucoup plus grand et, dans certains cas, ridiculement plus grand que ses « parents ». Je regarde une photo d'un mouchet adulte, si petit en comparaison de son enfant adopté, si monstrueux que le mouchet doit se percher sur le dos du coucou pour le nourrir. Nous ressentons ici moins de sympathie pour l'hôte. Nous nous moquons de sa stupidité, de sa naïveté. N'importe quel idiot serait capable de voir qu'il y a quelque chose qui cloche avec un enfant pareil.

Je pense que les petits coucous doivent faire autre chose que seulement « berner » leurs hôtes, faire plus que de prétendre être quelque chose qu'ils ne sont pas. Ils semblent agir sur le système nerveux de l'hôte de la même façon que des drogues. Il n'est pas difficile d'être sous leur influence même pour ceux qui n'ont jamais fait l'expérience de la drogue. Un homme peut être excité jusqu'à l'érection par une photographie de magazine représentant un corps de femme. Il n'est pas « berné » dans ce sens qu'il ne pense pas que la photo imprimée soit vraiment une femme. Il sait qu'il ne regarde qu'une image imprimée sur du papier; pourtant, son système nerveux y répond de la même façon qu'il pourrait le faire avec une vraie femme. Il se peut que nous trouvions irrésistibles ces attirances envers un membre du sexe opposé, même si un meilleur jugement de notre moi profond nous dit qu'une liaison avec cette personne n'a d'intérêt ni pour lui ni pour elle à long terme. On peut dire la même chose des attirances irrésistibles ressenties pour les nourritures qui ne sont pas particulièrement bonnes pour la santé. Le mouchet n'a probablement pas conscience de ce que sont ses meilleurs intérêts pour le long terme; aussi est-il plus facile de comprendre que son système nerveux puisse trouver certains types de stimulations irrésistibles.

La gorge rouge de la progéniture du coucou est si séduisante qu'il n'est pas rare pour les ornithologues de voir un oiseau laisser tomber de la nourriture dans la bouche d'un bébé coucou qui se trouve dans le nid d'un autre oiseau! Un oiseau rentre chez lui avec de la nourriture pour ses propres petits. Soudain, du coin de l'œil, il aperçoit la gorge rouge du jeune coucou dans le nid d'un oiseau d'une espèce tout à fait différente. Il s'écarte de son chemin pour se diriger vers ce nid étranger et déverse dans la bouche du coucou la nourriture qu'il destinait à ses propres jeunes. La « théorie de l'irrésistibilité » rentre tout à fait dans le cadre des théories des premiers ornithologues allemands, selon lesquelles les parents adoptifs se conduisaient comme des « drogués » et la progéniture du coucou était leur « vice ». Il n'est que trop juste d'ajouter que cette sorte de langage est moins populaire auprès des expérimentateurs modernes. Mais il ne fait pas de doute que si nous supposons que la gorge du coucou représente un stimulus puissant semblable à l'effet produit par une drogue, il devient beaucoup plus facile d'expliquer ce qui se passe. Il devient plus facile d'accepter l'attitude de ce minuscule parent se posant sur le dos de son monstrueux enfant. Il n'est pas stupide. « Berné » n'est pas le bon terme non plus. Son système nerveux est contrôlé aussi irrésistiblement que s'il était un drogué désarmé, un peu comme si le coucou était un scientifique qui lui aurait mis des électrodes dans le cerveau.

Mais même si nous ressentons plus de sympathie envers ces parents adoptifs manipulés, nous pouvons encore nous demander pourquoi la sélection naturelle a permis que les coucous puissent s'en sortir si facilement. Pourquoi les systèmes nerveux des hôtes n'ont-ils pas développé une résistance face à cette drogue constituée par la gorge rouge ? Peut-être que la sélection n'a pas encore eu le temps de faire son travail. Les coucous n'ont peut-être seulement commencé à parasiter leurs hôtes actuels que depuis quelques siècles ; et que dans les siècles à venir ils seront peut-être forcés d'y renoncer et de s'en prendre à d'autres espèces. Il existe une preuve en faveur de cette théorie. Mais je ne peux m'empêcher de penser qu'il doit y avoir plus de raisons encore que celle-là.

Dans la « course aux armements » de l'évolution entre les coucous et une espèce lui servant d'hôte, il existe une sorte d'injustice latente due à des coûts inégaux dans l'échec. Chaque petit coucou descend d'une longue lignée d'ancêtres, chacune ayant dû réussir à manipuler ses parents adoptifs. Que le petit coucou perde sa mainmise, même momentanément, sur ses hôtes, et il perd également la vie. Mais chaque parent adoptif descend d'une longue lignée d'ancêtres dont beaucoup n'ont jamais rencontré de coucou dans leur vie. Et ceux qui en ont effectivement rencontré dans leur nid ont pu y succomber, et vivront encore pour élever une autre nichée la saison suivante. L'important est qu'il existe une asymétrie dans le coût de l'échec. Les gènes pour l'échec de la résistance à l'asservissement par les coucous peuvent être facilement transmis aux générations de grives et de mouchets. Les gènes pour l'échec de l'asservissement des parents adoptifs ne peuvent être transmis aux générations de coucous. C'est ce que je veux dire par « injustice latente » et par « asymétrie dans le coût de l'échec ». On peut résumer ce point par l'une des fables d'Esope : « Le lapin court plus vite que le renard parce que le lapin court pour sa vie alors que le renard ne court que pour son dîner. » Mon collègue John Krebs et moi-même avons qualifié cela de « principe dîner/vie ».

A cause du principe dîner/vie, les animaux pourraient parfois se comporter de façon contraire à leurs propres intérêts, quand ils sont manipulés par d'autres animaux. D'une certaine façon, ils agissent réellement pour leur propre intérêt : toute la question du principe dîner/vie réside dans le fait qu'ils pourraient théoriquement résister à la manipulation, mais que cela coûterait trop cher de le faire. Peut-être que résister à la manipulation du coucou nécessiterait d'avoir des yeux ou un cerveau plus grands, ce qui entraînerait des coûts supplémentaires. Les concurrents ayant une tendance génétique à résister à la manipulation réussiraient moins à transmettre leurs gènes à cause des coûts économiques entraînés par cette résistance.

Mais, une fois encore, nous avons examiné la vie du point de vue de l'individu et non de celui de ses gènes. Lorsque nous avons parlé de trématodes et d'escargots, nous nous sommes habitués à l'idée que les gènes d'un parasite pouvaient avoir des effets phénotypiques sur le corps de l'hôte, exactement comme les gènes d'un animal ont des effets phénotypiques sur son « propre » corps. Nous avons montré que l'idée même d'un corps « propre » était une supposition lourde de signification. En un sens, tous les gènes d'un corps sont des gènes « parasitaires » selon que nous préférons les qualifier de gènes « propres » ou non. Les coucous sont venus dans la discussion en tant qu'exemple de parasites ne vivant pas dans le corps de leur hôte. Ils manipulent leurs hôtes de la même façon que les parasites internes, et cette manipulation peut être aussi puissante et irrésistible que n'importe quelle drogue ou hormone. Comme dans le cas des parasites internes, nous devrions à présent reformuler tout ce passage en termes de gènes et de phénotypes étendus.

Dans la course aux armements évolutionnaire entre les coucous et leurs hôtes, les progrès réalisés des deux côtés ont pris la forme de mutations génétiques qui ont eu lieu et se sont manifestées à la faveur de la sélection naturelle. Quoi qu'il puisse y avoir dans la gorge du coucou qui agisse comme une drogue sur le système nerveux de l'hôte, cela a dû être engendré par une mutation génétique. Cette mutation a fonctionné au moyen de, par exemple, la couleur et la forme de la gorge du jeune coucou. Mais même cela n'a pas constitué son effet le plus immédiat. Ce dernier a été constitué par des interférences chimiques réalisées à l'intérieur des cellules de l'hôte. Les effets des gènes sur la couleur et la forme de la gorge sont en eux-mêmes indirects. Et à présent, me voici arrivé au point crucial. L'effet des gènes du coucou est seulement un petit peu plus indirect sur le comportement de l'hôte hébété. De même que nous pouvons dire que les gènes du coucou ont des effets (phénotypiques) sur la couleur et la forme des gorges des coucous, de même nous pouvons dire que les gènes du coucou ont des effets (phénotypiques étendus) sur le comportement de l'hôte. Les gènes parasites peuvent avoir des effets sur les corps des hôtes, non seulement lorsque le parasite vit à l'intérieur de l'hôte d'où il peut le manipuler au moyen de substances chimiques directes, mais aussi lorsque le parasite est tout à fait séparé de l'hôte et qu'il le manipule à distance. D'ailleurs, même les influences chimiques peuvent agir à l'extérieur du corps.

Les coucous sont des créatures remarquablement instructives. Mais les insectes peuvent surpasser presque n'importe quelle merveille de l'ordre des vertébrés. Ils ont l'avantage d'être très nombreux; mon collègue Robert May a justement observé qu'en « première approximation, toutes les espèces sont des insectes ». Les insectes « coucou » sont un défi à cette énumération; ils sont si nombreux et leur habitude a été réinventée tellement souvent. Certains exemples que nous allons étudier ont dépassé le stade habituel du coucouisme pour atteindre les fantaisies les plus folles que *The Extended Phenotype* aurait pu inspirer.

Une femelle coucou dépose ses œufs et disparaît. Certaines femelles de fourmis coucous font ressentir leur présence d'une manière plus extraordinaire. Je ne donne pas souvent de noms latins, mais le *Bothriomyrmex regicidus* et le *B. decapitans* valent la peine d'être évoqués. Ces deux espèces sont toutes deux des parasites d'autres espèces de fourmis. Chez toutes les fourmis, les jeunes ne sont évidemment pas nourris par leurs parents, mais par des ouvrières; ce sont donc elles qu'un soi-disant coucou devrait berner ou manipuler. Une première étape utile consiste à avoir à sa disposition la propre mère des ouvrières, car elle a une propension à produire des petits rivalisant les uns avec les autres. Dans ces deux espèces, la reine parasite vole toute seule dans le nid d'une autre espèce de fourmis. Elle recherche la reine légitime et va çà et là sur son dos alors qu'elle accomplit le « seul acte pour lequel elle s'est uniquement spécialisée (pour reprendre l'expression macabre artistiquement formulée d'Edward Wilson) : décapiter doucement (sans se presser) la tête de sa victime ». La meurtrière est alors adoptée par les ouvrières orphelines qui, sans soupçonner quoi que ce soit, soignent ses œufs et ses larves. Certaines de ces larves sont destinées à devenir elles-mêmes des ouvrières de manière à remplacer petit à petit la première espèce dans le nid. D'autres deviennent des reines qui s'envolent du nid à la recherche de nouvelles et royales têtes non encore décapitées.

Mais faire tomber une tête représente un sacré travail. Les parasites n'ont pas l'habitude de se dépenser s'ils peuvent forcer quelqu'un à le faire pour eux. Mon personnage favori dans *The Insect Societies* de Wilson est le *Monomorium santschii*. Cette espèce a perdu au cours de l'évolution l'ensemble de sa caste d'ouvrières. Les ouvrières hôtes font tout pour leurs parasites, même la tâche la plus terrible de toutes. Sur ordre de la reine parasite, elles accomplissent réellement le meurtre de leur propre mère. L'usurpatrice n'a pas besoin d'utiliser ses mâchoires. Elle utilise le pouvoir de son esprit. Par quels moyens elle y parvient, c'est un mystère ; elle emploie probablement une substance chimique, car le système nerveux des fourmis y répond généralement très bien. Si son arme est vraiment chimique, elle est alors aussi insidieuse que n'importe quelle drogue scientifiquement connue. Réfléchissez donc à ce qu'elle accomplit. Elle envahit le cerveau de l'ouvrière et prend le contrôle de ses muscles, la détourne des travaux pour lesquels elle est programmée et la tourne contre sa propre mère. Pour les fourmis, le matricide est un acte de folie génétique caractérisé, et la drogue qui les y conduit doit être particulièrement terrible. Dans le monde du phénotype étendu, ne vous demandez pas comment le comportement d'un animal bénéficie à ses gènes ; demandez-vous plutôt à quels gènes il bénéficie.

Il est à peine surprenant que les fourmis soient exploitées par des parasites, non seulement d'autres fourmis, mais aussi une ménagerie étonnante de pique-assiettes spécialisés. Les fourmis ouvrières charrient une grande quantité de nourriture à partir d'une vaste surface de cueillette, qu'elles thésaurisent dans un endroit prévu à cet effet et qui représente une cible fixe idéale pour les pillards de tout poil. Les fourmis sont également de bons agents de protection : elles sont bien armées et nombreuses. On peut considérer que les pucerons du chapitre 10 payent avec du nectar pour s'assurer les services de gardes du corps professionnels. Plusieurs espèces de papillons vivent leur vie de chenille dans des nids de fourmis. Certains se comportent en véritables pillards. D'autres offrent parfois quelque chose aux fourmis en échange de leur protection. Souvent, elles se hérissent, avec un équipement destiné à manipuler littéralement leurs protectrices. La chenille d'un papillon appelé *Thisbe irenea* a dans sa tête un organe qui produit des sons qui commandent les fourmis, ainsi qu'une paire de tuyaux télescopiques déversant un séduisant nectar. Sur ses épaules se trouve une autre paire de lances qui jettent un charme encore plus subtil. Leur sécrétion ne semble pas constituée de nourriture, mais d'une potion volatile qui a un impact incroyable sur le comportement des fourmis. Une fourmi sous influence se jette dans les airs, les mâchoires grandes ouvertes, son agressivité décuplée, bien plus belliqueuse que d'habitude, mordant et piquant tout ce qui bouge. Tout cela est dû à la chenille qui l'a droguée. De plus, une fourmi subissant les effets de la drogue distribuée par la chenille entre dans un état qualifié de « dépendance » : elle devient inséparable de la chenille pendant plusieurs jours. Comme un puceron, la chenille emploie des fourmis comme gardes du corps, mais son système marche encore mieux. Alors que les pucerons s'appuient sur l'agressivité normale des fourmis à l'égard des prédateurs, la chenille administre une drogue qui décuple cette agressivité et semble les noyer de même dans une sorte de dépendance.

J'ai choisi des exemples extrêmes. Mais de manière moins exagérée la nature foisonne d'animaux et de plantes qui en manipulent d'autres, que ceux-ci appartiennent à la même espèce ou à des espèces différentes. Dans tous les cas où la sélection naturelle a favorisé les gènes de la manipulation, il est légitime de dire que ces mêmes gènes ont eu des effets (phénotypiques étendus) sur le corps de l'organisme manipulé. Il n'est pas important de savoir dans quel corps un gène se trouve physiquement. La cible de sa manipulation peut être le même corps ou un corps différent. La sélection naturelle favorise les gènes qui manipulent le monde pour assurer leur propagation. Cela conduit à ce que j'ai appelé le « théorème central du phénotype étendu » : *Le comportement d'un animal a tendance à optimiser la survie des gènes qui « favorisent » le comportement de survie, que ces gènes se trouvent ou non dans le corps de l'animal qui a ledit comportement.* J'écrivais cela dans le contexte du comportement animal, mais ce théorème pourrait s'appliquer, évidemment, à la couleur, à la taille, à la forme — à n'importe quoi.

Il est temps finalement de revenir au problème par lequel nous avons commencé, à savoir le paradoxe qui existe entre l'organisme individuel et le gène dans le cadre d'un combat dont l'enjeu est la sélection naturelle. Dans les premiers chapitres, j'ai émis l'hypothèse qu'il n'y avait pas de problème parce que la reproduction individuelle était équivalente à la survie du gène. J'ai supposé alors qu'il était à la fois possible de dire que « l'organisme travaille à la propagation de tous ses gènes » ou que « les gènes s'efforcent d'obliger une succession d'organismes à les propager ». Cela semblait être deux façons de dire la même chose, les mots choisis semblant être une affaire de goût. Mais le paradoxe subsistait un peu.

Une manière de résoudre toute cette affaire est d'utiliser les termes de « réplicateur » et de « véhicule ». Les unités de base de la sélection naturelle, les choses fondamentales qui survivent ou n'arrivent pas à survivre, qui forment les lignées de copies identiques avec des mutations occasionnelles dues au hasard, sont qualifiées de réplicateurs. Les molécules d'ADN sont des réplicateurs. Pour des raisons que nous verrons plus tard, elles s'assemblent généralement pour former de grandes machines à survie ou « véhicules ». Les véhicules que nous connaissons le mieux sont des corps individuels tels que les nôtres. Un corps n'est pas un réplicateur ; c'est un véhicule. Je dois insister sur ce point, puisqu'il a déjà été mal compris. Les véhicules ne font pas de copies d'eux-mêmes ; ils travaillent à la propagation de leurs réplicateurs. Les réplicateurs n'ont pas de comportement, ils ne perçoivent pas le monde, ils n'attrapent pas de proie ou ne s'enfuient pas pour échapper à leurs prédateurs ; ils font faire tout cela à leurs véhicules. Il est souvent pratique pour les biologistes de concentrer leur attention sur le véhicule. Dans d'autres cas, ils préfèrent le réplicateur. Le gène et l'organisme individuel ne sont pas rivaux pour le rôle principal du spectacle darwinien. Leurs rôles sont différents, complémentaires, et de bien des manières aussi importants l'un que l'autre.

La terminologie réplicateur/véhicule est bien utile. Par exemple, elle éclaircit une controverse ennuyeuse en ce qui concerne le niveau auquel la sélection naturelle agit. A première vue, il pourrait être logique de placer la « sélection naturelle » sur une sorte d'échelle de niveaux de sélection, à mi-chemin entre la « sélection par le gène » traitée au chapitre III et la « sélection par le groupe » critiquée au chapitre VII. La « sélection individuelle » semble vaguement représenter un compromis entre deux extrêmes. De nombreux biologistes et philosophes ont été séduits par cette voie facile et l'ont traitée comme telle. Mais nous pouvons voir à présent que cela ne se passe pas comme ça du tout, que l'organisme et le groupe d'organismes représentent de vrais concurrents pour le rôle de véhicule dans l'histoire, mais qu'aucun des deux n'est *candidat* au rôle de réplicateur. La controverse entre « sélection individuelle » et « sélection par le groupe » constitue une réelle controverse entre des véhicules alternatifs. La controverse entre sélection individuelle et sélection par le gène n'en est pas du tout une, car le gène et l'organisme sont candidats à des rôles différents et complémentaires dans l'histoire, ceux de réplicateur et de véhicule.

La rivalité entre l'organisme individuel et le groupe d'organismes pour le rôle de véhicule peut être réglée, la rivalité même étant réelle. Il se trouve que le résultat est selon moi une victoire décisive en faveur de l'organisme individuel. Le groupe forme une entité trop insipide. Un troupeau de daims, un groupe de lions ou une bande de loups ont une certaine cohérence rudimentaire et une unité de but. Mais c'est peu comparé à l'unité de but et à la cohérence qui existent dans le corps d'un lion, d'un daim ou d'un loup pris en tant qu'individu. Que ce soit exact est maintenant largement accepté, mais *pourquoi* est-ce vrai ? Les phénotypes étendus et les parasites peuvent encore nous aider.

Nous avons vu que lorsque les gènes d'un parasite travaillent ensemble, mais en opposition aux gènes de l'hôte (qui travaillent tous ensemble *les uns avec les autres*), c'est parce que ces deux ensembles de gènes utilisent des méthodes différentes pour quitter ce véhicule commun qu'est le corps de l'hôte. Les gènes de l'escargot le quittent *via* les spermatozoïdes ou les ovocytes. Parce que tous les gènes d'escargots ont une chance égale dans chaque spermatozoïde et dans chaque ovocyte, parce qu'ils participent tous à la même méiose non truquée, ils travaillent ensemble au bien commun et, par conséquent, ont tendance à faire du corps un véhicule cohérent et ayant un but. La vraie raison pour laquelle un trématode est identifié séparément de son hôte, la vraie raison pour laquelle il ne fusionne pas avec ses objectifs et la vraie raison de son identité avec les buts de l'hôte, est que les gènes du trématode ne partagent pas la méthode suivie par les gènes de l'escargot pour quitter le véhicule commun, et qu'ils ne partagent pas la loterie méiotique de l'escargot — ils ont leur propre loterie. Dans cette mesure et seulement dans celle-là, les deux véhicules restent séparés en tant qu'escargot et trématode. Si les gènes du trématode étaient transmis aux ovocytes et aux spermatozoïdes de l'escargot, les deux corps se développeraient pour ne devenir qu'un seul et unique corps. Il se pourrait que nous ne puissions même pas dire qu'il y ait jamais eu deux véhicules.

Des organismes individuels « uniques » tels que nous-mêmes représentent l'incarnation ultime de nombreuses fusions de ce genre. Le groupe d'organismes — le groupe d'oiseaux, la bande de loups — ne fusionne pas en un seul véhicule précisément parce que les gènes du groupe ou de la bande ne partagent pas une méthode commune pour quitter le véhicule du moment. Il est certain que les bandes peuvent donner des bandes filles. Mais les gènes de la bande mère ne se transmettent pas à la bande fille dans un seul vaisseau dans lequel tous auraient une chance égale. Les gènes d'une bande de loups ne cherchent pas à tirer avantage pour l'avenir de la même suite d'événements. Un gène peut entraîner son propre bien-être futur en favorisant son propre loup aux dépens d'autres individus loups. Un loup représente donc un véhicule précieux, alors qu'un groupe de loups ne l'est pas. Génétiquement parlant, la raison en est que toutes les cellules sauf les cellules sexuelles se trouvant dans le corps d'un loup ont les mêmes gènes, alors que pour les cellules sexuelles tous les gènes ont une chance égale d'être dans l'une d'elles. Mais les cellules d'une *bande* de loups n'ont pas les mêmes gènes et n'ont pas non plus la même chance d'être dans les cellules des sous-ensembles qui en résultent. Ils ont tout à gagner en se battant contre leurs rivaux se trouvant dans les corps d'autres loups (même si faire partie de la même bande signifie que les loups ont une parenté commune et que cela atténuera le combat).

La qualité essentielle nécessaire à une entité, si elle doit devenir un véhicule effectif pour les gènes, est la suivante. Elle doit comporter une voie de sortie impartiale pour l'avenir, pour tous les gènes qui se trouvent à l'intérieur. C'est vrai d'un loup en tant qu'individu. Cette voie, c'est le flot ténu des spermatozoïdes ou des ovocytes qu'il fabrique grâce à la méiose. Ce n'est pas vrai pour la bande de loups. Les gènes ont quelque chose à gagner à pousser égoïstement le bien-être de leurs propres corps aux dépens des autres gènes de la bande. Un essaim d'abeilles, lorsqu'il essaime, paraît se reproduire grâce à un bourgeonnement, comme une bande de loups. Mais si nous y regardons de plus près, nous trouvons qu'en ce qui concerne les gènes, leur destin est amplement commun. L'avenir des gènes dans l'essaimage réside, au moins pour une large part, dans les ovaires d'une seule reine. C'est pourquoi — c'est seulement une autre manière d'exprimer le message des premiers chapitres — la colonie d'abeilles ressemble et se comporte comme un seul véhicule véritablement intégré. Partout nous trouvons que la vie est faite de véhicules discrets, individuellement tenaces tels que les loups ou les essaims d'abeilles. Mais la doctrine du phénotype étendu nous a enseigné que ce n'était pas nécessaire. Fondamentalement, tout ce que nous pouvons attendre de notre théorie, c'est un champ de bataille de réplicateurs, se bousculant, intriguant et combattant pour avoir un avenir dans l'au-delà génétique. Les armes de ce combat sont les effets phénotypiques, à l'origine des effets chimiques directs dans les cellules, mais ensuite des effets plus élaborés tels que les plumes ou le venin. Il est indéniable que ces effets phénotypiques se sont groupés pour devenir des véhicules discrets, chacun comportant ses gènes disciplinés et mis en ordre dans la perspective du goulot d'étranglement que constituent les spermatozoïdes et les ovocytes, qu'ils devront partager et qui représentent leur passeport pour l'avenir. Mais ce n'est pas un fait qu'il faut accepter tel quel. C'est un fait qu'il faut remettre en question et sur lequel il convient de réfléchir. Pourquoi les gènes se sont-ils assemblés en gros véhicules, chacun n'ayant qu'une issue génétique unique ? Pourquoi les gènes ont-ils choisi de se rassembler et de se fabriquer de grands corps pour y vivre ? Dans *The Extended Phenotype*, j'ai essayé d'apporter une réponse à ce problème difficile. Je ne peux donner ici qu'une partie de cette réponse — même si, comme on pourrait s'y attendre après sept ans, je suis à présent en mesure d'aller un peu plus loin.

Je vais diviser cette question en trois parties. Pourquoi les gènes se sont-ils assemblés dans les cellules ? Pourquoi les gènes se sont-ils assemblés dans des corps pluricellulaires ? Et pourquoi les corps ont-ils adopté ce que j'appellerai un cycle de vie en « goulot d'étranglement » ?

D'abord, pourquoi les gènes se sont-ils assemblés dans les cellules ? Pourquoi ces anciens réplicateurs ont-ils renoncé à la liberté désinvolte de la soupe originelle et ont-ils essaimé en colonies importantes ? Nous pouvons trouver une partie de la réponse en regardant de quelle façon les molécules modernes d'ADN coopèrent dans les usines chimiques que sont les cellules vivantes. Les molécules d'ADN fabriquent des protéines. Les protéines travaillent comme des enzymes, catalysant des réactions chimiques particulières. Souvent, une seule réaction chimique n'est pas suffisante pour synthétiser un produit fini utile. Dans une usine pharmaceutique humaine, la synthèse des besoins chimiques nécessite une chaîne de production. Le produit chimique de départ ne peut pas être transformé directement dans le produit fini souhaité. Une série d'intermédiaires doivent être synthétisés dans un ordre strict. Une grande partie du génie chimique consiste dans la conception de molécules réalisables intermédiaires entre les produits chimiques de départ et les produits finis désirés. De la même façon, les enzymes ne peuvent pas toutes seules, dans une cellule vivante, réaliser la synthèse d'un produit fini utile à partir d'un produit chimique donné de départ. Tout un ensemble d'enzymes sont nécessaires, l'une pour catalyser la transformation de la matière première en un premier intermédiaire, l'autre pour catalyser la transformation du premier intermédiaire en un second intermédiaire, etc.

Chacune de ces enzymes est faite par un gène. Si une séquence de six enzymes est nécessaire pour réaliser une molécule synthétique particulière, les six gènes nécessaires à sa fabrication doivent être présents. Maintenant, il est très probable qu'il y ait deux alternatives pour arriver au même produit fini, chacune nécessitant six enzymes différentes, sans que rien ne pousse à choisir l'une plutôt que l'autre. Ce genre de chose arrive dans les usines chimiques. La formule choisie pour la molécule peut être le résultat d'un accident historique ou bien le résultat d'un choix délibéré opéré par les chimistes. Dans la chimie de la nature, le choix ne sera jamais délibéré. Il sera le résultat de la sélection naturelle. Mais comment la sélection naturelle peut-elle s'arranger pour que les deux formules ne se mélangent pas et que des groupes de gènes compatibles émergent ? J'ai parlé exactement de la même chose lorsque j'ai suggéré, au chapitre V, une analogie avec les rameurs anglais et allemands. L'important est qu'un gène destiné à la formule 1 se développera en présence de gènes destinés aussi à cette formule 1, et non en présence de gènes destinés à une formule 2. Si la population s'avère déjà dominée par des gènes de la formule 1, la sélection favorisera d'autres gènes destinés à la formule 1 et pénalisera les gènes destinés à la 2. Et vice versa. Aussi tentant que ce puisse être, il est absolument faux de dire que les gènes destinés aux six enzymes de la formule 2 sont sélectionnés parce qu'ils sont un groupe. Chacun d'entre eux est sélectionné en tant que gène égoïste indépendant, mais se développe seulement en présence de l'ensemble approprié constitué par les autres gènes.

De nos jours, cette coopération entre les gènes se poursuit à l'intérieur des cellules. Elle a dû démarrer sous forme d'une coopération rudimentaire entre les molécules qui se sont répliquées elles-mêmes dans la soupe originelle (ou quoi qu'ait pu être le milieu originel). Les parois des cellules se sont peut-être élaborées en tant que dispositifs permettant de garder les produits chimiques ensemble et d'empêcher qu'ils ne s'écoulent ailleurs. De nombreuses réactions chimiques se produisant dans la cellule se poursuivent en fait dans le tissu des membranes ; une membrane agit comme un mélange de tapis roulant et de tube à essai. Mais la coopération entre les gènes ne s'est pas limitée à la biochimie cellulaire. Les cellules se sont assemblées (ou n'ont pas réussi à se séparer après la division cellulaire) pour former des corps pluricellulaires.

Cela nous amène à la seconde des trois questions. Pourquoi les cellules se sont-elles assemblées ; pourquoi ces robots encombrants ? C'est une autre question qui traite de la coopération. Mais ce domaine est passé du monde des molécules à une échelle plus large. Les corps pluricellulaires dépassent le microscope. Ils peuvent même prendre la forme d'éléphants ou de baleines. Etre grand n'est pas nécessairement une bonne chose : la plupart des organismes sont des bactéries et très peu sont des éléphants. Mais lorsque les moyens permettant aux petits organismes de gagner leur vie ont tous été utilisés, il reste à créer des moyens d'existence permettant aux organismes plus grands de prospérer. Les grands organismes peuvent en manger de plus petits, qui peuvent par exemple éviter d'être mangés par eux.

Les avantages d'appartenir à un groupe de cellules ne s'arrêtent pas à la taille. Les cellules d'un groupe peuvent se spécialiser, chacune devenant donc plus efficace dans la réalisation de son travail. Les cellules spécialisées servent les autres cellules du groupe et tirent aussi bénéfice de l'efficacité des autres spécialistes. S'il y a de nombreuses cellules, certaines peuvent se spécialiser dans la détection des proies, d'autres en cellules nerveuses destinées à transmettre les messages, d'autres en cellules sécrétrices de poison destinées à paralyser la proie, en cellules musculaires destinées à bouger les tentacules et attraper la proie, en cellules destinées à la digérer et en d'autres pour en absorber les fluides. Nous ne devons pas oublier que, au moins dans des corps modernes comme les nôtres, les cellules sont des clones. Elles contiennent toutes les mêmes gènes, même si des gènes différents seront répartis dans des cellules aux spécialités différentes. Les gènes qui se trouvent dans chaque type de cellule tirent directement bénéfice de leur propre copie dans la minorité des cellules spécialisées dans la reproduction, cellules destinées à l'immortalité de la lignée.

Nous voici arrivés à la troisième question. Pourquoi les gènes participent-ils à un cycle de vie en « goulot d'étranglement » ?

Pour commencer, que doit-on entendre par « goulot d'étranglement » ? Le nombre de cellules qui se trouvent dans le corps d'un éléphant n'a pas d'importance, car l'éléphant a commencé sa vie sous forme d'une seule cellule, un ovocyte fécondé ou œuf. L'œuf constitue un goulot d'étranglement étroit qui, durant sa vie embryonnaire, se développe en milliards de cellules jusqu'à devenir un éléphant adulte. Et peu importe le nombre de cellules, ou la palette de leurs spécialisations ; elles coopèrent pour accomplir le travail horriblement compliqué de diriger un éléphant adulte, et les efforts de toutes ces cellules convergent vers un but unique, celui de produire encore des cellules distinctes — les spermato-zoïdes ou les ovocytes. L'éléphant ne naît pas seulement d'une seule cellule, un œuf, mais sa fin, c'est-à-dire son but ou son pro-duit fini, c'est la production de cellules distinctes, les œufs de la génération suivante. Le cycle de vie de l'énorme éléphant commence et finit dans un goulot d'étranglement étroit. Cela constitue la caractéristique des cycles de vie des animaux pluricel-lulaires, ainsi que ceux de la plupart des plantes. Pourquoi ? Quelle en est la signification ? Nous ne pouvons pas y répondre sans ima-giner à quoi la vie ressemblerait si cela n'existait pas.

Il sera utile d'imaginer deux espèces hypothétiques d'algues appelées porte-bouteille et herbe à déluge. L'herbe à déluge pousse sous la forme d'un ensemble de ramifications amorphes et éparses dans la mer. De temps à autres, les ramifications se détachent et dérivent. Ces cassures peuvent se produire n'importe où dans la plante et les fragments être petits ou grands. Comme des boutures dans un jardin, ils vont pousser comme la plante d'origine. Cette dissémination de parties constitue le moyen employé par l'espèce pour se reproduire. Vous remarquerez qu'elle n'est pas tellement différente de la méthode qu'elle emploie pour pousser, sauf que les parties en croissance deviennent physiquement indépendantes les unes des autres.

La porte-bouteille a la même apparence et pousse de la même manière un peu décousue. Il y a toutefois une différence capitale. Elle se reproduit en libérant des spores monocellulaires qui se dispersent dans la mer et poussent pour devenir de nouvelles plantes. Ces spores ne sont que des cellules comme les autres. Comme dans le cas de l'herbe à déluge, il n'est pas question de sexe. Les filles de la plante sont des cellules qui constituent des clones des cellules de la plante mère. La seule différence entre ces deux espèces est que l'herbe à déluge se reproduit en essaimant des morceaux d'elle-même, qui ne sont rien d'autre que des cellules en nombre indéterminé, alors que la porte-bouteille se reproduit en essaimant des morceaux d'elle-même consistant toujours en cellules uniques.

En imaginant ces deux types de plantes, nous avons restauré la différence entre un cycle à goulot d'étranglement et un cycle qui ne l'est pas. La porte-bouteille se reproduit en se faisant entrer de force, à chaque génération, dans un goulot de bouteille constitué d'une seule cellule. L'herbe à déluge ne fait que pousser et se casser en deux. On peut à peine dire qu'elle possède des « générations » discrètes ou qu'elle est constituée d'« organismes ». Et qu'en est-il de la porte-bouteille ? Je vais bientôt la décrire, mais nous pouvons déjà percevoir un début de réponse. Est-ce que la porte-bouteille ne semble pas avoir une approche déjà plus discrète des organismes ?

Comme nous l'avons vu, l'herbe à déluge se reproduit de la même manière qu'elle pousse. Évidemment elle se reproduit rarement. La porte-bouteille, par contre, fait une séparation nette entre croissance et reproduction. Nous avons peut-être mis le doigt sur la différence ; et alors ? Qu'est-ce que cela signifie ? Pourquoi est-ce important ? J'y ai longuement réfléchi et je pense connaître la réponse. (Il a même été plus difficile d'établir qu'il existait une question que de penser à la réponse !) On peut diviser la réponse en trois parties, la première des deux traitant de la relation entre l'évolution et le développement embryonnaire.

D'abord, réfléchissez au problème de développer un organe complexe à partir d'un autre plus simple. Nous n'avons pas à nous limiter aux plantes ; à ce stade de la démonstration il vaudrait mieux passer aux animaux parce qu'ils ont des organes de toute évidence plus compliqués. Il n'est pas encore nécessaire de penser en termes de sexe; la reproduction sexuée en opposition à la reproduction asexuée constitue ici un faux problème. Nous pouvons imaginer que nos animaux se reproduisent en envoyant des spores asexuées, cellules uniques qui, si on laisse de côté les mutations, sont génétiquement identiques les unes aux autres, ainsi qu'aux autres cellules du corps.

Les organes complexes des animaux supérieurs tels que l'être humain ou le porcelet se sont développés en passant par des stades successifs à partir des organes plus simples des ancêtres. Mais ces organes ancestraux n'ont pas pris la forme des organes de leurs descendants du jour au lendemain, de la même façon que les épées n'ont pas été transformées en socs de charrue du soir au matin. Non seulement ils ne l'ont pas fait, mais ce que je veux souligner ici, c'est que la plupart du temps ils *ne le pouvaient pas*. Ces transformations ne peuvent s'opérer directement que par petits coups de la même façon que l'on transforme les épées en socs de charrue. Des changements radicaux ne peuvent pas se produire en retournant « à la table à dessin », et en jetant au panier le dessin précédent pour repartir de zéro. Lorsque les ingénieurs retournent à leur table à dessin et créent une forme, ils ne jettent pas nécessairement les idées contenues dans l'ancien dessin. Mais ils n'essaient pas non plus de déformer le vieil objet physique pour en faire un nouveau. Le vieil objet est trop chargé de l'histoire passée. Peut-être pouvez-vous forger un soc de charrue à partir d'une épée, mais essayez donc de « forger » un réacteur à partir d'un moteur à combustion interne ! Vous ne le pouvez pas. Il vous faut écarter le moteur à combustion et revenir à votre table à dessin.

Évidemment, les choses vivantes n'ont jamais été conçues sur une table à dessin. Mais elles reviennent bien à de nouveaux débuts. Elles prennent un nouveau départ à chaque génération. Chaque nouvel organisme commence par être une cellule unique et croît à nouveau. Il hérite de toutes les *idées* de la conception ancienne sous forme du programme ADN, mais il n'hérite pas des organes physiques de ses ancêtres. Il n'hérite pas du corps de ses parents, mais le *remodèle* pour en faire un nouveau (probablement amélioré). Il commence à partir d'un rien, une cellule unique, se développe en un nouveau cœur en utilisant le même programme que pour celui de ses parents, et auquel il est possible d'apporter des améliorations. Vous voyez à présent où je veux en venir. Une chose importante à savoir en ce qui concerne le cycle de vie en « goulot d'étranglement », c'est qu'il donne la possibilité de « revenir à la table à dessin ».

La caractéristique du « goulot d'étranglement » du cycle de vie comprend une seconde conséquence. Elle fournit un « calendrier » qui peut être utilisé pour réguler les processus embryonnaires. Dans un cycle de vie en goulot d'étranglement, chaque nouvelle génération passe approximativement par les mêmes séquences d'événements. L'organisme commence par être une cellule unique. Il se développe par division cellulaire. Il se reproduit ensuite en envoyant des cellules filles. Il est possible qu'il meure ensuite, mais cela est moins important qu'il nous paraît à nous mortels ; en ce qui concerne notre discussion, la fin du cycle est atteinte lorsque l'organisme en développement se reproduit et qu'un nouveau cycle de génération recommence. Bien qu'en théorie l'organisme puisse se reproduire n'importe quand durant sa phase de croissance, nous pouvons espérer qu'il y aura une phase optimale au cours de laquelle émergera la reproduction. Les organismes trop jeunes ou trop vieux qui libéreraient des spores finiraient par avoir moins de descendants que des concurrents qui eux auraient libéré une quantité massive de spores alors qu'ils étaient dans la force de l'âge.

Avec cette démonstration, je désire me rapprocher de l'idée qu'il existe un cycle de vie stéréotypé qui se répète de manière régulière. Non seulement chaque génération se développe par l'intermédiaire d'un goulot d'étranglement unicellulaire, mais elle a également une phase de croissance, « l'enfance » — d'une durée assez fixe. Cette durée fixe, le stéréotype, de la phase de croissance permet à certaines choses de se produire à des moments précis durant le développement embryonnaire, comme si elles devaient suivre strictement un calendrier. Dans des proportions différentes et chez différents types de créatures, les divisions cellulaires du développement se produisent selon une séquence rigide qui se

reproduit à chaque cycle de vie. Chaque cellule a sa propre place
ainsi que son temps d'apparition dans le tableau de contrôle des
divisions cellulaires. Dans certains cas, c'est si précis que les
embryologistes peuvent donner un nom à chaque cellule, et on
peut même dire d'une cellule donnée qu'elle a sa réplique exacte
dans un autre organisme.

Ainsi, le cycle de croissance stéréotypé fournit une horloge ou
un calendrier grâce auquel les événements embryonnaires sont
initialisés. Pensez donc à la facilité avec laquelle nous faisons
usage des cycles produits par la rotation journalière de la terre et
de sa circumnavigation annuelle autour du soleil pour structurer
et ordonner notre vie. De la même façon, les rythmes de croissance inlassablement répétés imposés par le cycle de vie en goulot
d'étranglement — il semble presque inévitable — sont utilisés
pour structurer et ordonner l'embryologie. On peut enlever ou
remettre des gènes particuliers à des moments précis parce que le
calendrier en goulot d'étranglement du cycle de croissance assure
qu'*il existe bien* un moment particulier. De telles régulations si
bien réglées de l'activité du gène sont un préalable à l'évolution
d'embryologies capables de fabriquer des tissus et des organes
complexes. La précision et la complexité de l'œil d'un faucon ou de
l'aile d'une mouette ne pourraient émerger sans les règles d'hor-
logerie permettant de dire qui fait quoi et à quel moment.

La troisième conséquence d'une histoire de la vie en goulot
d'étranglement est génétique. Ici, nous allons encore utiliser les
exemples du porte-bouteille et de l'herbe à déluge. Supposons,
encore par souci de simplicité, que ces deux espèces se reproduisent de manière asexuée, et pensez à présent à la manière dont
elles pourraient évoluer. L'évolution nécessite un changement
génétique, une mutation. La mutation peut se produire durant
n'importe quelle division cellulaire. Chez l'herbe à déluge, les
lignées cellulaires ne souffrent pas de restriction par rapport aux
lignées qui doivent subir le goulot d'étranglement. Chaque
branche qui se casse et part à la dérive est pluricellulaire. Il est par
conséquent tout à fait possible que deux cellules d'une branche
fille se trouvent être des parentes plus éloignées l'une de l'autre
que des cellules se trouvant dans la plante mère. (Par parents, je

veux dire cousines, petits-enfants, etc. Les cellules ont des lignées de descendance précises et celles-ci bifurquent, aussi des mots tels que cousins au second degré peuvent-ils être utilisés sans crainte pour les cellules appartenant à un même corps.) La porte-bouteille diffère ici sensiblement de l'herbe à déluge. Toutes les cellules de la plante fille descendent d'une seule spore unicellulaire, et par conséquent toutes les cellules d'une plante donnée sont des cousines plus proches les unes des autres que de n'importe qu'elle cellule d'une autre plante.

Cette différence entre les deux espèces entraîne des conséquences génétiques importantes. Pensez au destin du tout nouveau gène mutant, d'abord de l'herbe à déluge puis de la porte-bouteille. Chez l'herbe à déluge, la nouvelle mutation peut se produire dans n'importe quelle cellule de n'importe quelle ramification de la plante. Puisque les plantes filles proviennent d'un important bourgeonnement, les descendants de la lignée de la cellule mutante peuvent se retrouver sur la même plante fille ou petite-fille, avec des cellules qui elles n'ont pas muté et qui sont des cousines relativement éloignées. Chez le porte-bouteille, par contre, l'ancêtre commun le plus récent de toutes les cellules d'une plante n'est rien d'autre que la spore produite par la plante dont le cycle est en goulot d'étranglement. Si cette spore contenait le gène mutant, toutes les cellules de la nouvelle plante le contiendraient, sinon elles ne le contiendraient pas. Les cellules de la porte-bouteille seront génétiquement plus uniformes que celles de l'herbe à déluge. Chez la porte-bouteille, la plante individuelle représentera une unité avec une identité génétique propre qui lui conférera le droit d'être appelée individu. Les plantes de la porte-bouteille auront une identité moins génétique, et il sera donc plus difficile de les qualifier d'« individus » que leurs collègues de la porte-bouteille.

Il ne s'agit pas seulement de terminologie. Avec la possibilité de mutations, les cellules de l'herbe à déluge n'auront pas toutes les mêmes intérêts génétiques. Un gène d'une cellule de cette dernière s'efforcera de gagner en travaillant à la suprématie de sa cellule et pas nécessairement à celle de sa « plante » en tant qu'individu. La mutation rendra improbable l'identité génétique des cellules d'une même plante, et celles-ci ne vont donc pas collaborer de gaieté de cœur à la fabrication d'organes et de plantes nouvelles. La sélection naturelle choisira parmi les cellules plutôt que parmi les plantes. Chez la porte-bouteille, au contraire, toutes les cellules d'une même plante auront probablement les mêmes gènes parce que seules des mutations très récentes pourraient les diviser. Par conséquent, elles collaboreront de bon cœur à la fabrication de machines à survie efficaces. Les cellules de plantes différentes auront probablement des gènes différents. Après tout, les cellules qui sont passées au travers de goulots d'étranglements successifs peuvent être distinguées par tout sauf les mutations les plus récentes — et cela signifie la majorité. Par conséquent, la sélection jugera les plantes concurrentes, et non les cellules rivales comme dans l'herbe à déluge. Nous pouvons donc nous attendre à des évolutions d'organes et à des adaptations qui soient utiles à la plante entière.

A ce propos, et strictement à l'usage de ceux qui y ont un intérêt professionnel, il existe une analogie ici avec la théorie de la sélection par le groupe. Nous pouvons dire d'un organisme individuel qu'il constitue un « groupe de cellules ». Une forme de sélection par le groupe peut s'opérer pourvu que certains moyens puissent être trouvés pour augmenter le taux de variation intergroupe par rapport au taux intragroupe. Les habitudes de reproduction de la porte-bouteille produisent une augmentation de ce taux; les habitudes de l'herbe à déluge ont juste l'effet contraire. Il existe aussi des similarités qui peuvent être intéressantes, mais que je n'explorerai pas ici, entre le cycle (la reproduction) en « goulot d'étranglement » et deux autres idées qui ont dominé ce chapitre. Premièrement, l'idée selon laquelle les parasites ne coopéreront avec les hôtes que dans la mesure où leurs gènes sont transmis à la seconde génération par les mêmes cellules reproductrices que celles des gènes de l'hôte — qui s'efforcent de s'entasser par le même goulot d'étranglement. Et deuxièmement l'idée selon laquelle les cellules d'un corps à reproduction sexuée ne coopèrent que parce que la méiose est un processus scrupuleusement équitable.

En résumé, nous avons vu trois raisons pour lesquelles une histoire de la vie en goulot d'étranglement tend à favoriser l'évolution de l'organisme en tant que véhicule discret et unitaire. On peut qualifier respectivement ces trois raisons de « retour à la table à dessin », « tableau de contrôle du cycle » et « uniformité cellulaire ». Laquelle a été soulevée en premier, du cycle de vie en goulot d'étranglement ou de l'organisme discret ? Il me plaît de penser qu'ils ont évolué ensemble. Évidemment, je suppose que le trait essentiel qui caractérise un organisme individuel est qu'il s'agit d'une unité qui commence et finit dans un goulot d'étranglement unicellulaire. Si les cycles de vie prennent la forme d'un matériau vivant en goulot d'étranglement, il semble inévitable qu'ils soient enfermés dans des organismes unitaires et discrets. Et plus ce matériau vivant est enfermé dans des machines à survie discrètes, plus les cellules de ces machines à survie concentreront leurs efforts sur cette catégorie particulière de cellules destinées à convoyer leurs gènes communs pour le goulot d'étranglement jusqu'à la génération suivante. Ces deux phénomènes, les cycles de vie en goulot d'étranglement et les organismes discrets, vont ensemble. A mesure que chacun évolue, il renforce l'autre. Ils se propulsent l'un l'autre, comme ce que ressentent l'un pour l'autre un homme et une femme au fur et à mesure de l'évolution de leurs sentiments et que se renforce l'attirance qu'ils éprouvent l'un envers l'autre.

The Extended Phenotype est un ouvrage épais et les arguments qu'il comporte ne peuvent être facilement réduits à un seul chapitre. J'ai été amené ici à adopter un style condensé, plutôt intuitif, voire même impressionniste. J'espère néanmoins avoir réussi à faire passer l'esprit de l'argument.

Je vais donc conclure en faisant une brève déclaration, un résumé de l'idée que l'on peut avoir de la vie au travers du gène égoïste/du phénotype étendu. Je maintiens qu'il s'agit d'une idée qui s'applique aux choses vivantes partout dans l'univers. L'unité fondamentale, le premier moteur de toute vie, c'est le réplicateur. Un réplicateur est tout ce dont on fait des copies dans l'univers. Les réplicateurs existent d'abord grâce à la chance, au mélange hasardeux de particules plus petites. Une fois qu'un réplicateur est né, il est capable de générer un éventail indéfini de copies de lui-même. Aucun procédé de copie n'est toutefois parfait, et la population des réplicateurs en vient à comprendre des variétés qui diffèrent. Certaines de ces variétés s'avèrent avoir perdu le pouvoir de se répliquer et leur espèce cesse d'exister lorsqu'elles-mêmes cessent d'exister. D'autres peuvent encore se répliquer, mais moins efficacement. Et il arrive que d'autres se retrouvent en possession de nouveaux pouvoirs : elles finissent même par faire de bien meilleurs réplicateurs que leurs prédécesseurs et que leurs contemporains. Ce sont leurs descendants qui vont dominer la population. Au fur et à mesure que le temps passe, le monde se remplit de réplicateurs puissants et ingénieux.

Peu à peu, des moyens de plus en plus compliqués sont découverts pour créer de bons réplicateurs. Les réplicateurs survivent non seulement grâce à leurs propriétés intrinsèques, mais aussi grâce à leurs effets sur le monde. Ceux-ci peuvent être tout à fait indirects. Tout ce qu'il faut, c'est que ces conséquences, aussi tortueuses et indirectes soient-elles, rétroagissent ensuite et affectent le processus de copie du réplicateur.

Le succès qu'un réplicateur a dans le monde dépendra du type de monde dont il s'agira — les conditions préalables. Parmi les conditions les plus importantes se trouveront d'autres réplicateurs et leurs effets. A l'instar des rameurs anglais et allemands, les réplicateurs qui se font mutuellement du bien vont devenir dominants à condition qu'ils se trouvent en présence l'un de l'autre. A un certain stade de l'évolution de la vie sur terre, cet assemblage de réplicateurs mutuellement compatibles commença à prendre la forme de véhicules discrets — les cellules et plus tard les corps pluricellulaires. Les véhicules qui ont évolué vers un cycle de vie en goulot d'étranglement ont prospéré et sont devenus plus discrets en ressemblant de plus en plus à des véhicules.

Ces matériaux vivants emballés en véhicules discrets sont devenus un trait si saillant et si caractéristique que, lorsque les biologistes sont entrés en scène et ont commencé à se poser des questions sur la vie, ils se les sont posées surtout au sujet des véhicules — les organismes individuels. Ceux-ci sont apparus en premier dans le conscient des biologistes alors que les réplicateurs — à présent connus sous le nom de gènes — furent considérés comme

faisant partie de la machine utilisée par les organismes individuels. Il faut faire un effort mental délibéré pour retourner la biologie dans le bon sens et nous rappeler que les réplicateurs
arrivent en premier, aussi bien de par leur importance que par
leur histoire.

Une façon de nous le rappeler, c'est de penser que, même
aujourd'hui, tous les effets phénotypiques d'un gène ne se limitent
pas au corps individuel dans lequel il se trouve. Il est certain qu'en
principe, et aussi dans les faits, le gène sort par la paroi du corps
de l'individu et manipule les objets qui sont à l'extérieur, certains
d'entre eux étant inanimés, d'autres vivants, d'autres encore se
trouvant très loin de lui. Avec seulement un petit effort d'imagination, nous pouvons nous représenter le gène assis au centre d'une
toile irradiant le pouvoir du phénotype étendu. Et un objet dans le
monde représente le point où convergent les influences de nombreux gènes se trouvant dans de nombreux organismes. La longue
portée de ces gènes ne connaît pas de frontières. Le monde entier
est parcouru de flèches qui permettent aux gènes de joindre leurs
effets phénotypiques, qu'ils soient proches ou éloignés.

C'est un fait supplémentaire, trop important en pratique pour
être le résultat du hasard, mais pas assez nécessaire en théorie
pour être qualifié d'inévitable, que ces flèches se retrouvent liées
en paquets. Les réplicateurs ne sont plus éparpillés librement dans
la mer; ils sont rassemblés en colonies importantes — les corps
individuels. Et les conséquences phénotypiques, au lieu d'être distribuées uniformément dans le monde, se sont souvent installées
dans les mêmes corps. Mais le corps individuel qui nous est si
familier sur notre planète ne devait pas nécessairement exister. Le
seul type d'entité qui permette à la vie d'apparaître, n'importe où
dans l'univers, c'est le réplicateur immortel.

Notes

Chapitre I : Pourquoi on existe ?

1. Certaines personnes, même non croyantes, ont mal pris que j'aie cité Simpson. Je suis d'accord sur le fait que, lorsque vous lisez cette phrase pour la première fois, elle sonne terriblement philistine, maladroite et intolérante, un peu à l'image de « l'Histoire est plus ou moins bidon » de Henry Ford. Mais, les questions religieuses mises à part (je les connais bien ; épargnez vos timbres), si on vous met vraiment au défi de réfléchir aux réponses fournies avant Darwin à des questions du type : « Qu'est-ce qu'un homme ? », « Est-ce-que la vie a une signification ? », « Dans quel but sommes-nous là ? », pouvez-vous dire qu'une seule de ces réponses ne soit pas inutile, sauf d'un point de vue historique ? Une réponse peut être tout simplement fausse. C'est ce qui s'est passé pour toutes celles qui sont antérieures à 1859.

2. Les critiques ont parfois mal compris *Le Gène égoïste* en croyant qu'il se faisait l'avocat de l'égoïsme, c'est-à-dire d'un principe que nous devrions adopter comme règle de vie ! D'autres, peut-être parce qu'ils n'ont lu que le titre et n'ont pas dépassé les deux premières pages, ont pensé que je disais, que cela plaise ou non, que l'égoïsme et autres mauvaises tendances font partie de notre nature et que nous ne pouvons pas nous y soustraire. Il est facile de commettre cette erreur si vous pensez, comme beaucoup de gens, que la « détermination » génétique est définitive — absolue et irréversible. En fait, les gènes ne « déterminent » notre comportement que statistiquement parlant. On peut trouver une

bonne analogie dans l'idée largement reconnue selon laquelle « un ciel rouge la nuit forme les délices du berger ». Il se peut qu'un coucher de soleil rouge soit un fait statistique qui signifie que la journée suivante sera belle, mais nous ne parierions pas beaucoup d'argent là-dessus. Nous savons parfaitement bien que le temps est influencé de bien des manières par de nombreux facteurs. N'importe quelle prévision météo est sujette à erreur. Il ne s'agit que d'une prévision statistique. Nous ne considérons pas automatiquement un coucher de soleil rouge comme une annonce de beau temps pour le lendemain ; de même il ne faut pas penser que les gènes déterminent tout. Rien n'interdit de croire que l'influence des gènes ne puisse pas être facilement contrebalancée par d'autres influences. Pour une discussion complète du « déterminisme génétique » et sur la raison des incompréhensions suscitées par ce sujet, voir le chapitre 2 de *The Extended Phenotype* et mon article intitulé « Sociobiology : The New Storm in a Teacup ». J'ai même été accusé d'avoir proclamé que les êtres humains sont tous des Al Capone en puissance ! Mais le point essentiel de mon analogie avec les gangsters de Chicago était évidemment que « la connaissance sur le milieu dans lequel l'homme a prospéré vous en dit beaucoup sur cet homme ». Cela n'avait rien à voir avec les qualités particulières aux gangsters de Chicago. J'aurais aussi bien pu faire une analogie avec un homme parvenu au sommet de la hiérarchie ecclésiastique, ou élu à l'Académie. En tout cas, ce n'étaient pas les gens, mais les gènes, qui étaient le sujet de cette analogie. J'ai discuté de cela et d'autres incompréhensions dans mon article sur « In Defence of Selfish Genes », d'où cette citation est tirée.

Je dois ajouter que les quelques considérations politiques de ce chapitre me rendent mal à l'aise quand je les relis en 1989. « Combien de fois a-t-il fallu répéter cela [restreindre la gourmandise égoïste pour éviter la destruction du groupe entier] ces dernières années aux classes laborieuses de Grande-Bretagne ? » Cela me fait passer pour un conservateur ! En 1975, alors que j'écrivais ce livre, un gouvernement socialiste que j'avais aidé à faire élire se battait désespérément contre 23 % d'inflation et était très préoccupé par les pressions auxquelles il était soumis pour des hausses des salaires. Ma remarque aurait pu être tirée du discours de n'importe quel ministre du Travail de l'époque. A présent que la Grande-Bretagne a un gouvernement de droite, qui a élevé la médiocrité et l'égoïsme au rang d'idéologie, mes mots semblent avoir acquis du même coup une sorte d'indécence que je regrette. Ce n'est pas que je revienne sur ce que j'ai dit. L'imprévoyance égoïste a encore les conséquences indésirables dont j'ai parlé. Mais de nos jours, si l'on cherchait des exemples d'imprévoyance égoïste en Grande-Bretagne, on ne regarderait pas d'abord la classe ouvrière. Cela ne vaut vraiment pas la peine de surcharger un travail scientifique avec des considérations politiques, puisque la vitesse avec laquelle elles se périment est remarquable. Les écrits de scientifiques intéressés par la politique dans les années trente — J.B.S. Haldane et Lancelot Hogben, par exemple — sont aujourd'hui entachés d'erreurs à cause des anachronismes.

3. J'ai appris pour la première fois ce fait étrange sur les insectes mâles au cours d'une conférence prononcée par un collègue sur les mouches phryganes. Il déclara qu'il souhaitait élever des phryganes en captivité, mais que même en faisant beaucoup d'efforts il ne pouvait pas les persuader de s'accoupler. A cela, le professeur d'entomologie assis au premier rang répondit en grommelant, comme s'il s'agissait de la première chose évidente à faire : « N'avez-vous pas essayé de leur couper la tête ? »

4. Depuis que j'ai écrit cette déclaration sur la sélection génétique, j'ai encore réfléchi et me suis demandé s'il ne pouvait pas y avoir aussi une *sorte* de sélection à un niveau plus élevé, se déclenchant de temps à autre durant la longue marche de l'évolution. Je m'empresse d'ajouter que, lorsque je dis « à un niveau plus élevé », je ne veux pas parler de quelque chose qui soit en rapport avec la « sélection par le groupe ». Je parle de quelque chose de beaucoup plus subtil et de beaucoup plus intéressant. Mon opinion est à présent qu'il n'y a pas que des organismes qui survivent mieux que d'autres; des classes entières d'organismes peuvent *évoluer* d'une bien meilleure façon que d'autres. Évidemment, l'évolution dont nous parlons ici est la même que la bonne vieille évolution que nous connaissons et qui s'est frayé un chemin *via* la sélection par les gènes. Les mutations sont encore encouragées à cause de leur impact sur la survie et la reproduction des individus. Mais une nouvelle mutation majeure sur un plan embryologique fondamental peut également ouvrir de nouvelles vannes qui permettront à l'évolution de rayonner durant les prochains millions d'années. Pour les embryologies qui se prêtent à l'évolution, il peut y avoir une sorte de sélection d'un niveau plus élevé : une sélection qui favorise l'évolution. Une sélection de ce type peut même se cumuler et être par conséquent progressive, là où la sélection par le groupe ne l'est pas. Ces idées sont

exposées dans mon article « The Evolution of Evolvability », qui fut largement inspiré par le jeu du Blind Watchmaker (l'Horloger aveugle, *N.d.T.*), un programme informatique simulant les effets de l'évolution.

CHAPITRE II : Les réplicateurs

1. Il existe de nombreuses théories sur les origines de la vie. Plutôt que d'en donner une explication laborieuse, j'en ai choisi une dans *Le Gène égoïste* afin d'illustrer l'idée principale. Mais je ne voudrais pas donner l'impression qu'elle ait constitué la seule solution sérieuse ou même la meilleure. Évidemment, dans *L'Horloger aveugle*, j'en ai délibérément choisi une différente, toujours dans le même but ; il s'agit de la théorie de l'argile développée par A. G. Cairns-Smith. Jamais je ne me suis engagé en faveur de l'hypothèse que j'avais choisie. Si j'écrivais un autre livre, je saisirais probablement cette occasion pour expliquer une fois encore un autre point de vue, celui du chimiste mathématicien Manfred Eigen et de ses collègues. Ce que j'essaye toujours de faire passer en premier lieu, c'est quelque chose sur les propriétés fondamentales qui doivent exister au cœur de toute bonne théorie sur les origines de la vie sur n'importe quelle planète — essentiellement l'idée d'entités génétiques qui se copient elles-mêmes.

2. Plusieurs correspondants angoissés m'ont demandé si la traduction de « jeune femme » par « vierge » de la prophétie biblique était une erreur. Il est dangereux de heurter les sensibilités religieuses de nos jours, et il fallait donc que je me soumette. Je l'ai fait avec un réel plaisir, car il est rare que les scientifiques entrent dans une bibliothèque, se couvrent de poussière et obtiennent ce qu'ils veulent pour produire une vraie pièce d'anthologie. Ce point est en fait bien connu des spécialistes de la Bible et ils ne le contestent pas. Le mot hébreu dans Isaïe est עלמה (*almah*), qui veut bien dire « jeune femme » sans impliquer la virginité. Si « vierge » avait été sous-entendu, בתולה (*bethulah*) aurait pu être employé à la place (le mot anglais ambigu de « maiden » — jeune fille ou vierge, *N.d.T.* — illustre la facilité avec laquelle on peut se perdre entre les deux significations). La « mutation » s'est produite lorsque la traduction grecque préchrétienne connue sous le nom de Septante a transformé *almah* en παυρθενος *parthenos*) qui veut vraiment habituellement signifier vierge. Mathieu (non pas, évidemment, l'apôtre et contemporain de Jésus, mais celui qui écrivit l'Évangile longtemps après) cita Isaïe dans ce qui semble être un dérivé de la version

des Septante (tous les mots grecs sauf deux sont identiques) lorsqu'il dit : « Maintenant tout s'est accompli, tout ce dont Dieu a parlé par l'intermédiaire du prophète, à savoir : voyez, une vierge concevra, elle donnera naissance à un fils, et son nom sera Emmanuel » (traduction autorisée). Il est largement admis parmi les savants chrétiens que l'histoire de la naissance de Jésus d'une mère vierge fut un ajout réalisé par les disciples de langue grecque de manière à ce que la prophétie (mal traduite) soit considérée comme effectivement accomplie. Des versions modernes telles que la *New English Bible* parlent correctement d'une « jeune femme » dans Isaïe. Elles gardent aussi correctement « vierge » dans Mathieu puisque là elles le traduisent à partir du grec.

3. Ce morceau de bravoure (complaisance rare — plutôt rare) a été cité et récité comme une preuve éclatante de mon « déterminisme génétique » enragé. Une partie du problème réside dans les associations populaires, mais erronées, du mot « robot ». Nous sommes à l'âge d'or de l'électronique et les robots ne sont plus des idiots inflexibles, ils sont capables d'apprendre, de faire montre d'intelligence et de créativité. Il est ironique de voir que, même en 1920, lorsque Karel Capek inventa ce mot, les « robots » étaient déjà des êtres mécaniques qui finissaient par avoir des sentiments humains comme par exemple celui de tomber amoureux. Les gens qui pensent que les robots sont par définition plus « déterministes » que les êtres humains sont dans l'erreur (à moins qu'ils ne soient religieux, auquel cas ils pourraient soutenir de manière cohérente que les humains sont doués, grâce à Dieu, d'une volonté propre qui sera refusée aux simples machines). Si, comme la plupart de ceux qui ont critiqué mon passage sur le « robot encombrant », vous n'êtes pas religieux, alors posez-vous la question suivante : Que pensez-vous donc être à part un robot, très compliqué je le conçois ? J'ai discuté de tout cela dans *The Extended Phenotype* (p. 15-17).

Cette erreur a été mélangée à une autre « mutation » pourtant parlante. Alors qu'il semblait théologiquement nécessaire que Jésus soit né d'une vierge, il semble aussi diaboliquement nécessaire qu'un « déterministe génétique » digne de ce nom doive croire que les gènes « contrôlent » tous les aspects de notre comportement. J'ai dit des gènes réplicateurs qu'ils « nous ont créés, corps et âme ». Cela, bien entendu, a été mal cité (par exemple dans *Not in Our Genes* de Rose, Kamin et Lewontin (p. 287), et auparavant dans un papier universitaire de Lewontin) de la façon suivante : « [Ils] nous *contrôlent*, corps et âme » (l'italique est de moi). Dans le contexte de ce chapitre, je pense que ce que je voulais dire par « créé » est évident et que c'était très différent de « contrôlent ». N'importe qui peut voir facilement que les gènes ne contrôlent pas leurs créations au sens fort du « déterminisme » objet de la critique. Nous les défions sans effort (enfin, presque) chaque fois que nous utilisons la contraception.

CHAPITRE III : Les spirales immortelles

1. On trouvera ici (comme plus loin, au chapitre 5) ma réponse aux critiques de « l'atomisme génétique ». A proprement parler, il s'agit d'une anticipation et non d'une réponse, puisqu'elle anticipe les critiques ! Je suis désolé de devoir me citer moi-même si souvent, mais il est troublant de passer si facilement à côté des passages pertinents du *Gène égoïste* ! Par exemple, dans « Caring Groups and Selfish Genes » (in *Le Pouce du Panda*), S. J. Gould déclare : « Il n'existe aucun gène spécialisé dans la fabrication de parties anatomiques telles que votre rotule gauche ou votre ongle. Les corps ne peuvent pas être atomisés en parties, chacune construite par un gène individuel. Des centaines de gènes contribuent à la construction de la plupart des parties du corps... ».

Gould écrivit cela dans une critique du *Gène égoïste*. Mais à présent jetons un œil à ce que j'ai vraiment écrit : « La fabrication d'un corps est une entreprise coopérative d'une telle complexité qu'il est presque impossible d'y distinguer la contribution d'un gène de celle d'un autre. Un gène donné aura des effets très différents sur l'une ou l'autre partie du corps. Une partie donnée du corps sera influencée par plusieurs gènes, et l'effet d'un gène dépend de leurs nombreuses interactions. » Puis : « [...] ce *ne sont pas* des agents libres et indépendants dans le contrôle qu'ils exercent sur le développement embryonnaire. Ils collaborent et interagissent de manière complexe, inextricable, à la fois l'un avec l'autre et avec leur environnement extérieur. Des expressions comme "le gène des longues jambes" ou "le gène du comportement altruiste" sont pratiques, mais il est important de comprendre ce qu'elles signifient. Il n'existe aucun gène capable de construire une jambe à lui seul, qu'elle soit longue ou courte. Construire une jambe est une entreprise qui nécessite la coopération de nombreux gènes. Les influences de l'environnement externe sont trop indispensables : après tout, les jambes ne sont en fait que de la nourriture ! Mais il pourrait bien y avoir un seul gène qui, *toutes choses étant égales par ailleurs*, tende à faire les jambes plus longues qu'elles ne l'eussent été sous l'influence de l'allèle du gène ».

J'ai détaillé ce point dans le paragraphe suivant par une analogie avec les effets des engrais sur la pousse du blé. Comme si Gould n'était pas si sûr que je sois un atomiste naïf, il a négligé de citer les longs passages dans lesquels j'ai insisté, comme il l'a fait lui-même plus tard, sur cette même interaction.

Gould continue : « Dawkins aura besoin d'une autre métaphore : les gènes formant des groupes, des alliances, montrant de la déférence pour avoir une chance de rejoindre un pacte, jaugeant les environnements favorables. »

Dans mon analogie sur les rameurs, j'ai déjà fait précisément ce que Gould a recommandé. Lisez ce passage pour voir pourquoi Gould, bien que nous soyons d'accord sur tant de choses, a tort quand il déclare que la sélection naturelle « accepte ou rejette des organismes entiers parce que des assemblages de pièces, interagissant de manière complexe, confèrent des avantages ». La véritable explication de cette « coopération » des gènes est la suivante : « Les gènes sont choisis, non pas parce qu'ils sont aptes à travailler seuls, mais parce qu'ils sont aptes à travailler avec les autres gènes dans le pool génique. Un bon gène doit être compatible et complémentaire avec les autres gènes en compagnie desquels il doit partager une longue succession de corps. »

J'ai répondu de façon plus complète aux critiques de l'atomisme génétique dans *The Extended Phenotype* (surtout p. 116-1177 et 239-247).

2. Les mots exacts de Williams, dans *Adaptation and Natural Selection*, sont les suivants : « J'utilise le terme "gène" pour parler de "ce qui se sépare et se recombine fréquemment" [...]. On pourrait définir un gène comme étant toute information héréditaire pour laquelle il existe des altérations favorables ou non de la sélection, équivalentes à plusieurs fois son taux de changement endogène. »

Le livre de Williams est à présent, et à juste titre, largement considéré comme un classique respecté à la fois par les « sociobiologistes » et par les critiques de la sociobiologie. Je pense qu'il est clair que Williams ne se considéra jamais comme l'avocat de quelque chose de nouveau ou de révolutionnaire dans son « sélectionnisme génique », pas plus que moi en 1976. Nous avons pensé tous les deux que nous ne faisions que réaffirmer un principe fondamental de Fischer, Haldane et Wright, les pères fondateurs du « néodarwinisme » des années trente. Néanmoins, peut-être est-ce à cause de notre langage sans compromission que certaines personnes, dont Sewall Wright lui-même, ne sont pas d'accord avec nous quand nous disons que « le gène est l'unité de sélection ». Leur raison principale est que la sélection naturelle voit les organismes et non les gènes qui se trouvent à l'intérieur. Ma réponse à des idées telles que celles de Wright se trouve dans *The Extended Phenotype* (surtout p. 238-247). Les pensées les plus récentes de Williams sur la question du gène en tant qu'unité de sélection, dans son « Defense of Reductionism in Evolutionary Biology », sont plus perspicaces que jamais. Certains philosophes, par exemple D. L. Hull, K. Sterelny et P. Kitcher, ainsi que M. Hampe et S. R. Morgan, ont aussi apporté récemment des contributions utiles pour clarifier la question des « unités de sélection ». Malheureusement, d'autres philosophes l'ont embrouillée.

3. A la suite de Williams, j'ai utilisé beaucoup des effets de fragmentation de la méiose pour démontrer que l'organisme individuel ne peut jouer le rôle de réplicateur dans la sélection naturelle. Je vois à présent que cela ne représente que la moitié du problème. L'autre moitié est expliquée dans *The Extended Phenotype* (p. 97-99) et dans mon article intitulé « Replicators and Vehicles ». Si tout se réduisait aux effets de fragmentation de la méiose, un organisme reproducteur asexué comme une femelle insecte serait un vrai réplicateur, une sorte de gène géant. Mais si un insecte-bâton est modifié — disons s'il perd une patte — le changement n'est pas transmis aux générations futures. Ce ne sont que les gènes qui sont transmis aux générations, que la reproduction soit ou non sexuée. Les gènes sont par conséquent de vrais réplicateurs. Dans le cas d'un insecte-bâton asexué, le génome entier (l'ensemble de tous ses gènes) constitue un réplicateur. Mais l'insecte-bâton lui-même ne l'est pas. Un corps d'insecte-bâton n'est pas moulé comme une réplique exacte de la génération précédente. Le corps de n'importe quelle génération prend une nouvelle forme à partir d'un œuf, sous la direction de son génome, qui *est* quant à lui une réplique du génome de la génération précédente.

Toutes les copies de ce livre seront semblables les unes aux autres. Elles constitueront des répliques, mais pas des réplicateurs. Ce seront des répliques non parce qu'elles auront copié l'une sur l'autre, mais parce qu'elles auront toutes copié les mêmes plaques. Elles ne forment pas une lignée de copies, avec des livres jouant le rôle d'ancêtres pour les autres. Une lignée de copies existerait si nous photocopiions une page d'un livre, puis photocopiions la photocopie, puis photocopiions la photocopie de la photocopie, etc. Dans cette lignée de pages, il y aurait réellement une relation ancêtre/descendant. Un nouveau défaut qui apparaîtrait le long de cette série serait partagé par les descendants, mais non par les ancêtres. Une série descendant/ancêtre de ce genre a la possibilité d'évoluer.

A première vue, les générations successives de corps d'insectes-bâtons semblent constituer une lignée de répliques. Mais, si vous changez expérimentalement un membre de la lignée (par exemple en enlevant une patte), ce changement n'est pas transmis à la lignée. Par contre, si vous changez expérimentalement un membre de la lignée de génomes (par exemple aux rayons X), ce changement sera transmis à la lignée. Plutôt que l'effet de fragmentation de la méiose, cela constitue la raison fondamentale pour laquelle on dit que l'organisme individuel n'est pas « l'unité de sélection » — qu'il n'est pas un véritable réplicateur. Il s'agit de l'une des conséquences les plus importantes du fait universellement admis selon lequel la théorie « lamarckienne » de l'héritage est fausse.

4. J'ai pris l'habitude d'attribuer cette théorie de l'âge à P. B. Medawar plutôt qu'à G. C. Williams. Il est vrai que de nombreux biologistes, surtout en Amérique, connaissent cette théorie principalement grâce à l'article que Williams a écrit en 1957 : « Pleiotropy, Natural Selection and the Evolution of Senescence. » Il est également vrai que Williams porta cette théorie bien plus loin que ce qu'avait fait Medawar. Néanmoins, mon propre jugement est que Medawar a exposé le noyau principal de son idée en 1952 dans *An Unsolved Problem in Biology* et en 1957 dans *The Uniqueness of the Individual*. Il me faudrait ajouter que je trouve le développement de Williams sur cette théorie très utile, puisqu'il éclaircit une étape nécessaire de l'argument (l'importance de la « pléiotropie » ou effets multiples du gène) sur lesquels Medawar n'a pas insisté explicitement. W. D. Hamilton a fait récemment avancer ce genre de théorie dans son article « The Moulding of Senescence by Natural Selection ». J'ai par ailleurs reçu de nombreuses lettres émanant de médecins, mais aucune, je pense, ne faisait de commentaires sur les hypothèses que j'avais émises sur les gènes « mystificateurs » qui influent sur l'âge du corps dans lequel ils se trouvent. Cette idée ne m'apparaît pas encore comme complètement idiote, et si elle s'avérait exacte, n'aurait-elle pas une importance médicale certaine ?

5. Le problème de savoir à quoi sert le sexe est toujours aussi provocateur, malgré quelques ouvrages de réflexion, notablement ceux de

M. T. Ghiselin, G. C. Williams, J. Maynard Smith et G. Bell, ainsi qu'un volume édité par R. Michod et B. Levin. Pour moi, l'idée nouvelle la plus passionnante est celle de W. D. Hamilton sur la théorie du parasite qui a été expliquée de manière non technique par Jeremy Cherfas et John Gribbin dans *The Redundant Male*.

6. J'ai suggéré qu'il se pourrait que cet ADN non traduit et en surnombre constitue un parasite intéressé par lui-même et cette idée a été reprise et développée par des biologistes moléculaires (cf. les articles de Orgel, Crick, Doolittle et Sapienza) sous l'expression « ADN égoïste ». S. J. Gould, dans *Hen's Teeth and Horse's Toes*, a annoncé de manière provocante (pour moi !) qu'en dépit des origines historiques de l'idée de l'ADN égoïste, « les théories du gène égoïste et de l'ADN égoïste ne pouvaient pas être plus différentes dans les explications qui les nourrissent ». Je trouve son raisonnement faux, mais intéressant, ce qui par ailleurs, et il a été assez gentil pour me le dire, est ce qu'il pense habituellement du mien. Après un préambule sur le réductionnisme et la « hiérarchie » (que je ne trouve, comme d'habitude, ni faux ni intéressant), il continue : « Les gènes égoïstes de Dawkins augmentent en fréquence parce qu'ils ont des effets sur les corps en les aidant dans leur combat pour la vie. L'ADN égoïste augmente en fréquence pour des raisons justement contraires — parce qu'il n'a aucun effet sur le corps ».

Je vois quelle distinction Gould veut faire, mais je ne crois pas qu'elle soit fondamentale. Au contraire, je considère l'ADN égoïste comme un cas particulier de toute l'histoire du gène égoïste, ce qui est précisément la manière dont l'idée de l'ADN égoïste est apparue. (Ce point — que l'ADN égoïste est un cas particulier — est peut-être encore plus clair au chapitre 10 de ce livre que dans ce passage-ci, cité par Doolittle, Sapienza, Orgel et Crick. A ce propos, Doolittle et Sapienza utilisent l'expression « gènes égoïstes » plutôt que « ADN égoïste » dans leur titre.) Je me permets de répondre à Gould en faisant l'analogie suivante. Les gènes qui donnent aux guêpes les rayures noires et jaunes augmentent en fréquence parce que ce type de dessin (« alarme ») stimule de manière très puissante le cerveau des autres animaux. Les gènes qui donnent aux tigres leurs rayures jaunes et noires augmentent en fréquence « pour la raison précisément opposée » — parce que, idéalement, cette disposition de couleurs (cryptique) ne stimule pas du tout le cerveau des autres animaux. Il existe évidemment une différence ici, très analogue (à un niveau hiérarchique différent !) à la distinction de Gould, mais il s'agit d'une distinction subtile de détail. Nous devrions à peine souhaiter que ces deux cas ne puissent pas être plus différents dans les explications qui les nourrissent. Orgel et Crick enfoncent encore plus loin le clou quand ils font une analogie entre l'ADN égoïste et les œufs du coucou : les œufs du coucou, après tout, échappent à la détection en ressemblant exactement aux œufs de leur hôte.

Par ailleurs, la dernière édition du *Oxford English Dictionary* donne au mot « égoïste » un nouveau sens : « Se dit d'un gène ou d'un matériau génétique tendant à être perpétué ou à se répandre bien qu'il n'ait aucun effet sur le phénotype. » Il s'agit d'une définition admirablement concise de l'ADN égoïste et la deuxième citation concerne réellement ce dernier. Toutefois, je pense que l'expression finale (« n'ayant aucun effet sur le phénotype ») est malheureuse. *Il se peut* que les gènes égoïstes n'aient pas d'effet sur le phénotype, mais beaucoup en ont. Ce serait aux lexicographes de clamer qu'ils avaient l'intention de se limiter au sens de « l'ADN égoïste », qui lui n'a vraiment aucun effet phénotypique. Mais la première citation, qui est tirée du *Gène égoïste*, parle des gènes égoïstes qui, eux, ont des effets phénotypiques. Loin de moi toutefois l'idée de chicaner sur l'honneur que me fait l'*Oxford English Dictionary* de m'avoir cité !

J'ai développé l'ADN égoïste dans *The Extended Phenotype* (p. 156-164).

Chapitre IV : La machine génique

1. Des affirmations comme celle-là inquiètent les critiques bornés. Evidemment, ils ont raison quand ils disent que le cerveau est, par bien des aspects, différent de l'ordinateur. Son fonctionnement interne, par exemple, est très différent de cette espèce particulière d'ordinateurs que notre technologie a développée. Cela ne diminue en rien la vérité de ma déclaration quand je dis qu'ils ont un fonctionnement analogue. En effet, le cerveau joue précisément le rôle d'un ordinateur de bord — traitement de données, reconnaissance de modèle, emmagasinage de données à court et à long terme, coordination d'opérations, etc.

Puisque nous parlons d'ordinateurs, mes remarques à leur sujet sont devenues agréablement — ou épouvantablement, tout dépend de ce que vous pensez — obsolètes. J'ai écrit que « vous ne pourriez entasser que quelques centaines de transistors à l'intérieur d'un crâne ». Or les transistors sont aujourd'hui à l'intérieur de circuits intégrés. Le nombre de transistors équivalents que vous pourriez de nos jours mettre dans un crâne doit atteindre plusieurs milliards. J'ai également déclaré que les ordinateurs jouant aux échecs avaient atteint le niveau de l'amateur éclairé. Aujourd'hui, les programmes d'échecs battent tout le monde, sauf les joueurs très aguerris. Ces logiciels sont légion et adaptables sur des ordinateurs personnels bon marché, et les meilleurs programmes du monde représentent à présent un défi pour les grands maîtres. Voici par exemple ce qu'écrit Raymond Keene, spécialiste des échecs au *Spectator*, dans le numéro du 7 octobre 1988 : « C'est une drôle de sensation que de voir un joueur titré battu par un ordinateur, mais peut-être pas pour longtemps. Le monstre de métal le plus dangereux qui a jusqu'ici rivalisé avec le cerveau humain s'appelle bizarrement « Deep Thought », sans doute en hommage à Douglas Adams. Le tout dernier exploit de Deep Thought a été de terroriser ses adversaires humains lors du championnat open des États-Unis qui s'est tenu en août à Boston. Je n'ai pas encore le taux de réussite de Deep Thought en main, lequel représentera un test redoutable pour ses adversaires dans une compétition open suisse, mais je l'ai vu gagner d'une manière remarquablement impressionnante contre Igor Ivanov, le champion canadien qui battit une fois Karpov! Regardons quelques coups en détails cela peut constituer l'avenir des échecs. » Il s'ensuit un compte rendu coup par coup du jeu. Voici la réaction de Keene au coup n° 22 de Deep Thought : « Un coup magnifique... Cette idée de mettre la reine au centre... et ce concept mène à un succès remarquablement rapide... Le résultat déconcertant... Le flanc de la reine des Noirs est à présent complètement démoli par la percée de la reine. » La réaction d'Ivanov est la suivante : « Un coup désespéré que l'ordinateur pare avec dédain... L'humiliation ultime. Deep Thought ignore la recapture de la reine, optant plutôt pour un échec et mat instantané... Noir abandonne. »

Non seulement Deep Thought est l'un des meilleurs joueurs du monde, mais ce que je trouve encore plus frappant, c'est le langage de la conscience humaine que le commentateur se croit obligé d'utiliser. Deep Thought « pare avec dédain le coup désespéré d'Ivanov ». Deep Thought est décrit comme « agressif ». Keene parle d'Ivanov comme de quelqu'un qui « espère » un résultat, mais son langage montre qu'il serait aussi heureux d'utiliser ce mot pour Deep Thought. Personnellement, j'attends plutôt avec impatience de voir un programme informatique gagner le championnat du monde. L'humanité a besoin d'une leçon d'humilité.

2. On ne sait pas s'il s'agit de la très lointaine *galaxie* d'Andromède ou d'une étoile qui se trouve près de la Terre, dans la constellation d'Andromède, dont j'ai déjà parlé. Page 23, le héros de science-fiction, extrêmement désagréable (comme la plupart des héros de Fred Hoyle), dit, en parlant du message radio, qu'« il lui a fallu deux cents années-lumière pour nous atteindre. Le ministre peut encore attendre une journée, n'est-ce pas ? » Deux cents années-lumière, c'est aussi la distance donnée sur la jaquette de l'édition de poche à paraître de mon livre. Cela situe la planète d'origine des extraterrestres à l'intérieur de notre propre galaxie. Toutefois, à la même page, le héros dit aussi : « Il s'agit d'une voix venue de milliers de millions de millions de kilomètres d'ici. » Cette distance est bien plus grande, environ dix millions d'années-lumière, bien au-delà de la galaxie d'Andromède qui se trouve à deux millions d'années-lumière. Dans la suite du livre, *Andromeda Breakthrough*, les extraterrestres sont situés exactement sur la galaxie d'Andromède. Ceux qui m'ont lu peuvent remplacer « deux cents » par n'importe quel autre nombre compris entre deux cents et dix millions, selon les goûts. La marge d'erreur est donc plutôt grande. Il est conseillé au lecteur de conserver une marge d'erreur similaire quand il lira les écrits du professeur Hoyle sur le darwinisme et son histoire.

3. Cette manière stratégique de parler des plantes, des animaux ou d'un gène comme s'il s'agissait de quelque chose qui mettrait consciemment au point la meilleure façon d'augmenter ses chances de succès — par exemple décrire « les mâles comme de gros joueurs et les femelles comme des investisseurs prudents » — est devenue un lieu commun chez les biologistes. Il s'agit d'un langage inoffensif, sauf à tomber entre les mains de personnes qui ne possèdent pas les connaissances nécessaires pour le décrypter. Ou ayant un savoir trop étendu et, par conséquent, le comprenant mal. Je ne peux, par exemple, trouver aucun autre moyen pour expliquer un article critiquant *Le Gène égoïste* dans le journal *Philosophy*. Ecrit par une dénommée Mary Midgley, la première phrase de cet article est le type même de ce dont je viens de parler : « Les gènes ne peuvent pas plus être égoïstes que les atomes jaloux, les éléphants abstraits ou les biscuits téléologiques. » Dans « In Defence of Selfish Genes », que j'ai publié dans un autre numéro du même journal, j'ai fait une réponse complète à cet article, par ailleurs très excessif et méchant... Il semble que certaines personnes jouissant d'une éducation philosophique trop importante ne puissent pas résister à la tentation de farfouiller dans leur arsenal universitaire, qui ne leur

est malheureusement d'aucune utilité pour ce genre de sujet. Je me souviens de la remarque de P. B. Medawar à propos des attractions qu'exerce la « philosophie-fiction » sur « une population importante, souvent pourvue d'un goût universitaire et littéraire bien développé, et qui a reçu une éducation dépassant de bien loin sa capacité à raisonner de manière analytique ».

4. Je discute cette idée de cerveau simulant les mondes dans ma conférence de Gifford de 1988, « Worlds in Microcosm ». Je ne suis pas encore sûr de savoir si elle peut beaucoup nous aider à résoudre le problème de la conscience, mais j'admets que je suis content qu'elle ait attiré l'attention de Sir Karl Popper, qui l'a mentionnée dans sa conférence sur Darwin. Le philosophe Daniel C. Dennett a présenté une théorie de la conscience qui utilise plus avant la métaphore de la simulation informatique. Pour comprendre sa théorie, il nous faut appréhender deux idées techniques tirées du monde des ordinateurs : l'idée d'une machine virtuelle et la distinction entre les ordinateurs séquentiels et parallèles. Je vais d'abord expliquer ces deux notions.

Un ordinateur est une machine réelle, du matériel dans une boîte. Mais, à tout moment, il fait tourner un programme qui le fait ressembler à une autre machine, une machine virtuelle. On a pu dire longtemps cela de tous les ordinateurs, mais les ordinateurs « conviviaux » modernes rendent ce point extrêmement important. Pour tout ce qui touche à l'écriture, chacun est d'accord sur le fait que le Macintosh d'Apple est actuellement la machine la plus conviviale sur le marché mondial. Il doit son succès à une suite de programmes qui font *ressembler* cette vraie machine — dont les mécanismes sont, comme pour n'importe quel ordinateur, affreusement compliqués et pas très compatibles avec l'intuition humaine — à un type différent de machine, une machine virtuelle spécifiquement conçue pour s'adapter au cerveau humain et à la main humaine. La machine virtuelle connue sous le nom de Macintosh User Interface est bien une machine. Elle a des boutons et des témoins comme une chaîne hifi. Mais il s'agit d'une machine *virtuelle*. Les boutons et les témoins ne sont pas faits de métal ou de plastique. Il s'agit d'images apparaissant à l'écran, que vous pressez ou éteignez en déplaçant un doigt virtuel sur l'écran. En tant qu'humain, vous vous sentez maître de la situation parce que vous avez l'habitude de bouger des choses avec vos doigts. J'ai été programmeur assidu et utilisateur d'une grande variété d'ordinateurs pendant vingt-cinq ans, et je peux attester que l'utilisation du Macintosh ou de ses équivalents est une expérience qualitativement différente de celle que l'on ressent quand on utilise d'autres types d'ordinateurs moins évolués. Cette machine donne une sensation de facilité, de naturel, presque comme si la machine virtuelle était une extension de votre propre corps. D'une manière remarquable, la machine virtuelle vous permet d'utiliser l'intuition au lieu de regarder le manuel.

Je passe à présent à l'autre idée de base dont nous avons besoin en informatique, l'idée de processeurs parallèles ou séquentiels. Aujourd'hui, les ordinateurs sont pour la plupart des processeurs séquentiels. Ils ont une unité centrale, un seul goulet d'étranglement électronique par lequel passent toutes les données à manipuler. Ils peuvent créer l'illusion qu'ils font beaucoup de choses en même temps parce qu'ils sont très rapides. Un ordinateur séquentiel, c'est comme un grand maître jouant aux échecs « en même temps » avec vingt adversaires, alors qu'en réalité il joue un coup à la fois avec les vingt, les uns à la suite des autres. Contrairement à celui-ci, l'ordinateur fait la même chose pour toutes les tâches qui lui sont demandées, mais cela se passe si vite et si discrètement que chaque utilisateur humain a l'illusion de jouir de l'attention exclusive de l'ordinateur. Toutefois, il est fondamental de voir que l'ordinateur s'occupe en série de ses utilisateurs.

Récemment, pour obtenir des performances encore plus importantes en vitesse d'exécution, les ingénieurs ont réussi à fabriquer des machines de traitement de données en parallèle. Il en existe une, le Superordinateur d'Édimbourg, que j'ai eu récemment le privilège de voir. Il se compose de centaines de « transputers » mis en parallèle, chacun étant équivalent en puissance à une station de travail actuelle. Ce superordinateur travaille en subdivisant le problème qui lui a été posé en tâches plus petites qui peuvent être traitées séparément et en les répartissant entre des groupes de transputers. Ceux-ci dissèquent le problème, le résolvent, rapportent une réponse et se mettent à disposition pour effectuer une autre tâche. Pendant ce temps, d'autres groupes de transputers rapportent leurs solutions, si bien qu'en fin de compte c'est tout l'ordinateur qui arrive à la réponse finale bien plus rapidement que ne le pourrait un ordinateur séquentiel normal.

J'ai dit qu'un ordinateur séquentiel ordinaire pouvait donner l'illusion d'être un ordinateur parallèle en se concentrant suffisamment vite sur un certain nombre de tâches. Nous pourrions dire qu'il existe un processeur parallèle *virtuel* au sommet de la machinerie séquentielle. L'idée de Dennett est que le cerveau humain a fait exactement l'inverse.

La constitution du cerveau est fondamentalement parallèle, comme celle de la machine d'Édimbourg. Et elle fait tourner des logiciels conçus pour créer une illusion de traitement séquentiel : une machine virtuelle traitant les données séquentiellement fonctionne au sommet de l'architecture parallèle. Le trait principal de l'expérience subjective de la pensée, pense Dennett, réside dans le flot de conscience de type « une chose après une autre », c'est-à-dire de type joycien. Il croit que la plupart des animaux manquent de cette expérience séquentielle et qu'ils utilisent leur cerveau directement selon le mode de traitement parallèle qu'ils avaient à la naissance. Le cerveau humain utilise aussi sans doute son architecture parallèle directement pour des tâches de routine, comme laisser la machine de survie en bon fonctionnement. Mais, de plus, le cerveau humain a évolué en une machine virtuelle composée de logiciels qui simulent l'ordinateur séquentiel. L'esprit, avec son flot de conscience séquentiel, est une machine virtuelle, une façon conviviale d'utiliser le cerveau comme le Macintosh User Interface est un moyen convivial d'utiliser l'ordinateur physique qui se trouve dans la boîte grise.

La raison pour laquelle nous avons besoin d'une machine séquentielle virtuelle n'est pas évidente, surtout lorsque d'autres espèces semblent tout à fait satisfaites de leurs simples machines parallèles. Peut-être y a-t-il quelque chose de fondamentalement séquentiel en ce qui concerne les tâches plus difficiles qu'un humain est amené à faire, ou peut-être que Dennett a tort de nous singulariser; il croit en outre que le développement du logiciel séquentiel a été en grande partie un phénomène culturel et la raison de la viabilité d'une telle explication ne m'apparaît toujours pas évidente. Mais je demande à ajouter qu'à l'époque où j'ai écrit ce livre l'article de Dennett n'était pas publié et que mon exposé se fonde sur des souvenirs de la conférence sur Jacobsen qu'il a donnée en 1988 à Londres. Il est conseillé au lecteur de consulter le compte rendu de Dennett lorsqu'il sera publié plutôt que de se fier uniquement au mien qui est imparfait et subjectif — voire même embelli.

Le psychologue Nicholas Humphrey a aussi développé une hypothèse séduisante sur la manière dont l'évolution d'une capacité à simuler a pu mener à la conscience. Dans son livre *The Inner Eye*, Humphrey fait une démonstration convaincante quand il dit que des animaux socialement développés tels que les chimpanzés et les êtres humains ont réussi à devenir des experts en psychologie. Le cerveau doit manipuler et simuler de nombreux aspects de notre environnement. Mais la plupart de ces aspects sont plutôt simples comparés au cerveau lui-même. Un animal social vit dans un monde où il y en a d'autres, un monde de camarades, de concurrents, de partenaires et d'ennemis potentiels. Pour survivre et prospérer dans un tel monde, il faut que vous deveniez bon au jeu qui consiste à prévoir ce que les autres vont faire. Prévoir ce qui va se produire dans un monde inanimé est un jeu d'enfant en comparaison des prévisions à effectuer dans un monde peuplé d'êtres vivants. Les psychologues universitaires qui travaillent scientifiquement ne sont pas très bons quand il s'agit de prévoir le comportement humain. Les mimiques produites par les mouvements des muscles faciaux et d'autres, plus subtiles, sont souvent des indicateurs étonnamment efficaces qui permettent de lire les pensées et deviner les comportements. Humphrey croit que ce talent « psychologique naturel » est devenu très évolué chez les animaux sociaux, presque comme un œil supplémentaire ou un autre organe compliqué. L'« œil intérieur » représente l'organe sociopsychologique de la même façon que l'œil externe est l'organe de la vision.

Jusqu'ici, je trouve le raisonnement d'Humphrey convaincant. Il poursuit en arguant que l'œil intérieur travaille par introspection. Chaque animal peut faire son introspection pour être à l'écoute de ses propres sensations et émotions, et l'utiliser comme un moyen de comprendre les sensations et les émotions des autres. L'organe psychologique travaille par introspection. Je ne suis pas sûr que cela nous aide à comprendre la conscience, mais Humphrey est un auteur agréable et son livre est convaincant.

5. Les gens sont parfois bouleversés quand on parle des gènes de l'altruisme ou d'autres comportements apparemment compliqués. Ils pensent (à tort) que d'une certaine manière cette complexité du comportement doit être contenue à l'intérieur du gène. Comment peut-il y avoir un seul gène pour l'altruisme, demandent-ils, lorsque tout ce qu'un gène fait, c'est d'encoder une chaîne protéique ? Mais dire d'un gène qu'il est celui de quelque chose ne fait que signifier qu'un *changement* dans ce gène provoque un *changement* dans quelque chose. Une seule *différence* génétique, en changeant un détail dans la disposition des molécules de la cellule, provoque une *différence* dans le processus embryonnaire déjà complexe et donc, par exemple, dans notre comportement.

Ainsi, un gène mutant de « l'altruisme fraternel » chez les oiseaux ne sera certainement pas le seul responsable d'un comportement entièrement nouveau et compliqué. Par contre, il modifiera une forme de comportement déjà existant et probablement déjà compliqué. Les oiseaux ont un système nerveux complexe qui leur permet de nourrir et de prendre soin de leurs petits. Cela a par contre été mis au point sur de nombreuses générations; c'est le résultat d'une lente évolution étape par étape. (Par ailleurs, les sceptiques, quant à l'existence d'un gène de l'amour fraternel, sont souvent incohérents : pourquoi ne sont-ils pas également sceptiques quant à l'existence d'un gène de l'amour parental?) Le cadre préexistant du comportement — ici l'amour des parents — sera véhiculé par une règle fondamentale pratique telle que « nourrir tout ce qui piaille dans le nid ». Le gène du « nourrissage des frères et sœurs plus jeunes » pourrait marcher de la même manière qu'une nouvelle mutation activera simplement sa règle « parentale » de tutelle un peu plus tôt pour un oiseau normal. Il traitera les choses qui piaillent dans le nid de ses parents — ses frères et sœurs plus jeunes — comme s'ils étaient des éléments piaillants de son propre nid — ses enfants. Loin d'être une innovation comportementale très compliquée, « le comportement fraternel » proviendrait à l'origine d'une légère variation dans le développement du « timing » du comportement déjà existant. Comme cela se produit souvent, de mauvaises interprétations sont données lorsque nous oublions que l'évolution s'est faite petit à petit pour permettre aux adaptations de s'imposer tout doucement sur des structures ou des comportements préexistants.

6. Si le livre original avait comporté des notes, l'une d'elles aurait été consacrée à l'explication — comme Rothenbuhler l'a fait lui-même scrupuleusement — selon laquelle les résultats de l'abeille n'étaient pas aussi clairs et nets. Parmi les nombreuses colonies qui n'auraient pas dû montrer un comportement hygiénique selon la théorie, il y en a pourtant eu une qui l'a fait. Selon les propres mots de Rothenbuhler, « nous ne pouvons négliger ce résultat, même si nous le voulions, mais nous fondons l'hypothèse génétique sur les autres données ». Une mutation dans la colonie anormale serait une explication possible, bien qu'elle ne soit pas très réaliste.

7. Je ne suis pas très satisfait de la manière dont le sujet sur la communication animale a été traité. John Krebs et moi-même avons dit dans deux articles que la plupart des signaux émis par les animaux sont considérés comme n'étant ni informatifs ni trompeurs, mais plutôt *manipulateurs*. Un signal est un moyen par lequel un animal utilise la force musculaire d'un autre. Un chant de rossignol ne constitue pas une

information, même pas une information trompeuse. Il s'agit d'une romance au pouvoir envoûtant très persuasif. Ce type d'argument est amené à sa conclusion logique dans *The Extended Phenotype*, dont j'ai tiré une partie pour en faire le chapitre XIII de ce livre. Krebs et moi avançons le fait que les signaux évoluent à partir d'une interaction que nous qualifions de lecture des pensées et de manipulation. Amotz Zahavi a une approche étonnamment différente de cette question des signaux émis par les animaux. Dans une note du chapitre IX, je discute les idées de Zahavi beaucoup plus gentiment que dans la première édition de ce livre.

Chapitre v : L'agression : stabilité et machine égoïste

1. J'aimerais maintenant exposer l'idée que je trouve essentielle concernant une SES d'un point de vue plus économique. Une SES est une stratégie qui se comporte bien face à des copies d'elle-même. En voici l'analyse raisonnée. Une stratégie qui réussit est celle qui domine la population. Par conséquent, elle aura tendance à vouloir rencontrer des copies d'elle-même et ne continuera à bien s'en sortir que si elle obtient de bons résultats face à ses propres copies. Cette définition n'est pas mathématiquement aussi précise que celle de Maynard Smith, et elle ne peut pas la remplacer parce qu'elle est vraiment incomplète. Mais elle a au moins le mérite de cerner intuitivement l'idée fondamentale de SES.

La manière de penser en SES est devenue plus familière de nos jours chez les biologistes que lorsque ce livre a été écrit. Maynard Smith lui-même en a résumé les développements jusqu'en 1982 dans son livre *Evolution and Theory of Games*. Geoffrey Parker, qui est un autre grand savant du domaine, a écrit un compte rendu un peu plus récemment. *Donnant, donnant. Théorie du comportement coopératif*, de Robert Axelrod, utilise la théorie SES, mais je n'en discuterai pas ici, puisque l'un de mes deux nouveaux chapitres, « Les bons finissent les premiers », est largement consacré à l'explication des travaux d'Axelrod. Mes propres écrits sur la théorie SES depuis la première édition de ce livre se trouvent dans un article intitulé « Good Strategy or Evolutionarily Stable Strategy ? », et les articles joints consacrés aux guêpes piqueuses sont discutés ci-dessous.

2. Malheureusement, cette affirmation était fausse. L'article original de Maynard Smith et Price comportait une erreur et je l'ai répétée dans

ce chapitre, l'aggravant même en déclarant bêtement que le sondeur-vengeur était « presque » une SES (si une stratégie est « presque » une SES, alors elle n'en est pas une et sera envahie). Le vengeur ressemble superficiellement à une SES, parce que, dans une population de vengeurs, aucune autre stratégie ne s'en sort mieux. Mais la colombe s'en sort également bien puisque, dans une population de vengeurs, on ne peut distinguer son comportement de celui du vengeur. Par conséquent, la colombe peut s'immiscer dans cette population. C'est ce qui arrive ensuite qui pose problème. J. S. Gale et le révérend L. J. Eaves ont fait une simulation dynamique sur ordinateur dans laquelle ils ont pris une population composée d'animaux modèles sur un grand nombre de générations à l'échelle de l'évolution. Ils ont montré que la véritable SES dans ce jeu consiste en fait en un mélange stable de faucons et de brutes. Ce n'est pas la seule erreur qui se soit glissée dans les premiers articles traitant de la SES et qui ait été révélée par de telles simulations dynamiques. Un autre bel exemple d'erreur, qui est de mon fait, est discuté dans les notes du chapitre IX.

3. Nous avons à présent de bonnes évaluations conduites dans la nature, en termes de coûts et de profits, que nous avons introduites dans des modèles particuliers de SES. L'un des meilleurs exemples provient des guêpes fouisseuses d'Amérique du Nord, différentes de celles que nous avons l'habitude de voir tourner autour de nos pots de confiture à l'automne et qui ne sont autres que des femelles asexuées travaillant pour une colonie. Chaque guêpe fouisseuse est libre et consacre sa vie à fournir le gîte et le couvert à une génération de larves. Typiquement, une femelle commence par creuser un long tunnel dans la terre au bout duquel se trouve une chambre souterraine. Ensuite, elle s'en va chasser (des sauterelles vertes d'Amérique ou sauterelles à longues cornes dans le cas de la grande guêpe fouisseuse dorée). Lorsqu'elle en trouve une, elle la pique pour la paralyser et la ramène dans son repaire. Après avoir accumulé quatre ou cinq sauterelles vertes, elle dépose un œuf au sommet de la pile et ferme la chambre. L'œuf se transforme en larve qui se nourrit des sauterelles vertes. La proie est paralysée au lieu d'être tuée, car ainsi elle ne pourrit pas. Elle est donc mangée vivante et fraîche. C'est cette habitude macabre des guêpes ichneumonidées qui poussa Darwin à écrire : « Je ne peux me persuader que Dieu d'Amour et Tout-Puissant ait créé de sang-froid les Ichneumonidées afin qu'elles se nourrissent des corps vivants des chenilles ». Il aurait aussi bien pu utiliser l'exemple des chefs français qui

font bouillir les homards vivants sous prétexte de leur conserver leur saveur. En ce qui concerne la vie des guêpes fouisseuses femelles, elles la passent en solitaire. Mais d'autres femelles vivent dans la même région, et, pour ne pas avoir à creuser à chaque fois un nouveau terrier, elles occupent parfois ceux des autres.

Le Dr Jane Brockmann est aux guêpes ce que Jane Goodall était aux singes. Elle est venue d'Amérique pour travailler avec moi à Oxford, rapportant avec elle toute une collection de comptes rendus qui décrivent en détail tous les événements de deux populations entières de guêpes femelles individuellement identifiées. Ces comptes rendus étaient si complets que l'on pouvait en tirer l'emploi du temps de chaque guêpe. Le Temps est une denrée économique : plus on passe de temps sur une partie de sa vie, moins il en reste pour les autres. Alan Grafen nous rejoignit et nous apprit comment il fallait penser correctement en termes de coûts (temps) et de bénéfices (reproduction). Nous trouvâmes une preuve de l'existence d'une véritable SES mixte dans un jeu joué entre les guêpes femelles d'une population du New Hampshire, sans avoir réussi à trouver la même chose dans une autre variété de guêpes dites du Michigan. En bref, les guêpes du New Hampshire creusent leur propre nid ou entrent dans le nid qu'une autre guêpe a creusé. D'après nous, les guêpes tirent un bénéfice en y entrant parce que certains nids sont abandonnés par celles qui les ont creusés et que ces derniers sont réutilisables. Il ne sert à rien d'entrer dans un nid déjà occupé, mais la guêpe qui entre n'a aucun moyen de savoir lequel est occupé et lequel ne l'est pas. Elle court le risque de passer des jours en double occupation, et, à la fin, en rentrant chez elle, elle peut se retrouver face à un terrier scellé, et tous les efforts qu'elle aura déployés auront été vains — l'autre occupante y aura déposé son œuf et en récoltera tous les bénéfices. Si trop de membres de la population prennent l'habitude d'entrer dans les terriers pour voir s'ils sont occupés, les terriers libres deviennent rares et les risques d'en avoir beaucoup à inspecter augmentent. C'est alors qu'il est plus rentable de creuser. A l'inverse, si de nombreuses guêpes creusent, le grand nombre de nids libres rend la pratique de l'inspection plus intéressante. Il existe une fréquence critique à partir de laquelle on tire autant de profit à creuser qu'à inspecter. Si la véritable fréquence se trouve en dessous de la fréquence critique, la sélection naturelle favorise l'inspection parce qu'il y a de nombreux terriers abandonnés. Si la véritable fréquence est plus élevée que la fréquence critique, les terriers libres se font rares et la sélection naturelle favorise le creusement de terriers. C'est ainsi que se maintient un équilibre dans une population. La preuve quantitative détaillée suggère qu'il s'agit bien d'une véritable SES mixte, car chaque guêpe a une probabilité égale de creuser ou d'inspecter, la population ne contenant pas d'individus spécialisés dans le creusement et d'autres dans l'inspection.

4. Une démonstration encore plus claire du phénomène de Tinbergen selon lequel « le résident est toujours le gagnant » vient des recherches conduites par N. B. Davies sur les papillons tachetés du bois. Les travaux de Tinbergen furent conduits avant l'invention de la théorie SES et l'interprétation que j'en ai donnée dans la première édition de ce livre manquait de clairvoyance. Davies conduisit son étude sur les papillons à la lumière de la théorie SES. Il remarqua que les papillons mâles de Wytham Wood, près d'Oxford, défendaient des rais de lumière. Les femelles étaient attirées par ces rais de lumière, si bien qu'une tache de lumière constituait une ressource précieuse, un enjeu pour lequel il valait la peine de se battre. Il y avait plus de mâles que de taches de lumière et ceux qui étaient en trop attendaient de saisir leur chance sur le dôme de verdure. En attrapant des mâles et en les relâchant les uns après les autres, Davies montra que, quel que soit celui des deux qui avait été relâché en premier dans le carré de lumière, c'était celui-là qui était considéré par les deux individus comme le véritable « propriétaire ». Quel que soit celui qui avait été relâché en second, il était considéré comme le véritable « intrus ». L'intrus concédait toujours très vite la défaite, laissant au propriétaire le contrôle de l'espace de lumière. Dans une dernière expérience en forme d'apothéose, Davies réussit à « tromper » les deux papillons en les « amenant à penser » que l'un était bien le propriétaire et l'autre l'intrus. Ce n'est que sous de telles conditions qu'un vrai et long combat éclata. A ce propos, dans tous les cas où, pour des raisons de simplicité, j'ai parlé comme s'il n'y avait que deux papillons, il s'agissait en fait bien évidemment d'un échantillon statistique de plusieurs papillons pris deux à deux.

5. Il existe un autre incident que l'on pourrait représenter comme une SES paradoxale. Il est décrit dans une lettre au *Times* du 7 décembre 1977 émanant d'un certain James Dawson : « Pendant quelques années, j'ai remarqué que si une mouette utilisait une hampe de drapeau comme observatoire, elle ouvrait invariablement le chemin pour une autre mouette désirant se poser dessus, et cela sans rapport avec la taille des deux oiseaux. »

L'exemple le plus satisfaisant de stratégie paradoxale que je connaisse se trouve chez les cochons domestiques placés dans une boîte de Skinner. La stratégie est stable et se déroule comme une SES, mais on ferait mieux de la qualifier de SDS (« stratégie de développement stable ») parce qu'elle se passe durant la vie des animaux et non durant leur évolution. Une boîte de Skinner est un appareil dans lequel un animal apprend à se nourrir en pressant un levier, la nourriture tombant ensuite automatiquement dans la mangeoire. Les psychologues expérimentateurs ont l'habitude de mettre des pigeons ou des rats dans de petites boîtes de Skinner où ces derniers apprennent vite à presser les petits leviers délicats pour obtenir leur nourriture en récompense. Les cochons peuvent apprendre la même chose dans une boîte à leur taille munie de leviers très solides (je me souviens en avoir vu un film un jour et j'en suis presque mort de rire). B. A. Baldwin et G. B. Meese entraînèrent les cochons dans une porcherie de Skinner, mais il faut ajouter quelque chose d'autre à l'histoire. Le levier se trouvait à un bout de la porcherie et le distributeur de nourriture à l'autre. Aussi le cochon devait-il presser le levier puis foncer à l'autre bout de la porcherie pour avoir la nourriture, puis revenir à toute vitesse au levier, etc. Cela semble facile, mais Baldwin et Meese mirent les cochons *par deux* dans l'appareil. Il devenait à présent possible pour un cochon d'exploiter l'autre. Le cochon « esclave » se précipitait pour pousser le levier. Le cochon « dominant » s'asseyait près du distributeur et mangeait la nourriture qui y était dispensée. Les paires de cochons se construisaient bien sur une base dominant/dominé, l'un travaillant et courant, l'autre mangeant presque tout.

Maintenant, passons au paradoxe. Les qualificatifs de « dominant » et de « dominé » s'avérèrent renversés dans la réalité. A chaque fois qu'une paire de cochons établissait une hiérarchie stable, le cochon qui finissait par jouer le rôle du « dominant » ou d'« exploiteur » était celui qui, sur tous les autres plans, était le subordonné. Et le soi-disant dominé, celui qui faisait tout le travail, était le cochon qui, habituellement, dominait. Quiconque connaît les cochons aurait prévu au contraire que le cochon dominant serait le maître, c'est-à-dire celui qui mange la plupart du temps ; et le cochon dominé, celui qui travaille et ne mange presque rien.

Pourquoi un tel paradoxe ? Il est facile de le comprendre une fois que vous commencez à penser en termes de stratégies stables. Tout ce que nous avons à faire, c'est de passer de l'échelle de l'évolution à celle du temps nécessaire au développement, échelle de temps sur laquelle se développe une relation entre deux individus. La stratégie « si dominant, s'asseoir près du distributeur; si dominé, presser le levier » n'est pas stable, quoique logique. Après avoir pressé le levier, le cochon dominé viendrait en courant vers le distributeur pour trouver le dominant, les pieds dans la mangeoire et impossible à déloger. Le dominé en viendrait vite à renoncer à presser le levier, car il ne serait jamais récompensé. Maintenant, examinons la stratégie contraire : « Si dominant, pousser le levier; si dominé, s'asseoir près du distributeur. » Ce serait stable, même s'il en résulte paradoxalement que le dominé a la plus grosse part de nourriture. Tout ce qu'il faut, c'est qu'il reste *de la nourriture* pour le dominant quand il charge en partant de l'autre bout de la pièce. Dès qu'il arrive, il n'a aucune difficulté à pousser le dominé hors de la mangeoire. Aussi longtemps qu'il restera quelque chose pour le récompenser, il conservera l'habitude de pousser le levier et, par conséquent, permettra au dominé de s'empiffrer sans le faire exprès. Quant à l'habitude du dominé de se laisser écarter de la mangeoire, elle est aussi récompensée. Ainsi, la « stratégie » « si dominant, se comporter comme un esclave; si dominé, se comporter comme le maître » se trouve récompensée et donc est stable.

6. Ted Burke a trouvé, alors qu'il était étudiant et travaillait avec moi, une preuve supplémentaire de ce genre de pseudo-dominance chez les grillons. Il a montré aussi qu'un grillon mâle ira plus facilement courtiser les femelles s'il a récemment remporté un combat contre un autre mâle. Il faudrait appeler cela « l'effet du duc de Marlborough », par analogie avec ce que la première duchesse de Marlborough consigna dans son journal intime : « Sa Grâce est revenue de la guerre aujourd'hui et m'a fait jouir par deux fois alors qu'il était encore en cuissardes. » On pourrait suggérer un autre nom grâce à l'article suivant, tiré du magazine *New Scientist*. Il traite des variations de concentration de l'hormone mâle testostérone : « Les taux de testostérone ont doublé chez les joueurs de tennis vingt-quatre heures avant un grand match. Ensuite, ceux des vainqueurs sont restés élevés alors qu'ils avaient considérablement baissé chez les perdants. »

7. Cette phrase est un peu dépassée. J'ai probablement eu une réaction trop vive face à l'accueil très mesuré qui était alors réservé à l'idée de SES dans la littérature biologique contemporaine, surtout en Amérique. On ne trouve ce terme nulle part dans l'épais livre de E. O. Wilson, *Sociobiology*, par exemple. Ce concept n'est plus négligé à présent

et je peux donc adopter une position plus judicieuse et moins propagandiste. Vous n'êtes vraiment pas obligés d'utiliser le langage SES pourvu que vous soyez capable de penser suffisamment clairement. Mais il peut aider à penser clairement surtout dans les cas où — et il s'agit pratiquement de la plupart d'entre eux — la connaissance génétique approfondie n'existe pas. On dit quelquefois que les modèles SES supposent que la reproduction soit asexuée, mais cette affirmation est fausse si elle fait croire que la SES favorise la reproduction asexuée par rapport à la reproduction sexuée. La vérité réside surtout dans le fait que les modèles SES ne prennent pas la peine de s'arrêter aux détails du système génétique. Ils font l'hypothèse qu'ils engendreront de même qu'ils ont été engendrés. Dans de nombreux cas, cette hypothèse est correcte. Son imprécision peut même se révéler bénéfique, car elle concentre l'esprit sur l'essentiel et l'empêche de se perdre dans les détails tels que la dominance génétique, qui sont souvent inconnus dans les cas particuliers. La pensée SES est plus utile quand elle se réfère à un rôle négatif; elle nous aide à éviter les erreurs théoriques qui pourraient autrement nous tenter.

8. Ce paragraphe résume bien une façon d'exprimer la théorie maintenant bien connue de l'équilibre ponctué. Je suis honteux de dire que, lorsque j'ai exposé mon hypothèse, j'étais, comme de nombreux biologistes britanniques de l'époque, complètement ignorant de l'existence de cette théorie, bien qu'elle ait été publiée trois ans plus tôt. Depuis, par exemple dans *L'Horloger aveugle*, je suis devenu quelque peu irritable — peut-être un peu trop — sur la façon dont on nous a rebattu les oreilles avec cette théorie. Si cela a heurté la sensibilité de quelqu'un, je le regrette. On peut noter toutefois qu'au moins en 1976 mon cœur ne se trompait pas.

Chapitre vi : La parenté génique

1. Les articles écrits par Hamilton en 1964 ne sont plus ignorés. L'historique de ce rejet et de leur reconnaissance par la suite est une étude de cas intéressante de l'incorporation d'un « même » dans le pool mémique. J'en retrace la progression dans les notes du chapitre XI.

2. L'hypothèse selon laquelle nous parlons de gènes rares dans la population est un artifice qui nous permettra d'expliquer facilement comment on peut évaluer le degré de parenté. L'une des principales réalisations de Hamilton fut de montrer que ces conclusions concor-

daient *sans prendre en compte* le fait que le gène soit rare ou répandu. Il se trouve que c'est l'un des aspects de la théorie que les gens ont du mal à comprendre.

Le problème de la mesure du degré de parenté fait trébucher bon nombre d'entre nous sur le point suivant. Quels que soient deux membres d'une espèce, qu'ils appartiennent ou non à la même famille, ils ont souvent en commun plus de 90 % de leurs gènes. De quoi parlons-nous donc lorsque nous disons que le degré de parenté entre deux frères est de 1/2 ou qu'il est de 1/8 entre des cousins germains ? La réponse est que les frères partagent la moitié de leurs gènes *en plus des* 90 % (tout ce que vous voulez) que tous les individus ont en commun de toute façon. C'est une sorte de parenté de référence, partagée par les membres des autres espèces. On s'attend à ce que l'altruisme apparaisse chez les individus dont la parenté est supérieure à la moyenne, quelle que soit cette moyenne.

Dans la première édition de ce livre, j'ai éludé le problème en parlant des gènes rares. Cela reste correct, mais cela ne va pas assez loin. Hamilton lui-même écrivit que les gènes étaient « identiques » par descendance, mais cela présente quand même des difficultés, comme l'a montré Alan Grafen. D'autres auteurs n'ont même pas reconnu qu'il y avait un problème et ont simplement parlé de pourcentages absolus de gènes partagés, ce qui est une erreur manifeste. Un discours aussi imprudent a mené à de sérieuses incompréhensions. Par exemple, un anthropologue distingué, au cours d'une attaque féroce de la « sociobiology » publiée en 1978, essaya d'argumenter en disant que, si nous prenions au sérieux la sélection par le degré de parenté, nous devrions nous attendre à ce que tous les humains soient altruistes les uns envers les autres, puisqu'ils partagent plus de 99 % de leurs gènes. J'ai répondu brièvement à cette erreur dans « Twelve Misunderstandings of Kin Selection » (il s'agit de l'incompréhension n° 5). Les onze autres valent aussi la peine d'être lues.

Alan Grafen donne ce qui peut être la solution définitive au problème de la mesure du degré de parenté dans son article « Geometric View of Relatedness », que je n'essayerai pas d'expliquer ici. Dans un autre article, « Natural Selection, Kin Selection and Group Selection », Grafen éclaircit un problème courant et important, à savoir le mauvais usage qui est fait du concept de Hamilton sur « l'aptitude inclusive ». Il nous donne aussi le bon et le mauvais moyen de calculer les coûts et les bénéfices à affecter aux parents génétiques.

3. On n'a rien fait paraître d'autre sur le front des tatous, mais d'autres découvertes spectaculaires ont été réalisées sur un autre groupe d'animaux « cloneurs » — les pucerons. On sait depuis longtemps que les pucerons ont une reproduction aussi bien asexuée que sexuée. Si vous voyez un groupe de pucerons sur une plante, il y a de bonnes chances pour qu'ils soient tous membres du même clone femelle, alors que ceux qui sont sur la plante d'à côté proviendront d'un clone différent. Théoriquement, on a ici les conditions idéales pour qu'évolue l'altruisme par sélection par la parenté. Il n'existait pas de vrais exemples connus d'altruisme chez les pucerons avant que des « soldats » stériles soient découverts dans des espèces japonaises de pucerons par Shigeyuki Aoki en 1977, trop tard pour que cela soit mentionné dans la première édition de ce livre. Depuis, Aoki a découvert ce phénomène chez un certain nombre d'espèces différentes et a des preuves qui lui permettent de dire que cet altruisme a évolué au moins quatre fois de manière indépendante chez des groupes différents de pucerons.

En résumé, voici l'histoire d'Aoki. Les « soldats » pucerons forment une caste anatomiquement distincte, à l'image des castes qui existent chez les insectes sociaux traditionnels tels que les fourmis. Ce sont des larves qui n'atteignent pas complètement l'âge adulte et qui sont, par conséquent, stériles. Ils n'ont en aucune manière l'apparence ni le comportement de leurs congénères non-soldats, auxquels ils sont toutefois *génétiquement* identiques. Les soldats sont typiquement plus grands que les non-soldats ; ils ont des pattes de devant plus longues qui les font presque ressembler à des scorpions ; et ils ont sur la tête des cornes qui pointent vers l'avant. Ils utilisent ces armes pour combattre et tuer les éventuels prédateurs. Ils meurent souvent dans le processus, mais même s'ils ne meurent pas, on peut encore penser à juste titre qu'ils sont génétiquement altruistes dans la mesure où ils sont stériles.

En termes de gènes égoïstes, que se passe-t-il ? Aoki ne parle pas précisément de la raison pour laquelle des individus deviennent des soldats stériles et d'autres des adultes reproducteurs, mais nous pouvons dire sans nous tromper qu'il doit s'agir d'une différence dans l'environnement et qu'elle n'est donc pas génétique — c'est évident puisque les soldats stériles et les pucerons normaux, quelle que soit la plante où ils se trouvent, sont génétiquement identiques. Toutefois, il doit y avoir des gènes qui, mis en présence de l'un ou l'autre de ces environnements, produiront ou non un individu stérile. Pourquoi la sélection naturelle a-t-elle favorisé ces gènes, même si certains d'entre eux finissent dans le corps de soldats stériles et qu'ils ne sont donc pas transmis ? Parce que, grâce aux soldats, des copies de ces mêmes gènes ont été sauvées dans les corps des individus reproducteurs non-soldats. Le taux est le même que pour tous les insectes sociaux (cf. chapitre X), sauf que chez ces derniers, comme les fourmis ou les termites, les gènes des « altruistes » stériles n'ont qu'une chance *statistique* de faire passer dans les corps de reproducteurs non stériles des copies d'eux-mêmes. Les gènes des pucerons altruistes jouissent plus d'une certitude que d'une possibilité statistique, puisque les soldats pucerons sont des clones des reproducteurs auxquels ils rendent service. A certains égards, les pucerons d'Aoki fournissent l'illustration la plus nette dans la vie réelle de la toute-puissance des idées de Hamilton.

Devrait-on alors admettre les pucerons dans le club très fermé des véritables insectes sociaux, traditionnellement le bastion des fourmis, guêpes, abeilles et termites ? Les entomologistes purs et durs pourraient les rejeter en s'appuyant sur différentes raisons. Par exemple, ils n'ont pas de vigoureuse vieille reine. De plus, comme ce sont de véritables clones, les pucerons ne sont pas plus « sociaux » que les cellules de notre corps. Un seul animal se nourrit de la plante. Il s'avère seulement que son corps est divisé en pucerons physiquement séparés, dont certains jouent un rôle défensif spécialisé comme celui des globules blancs du corps humain. Les « véritables » insectes sociaux coopèrent même s'ils ne font pas partie du même organisme, alors que les pucerons d'Aoki coopèrent parce qu'ils appartiennent bien au même organisme. Je ne peux pas être emballé par cette question de sémantique. Il me semble que, du moment que vous comprenez ce qui se passe chez les fourmis, les pucerons et les cellules humaines, vous devez être libre de les qualifier ou non de sociaux. En ce qui me concerne, j'ai mes raisons pour qualifier les pucerons d'Aoki d'organismes sociaux plutôt que de parties d'un seul organisme. Un seul organisme a des propriétés fondamentales qu'un puceron possède ainsi, mais qu'un clone de puceron ne possède pas. Cet argument est exposé dans *The Extended Phenotype*, au chapitre intitulé « Redécouverte de l'organisme », ainsi que dans le nouveau chapitre de ce livre intitulé « La portée du gène ».

4. Il existe toujours une confusion sur la différence entre la sélection par le groupe et la sélection par le degré de parenté, et il se peut que cette confusion ait empiré. Les remarques que j'ai faites dans la première édition de mon livre restent plus que jamais valables, sauf

qu'à cause de mots mal choisis j'ai introduit une fausse interprétation qui m'est entièrement imputable. Je disais dans l'original (il s'agit ici des quelques petites choses que j'ai changées dans le texte de cette édition) : « Nous espérons simplement que les cousins au second degré reçoivent 1/16 de l'altruisme reçu par les descendants des mêmes parents. » Comme l'a souligné S. Altmann, c'est de toute évidence faux. C'est faux pour la raison que cela n'a rien à voir avec la question dont je débattais à l'époque. Si un animal altruiste a un gâteau qu'il veut distribuer à ses parents, il n'y a aucune raison pour qu'il en donne une tranche à chaque parent, la taille des tranches étant déterminée par le degré de parenté. Évidemment, cela conduirait à une situation absurde puisque tous les membres de l'espèce, sans compter les autres espèces, sont au moins des parents éloignés qui pourraient, par conséquent, réclamer chacun une miette soigneusement calibrée du gâteau ! Au contraire, si un parent proche se trouve dans l'entourage, il n'y a aucune raison de donner quoi que ce soit au parent éloigné. Sujet à d'autres complications telles que les lois des retours décroissants, le gâteau entier devrait être donné au parent présent le plus proche. Ce que je voulais dire, c'était que « nous espérons que les cousins au deuxième degré reçoivent 1/16 de l'altruisme reçu par la descendance ».

5. J'ai exprimé l'espoir que E. O. Wilson changerait sa définition dans des écrits futurs de manière à compter la descendance dans la « parenté ». Je suis heureux d'indiquer que dans *On Human Nature*, l'expression malheureuse « sauf la descendance » a été retirée — et bien sûr je ne m'en attribue pas le crédit ! Il ajoute : « Bien que la parenté comprenne la descendance dans sa définition, le terme de sélection par degré de parenté n'est ordinairement utilisé que si d'autres parents tels que les frères, sœurs ou parents sont aussi inclus. » Cela constitue malheureusement une affirmation fidèle à l'usage ordinaire qu'en font les biologistes et met en lumière le fait que de nombreux biologistes manquent encore d'une compréhension précise de ce qu'est, au fond, la sélection par le degré de parenté. Ils pensent *encore*, à tort, qu'il s'agit de quelque chose d'extraordinaire et d'ésotérique qui se passe au-dessus de la « sélection individuelle ». C'est faux. La sélection par le degré de parenté vient des hypothèses fondamentales du néodarwinisme.

6. La mauvaise interprétation selon laquelle la sélection par le degré de parenté nécessite des calculs irréalistes faits par des animaux est ravivée sans faiblir par des générations successives d'étudiants. Pas seulement par les jeunes étudiants. *The Use and Abuse of Biology*, du

très distingué anthropologue Marshall Sahlins, aurait pu rester dans l'ombre s'il n'avait été salué comme une « attaque méprisante » de la « sociobiologie ». La citation suivante est presque trop belle pour être vraie. L'auteur se demande si la sélection pourrait marcher chez les humains :

> « En passant, il faut faire remarquer que les problèmes épistémologiques présentés par manque de support linguistique pour calculer r, coefficient de parenté, amènent à constater qu'il existe un sérieux défaut dans la théorie de la sélection par le degré de parenté. Les fractions ne sont que très rarement présentes dans les langages des peuples de la terre et n'apparaissent que chez les peuples indo-européens, les civilisations archaïques du Moyen-Orient et de l'Asie. Elles sont généralement absentes chez les peuples que l'on appelle primitifs. Les peuples chasseurs qui s'adonnent à la cueillette n'ont pas de systèmes leur permettant de compter au-delà de trois. Je me retiens de faire des commentaires sur le problème encore plus complexe qui consiste à se demander comment les animaux sont supposés connaître la valeur de r [cousins germains] = 1/8. »

Ce n'est pas la première fois que je cite ce passage très instructif, et je ne peux résister à la tentation de vous donner la réponse, certes peu aimable, tirée de « Twelve Misunderstandings of Kin Selection », que j'ai faite à ce monsieur :

> « Il est vraiment dommage que Sahlins ait succombé à la tentation de "se retenir de faire des commentaires" sur la façon dont on suppose que les animaux calculent r. L'absurdité même de l'idée qu'il a essayé de ridiculiser aurait dû lui mettre la puce à l'oreille. Une coquille d'escargot représente une spirale logarithmique exquise, mais où l'escargot garde-t-il ses tables de logarithmes ; comment lit-il puisque la lentille qui se trouve dans ses yeux manque de "support linguistique" pour calculer m, le coefficient de réfraction ? Comment les plantes vertes calculent-elles la formule de la chlorophylle ? »

Le fait est que si vous pensiez à l'anatomie, la physiologie ou à presque n'importe quel aspect de la biologie, et pas seulement au comportement, de la même façon que Sahlins, vous arriveriez au problème qu'il expose et qui n'en est pas un. La description du développement embryonnaire de n'importe quel morceau de corps de plante ou d'animal nécessite le recours à de savants calculs, mais cela ne signifie pas que l'animal ou la plante doive lui-même être un mathématicien brillant ! Les très grands arbres ont souvent des arcs-boutants en forme d'ailes qui partent de la base de leur tronc. Dans n'importe quelle espèce, plus l'arbre est grand, plus l'arc est important. Il est bien connu que la forme et la taille de ces arcs sont très proches de l'optimum économique qui permet à l'arbre de rester droit, alors qu'un ingénieur aurait besoin de formules mathématiques compliquées pour démontrer tout cela. Il ne viendrait jamais à l'esprit de Sahlins ou de n'importe qui d'autre de mettre en doute la théorie qui explique l'efficacité de ces arcs simplement sous prétexte que les arbres manquent de connaissances mathématiques pour effectuer les calculs. Alors pourquoi soulever ce problème, en particulier dans le cas de la sélection par le degré de parenté ? Ce ne peut être dans le but d'opposer le comportement à l'anatomie, parce qu'il existe plein d'autres exemples de comportements (en gros, autres que la sélection par le degré de parenté) que Sahlins accepterait volontiers sans soulever son objection « épistémologique » ; pensez, par exemple, à l'illustration que j'ai donnée des calculs compliqués que d'une certaine façon nous avons à effectuer quand nous attrapons un ballon. Nous ne pouvons nous empêcher de nous demander : y a-t-il des scientifiques complètement satisfaits de la théorie de la sélection naturelle mais qui, pour des raisons tout à fait incompréhensibles provenant peut-être de l'histoire de leur matière, veulent désespérément trouver quelque chose — « n'importe quoi » — qui cloche dans la théorie de la sélection par le degré de parenté ?

7. Tout ce qui touche à la reconnaissance de la parenté a suscité beaucoup d'intérêt depuis la première publication de ce livre. Les animaux, dont nous faisons partie, semblent démontrer des capacités subtiles à reconnaître leurs parents des autres, souvent grâce à l'odeur. Un livre récent, *Kin Recognition in Animals*, fait la synthèse des connaissances actuelles sur le sujet. Le chapitre sur les humains de Pamela Wells montre que l'affirmation ci-dessus nécessite quelques précisions : des preuves précises montrent que nous sommes capables de reconnaître nos parents sans utiliser forcément la parole. Par exemple, grâce à l'odeur de la sueur de nos parents. Toute la question pour moi se trouve résumée dans la citation qu'elle utilise au début de son exposé : « Vous pouvez dire s'ils sont de bons camarades rien que par leur odeur altruiste » (E.E. Cummings).

Les parents pourraient éprouver le besoin de se reconnaître pour des raisons autres que l'altruisme. Ils pourraient aussi vouloir établir un équilibre entre la consanguinité et l'apport de sang nouveau, comme nous allons le voir dans la note suivante.

8. Un gène létal est un gène qui tue son possesseur. Un gène létal

récessif, comme n'importe quel gène récessif, n'a d'effet que s'il se trouve en double quantité. Les gènes récessifs se fondent dans les autres gènes parce que la plupart des individus qui les possèdent n'en ont qu'une copie et par conséquent n'en subissent jamais les effets pervers. N'importe quel gène létal donné est rare, car s'il devenait trop important il trouverait facilement des copies de lui-même et tuerait tous ceux qui en seraient porteurs. Néanmoins, il pourrait exister de nombreux types de gènes létaux, de sorte que pourrions encore être tous anéantis par eux. Il existe différentes estimations sur la quantité de gènes de ce type se trouvant dans le pool génique humain. Certains livres parlent de deux gènes létaux en moyenne par personne. Si un homme et une femme ont des enfants, il y a de bonnes chances pour que leurs gènes létaux ne correspondent pas, et que leurs enfants n'en souffrent pas. Si un frère a des enfants avec sa sœur, ou un père avec une fille, les choses sont bien différentes. Même s'ils sont rares dans l'ensemble de la population, et bien que les gènes létaux de ma sœur soient récessifs dans l'ensemble de la population, il y a malheureusement beaucoup de risques pour que mes gènes létaux récessifs et ceux de ma sœur soient les mêmes. Si vous additionnez, il s'avère que pour chaque gène létal récessif que je possède, si j'ai des enfants avec ma sœur, un de nos enfants sur huit sera mort-né ou mourra jeune. Par ailleurs, mourir pendant l'adolescence est, génétiquement parlant, encore plus « létal » que de mourir à la naissance : un enfant mort-né ne gaspille pas autant la vie et l'énergie de ses parents. Mais quelle que soit la façon dont vous considérez cette question, l'inceste entre membres d'une même famille n'est pas seulement nuisible, il est potentiellement catastrophique. La sélection visant à éviter activement l'inceste pourrait être aussi forte que n'importe quelle pression exercée par la sélection et que l'on a mesurée dans la nature.

Les anthropologues qui émettent de fortes objections quant aux explications données par Darwin sur les raisons de la prévention de l'inceste ne se rendent pas compte de l'importance du cas darwinien auquel ils s'opposent. Ils offrent parfois des arguments tellement faibles que cela se termine par une plaidoirie souvent désespérée. Par exemple, ils disent souvent : « Si la sélection darwinienne nous avait vraiment pourvus d'une répulsion instinctive envers l'inceste, nous n'aurions pas besoin de l'interdire. Ce tabou n'existe que parce que les gens ont des tendances incestueuses. Donc, la règle interdisant l'inceste ne peut pas avoir une fonction "biologique", elle doit être purement "sociale". »

Cette objection ressemble assez à celle qui suit : « Les voitures n'ont pas besoin de verrouillage sur l'allumage parce qu'elles ont des verrous sur les portes. Par conséquent, les verrouillages sur l'allumage ne constituent pas des dispositifs antivol ; ils doivent avoir une signification purement rituelle » ! Les anthropologues aiment beaucoup souligner que les différentes cultures ont des tabous différents et des définitions évidemment différentes de la parenté. Ils semblent penser que cela contredit également l'aspiration darwinienne à expliquer la prévention de l'inceste. Mais on pourrait aussi bien dire que le désir sexuel ne peut pas être une adaptation darwinienne parce que les différentes cultures préfèrent copuler dans des positions différentes. Il me semble très plausible que la prévention de l'inceste chez les humains, qui n'est pas moins importante que chez les animaux, soit la conséquence d'une forte sélection darwinienne.

Non seulement il est mauvais de copuler avec ceux qui sont génétiquement trop proches de vous, mais le faire aussi avec des partenaires génétiquement trop éloignés peut avoir les mêmes effets néfastes. En effet, il peut alors exister des incompatibilités génétiques entre les différentes races. Il n'est donc pas facile de savoir où se trouve le juste milieu. Devriez-vous vous marier avec un cousin germain ? Avec vos cousins au second ou troisième degré ? Patrick Betason a essayé de demander à des cailles japonaises où se trouvaient leurs propres préférences sur cette échelle. Dans un ensemble expérimental appelé l'appareil d'Amsterdam, on invitait les oiseaux à choisir parmi les membres du sexe opposé disposés derrière des vitres miniatures. Elles préfèrent leurs cousins germains à leurs frères ou à des oiseaux qui n'ont aucun lien de parenté avec elles. D'autres expériences ont montré que les jeunes cailles apprennent à discerner les attributs de leurs compagnons de couvée et qu'ensuite, dans leur vie d'adulte, elles ont tendance à choisir des partenaires sexuels qui, certes, leur ressemblent, mais pas trop.

Les cailles semblent donc éviter l'inceste grâce à leur propre manque de désir envers ceux avec qui elles ont grandi. D'autres animaux le font en observant des lois sociales, des règles socialement imposées de dispersion. Les lions mâles adolescents, par exemple, sont rejetés de la troupe parentale où les femelles du même sang restent pour les tenter, et ils ne s'accouplent que s'ils arrivent à s'immiscer dans une autre bande. Chez les chimpanzés et les gorilles, ce sont les jeunes femelles qui partent chercher des mâles dans d'autres bandes. Ces deux schémas de dispersion ainsi que le système des cailles se retrouvent chez différents peuples de notre propre espèce.

9. C'est probablement vrai pour la plupart des espèces d'oiseaux. Néanmoins, il ne faudrait pas être surpris de trouver des oiseaux qui parasitent les nids des membres de leur propre espèce. Ce phénomène se rencontre, évidemment, chez un nombre croissant d'espèces. C'est particulièrement vrai maintenant que de nouvelles techniques moléculaires sont mises au point qui permettent d'établir qui est apparenté à qui. Avec la théorie du gène égoïste, on pourrait s'attendre à ce que cela se produise plus souvent que nos connaissances actuelles nous permettent de le savoir.

10. L'insistance de Bertram sur la sélection par le degré de parenté en tant que premier mouvement de coopération chez les lions a été mise en doute par C. Packer et A. Pusey. Ils prétendent que, dans de nombreuses bandes, les deux lions mâles ne sont pas parents. Parker et Pusey suggèrent que l'altruisme réciproque a au moins autant de chances d'expliquer la sélection par le degré de parenté que d'expliquer la coopération existant chez les lions. Les deux camps ont certainement raison. Le chapitre XII insistera sur le fait que la réciprocité (« tac au tac ») ne peut évoluer que si un quorum critique d'individus destinés à faire jouer cette réciprocité peut être initialement rassemblé. Cela assure que le partenaire à venir a une chance correcte de donner la réciproque. La parenté représente peut-être le moyen le plus évident pour que cela se produise. Les parents ont naturellement tendance à se ressembler; aussi, même si la fréquence critique n'est pas atteinte dans la population en général, elle peut l'être au sein de la famille. La coopération chez les lions a peut-être commencé grâce aux effets produits par les liens de parenté tels que Bertram les a suggérés, donnant ainsi les conditions qui favorisent la réciprocité. Ce désaccord sur les lions ne peut se résoudre que par les faits, et les faits, comme toujours, ne nous parlent que de cas particuliers, non d'arguments théoriques généraux.

11. Beaucoup de gens comprennent que le vrai jumeau a autant de valeur à vos yeux que vous en avez aux vôtres — aussi longtemps que le jumeau est vraiment votre double parfait. Ce qui n'est pas aussi parfaitement compris, c'est que l'on peut dire la même chose d'une vraie mère monogame. Si vous êtes sûr que votre mère continuera de donner la vie aux enfants de votre père et seulement à ceux-ci, votre mère vous sera aussi génétiquement précieuse qu'un vrai jumeau ou que vous-même. Imaginez que vous êtes une machine à faire des enfants. Alors

votre mère monogame est une machine (complète) à produire des collatéraux, et de vrais collatéraux vous seront génétiquement aussi précieux que vos propres enfants. Évidemment, cela néglige toutes sortes de considérations pratiques. Par exemple, votre mère est plus âgée que vous, bien que cela ne signifie pas qu'elle fasse un meilleur ou un plus mauvais parti que vous en matière de reproduction ; tout dépend des circonstances — on ne peut pas donner de règle générale.

Cette démonstration suppose que l'on peut compter sur votre mère pour continuer de faire les enfants de votre père, et non les enfants d'un autre homme. Jusqu'où peut-on compter sur elle ? Tout dépend du système de mariage de l'espèce. Si vous faites partie d'une espèce habituellement hétérogène, vous ne pouvez évidemment pas compter que les enfants de votre mère soient vos vrais collatéraux. Même dans des sociétés où la monogamie est parfaite, on ne peut s'empêcher de considérer que votre mère est un plus mauvais parti que le vôtre. Votre père peut mourir. Avec la meilleure volonté du monde, si votre père est mort, on ne peut pas espérer que votre mère continuera de donner naissance aux enfants de votre père, n'est-ce pas ?

Eh bien si, elle le peut. Les circonstances qui le permettent sont évidemment d'un grand intérêt pour la théorie de la sélection par le degré de parenté. En tant que mammifères, nous sommes habitués à penser que la naissance suit la copulation après un intervalle fixe et plutôt court. Un mâle humain peut faire des enfants jusqu'à neuf mois après sa mort (sauf avec l'aide des banques de sperme congelé). Mais il existe plusieurs groupes d'insectes où les femelles gardent en elles le sperme pendant le reste de leur vie, n'en utilisant qu'une partie pour féconder les œufs au fur et à mesure des années, souvent bien longtemps après la mort du compagnon. Si vous faites partie d'une espèce qui pratique ce genre de reproduction, vous pouvez être potentiellement sûr que votre mère continuera d'être un bon « parti génétique ». Une femelle fourmi ne s'accouple qu'une fois au début de sa vie, lors du vol nuptial. Elle perd ensuite ses ailes et ne s'accouple plus jamais. Il est admis que chez de nombreuses espèces de fourmis la femelle s'accouple avec plusieurs mâles lors du vol nuptial. Mais s'il se trouve que vous appartenez à l'une de ces espèces dont les femelles sont toujours monogames, vous pouvez vraiment considérer que votre mère est un parti génétique aussi valable que vous. La différence entre une jeune fourmi et un jeune mammifère est la suivante : peu importe que votre père soit mort (d'ailleurs, il est presque certain qu'il *soit* mort !), vous pouvez être assez sûr que son sperme lui survivra et que votre mère pourra continuer de produire de vrais collatéraux pour vous.

Il s'ensuit que si nous nous intéressons aux origines évolutionnaires de l'élevage des collatéraux, ainsi qu'à des phénomènes tels que les insectes soldats, nous devons examiner plus particulièrement les espèces où ce sont les femelles qui sont dépositaires du sperme pour la vie. Dans le cas des fourmis, des abeilles et des guêpes, il y a, comme expliqué au chapitre 10, une particularité génétique — l'haplodiploïdie — qui a pu les prédisposer à devenir très sociales. Ce que je veux dire ici, c'est que l'haplodiploïdie ne constitue pas le seul facteur prédisposant. L'habitude qui consiste à emmagasiner le sperme pour la vie a pu jouer un rôle tout aussi important. Dans des conditions idéales, cela peut rendre une mère aussi précieuse génétiquement et en faire une aide aussi altruiste qu'un vrai jumeau.

12. Cette remarque me fait à présent rougir de confusion. J'ai appris depuis que les anthropologues sociaux n'ont pas que des choses à dire sur l'effet « oncle maternel » : beaucoup d'entre eux n'ont pas parlé de grand-chose d'autre pendant des années ! L'effet que j'ai « prédit » est un fait empirique que l'on trouve dans un grand nombre de cultures et qui est bien connu des anthropologues depuis des décennies. De plus, lorsque j'ai émis l'hypothèse spécifique selon laquelle, « dans une société comprenant un haut degré d'infidélité maritale, les oncles maternels devraient être plus altruistes que les "pères", puisqu'ils ont plus de raisons d'être sûrs d'avoir des liens de parenté avec l'enfant », j'ai malheureusement négligé le fait que Richard Alexander avait déjà fait la même suggestion (une note reconnaissant ce fait fut insérée dans les dernières réimpressions de la première édition de ce livre). Cette hypothèse a été testée entre autres par Alexander lui-même, en utilisant des calculs quantitatifs tirés de la littérature anthropologique, avec des résultats positifs.

Chapitre vii : Le planning familial

1. Wynne-Edwards est généralement traité plus gentiment que ne le sont les universitaires hérétiques. Ayant tout faux, et ce de manière non équivoque, on lui fait largement crédit (bien que je pense personnellement que cela soit exagéré) d'avoir poussé les gens à réfléchir plus clairement sur le problème de la sélection. Il fit lui-même une concession magnanime en 1978 lorsqu'il écrivit : « Le consensus général qui se fait

à présent chez les biologistes théoriciens est que l'on ne peut pas inventer de modèles crédibles grâce auxquels la lente marche de la sélection par le groupe pourrait dépasser la distribution plus rapide des gènes égoïstes bénéfiques pour la santé individuelle. Toutefois, j'accepte leur opinion. » Aussi magnanimes qu'aient pu être ces secondes pensées, il en a eu malheureusement des troisièmes qui forment une troisième rétractation.

La sélection par le groupe, dans le sens où nous l'avons toujours comprise, est encore plus mal vue des biologistes que lorsque la première édition de mon livre est sortie. On peut vous pardonner de penser le contraire des autres : une génération a grandi, surtout en Amérique, qui distribue le nom de sélection par le groupe comme des confettis. On l'attribue à toutes sortes de cas que la plupart d'entre nous comprenaient (et comprennent encore) clairement et entièrement comme étant quelque chose d'autre, par exemple la sélection par le degré de parenté. Je suppose qu'il est futile de se sentir ennuyé par des sémanticiens qui se croyaient arrivés. Néanmoins, toute la question de la sélection par le groupe fut *très bien* résolue il y a dix ans grâce à John Maynard Smith et d'autres, et il est irritant de trouver que nous formons à présent deux générations, ainsi que deux nations, divisées seulement par un langage commun. Il est particulièrement malheureux que des philosophes, entrant un peu trop tard dans ce domaine, aient commencé à s'embrouiller à cause de ce récent caprice terminologique. C'est pour cela que je recommande l'essai très clair d'Alan Grafen, « Natural Selection, Kin Selection and Group Selection », et j'espère que ce problème de la néosélection par le groupe se résoudra vite — et définitivement.

Chapitre VIII : Le conflit des générations

1. Robert Trivers, dont les articles publiés au début des années soixante-dix figurèrent pour moi parmi les sources d'inspiration les plus importantes alors que j'écrivais la première édition de ce livre, et dont les idées dominèrent surtout au chapitre VIII, a finalement écrit le sien, *Social Evolution*. Je le recommande non seulement à cause de son contenu, mais aussi pour son style : sa pensée est claire, académiquement correcte, avec juste ce qu'il faut d'irresponsabilité anthropomorphique pour se moquer de ce qui est pompeux, et agrémenté d'un zeste d'anecdotes autobiographiques. Je ne peux pas résister à la tentation

d'en citer une qui est très caractéristique du ton du livre. Trivers décrit l'état d'excitation dans lequel il se trouvait en observant des mâles babouins rivaux au Kenya : « Il y avait une autre raison à mon excitation. En effet, je faisais une identification inconsciente avec Arthur. Arthur était un superbe jeune mâle au sommet de sa forme... » Le nouveau chapitre de Trivers sur le conflit parents-enfants reste toujours d'actualité. Il n'y a bien sûr pas grand-chose à ajouter à son article de 1974, sauf quelques nouvelles anecdotes. Cette théorie a résisté à l'épreuve du temps. Des modèles plus mathématiques et plus génétiques ont confirmé que les arguments exprimés par Trivers proviennent de la théorie darwinienne acceptée de nos jours.

2. Alexander a généreusement admis dans son livre paru en 1980, *Darwinism and Human Affairs* (p. 39), qu'il se trompait quand il disait que la victoire parentale dans le conflit parents-enfants provient inévitablement des suppositions fondamentales darwiniennes. Il me semble à présent que sa thèse selon laquelle les parents jouissent d'un avantage asymétrique sur leurs rejetons dans le conflit des générations pourrait être soutenue par un autre genre d'argument que je tiens d'Éric Charnov.

Charnov écrivait sur les insectes sociaux et les origines des castes stériles, mais sa démonstration peut s'appliquer à des cas plus généraux que je vais exposer ici. Considérons une jeune femelle d'une espèce monogame, pas nécessairement un insecte, se trouvant au début de sa vie d'adulte. Son dilemme consiste à savoir si elle doit partir et essayer de se reproduire par elle-même ou bien rester dans le nid parental et aider à élever ses jeunes frères et sœurs. A cause des habitudes d'élevage de son espèce, elle peut être sûre que sa mère continuera de donner naissance à des frères et sœurs pendant encore longtemps. Grâce à la logique de Hamilton, ces rejetons sont aussi génétiquement « précieux » que le seraient ses collatéraux. En ce qui concerne la parenté génétique, la jeune femelle sera indifférente quand elle devra choisir deux types d'action; elle se fiche de savoir si elle part ou si elle reste, mais ses parents seront quant à eux loin d'être indifférents à son choix. Quand on regarde le point de vue de sa vieille mère, le choix réside entre les enfants et les petits-enfants. Les nouveaux enfants ont deux fois plus de valeur, génétiquement parlant, que les nouveaux petits-enfants. Si nous parlons de conflit entre parents et enfants pour savoir si les enfants s'en vont ou restent et aident au nid, le point de vue de Charnov est que le conflit est une victoire facile pour les parents, pour la bonne raison que seuls les parents considèrent que cette question est une source de conflit !

C'est un peu comme une course entre deux athlètes où l'un se voit offrir dix mille francs seulement s'il gagne, alors que son opposant aura la même somme qu'il gagne ou qu'il perde. On espère que le premier coureur fera plus d'efforts et que, si les deux sont de force égale, il sera globalement sûr de gagner. L'idée de Charnov est réellement plus forte que ne le suggère cette analogie, car les coûts engendrés par une course ne sont pas aussi élevés que ceux engendrés pour décourager de nombreuses personnes, qu'elles soient ou non financièrement récompensées. De tels idéaux olympiques représentent un luxe pour les jeux darwiniens : l'effort dans une direction est toujours payé par un effort vain dans une autre. Comme si, plus vous faisiez d'efforts dans une course, moins vous aviez de possibilités de gagner les courses futures en raison de l'épuisement qui vous guette.

Les conditions varieront d'une espèce à l'autre, aussi ne pouvons-nous pas toujours prévoir les résultats des jeux darwiniens. Néanmoins, si nous ne considérons que l'étroitesse de la parenté génétique et si nous faisons l'hypothèse qu'il existe un système de reproduction monogame (de manière à ce que la fille puisse être certaine que ses frères et sœurs le soient vraiment), nous pouvons espérer qu'une vieille mère manipule sa jeune fille adulte pour qu'elle reste et l'aide. La mère a tout à gagner alors que la fille elle-même n'aura aucune raison de résister à la manipulation de sa mère, puisqu'elle est génétiquement indifférente aux alternatives qui se présentent à elle.

Une fois encore, il est important de souligner que cela a consisté en un argument du type « toutes choses égales par ailleurs ». Même si les autres choses ne sont pas habituellement égales, le raisonnement de Charnov pourrait encore être utile à Alexander ou à quiconque se faisant l'avocat de la théorie de la manipulation parentale. En tout cas, les arguments pratiques d'Alexander en faveur de la victoire parentale — les parents étant plus grands, plus forts, etc. — sont bons.

CHAPITRE IX : La bataille des sexes

1. Comme c'est souvent le cas, cette phrase d'introduction sous-entend l'expression « toutes choses étant égales par ailleurs ». Il est évident que des individus qui vivent ensemble ont beaucoup à gagner à coopérer. On pourra le constater dans les situations expliquées tout au

long de ce chapitre. Après tout, ces individus se trouveront probablement engagés dans un jeu à somme non nulle, jeu au cours duquel ils pourront voir tous les deux leurs gains augmenter en coopérant, au lieu de la situation où les gains de l'un représentent nécessairement les pertes de l'autre (j'explique cette idée au chapitre XII). C'est l'un des endroits du livre où j'emploie un ton un peu trop cynique pour décrire combien la vie est égoïste. Cela m'avait semblé nécessaire à l'époque, où dominait dans l'autre sens la conception de la cour animale : pratiquement tout le monde croyait sans se poser de question que les individus coopéreraient généreusement les uns avec les autres. La possibilité que certains pourraient en exploiter d'autres n'était même pas évoquée. Dans ce contexte historique, on peut comprendre que j'aie délibérément commencé mon chapitre par une phrase aussi cynique ; aujourd'hui, j'adopterais un ton plus mesuré. De même, à la fin du chapitre, les remarques que j'ai faites sur les rôles sexuels des humains semblent à présent exprimées d'une manière quelque peu naïve. Deux livres traitent plus complètement de l'évolution des différences en matière de sexe chez les humains, celui de Martin Daly et Margo Wilson, *Sex, Evolution and Behaviour*, et celui de Donald Symon, *The Evolution of Human Sexuality*.

2. Il semble aujourd'hui erroné d'insister sur la disparité entre la taille des spermatozoïdes et celle des ovocytes pour expliquer les fondements des rôles des partenaires sexuels. Même si un spermatozoïde est petit et ne coûte rien à produire, la production de millions de spermatozoïdes et l'introduction de ceux-ci dans les voies sexuelles féminines coûtent beaucoup d'énergie. Je préfère donc adopter l'approche suivante, qui consiste à expliquer l'asymétrie fondamentale existant entre les mâles et les femelles.

Supposons que nous partions de deux sexes n'ayant ni l'un ni l'autre les attributs mâles ou femelles. Donnons-leur des noms neutres : A et B. Tout ce que nous avons besoin de préciser, c'est que chaque partenaire doit se trouver entre un A et un B. Maintenant, n'importe quel animal, qu'il soit A ou B, est confronté à un compromis. Le temps et les efforts consacrés à combattre les rivaux ne peuvent être dépensés à l'élevage de la descendance existante et vice versa. On peut espérer que n'importe quel animal établira un équilibre entre ces exigences contraires. Là où je veux en venir, c'est que les A peuvent choisir un point d'équilibre différent de celui des B ; une fois qu'ils l'auront atteint, il se peut qu'il y ait une disparité croissante entre eux.

Pour le voir, supposons que les deux sexes A et B soient différents et ce, dès le début, de manière à ce qu'ils puissent avec la plus grande certitude réussir dans l'une ou l'autre approche, à savoir élever leur progéniture ou gagner des combats (j'utiliserai le mot « combat » pour tous les types de compétition directe auxquels les individus d'un même sexe auront à faire face). Au début, la différence entre les sexes peut être très légère, mais j'insiste bien sur le fait que cette différence a tendance à augmenter. Disons que les A commencent par combattre, contribuant ainsi à leur reproduction de manière plus importante que le ferait un comportement parental ; les B, par contre, commencent par adopter un comportement parental qui contribue légèrement plus que le combat à augmenter leur taux de reproduction. Cela signifie par exemple que, bien qu'un A bénéficie évidemment des soins prodigués par ses parents, la différence entre un bon et un mauvais parent chez les A est moins importante que la différence entre un bon et un mauvais combattants chez les A. Chez les B, l'inverse est vrai. Ainsi, pour un effort donné, un A peut être plus efficace en combattant alors qu'il est plus probable qu'un B sera plus efficace s'il renonce au combat et se consacre à l'élevage de sa progéniture.

Dans les générations suivantes, les A combattront donc un peu plus que leurs parents, les B un peu moins, et ils se consacreront un peu plus que leurs parents à l'élevage de leur progéniture. A présent, la différence entre les meilleurs A et les plus mauvais en matière de combat se creusera et celle qui existe en ce qui concerne l'élevage se réduira. Par conséquent, un A aura encore plus à gagner s'il consacre tous ses efforts à combattre et tout à perdre s'il s'efforce d'élever une descendance. Pour les B, c'est exactement l'opposé à mesure que les générations passent. L'idée clé est ici qu'une petite différence initiale entre les sexes peut s'auto-alimenter : la section peut débuter avec une légère différence initiale et devenir de plus en plus importante, jusqu'à ce que les A soient ce que nous appelons à présent des mâles et les B des femelles. La différence initiale peut être suffisamment petite pour pouvoir augmenter au hasard. Après tout, les conditions de départ des deux sexes n'ont probablement pas été identiques.

Comme vous le remarquerez, cela ressemble assez à la théorie de la séparation précoce des gamètes primitives en ovocytes et en spermatozoïdes, émise par Parker, Smith et Baker, et qui fait l'objet d'une discussion dans ce chapitre. Les arguments que je viens d'exposer sont plus généraux. La séparation en spermatozoïdes et en ovocytes n'est qu'un aspect d'une séparation plus fondamentale des rôles sexuels. Au lieu de traiter la séparation spermatozoïdes/ovocytes en premier, et de leur attribuer toutes les caractéristiques qui en feront des mâles et des femelles, nous avons à présent une discussion pour expliquer la séparation spermatozoïde/ovocyte et d'autres aspects de la même façon. Nous devons seulement supposer qu'il y a deux sexes qui doivent copuler ; nous n'avons pas besoin d'en savoir plus sur ces deux sexes. A partir de cette hypothèse minimale, nous espérons absolument, quoi qu'ait pu être leur égalité au début, qu'ils divergeront en deux sexes qui se spécialiseront dans des techniques de reproductions complémentaires et complètement à l'opposé l'une de l'autre. La séparation entre les spermatozoïdes et les ovocytes est un symptôme de cette séparation plus générale, et non la cause.

3. L'idée qui consiste à trouver un mélange de stratégies évolutionnairement stables pour un sexe a été menée plus avant par Maynard Smith lui-même et, d'une manière indépendante, quoique suivant une direction similaire, par Alan Grafen et Richard Sibly. L'article de Sibly et Grafen est celui qui, techniquement, est le plus avancé, mais celui de Maynard Smith est le plus facile à expliquer. En résumé, il commence par étudier deux stratégies, le garde et le désert, qui peuvent être adoptées par n'importe lequel des deux sexes. Comme dans mon modèle du « galant timide/rapide et du galant fidèle », la question intéressante à se poser est la suivante : Quelles combinaisons de stratégies restent stables chez les mâles par rapport aux combinaisons de stratégies choisies par les femelles ? La réponse dépend de l'hypothèse que nous faisons au sujet des circonstances économiques auxquelles est confrontée l'espèce. Il est intéressant de constater que, quelle que soit l'intensité des changements économiques que nous imposons, nous avons une suite de résultats différents quantitativement stables. Le modèle tend à tenir seulement dans l'un des quatre résultats stables. On a donné à ces quatre résultats des noms d'espèces animales qui les expliquent. Ce sont le Canard (le mâle déserte, la femelle reste), l'Epinoche (la femelle déserte, le mâle reste), la Drosophile (tous les deux désertent), le Gibbon (tous les deux restent).

Il y a ici quelque chose d'encore plus intéressant. Vous rappelez-vous le chapitre V où les modèles SES pouvaient donner l'un ou l'autre des résultats, les deux étant également stables ? Eh bien, c'est également vrai du modèle de Maynard Smith. Ce qui est particulièrement intéressant, c'est que ces paires-là, par rapport aux autres, sont stables dans les mêmes circonstances économiques. Par exemple, sous un certain type de circonstances, le Canard et l'Epinoche sont stables. Pour savoir laquelle prend réellement son essor, tout dépend de la chance ou, plus précisément, des accidents survenus durant l'évolution — les conditions initiales. Dans d'autres circonstances, la Drosophile et le Gibbon sont stables. C'est encore un accident historique qui détermine quelle est celle qui va gagner parmi les espèces données. Mais il n'existe pas de circonstances au cours desquelles le Gibbon et le Canard, ou le Canard et la Drosophile, sont stables. Cette analyse de « compagnons d'écurie » de combinaisons qui ont ou non le même caractère de SES a des conséquences intéressantes pour notre reconstitution de l'histoire de l'évolution. Par exemple, elle nous conduit à espérer que certains types de transition entre les systèmes d'appariement auront plus de chances que d'autres sur l'échelle de l'évolution. Maynard Smith explore ces accidents historiques dans une étude brève des modes d'appariement dans le monde animal et il termine par cette question qui restera impérissable : Pourquoi les mâles de mammifères n'allaitent-ils pas ?

4. Je suis désolé de dire que cette affirmation est fausse. Cette erreur est cependant intéressante, c'est pourquoi je l'ai laissée et prendrai le temps de l'expliquer. Il s'agit vraiment du même genre d'erreur que celle que Gales et Eaves ont relevée dans le premier article de Maynard Smith et Price (*cf.* la note du chapitre V, p. 109). En ce qui concerne la mienne, ce sont deux biologistes mathématiciens travaillant en Autriche, P. Schuster et K. Sigmund, qui l'ont relevée.

J'avais correctement calculé les proportions de mâles fidèles par rapport aux galants et celles des femelles timides par rapport aux rapides, et j'avais trouvé que les deux types de mâles et de femelles avaient les mêmes résultats. Il s'agit évidemment d'un équilibre, mais je n'ai pas réussi à vérifier s'il était *stable*. Il aurait pu s'agir d'une arête de montagne plutôt que d'une vallée tranquille. Pour vérifier la stabilité, nous devons voir ce qui arriverait si nous perturbions légèrement l'équilibre (poussez une balle en dehors de l'arête et vous la perdez ; poussez-la hors du centre de la vallée et elle vous revient). Dans mon exemple numérique, le taux d'équilibre des mâles était 5/8 de fidèles et 3/8 de galants. Maintenant, que se passerait-il si par hasard la proportion de galants dans la population augmentait jusqu'à atteindre une valeur légèrement plus élevée que celle de l'équilibre ? De manière à qualifier l'équilibre de stable et d'autocorrecteur, il faut que les galants commencent immédiatement à avoir des résultats légèrement moins bons. Malheureusement, comme Schuster et Sigmund l'ont montré, ce n'est pas ce qui se passe. Au contraire, les galants commencent à avoir de meilleurs résultats! Leur fréquence dans la population, loin de se stabiliser alors elle-même, s'auto-alimente. Elle s'accroît non pas pour toujours, mais seulement jusqu'à un certain point. Si vous simulez le modèle dynamiquement sur un ordinateur, comme je l'ai fait à présent, vous obtenez un cycle qui se répète à l'infini. Ironie, c'est précisément le cycle que j'ai décrit de manière hypothétique au chapitre IX, p. 207; mais je pensais l'utiliser seulement comme un moyen d'explication, comme je l'ai fait pour les faucons et les colombes. Par analogie avec ces derniers, j'ai fait l'hypothèse, complètement à tort, que le cycle n'était qu'hypothétique et que le système s'installerait vraiment dans un équilibre stable. La démonstration de Schuster et Sigmund ne laisse rien d'autre à dire : « En résumé, nous pouvons alors tirer deux conclusions : a) que la bataille des sexes a beaucoup de points communs avec la prédation; et b) que le comportement des amants oscille comme la lune et est imprévisible comme le temps. Évidemment, les gens n'ont pas eu besoin d'équations différentielles pour remarquer tout cela. »

5. L'hypothèse émise par Tamsin Carlisle dans sa thèse sur les poissons a maintenant été appliquée par Mark Ridley dans le cadre d'une révision exhaustive du comportement parental dans tout le règne animal. Son article constitue un étonnant *tour de force* qui, comme l'hypothèse de Carlisle elle-même, trouve son origine dans une thèse de doctorat écrite pour moi. Malheureusement, il n'a trouvé personne qui fût d'accord avec son hypothèse.

6. La théorie de la fuite émise par R. A. Fischer à propos de la sélection sexuelle, dont il a parlé extrêmement brièvement, a été mathématiquement exprimée par R. Lande et d'autres. C'est devenu un sujet difficile, mais on peut l'expliquer en termes non mathématiques pourvu qu'on en prenne le temps. Un chapitre entier est nécessaire; je lui en ai consacré un dans *L'Horloger aveugle* (chapitre VIII), je n'en dirai donc pas plus ici.

A la place, je vais traiter d'un problème concernant la sélection sexuelle dont je n'ai jamais vraiment beaucoup parlé dans mes livres. Comment la variation nécessaire se maintient-elle? La sélection darwinienne ne peut fonctionner que si elle a à s'occuper d'un nombre suffisant de variations génétiques. Si vous essayez, par exemple, de croiser des lapins de manière à obtenir des oreilles toujours plus longues, vous réussirez au début. Le lapin moyen d'une population sauvage aura des oreilles de taille moyenne (selon des critères de lapins; d'après les nôtres, il en aura évidemment de très longues). Quelques lapins auront des oreilles plus courtes que la moyenne et d'autres des oreilles plus longues que la moyenne. En ne croisant que ceux qui ont les oreilles les plus longues, vous réussirez à accroître la taille moyenne des oreilles dans les générations suivantes. Pendant un temps du moins. Mais si vous *continuez* le processus, il viendra un moment où la variation nécessaire ne sera plus possible. Ils auront tous les oreilles « les plus longues » et l'évolution s'arrêtera. Dans l'évolution normale, cette sorte de chose n'est pas un problème parce que la plupart des environnements n'exercent pas une pression cohérente et ferme dans une direction. La *meilleure* longueur pour n'importe quelle partie du corps d'un animal ne sera normalement pas « un poil plus long que la moyenne, quoi que puisse être cette moyenne ». La meilleure longueur sera probablement une quantité fixe, disons dix centimètres. Mais la sélection sexuelle peut vraiment posséder la particularité embarrassante de rechercher encore et toujours ce qui est « optimum ». La mode féminine pourrait vraiment exiger des mâles qu'ils aient des oreilles plus longues, sans tenir compte de la longueur des oreilles en vigueur dans la population du moment. Ainsi, la variation pourrait sérieusement faire long feu. Et pourtant, la sélection sexuelle semble bien avoir marché; nous voyons de manière absurde des mâles pourvus d'ornements exagérés. Il semble que nous constatons ici un paradoxe que nous pouvons appeler le paradoxe de la variation en voie d'extinction.

La solution de Lande à ce paradoxe est la mutation. Il y aura toujours assez de mutations, pense-t-il, pour poursuivre une sélection soutenue. La raison pour laquelle les gens en doutaient auparavant était qu'ils pensaient en termes d'un gène à la fois : les taux de mutation sur un lieu génétique sont trop bas pour résoudre le paradoxe de la variation en voie d'extinction. Lande nous a rappelé que les appendices caudaux et d'autres choses dont s'occupe la sélection sexuelle sont soumis à l'influence d'un nombre indéfiniment grand de gènes différents — « polygènes » dont les petits effets s'additionnent. De plus, à mesure que l'évolution se poursuit, il y aura des changements dans l'ensemble des polygènes : de nouveaux gènes apparaîtront qui, par exemple, influenceront la « taille de la queue » alors que les anciens seront abandonnés. La mutation peut affecter n'importe lequel de ce grand et mouvant ensemble de gènes, aussi le paradoxe de la variation en voie d'extinction s'éteint-il de lui-même.

La réponse de W. D. Hamilton à ce paradoxe est différente. Il y répond de la même façon qu'il répond à la plupart des questions de nos jours : « les parasites ». Reprenons l'exemple des oreilles de lapins. La meilleure longueur pour les oreilles de lapins dépend certainement de différents facteurs acoustiques. Il n'y a aucune raison particulière d'espérer que ces facteurs changent dans une direction ou une autre, de manière cohérente et soutenue, à mesure que les générations passent. La meilleure longueur pour les oreilles de lapins peut ne pas être absolument constante, mais il est peu probable que la sélection pousse plus dans une direction particulière jusqu'à dépasser les limites de la variation imposées par l'ensemble de gènes en activité à ce moment-là. Il n'y a donc pas de paradoxe de variation en voie d'extinction.

Mais à présent regardons le genre d'environnement extrêmement fluctuant que fournissent les parasites. Dans un monde plein de parasites, il existe une sélection sévère en faveur de la capacité à leur résister. La sélection naturelle favorisera les individus lapins les moins vulnérables aux parasites qui peuvent les entourer. Le point crucial réside dans le fait que ce ne seront pas toujours les mêmes parasites. Les fléaux vont et viennent. Aujourd'hui, il se peut que cela soit la myxomatose ; l'année suivante, l'équivalent du sida du lapin, etc. Puis, après un cycle de dix ans, il se peut que l'on revienne à la myxomatose, etc. Ou bien le virus de la myxomatose peut évoluer pour contrer les adaptations faites par les lapins pour s'en protéger. Hamilton illustre les cycles de contre-adaptation et de contre-contre-adaptations qui s'effectuent à mesure que le temps passe et qui modifient toujours de manière perverse la définition du « meilleur » lapin.

Le résultat de tout cela est qu'il y a quelque chose d'éminemment différent en ce qui concerne les adaptations contre les maladies par rapport à celles destinées à se protéger contre l'environnement physique. Même s'il existe une longueur « idéale » pratiquement déterminée en ce qui concerne les pattes des lapins, il n'en existe pas pour tout ce qui touche à la résistance aux maladies. Comme la maladie la plus dangereuse du moment change, le « meilleur » lapin du moment change aussi. Les parasites sont-ils les seules forces sélectives à agir de la sorte ? Que peut-on dire des prédateurs et de leurs proies par exemple ? Hamilton est d'accord pour affirmer qu'ils se comportent fondamentalement comme des parasites, mais ils n'évoluent pas aussi vite que la plupart d'entre eux. Et il est probable que les parasites évoluent plus que les prédateurs ou leurs proies grâce à des contre-adaptations gène par gène.

Hamilton prend les défis cycliques offerts par les parasites et en fait le fondement d'une théorie beaucoup plus importante, la théorie de la raison de l'existence du sexe. Mais nous nous intéressons ici à l'utilisation qu'il fait des parasites pour résoudre le paradoxe de la variation en voie d'extinction dans la sélection sexuelle. Il croit que la résistance héréditaire à la maladie chez les mâles représente le critère le plus important qui fait que les femelles les choisissent. La maladie est un fléau si puissant que les femelles en tireront un grand avantage si elles ont la capacité de la diagnostiquer chez leur partenaire potentiel. Une femelle qui se comporte comme un bon médecin en faisant un bon diagnostic choisit non seulement le mâle le plus sain, mais aura tendance à amasser des gènes sains pour ses enfants. A présent, puisque la définition du « meilleur lapin » change toujours, les femelles auront toujours quelque chose d'important à choisir lorsqu'elles rechercheront un mâle. Il y aura toujours les « bons » mâles et les « mauvais », et ils ne deviendront pas tous bons après des générations de sélection, parce qu'alors les parasites auront changé et par conséquent la définition du bon lapin aussi. Les gènes résistants à un type de virus porteur de la myxomatose ne résisteront pas bien à la génération suivante du virus qui aura muté. Et ainsi de suite, grâce à des cycles indéfinis d'infections sans cesse en évolution. Les parasites ne renoncent jamais, c'est pourquoi les femelles ne peuvent jamais renoncer à rechercher sans relâche des mâles sains.

Comment les mâles vont-ils réagir devant des femelles qui les examinent comme le ferait un médecin? Est-ce que les gènes donnant l'apparence de la bonne santé seront favorisés? Au début, peut-être, mais la sélection agira ensuite sur les femelles pour que celles-ci soient capables de mieux aiguiser leur diagnostic et séparer les faux des vrais gènes sains. Hamilton finit par croire que les femelles deviendront de si bons médecins que les mâles seront forcés, s'ils finissent par se faire remarquer, à le faire honnêtement. Si les mâles s'exhibent de manière trop voyante, alors ce critère sera un véritable indicateur de bonne santé. Les mâles évolueront de manière à ce que les femelles voient facilement qu'ils sont en bonne santé — s'ils le sont. Les mâles vraiment sains seront heureux de le faire savoir. Les mâles malades ne le feront pas évidemment, mais que peuvent-ils faire? S'ils *n'essayent* pas au moins d'exhiber un certificat de bonne santé, les femelles en tireront les pires conclusions. A ce propos, tout ce que je viens de dire sur les médecins serait faux si cela suggérait que les femelles veulent guérir les mâles. Tout ce qu'elles veulent, c'est un diagnostic et cela pas dans un but altruiste. Et je suppose qu'il n'est plus nécessaire que je m'excuse pour l'utilisation de métaphores telles que « honnêteté » et « tirer des conclusions ».

Pour en revenir au problème de se faire connaître, tout se passe comme si les mâles étaient forcés par les femelles à évoluer tout le temps avec un thermomètre à la bouche pour que celles-ci puissent le lire clairement. Quelle apparence pourraient avoir ces « thermomètres » ? Eh bien, pensez à l'appendice caudal spectaculairement long que porte le mâle du paradisier. Nous avons déjà vu l'explication séduisante que donne Fischer de cet élégant atour. L'explication de Hamilton est, quant à elle, beaucoup plus terre à terre. Un symptôme commun de maladie chez un oiseau est la diarrhée. Si vous avez une longue queue, la diarrhée va probablement la souiller. Si vous voulez cacher le fait que vous souffrez de diarrhée, le moyen de le faire serait d'éviter d'avoir une longue queue. Dans le même ordre d'idée, si vous voulez faire savoir que vous *ne* souffrez *pas* de diarrhée, le meilleur moyen serait d'avoir une très longue queue. De cette façon, le fait que votre queue soit propre constituera un élément très évident. Si vous n'avez pas une queue très fournie, les femelles ne peuvent pas voir si elle est propre ou non, et elles en tireront les pires conclusions. Hamilton ne souhaite pas se restreindre à cette explication de la longueur des appendices caudaux des paradisiers, mais il s'agit d'un bon exemple du *genre* d'explication qu'il soutient.

J'ai utilisé la comparaison des femelles jouant le rôle de médecins et celui des mâles leur facilitant la tâche en exhibant partout où ils vont un « thermomètre ». Si l'on pense aux autres moyens qu'ont les médecins à leur disposition, le sphygmomanomètre et le stéthoscope m'ont conduit à faire des spéculations concernant la sélection sexuelle dans l'espèce humaine. Je vais vous en faire un bref exposé, bien que j'admette les trouver plus plaisantes à lire que réalistes. D'abord, parlons de la théorie qui consiste à savoir pourquoi les humains ont perdu l'os pénien. Un pénis humain en érection peut devenir si dur et si raide que les gens expriment sur le ton de la plaisanterie leur scepticisme sur le fait qu'il n'y ait pas d'os dedans. Il se trouve que de nombreux mammifères ont bien un os aidant à l'érection, dont le nom est *baculum* ou os pénien. De plus, ce dernier est courant chez nos cousins les primates ; même notre cousin le plus proche, le chimpanzé, en a un, bien qu'il soit très petit, signe que tôt ou tard il disparaîtra durant son évolution. Il semble que la tendance ait été à la réduction de l'os pénien chez les primates ; notre espèce, de même que quelques autres espèces de singes, l'ont perdu complètement. Donc, nous nous sommes débarrassés de l'os que nos ancêtres avaient utilisé pour faciliter une belle érection du pénis. D'ailleurs, nous nous appuyons complètement sur un système hydraulique qui constitue un moyen compliqué et coûteux de faire les choses. Et, évidemment, l'érection peut ne pas se produire — ce qui est malheureux, pour ne pas dire autre chose, pour le succès génétique du mâle. Quel en est le remède évident ? Un os dans le pénis, bien sûr. Aussi, pourquoi l'évolution ne nous pousse-t-elle pas à en créer un ? Pour une fois, les biologistes de la brigade des « contraintes génétiques » ne peuvent pas s'en sortir en disant : « Oh, il était impossible qu'une variation nécessaire de ce genre se produise. » Jusque-là, il y a peu, nos ancêtres avaient précisément ce type d'os et nous sommes vraiment devenus fous de l'avoir perdu ! Pourquoi ?

L'érection chez les humains ne se produit que par la pression sanguine. Il n'est malheureusement pas plausible de suggérer que la dureté de l'érection soit proportionnelle à la pression sanguine mesurée par un médecin et utilisée par les femelles pour préjuger de la santé du mâle. Mais nous ne sommes pas prisonniers de la métaphore de la mesure de la pression sanguine. Si, pour *quelque raison que ce soit*, le défaut d'érection représente une alarme précoce et sensible de certains types de maladies physique ou mentale, une version de cette théorie peut marcher. Tout ce dont les femelles ont besoin, c'est d'un outil de diagnostic fiable. Les médecins n'utilisent pas le test de l'érection lors de check-up de routine — ils préfèrent vous demander de tirer la langue. Mais on sait que le défaut d'érection constitue le premier signe de maladies telles que le diabète et certaines maladies neurologiques. Il provient souvent de facteurs psychologiques — dépression, anxiété, stress, surmenage, perte de confiance en soi, etc. (Dans la nature, on pourrait imaginer que des mâles se trouvant au bas de l'échelle de l'activité sexuelle soient affligés de cette façon. Certains singes utilisent leur pénis en érection comme signal de mise en garde.) Il n'est pas improbable que, alors que la sélection naturelle affinait leurs outils de diagnostic, les femelles pouvaient glaner toutes sortes de signes démontrant la santé du mâle ainsi que sa capacité à résister au stress, rien que par son ton et la raideur de son pénis. Mais un os y arriverait toujours ! N'importe qui peut être en érection avec un os dans son pénis ; il ne faut pas être particulièrement en bonne santé ou solide. Aussi la pression de la sélection exercée par les femelles a-t-elle forcé les mâles à perdre l'os pénien parce que alors seuls les mâles vraiment sains et solides pouvaient présenter une véritable érection; les femelles pouvaient donc faire un diagnostic sans confusion possible.

Il y a ici manière à débat. Comment les femelles, qui imposèrent la sélection, étaient-elles supposées savoir si la raideur qu'elles voyaient était le fait d'un os ou de la pression sanguine? Après tout, nous avons commencé en observant qu'une érection humaine peut avoir la raideur de l'os. Mais je ne crois pas que les femelles aient pu être aussi facilement abusées. Elles aussi étaient soumises à la sélection qui, dans leur cas, n'était pas de perdre un os, mais d'aiguiser leur jugement. N'oubliez pas que la femelle se trouve confrontée au même pénis quand celui-ci n'est pas en érection, et le contraste est extrêmement frappant. Les os ne peuvent pas perdre leur turgescence (même s'ils peuvent être rétractés). Peut-être est-ce la double vie impressionnante du pénis qui garantit qu'il s'agit d'un véritable système hydraulique.

Venons-en à présent au « stéthoscope ». Examinons un autre problème bien connu des alcôves, le ronflement. De nos jours il s'agit seulement d'un inconvénient social. Autrefois, il aurait pu signifier la vie ou la mort. Dans les profondeurs d'une nuit tranquille, le ronflement peut se révéler particulièrement bruyant. Il pouvait signaler le ronfleur et le groupe auquel il appartenait aux prédateurs des alentours. Pourquoi y a-t-il alors autant de ronfleurs? Imaginez un orchestre de dormeurs formé par nos ancêtres dans une caverne préhistorique, les mâles ronflant chacun sur une note différente, les femelles tenues en éveil, n'ayant rien d'autre à faire que d'écouter (je suppose là qu'il est vrai que ce sont les mâles qui ronflent le plus). Est-ce que les mâles fournissent délibérément aux femelles des informations amplifiées? Est-ce que la qualité précise et le timbre de votre ronflement pourraient constituer un diagnostic de l'état de santé de votre arbre respiratoire? Mon intention n'est pas de suggérer que les gens ne ronflent que lorsqu'ils sont malades. Le ronflement se comporte plutôt comme un émetteur radio qui ronronne sans se soucier des conséquences; il constitue un signal clair, modulé, qui permet un diagnostic facile de la condition du nez et de la gorge. L'idée que les femelles puissent préférer la note émise par des bronches non obstruées et semblable à celle d'une trompette au lieu de ronflements sourds, conséquence d'une infection, est séduisante, mais je confesse qu'il est difficile d'imaginer des femelles choisissant de toute façon sciemment un ronfleur. Mais là encore mon intuition personnelle ne fait évidemment pas office de vérité générale. Peut-être cela constituerait-il au moins un projet d'étude pour un médecin insomniaque. Mais, j'y pense, la femelle pourrait également tester l'autre théorie.

Ces deux spéculations ne devraient pas être prises au sérieux. Elles ont atteint leur but si elles font comprendre le principe de la théorie de Hamilton qui consiste à savoir comment les femelles essayent de choisir les mâles en bonne santé. Peut-être que la chose la plus intéressante en ce qui les concerne réside dans le fait qu'elles mettent l'accent sur le lien entre la théorie des parasites de Hamilton et la théorie du « handicap » d'Amotz Zahavi. Si vous me suivez à travers la logique de mon hypothèse sur la disparition de l'os pénien, les mâles sont handicapés par la perte de cet os, et ce handicap n'est pas seulement un accident. Le système hydraulique gagne en efficacité justement *parce que*, quelquefois, il ne fonctionne pas. Les lecteurs darwiniens auront certainement compris cette implication du « handicap » et cela aura pu éveiller chez eux de graves doutes. Je leur demande de laisser leurs préjugés en suspens jusqu'à ce qu'ils aient lu la note suivante qui traite de la façon nouvelle dont il faut regarder le principe du handicap lui-même.

7. Je suis heureux d'avoir ajouté « bien que » parce que la théorie de Zahavi semble à présent beaucoup plus plausible que lorsque j'ai écrit ce passage. Plusieurs théoriciens respectables ont récemment commencé à l'étudier sérieusement. Ce qui m'effraie le plus, c'est que parmi eux se trouve mon collègue Alan Grafen qui, comme je l'ai déjà dit, « a la redoutable habitude d'avoir toujours raison ». Il a traduit les idées de Zahavi en langage mathématique et proclame que cela marche. Il ne s'agit pas d'une parodie bizarre et ésotérique de Zahavi tel que les autres le voient, mais bien d'une traduction mathématique directe des idées mêmes de Zahavi. Je vais discuter la version SES originale que Grafen a donnée de son modèle, bien que lui-même travaille à présent sur une version génétique complète qui, d'une certaine manière, surpassera ce modèle SES. Cela ne signifie pas que ce modèle SES soit vraiment faux. Il s'agit d'une bonne approximation. Évidemment, tous les modèles SES, y compris ceux qui se trouvent dans ce livre, sont, d'une certaine manière, des approximations.

Le principe du handicap peut être pertinent pour toutes les situations dans lesquelles les individus essaient de juger la qualité d'autres individus, mais nous allons parler des mâles qui font tout pour se faire remarquer des femelles. Afin que les choses soient claires, il s'agit de l'un de ces cas où le sexisme des pronoms est vraiment utile. Grafen note qu'il existe au moins quatre approches au principe du handicap. Celles-ci peuvent être appelées le Handicap Qualifiant (un mâle ayant survécu en dépit de son handicap doit être assez bon sur d'autres plans, c'est pourquoi les femelles le choisissent); le Handicap Révélateur (les mâles se dépensent beaucoup pour mettre en valeur les capacités qu'ils auraient autrement cachées); le Handicap Conditionnel (seuls les mâles de grande qualité peuvent développer un handicap); et, finalement, l'interprétation préférée de Grafen, qu'il appelle le Handicap du Choix Stratégique (les mâles ont des informations qu'ils sont les seuls à connaître sur leurs propres qualités; ils ne les donnent pas aux femelles et les utilisent pour « décider » s'ils vont développer un handicap et quelle en sera l'importance). L'interprétation donnée par Grafen du handicap du choix stratégique se prête à l'analyse SES. Il n'existe aucune hypothèse préalable selon laquelle les moyens adoptés par les mâles pour se faire remarquer seront coûteux et handicapants. Au contraire, ils sont libres d'évoluer pour mettre au point n'importe quel moyen leur permettant de se faire remarquer, qu'il soit honnête ou malhonnête, coûteux ou non. Mais Grafen montre que, étant donné cette liberté de départ, un système de handicap pourrait probablement émerger comme modèle évolutionnairement stable.

Voici les quatre hypothèses de départ émises par Grafen :

1. La vraie qualité varie avec les mâles. La qualité n'est pas une idée vaguement snob comme le fait d'être fier de son ancienne université ou de croire en la fraternité. La qualité, pour Grafen, signifie qu'il existe de *bons et de mauvais* mâles au sens où les femelles tireraient de nombreux bénéfices génétiques si elles s'accouplaient avec de bons mâles et évitaient les mauvais. Cela a quelque chose à voir avec la force musculaire, la vitesse à la course, la capacité à trouver des proies ou à construire de bons nids. Nous ne parlons pas du succès qu'a le mâle en matière de reproduction puisque cela dépendra de la décision des femelles à son égard. Et parler de cela à ce stade serait supposer que tout ce qui est en question est vrai; il s'agit de quelque chose qui peut ou non découler du modèle.

2. Les femelles ne peuvent pas percevoir directement la qualité du mâle, mais doivent faire confiance à ce qu'ils leur disent. A ce stade, nous n'émettons aucune hypothèse quant à l'honnêteté de ces moyens. L'honnêteté, c'est quelque chose d'autre qui peut ou non émerger du modèle; c'est encore l'objet de ce modèle. Un mâle pourrait porter des

épaulettes et des talonnettes, par exemple, pour créer l'illusion de taille et de force. C'est au modèle de nous dire si un signal de trucage de ce genre sera évolutionnairement stable ou si la sélection naturelle fera passer des critères décents, honnêtes et fiables qui seront utilisés par les mâles pour se faire remarquer.

3. Contrairement aux femelles qui les examinent, les mâles savent vraiment quelles sont leurs propres qualités; et ils adoptent une stratégie leur permettant de se faire voir sous leur meilleur jour. Comme d'habitude, par « savoir » je ne veux pas parler de connaissance cognitive. Mais on suppose que les mâles ont des gènes qui ont pour rôle de mettre en valeur la qualité du mâle (et qu'il y ait un accès privilégié à cette information constitue une hypothèse raisonnable; après tout, les gènes d'un mâle sont immergés dans sa biochimie interne et sont beaucoup mieux placés que les femelles pour répondre à ses qualités). Des mâles différents adoptent des règles différentes. Par exemple, un mâle pourrait suivre la règle « Montrer un appendice caudal dont la taille est proportionnelle à ma véritable qualité »; un autre pourrait suivre la règle opposée. Cela donne à la sélection naturelle une chance d'ajuster les règles en choisissant parmi les mâles qui sont génétiquement programmés pour en adopter de différentes. Le niveau des moyens employés pour se faire remarquer ne doit pas être directement proportionnel à la véritable qualité; il est évident qu'un mâle pourrait adopter une règle inverse. Tout ce dont nous avons besoin, c'est que les mâles soient programmés pour adopter un genre de règle permettant de voir leur véritable qualité et, à partir de cela, choisir un niveau de moyen permettant de se faire remarquer — disons par la taille de l'appendice caudal ou des bois. De même, le modèle est destiné à trouver quelles seront les règles qui pourront finir par être évolutionnairement stables.

4. Les femelles ont une liberté équivalente pour évoluer selon des règles qui leur sont propres. Dans leur cas, ces règles consistent à choisir un mâle en se fondant sur la conviction qu'ont mise ces derniers pour se faire remarquer d'elles (rappelez-vous qu'elles, ou plutôt leurs gènes, manquent de la connaissance privilégiée qu'ont les mâles de ladite qualité). Par exemple, une femelle pourrait adopter la règle suivante : « Toujours croire les mâles. » Une autre femelle pourrait adopter cette autre règle : « Supposer que la vérité se situe toujours à l'opposé de ce que les mâles racontent. »

Ainsi, nous avons comme idée que les mâles changent les règles qui montrent leurs qualités en fonction du niveau des moyens qu'ils utilisent pour se faire remarquer; et que les femelles changent les règles qui leur permettent de fixer leur choix sur un compagnon en fonction des moyens qu'il a utilisés. Dans les deux cas, les règles varient tout le temps et sont soumises à des influences génétiques. Jusqu'à présent, dans notre discussion, les mâles pouvaient choisir n'importe quelle règle pour relier la qualité au niveau des moyens utilisés pour se faire connaître, et les femelles n'importe quelle règle reliant les moyens utilisés par le mâle en fonction de leur choix. En dehors de ce spectre des règles possibles entre les mâles et les femelles, ce que nous recherchons, c'est une paire de règles évolutionnairement stables. C'est un peu comme le modèle du « fidèle/galant » et de la « timide/rapide » dans la mesure où nous recherchons une règle évolutionnairement stable pour les mâles et une autre pour les femelles, la stabilité signifiant stabilité mutuelle, chaque règle étant stable en présence d'elle-même et de l'autre. Si nous trouvons une paire évolutionnairement stable de ce type, nous pouvons examiner ces règles pour voir quel aspect aurait une société comprenant des mâles et des femelles leur obéissant. Serait-ce un monde de handicap spécifiquement zahavien?

Grafen lui-même s'est mis en devoir de trouver deux règles mutuellement stables de ce genre. Si je voulais entreprendre un tel travail, j'essayerais probablement de faire, à grand-peine, une simulation par ordinateur. Je chargerais l'ordinateur avec un échantillon de mâles obéissant à des règles différentes en fonction de la qualité des moyens qu'ils utilisent pour se faire remarquer. Je mettrais également un échantillon de femelles obéissant aussi à des règles différentes quant à leur choix des mâles en fonction des moyens que ces derniers utilisent. Je laisserais alors les mâles et les femelles se jeter les uns sur les autres à l'intérieur de l'ordinateur, et s'accoupler si le critère de choix de la femelle est rempli, transmettant leurs règles de mâles et de femelles à leurs fils et à leurs filles. Et, évidemment, des individus survivraient ou non en fonction de la « qualité » dont ils auraient hérité. A mesure que les générations se suivraient, les changements de fortune des règles adoptées par les mâles et femelles apparaîtraient comme des changements dans les fréquences de la population. Je jetterais à intervalles réguliers mon œil à l'intérieur de l'ordinateur pour voir si un mélange stable est en train de se constituer.

Cette méthode marcherait en principe, mais elle comporte des difficultés pratiques. Heureusement, les mathématiciens peuvent arriver à la même conclusion qu'une simulation en écrivant quelques équations et en les résolvant. C'est ce que Grafen a fait. Je ne vais pas reproduire ici son raisonnement mathématique ni expliquer les autres hypothèses qu'il a émises de manière plus détaillée. Au contraire, j'irai droit au but. Il a bien trouvé une paire évolutionnairement stable.

Nous en arrivons donc à la question cruciale. Est-ce que la SES de Grafen constitue le genre de monde que Zahavi reconnaîtrait comme un monde de handicaps et d'honnêteté? La réponse est oui. Grafen a trouvé qu'il peut effectivement y avoir un monde évolutionnairement stable se composant des propriétés zahaviennes suivantes :

1. En dépit du fait qu'ils aient choisi librement une stratégie de gradation des moyens pour se faire remarquer, les mâles choisissent un niveau qui montre fidèlement leur vraie qualité, même si cette dernière s'avère décevante en définitive. Sous SES, les mâles sont donc honnêtes.

2. En dépit du fait qu'elles aient stratégiquement le libre choix de leur réponse aux moyens employés par les mâles pour se faire remarquer, les femelles finissent par choisir la stratégie « Croire les mâles ». Sous SES, les femelles sont légitimement « confiantes ».

3. Se faire remarquer nécessite des ressources importantes. En d'autres termes, si nous pouvions quelque peu laisser de côté la qualité et le pouvoir attractif chez le mâle, ce dernier aurait alors la possibilité de ne pas avoir à faire autant d'efforts pour se faire remarquer, ce qui lui permettrait de s'épargner de l'énergie et, en plus, de le rendre moins visible aux prédateurs. Non seulement cela coûte cher de se faire remarquer, mais encore est-ce le coût d'un système donné qui détermine le choix. Un système est choisi précisément parce qu'il a vraiment le pouvoir de diminuer le succès de celui qui l'emploie — toutes choses étant égales par ailleurs.

4. Les mâles les plus mauvais ont encore plus d'efforts à fournir pour se faire remarquer et cela leur coûte encore plus d'énergie qu'aux autres. A niveau égal, le risque est alors plus grand pour un mâle chétif, car le système qu'il emploie est plus voyant et l'expose donc plus au danger que constitue le prédateur.

Ces propriétés, surtout la 3, sont complètement zahaviennes. Grafen démontre de façon très convaincante qu'elles sont évolutionnairement stables quand les conditions sont plausibles. Mais il a aussi suivi le raisonnement des critiques de Zahavi qui ont influencé la première édition de ce livre et ont conclu que les idées de ce dernier ne pouvaient pas marcher du point de vue de l'évolution. Nous ne devrions pas nous contenter des conclusions de Grafen avant d'avoir compris où ces critiques se sont trompés. Quelle est l'hypothèse qu'ils ont posée et qui les mena à des conclusions différentes ? Une partie de la réponse semble résider dans le fait qu'ils n'ont pas permis à leurs animaux hypothétiques de choisir parmi un éventail continu de stratégies. Cela signifie souvent qu'ils interprétèrent les idées exprimées oralement par Zahavi à partir de l'une ou l'autre des trois premières interprétations énumérées par Grafen — le handicap de qualification, le handicap révélateur ou le handicap conditionnel. Ils n'ont jamais pris en compte la quatrième interprétation, le handicap du choix de la stratégie. Le résultat en fut soit qu'ils ne purent faire marcher du tout le principe du handicap, soit que celui-ci marcha, mais seulement à la faveur de conditions spéciales mathématiquement abstraites, qui n'avaient pas pour eux cette sensation paradoxale complètement zahavienne. De plus, un trait essentiel de l'interprétation du choix stratégique du principe du handicap réside dans le fait que dans une SES les individus de bonne qualité et ceux de mauvaise qualité jouent tous la même stratégie : « Se faire remarquer honnêtement. » Les premiers créateurs de modèles firent l'hypothèse que les mâles de très bonne qualité jouaient des stratégies différentes de celles des mâles de mauvaise qualité, qu'ils développaient donc des systèmes différents pour se faire remarquer. À l'inverse, Grafen suppose que, dans la SES, les différences entre les émetteurs de très bonne qualité et ceux de mauvaise qualité font surface parce qu'ils jouent tous la même stratégie — et les différences dans les systèmes qu'ils emploient pour se faire remarquer émergent parce que la différence qualitative qui existe entre eux est rendue fidèlement par la règle du signal.

Nous avons toujours admis que les signaux pouvaient tout simplement constituer des handicaps. Nous avons toujours compris que les handicaps extrêmes pouvaient évoluer, surtout lorsqu'ils proviennent de la sélection sexuelle et *en dépit du fait* qu'ils constituent des handicaps. La partie de la théorie de Zahavi sur laquelle nous avons tous émis des objections était l'idée que ces signaux pourraient être favorisés par la sélection précisément *parce qu'ils* étaient des handicaps pour ceux qui les exhibaient. C'est ce point que Grafen a apparemment soutenu. Si Grafen a raison — et je le pense — il s'agit d'un résultat d'une importance considérable pour toutes les études des signaux émis par les animaux. Cela pourrait même nécessiter un changement radical de toute la conception que nous avons de l'évolution du comportement, un changement radical dans notre manière de considérer un grand nombre des questions discutées dans ce livre. Les moyens utilisés pour se faire sexuellement reconnaître ne constituent qu'une partie des moyens de reconnaissance. La théorie Zahavi-Grafen, si elle est vraie, changera de manière radicale les idées qu'ont les biologistes sur les relations entre les rivaux d'un même sexe, entre les parents et leur progéniture, entre les ennemis de différentes espèces. Je trouve cette perspective plutôt inquiétante parce qu'elle signifie que les théories de folie presque sans limite ne peuvent plus être manipulées sur le terrain du bon sens. Si nous observons un animal faire quelque chose d'idiot, comme se tenir sur la tête au lieu de se sauver alors qu'un lion l'attaque, il se peut qu'il agisse ainsi afin d'épater une femelle. Il se peut même qu'il le fasse pour épater le lion : « Je suis un animal d'une qualité telle que tu perdrais ton temps à essayer de m'attraper. »

Mais peu importe que je pense qu'une chose est folle, il se peut que la sélection naturelle ait d'autres idées sur le sujet. Un animal se retournera en face d'une bande de prédateurs pour faire des sauts périlleux s'il pense que les risques pris lui permettront mieux de se faire remarquer de la femelle qu'ils ne le mettront en danger. C'est cette gradation du danger lui-même qui donne sa valeur à l'action de se pavaner. Évidemment, la sélection naturelle ne favorisera pas indéfiniment ce genre de comportement face au danger. Au moment où cet exhibitionnisme deviendra complètement suicidaire, il sera pénalisé. Un jeu aussi risqué peut nous paraître fou. Mais, en fait, cela ne nous regarde pas. Seule la sélection naturelle a le pouvoir de juger.

CHAPITRE X : Un tiens vaut mieux que deux tu l'auras

1. C'est ce que nous pensions tous. Nous avions compté sans les spalax nus. Les spalax constituent une espèce de taupes sans poils, petits rongeurs presque aveugles qui vivent en grandes colonies souterraines dans les étendues désertes du Kenya, de la Somalie et de l'Éthiopie. Il semble qu'ils soient les véritables « insectes sociaux » du monde des mammifères. Les premières études sur des colonies en captivité ont été effectuées par Jennifer Jarvis à l'université de Stellenbosch, près du Cap. Elles sont à présent complétées grâce aux observations que Robert Brett a faites sur le terrain au Kenya. D'autres études sur des colonies en captivité sont menées en Amérique par Richard Alexander et Paul Sherman. Ces quatre chercheurs ont promis d'écrire un livre en com-

mun, et, pour ma part, je l'attends avec impatience. En attendant, ce compte rendu est écrit d'après la lecture des quelques articles qui ont été publiés et des notes que j'ai prises lors des conférences données par Paul Sherman et Robert Brett. J'ai également eu le privilège de voir la colonie de spalax nus du zoo de Londres grâce au responsable des mammifères d'alors, Brian Bertram.

Les spalax nus vivent dans de longs réseaux de terriers souterrains. Une colonie typique comprend soixante-dix à quatre-vingts individus, mais peut atteindre la centaine. Le réseau de terriers occupés par une colonie peut avoir une longueur totale de deux ou trois kilomètres, et une colonie peut extraire trois ou quatre tonnes de terre par an. L'activité commune consiste à creuser des tunnels. Un ouvrier creuse devant avec ses dents, faisant passer la terre derrière lui grâce à un tapis roulant vivant qui consiste en une ligne bouillonnante d'activité d'une demi-douzaine de petits animaux roses se bousculant les uns les autres. De temps en temps, le premier ouvrier est remplacé par l'un de ceux qui se trouvent derrière.

Seule une femelle de la colonie s'accouple sur une période de plusieurs années. Jarvis adopte, avec raison je pense, la terminologie des insectes sociaux et l'appelle « reine ». La reine n'est fécondée que par deux ou trois mâles. Tous les autres individus des deux sexes ne s'accouplent pas, comme chez les insectes sociaux. Et, comme chez ces derniers, si la reine est enlevée, des femelles jusque-là stériles se préparent à reproduire à leur tour et se battent alors pour gagner la position de reine.

Les individus stériles sont appelés « ouvriers » et c'est encore juste. On trouve des ouvriers des deux sexes, comme chez les termites (mais pas chez les fourmis, les abeilles ou les guêpes, qui ne comprennent que des femelles). Le travail des ouvriers spalax dépend de leur taille. Les plus petits, que Jarvis appelle les « ouvriers communs », creusent et transportent la terre, nourrissent les jeunes et permettent ainsi à la reine de se concentrer sur la reproduction. Elle a des portées plus importantes que n'en ont habituellement les rongeurs de sa taille (encore une réminiscence des reines des insectes sociaux). Les non-reproducteurs les plus grands semblent faire peu de chose, excepté dormir et manger, alors que les non-reproducteurs de taille intermédiaire se comportent d'une manière intermédiaire : leur structure sociale est homogène comme chez les abeilles, alors que de nombreuses espèces de fourmis sont structurées en castes discrètes.

Au début, Jarvis appela les plus grands non-reproducteurs les « non-travailleurs ». Mais se pouvait-il vraiment qu'ils ne fissent rien ? Aujourd'hui, des recherches menées en laboratoire et des observations conduites sur le terrain suggèrent qu'ils seraient les soldats chargés de défendre la colonie si celle-ci était attaquée par exemple par des serpents, qui constituent les principaux prédateurs. Il se peut aussi qu'ils servent de « cuve à nourriture » comme les « fourmis à miel ». Les spalax sont homocoprophages, manière polie de dire qu'ils mangent leurs propres défécations (pas exclusivement : cela foulerait aux pieds les lois de l'univers). Peut-être les grands individus remplissent-ils le rôle utile de garder leurs fèces dans leur corps lorsque la nourriture abonde, de manière à pouvoir servir de garde-manger d'urgence lorsque la nourriture se fait rare — une sorte de service effectué par des constipés.

A mon avis, le trait le plus étonnant des spalax nus, bien qu'ils se comportent de bien des façons comme des insectes sociaux, c'est qu'ils semblent n'avoir aucune caste équivalente à celle des jeunes reproducteurs ailés des fourmis et des termites. Ils ont des individus reproducteurs évidemment, mais ceux-ci ne commencent pas leur carrière en ayant des ailes et en dispersant leurs gènes au-dessus de nouveaux territoires. Pour autant que l'on sache, les colonies de spalax augmentent leur taille en étendant leurs limites par le creusement de nouveaux terriers souterrains. Apparemment, ils n'envoient pas au loin d'individus de la colonie, équivalents des reproducteurs ailés. C'est si surprenant pour mon intuition darwinienne qu'il est tentant de spéculer. Je pense qu'un jour nous découvrirons une phase de dispersion qui a jusqu'ici, pour des raisons obscures, été négligée. C'est trop demander que d'espérer que les individus dispersés se voient littéralement pousser des ailes ! Mais ils pourraient d'une certaine façon être équipés pour la vie à l'air libre plutôt que pour la vie souterraine. Ils pourraient avoir une fourrure au lieu d'être nus, par exemple. Les spalax nus ne régulent pas leur température corporelle de la même façon que les mammifères normaux ; sur ce point, ils ressemblent plus à des reptiles à « sang froid ». Peut-être contrôlent-ils la température socialement — autre point commun avec les termites et les abeilles. Ou se pourrait-il qu'ils exploitent la température bien connue pour sa constance de n'importe quelle bonne caverne ? En tout cas, mes individus hypothétiques dispersés pourraient bien, contrairement aux travailleurs souterrains, être conventionnellement à « sang chaud ». Est-il concevable qu'un rongeur poilu déjà connu, jusqu'ici classifié dans une espèce différente, appartienne à la caste perdue des spalax nus ?

Il existe après tout des précédents. Les criquets, par exemple, sont des sauterelles modifiées qui vivent normalement la vie retirée, solitaire et secrète de la sauterelle. Mais, dans des conditions particulières, ils changent complètement — et d'une manière terrible. Ils perdent leur camouflage et se couvrent de rayures voyantes. On pourrait même imaginer qu'il s'agit d'un avertissement. Si c'est bien le cas, il n'est pas inactif, car leur comportement change aussi. Ils abandonnent leur vie solitaire et se regroupent pour donner des résultats inquiétants. Si l'on s'en tient aux calamités décrites par la Bible jusqu'à celles d'aujourd'hui, aucun animal n'a été autant craint comme symbole de destruction de la prospérité humaine. Ils arrivent par millions, ravageant tout sur leur passage, véritable marée qui peut atteindre dix kilomètres de largeur, voyageant parfois à la vitesse de cent kilomètres par jour et engouffrant quotidiennement deux mille tonnes de récolte, laissant derrière eux un spectacle de désolation et de famine. Venons-en à l'analogie qui peut exister avec les spalax. La différence entre un individu solitaire et son incarnation grégaire est aussi importante que la différence entre deux castes de fourmis. De plus, à l'instar de l'hypothèse sur l'existence d'une « caste perdue » chez les spalax, il a fallu attendre 1921 pour que l'on classifie les sauterelles Jekyll et leurs criquets Hyde dans la même espèce.

Malheureusement, il semble bien improbable que les spécialistes des mammifères aient pu se fourvoyer autant jusqu'à ce jour. Je dirais, par ailleurs, que l'on peut voir des spalax ordinaires, non transformés, quelquefois à l'air libre et peut-être voyager plus loin qu'on le pense généralement. Mais avant abandonnons complètement l'hypothèse qu'il existe des « reproducteurs transformés », l'analogie avec le criquet suggérant bien une autre possibilité. Peut-être les spalax nus produisent-ils bien des reproducteurs transformés, mais seulement sous certaines conditions — lesquelles ne se sont pas produites durant ces dernières décennies. En Afrique et au Moyen-Orient, les calamités dues aux criquets constituent encore une menace, tout comme c'était le cas dans les temps bibliques. Mais en Amérique du Nord, les choses sont différentes. Certaines espèces de sauterelles y ont le potentiel de devenir grégaires. Apparemment, puisque les conditions n'ont pas été remplies, il ne s'est produit aucune invasion de criquets en Amérique durant ce siècle (bien que des cigales, autre espèce de calamité, mais totalement différente apparaissent encore régulièrement ; on les appelle « criquets » en américain familier, créant ainsi une confusion). Néanmoins, si une véritable invasion de criquets devait se produire en Amérique aujourd'hui, ce ne serait pas particulièrement surprenant : le volcan n'est pas éteint ; il ne fait que dormir. Mais si nous n'avons pas de comptes rendus historiques et d'informations provenant d'autres régions du monde, ce serait une mauvaise surprise parce que les animaux ne sont, pour autant qu'on le sache, que des sauterelles solitaires, ordinaires et inoffensives. Que se passerait-il si les spalax nus, à l'image des sauterelles américaines, se mettaient à produire une caste différente qui se disperserait (et pas exclusivement sous des conditions qui, pour certaines raisons, n'ont pas été remplies durant ce siècle) ? L'Afrique orientale du XIXe siècle a pu souffrir de vagues de spalax poilus migrant comme des lemmings à l'air libre, sans qu'aucun compte rendu ne nous soit parvenu. Ou peut-être en existe-t-il dans les légendes que se racontent les tribus indigènes ?

2. L'ingéniosité mémorable de l'hypothèse du « degré de parenté de 3/4 » émise par Hamilton dans le cas particulier des hyménoptères s'est révélée, de manière paradoxale, embarrassante pour la réputation de sa théorie générale et fondamentale. L'histoire du degré de parenté de 3/4 de l'haplodiploïde est suffisamment simple pour que n'importe qui puisse, en faisant un minimum d'efforts, la comprendre, mais suffisamment difficile pour qu'on soit content de soi quand on l'a comprise et pour donner l'envie de la transmettre aux autres. Il s'agit d'un bon « mème ». Si vous apprenez des choses au sujet de Hamilton non pas en le lisant, mais dans une conversation de café du commerce, vous n'entendrez certainement parler de rien d'autre à son sujet que de l'haplodiploïdie. De nos jours, tous les manuels de biologie — peu importe la brièveté avec laquelle ils parlent de sélection par la parenté — consacrent un paragraphe à la « parenté de 3/4 ». Un collègue, considéré aujourd'hui comme l'un des spécialistes mondiaux du comportement social des grands mammifères, m'a confié que pendant des années il avait pensé que la théorie de Hamilton sur la sélection par le degré de parenté se réduisait à l'hypothèse du 3/4 de parenté et à rien d'autre ! Le résultat en est que, si certains faits nouveaux nous conduisent à douter de l'importance de l'hypothèse du 3/4 de parenté, les gens sont prêts à penser qu'il s'agit d'une preuve contre l'ensemble de la théorie de la sélection par le degré de parenté. C'est comme si un grand compositeur avait écrit une longue symphonie profondément originale au milieu de laquelle un morceau particulier, brièvement joué, est si entraînant que chaque passant le siffle dans la rue. La sym-

phonie devient alors célèbre grâce à ce morceau. Si les gens se désintéressent ensuite de ce morceau, ils pensent qu'ils détestent la symphonie dans son ensemble.

Prenez, par exemple, un article, utile malgré tout, de Linda Gamlin sur les spalax nus et les termites, paru dans le magazine *New Scientist*. Il est sérieusement entaché par l'insinuation selon laquelle les spalax et les termites sont d'une certaine manière embarrassants pour l'hypothèse de Hamilton, simplement parce qu'ils ne sont pas haplodiploïdes! Il est difficile de croire que l'auteur n'ait pu ne fût-ce que voir les deux articles classiques de Hamilton, puisque l'haplodiploïdie n'en occupe que quatre des cinquante pages. Elle a dû s'appuyer sur des sources secondaires — pas *Le Gène égoïste*, j'espère!

Un autre exemple révélateur concerne les pucerons soldats que j'ai décrits dans les notes du chapitre 6. Comme je l'ai expliqué, puisque les pucerons sont des clones, jumeaux identiques, on espère beaucoup que ce sacrifice altruiste viendra de chez eux. Hamilton le nota en 1964 et eut quelques problèmes à expliquer le fait gênant selon lequel — pour autant qu'on le savait alors — les animaux clonaux ne montraient pas une tendance spécialement altruiste. Cette découverte faite sur les soldats pucerons, lorsqu'elle parut, aurait à peine pu être plus en accord avec la théorie de Hamilton. Toutefois, l'article original annonçait que cette découverte traitait les soldats pucerons comme s'ils constituaient une difficulté pour la théorie de Hamilton, les pucerons n'étant pas haplodiploïdes! Quelle belle ironie!

Lorsque nous nous tournons vers les termites — souvent considérés, eux aussi, comme un sujet d'embarras pour la théorie de Hamilton —, l'ironie se poursuit, car ce fut Hamilton lui-même qui, en 1972, suggéra l'une des théories les plus ingénieuses visant à savoir pourquoi ils étaient devenus des insectes sociaux, et on peut la considérer comme une analogie intelligente de l'hypothèse de l'haplodiploïdie. Cette théorie, la théorie de la consanguinité cyclique, est souvent attribuée à S. Bartz, qui la développa sept ans après la première publication de Hamilton sur le sujet. Il est caractéristique que Hamilton lui-même ait oublié qu'il avait été le premier à penser à la « théorie de Bartz » et j'ai dû lui mettre son propre article sous le nez pour qu'il me croie! Laissons ces affaires d'antériorité de côté; la théorie elle-même est si intéressante que je suis désolé de ne pas en avoir discuté dans ma première édition. Je vais remédier maintenant à cet oubli.

J'ai dit que cette théorie constituait une analogie intelligente avec l'hypothèse de l'haplodiploïdie Je signifiais par là que le caractère essentiel des animaux haplodiploïdes, du point de vue de l'évolution sociale, est qu'un individu peut être génétiquement plus proche de ses frères et sœurs que de sa progéniture. Cela prédispose à rester dans le nid parental et à élever les frères et sœurs plutôt que de quitter le nid pour porter et élever sa propre descendance. Hamilton pensa à une raison qui pourrait constituer le pourquoi de ce rapprochement génétique entre frères et sœurs et non entre parents et enfants, comme chez les termites : la consanguinité. Lorsque les animaux s'accouplent avec des membres de leur fratrie, la descendance qu'ils produisent devient génétiquement plus uniforme. Des rats blancs appartenant à la même souche élevée en laboratoire sont presque génétiquement équivalents à de vrais jumeaux. C'est parce qu'ils proviennent d'une longue lignée de croisements frères-sœurs que leurs génomes deviennent très homozygotes, pour employer le terme technique : presque au niveau de chacun de leurs loci génétiques, les deux gènes sont identiques et également identiques aux deux gènes du même locus chez tous les autres individus ayant la même origine. Nous ne voyons pas souvent de longues lignées de croisements incestueux dans la nature, mais il en existe un exemple significatif — les termites !

Un nid typique de termites est fondé par un couple royal, le roi et la reine, qui s'accouplent exclusivement entre eux jusqu'à ce que l'un ou l'autre meure. La place vide est alors occupée par un membre de leur descendance qui s'accouple incestueusement avec le parent survivant. Si les deux membres du couple royal meurent, ils sont remplacés par un couple incestueux frères-sœurs. Et ainsi de suite. Une colonie ancienne aura certainement perdu plusieurs rois et reines, et la progéniture qui se sera ensuivie après plusieurs années aura un taux de consanguinité très élevé, comme celui les rats de laboratoire. L'homozygosité et le coefficient moyen de degré de parenté dans un nid de termites augmentent au fur et à mesure que les années passent et les reproducteurs royaux sont successivement remplacés par leurs descendants ou leurs frères et sœurs ; mais cela n'est que la première étape de l'argumentation développée par Hamilton. Le plus ingénieux réside dans ce qui suit.

Le produit final de toute colonie d'insectes sociaux est constitué par les nouveaux reproducteurs ailés qui quittent en volant la colonie d'où ils proviennent, s'accouplent et fondent une nouvelle colonie. Lorsque ces nouveaux rois et reines s'accouplent, il y a peu de chances que ces accouplements soient incestueux. Évidemment, on dirait qu'il existe une espèce de synchronisation convenue qui vise à ce que les différents nids de termites se trouvant sur un même territoire produisent des reproducteurs ailés le même jour, certainement dans le but de favoriser de nouveaux apports de sang. Considérons donc les conséquences d'un accouplement entre un jeune roi d'une colonie *A* et une jeune reine d'une colonie *B*. Tous deux proviennent de croisements très consanguins. Tous deux sont l'équivalent des rats de laboratoire consanguins. Mais, puisqu'ils proviennent de souches différentes, de programmes *indépendants* de croisements incestueux, ils seront génétiquement différents. Ils seront dans la même situation que les rats blancs appartenant à des souches différentes. Lorsqu'ils s'accoupleront, leur descendance sera très *hétérozygote*, mais de manière *uniforme*. Hétérozygote signifie que les deux gènes seront différents sur de nombreux loci génétiques. Uniformément hétérozygote signifie que presque chaque descendant sera similairement hétérozygote. Ils seront presque génétiquement identiques à leurs frères et sœurs, mais ils seront en même temps très hétérozygotes.

Maintenant, faisons un bond dans le temps. La nouvelle colonie avec son couple royal a augmenté. Elle s'est peuplée d'un grand nombre de jeunes termites identiquement hétérozygotes. Pensez à ce qui va se produire lorsque l'un ou les deux membres du couple fondateur mourra. Le vieux cycle incestueux recommencera avec des conséquences remarquables. La première génération issue de l'inceste sera beaucoup plus variable que la précédente. Peu importe que nous considérions le croisement frère-sœur, père-fille ou mère-fils. Ce principe est le même pour tous, mais il est plus simple de considérer le croisement frère-sœur. Si le frère et la sœur sont similairement hétérozygotes, leur descendance connaîtra un méli-mélo très variable de recombinaisons génétiques. Cela provient de la génétique élémentaire de Mendel et s'appliquerait, en principe, à tous les animaux et les plantes, pas seulement aux termites. Si vous prenez des individus uniformément hétérozygotes et que vous les croisez, soit les uns avec les autres, soit avec l'un des homozygotes issu de la souche parentale, génétiquement parlant, c'est le chaos. On peut en savoir la raison dans n'importe quel manuel de génétique, aussi ne vais-je pas m'y attarder. Pour ce qui nous préoccupe ici, la conséquence importante est que durant le stade de développement d'une colonie de termites, un individu est typiquement plus proche génétiquement de ses frères et sœurs que de ses descendants potentiels.

Comme nous l'avons vu dans le cas des hyménoptères haplodiploïdes, cela constitue un préalable possible à l'évolution de castes d'ouvriers altruistiquement stériles.

Mais, même là où il n'y a aucune raison spéciale pour s'attendre à ce que des individus soient plus proches de leurs frères et sœurs que de leur descendance, il y a souvent une bonne raison de s'attendre à ce que les individus soient *aussi proches* de leurs frères et sœurs que de leurs descendants. La seule condition nécessaire pour que cela soit vrai, c'est qu'il existe un certain degré de monogamie. D'une certaine façon, ce qui est surprenant dans les idées de Hamilton réside dans le fait qu'il n'y ait pas plus d'espèces chez lesquelles les ouvrières stériles prennent soin de leurs plus jeunes frères et sœurs. Ce qui *est* courant, comme nous nous en apercevons de plus en plus, c'est une sorte de version atténuée du phénomène ouvrière stérile, connu sous le nom de « aide ménagère du nid ». Chez de nombreuses espèces d'oiseaux et de mammifères, les jeunes adultes, avant de partir créer leur propre famille, restent avec leurs parents pendant une ou deux saisons et aident à élever leurs plus jeunes frères et sœurs. Des copies de gènes poussant à ce comportement sont transmises dans les corps des frères et sœurs. Si l'on suppose que les bénéficiaires sont de vrais (et non des demi) frères et sœurs, chaque once de nourriture investie dans un frère ou une sœur rapporte exactement la même chose, génétiquement parlant, que si elle était investie dans la progéniture. Mais cela ne marche que si toutes les autres choses sont égales par ailleurs. Nous devons prendre en compte les inégalités s'il nous faut expliquer pourquoi ce système d'aide au nid existe chez certaines espèces et pas chez d'autres.

Pensez, par exemple, à une espèce d'oiseaux qui niche dans des arbres creux. Ces arbres sont précieux, car ils n'existent qu'en nombre limité. Si vous êtes un jeune adulte dont les parents sont encore en vie, ils sont probablement en possession de l'un des quelques arbres creux qui existent (ils ont dû en posséder un au moins jusque très récemment, sinon vous n'existeriez pas). Vous vivez donc probablement dans un arbre creux, entreprise vigoureuse qui continue de prospérer, et les nouveaux bébés qui arrivent dans cet élevage florissant sont vos frères et sœurs, génétiquement aussi proches de vous que le serait votre propre progéniture. Si vous partez, vous avez peu de chances de trouver un arbre creux libre. Même si vous réussissez, la descendance que vous aurez ne sera pas génétiquement plus proche de vous que vos frères et sœurs. Une quantité donnée de l'effort investie dans l'arbre creux de vos parents a une meilleure valeur que la même quantité d'effort investie en essayant d'installer le vôtre. Ces conditions pourraient alors favoriser la garde des frères et sœurs — « l'aide au nid ».

En dépit de tout cela, il reste exact que certains individus — ou tous les individus à un moment donné — doivent s'en aller et rechercher de nouveaux arbres creux ou quelque chose d'équivalent dans leur espèce. Pour utiliser la terminologie employée au chapitre VII au sujet de l'attente des petits et des soins à leur donner, il faut que *quelqu'un* s'occupe de porter la descendance, autrement il n'y aurait pas de jeunes à soigner! Il n'est pas question de dire ici que sinon « l'espèce s'éteindrait ». Mais plutôt que, dans n'importe quelle population dominée par les gènes s'occupant purement de l'élevage, les gènes s'occupant de la gestation auront tendance à avoir l'avantage. Chez les insectes sociaux, la gestation est prise en charge par les reines et les mâles. Il y a ceux qui sortent pour rechercher les « arbres creux », et c'est pourquoi ils ont des ailes, même chez les fourmis dont les ouvrières n'en ont pas. Ces castes reproductrices sont spécialisées pour le restant de leurs jours. Les oiseaux et les mammifères qui aident au nid le sont aussi d'une autre manière. Chaque individu passe une partie de sa vie (habituellement sa première ou deuxième saison d'adulte) comme « ouvrier », aidant à élever ses jeunes frères et sœurs, alors que le reste de sa vie il aspire à être un « reproducteur ».

Que peut-on dire sur les spalax nus décrits dans la note précédente? Ils sont l'exemple type du principe de l'usine florissante ou de « l'arbre creux », bien que leur usine ne comprenne pas à proprement parler d'arbre creux. La clé de leur histoire réside probablement dans la distribution inégale de l'approvisionnement en nourriture sous la savane. Ils se nourrissent principalement de racines souterraines qui peuvent être très grandes et très profondément enterrées. Une seule racine d'une de ces espèces peut nourrir jusqu'à mille spalax et, une fois trouvée, elle peut durer pour toute la colonie pendant des mois, voire des années. Mais le problème est de trouver ces racines, car elles sont éparpillées au hasard et de manière sporadique dans toute la savane. Pour les spalax, une source de nourriture est difficile à trouver, mais elle en vaut la peine. Robert Brett a calculé qu'un seul spalax, travaillant seul, devrait chercher si longtemps pour trouver une seule racine qu'il s'userait les dents à creuser. Une grande colonie sociale, avec ses kilomètres de terriers occupés, constitue un moyen de recherche efficace de ces racines. Chaque individu est économiquement plus utile en faisant partie d'un groupe de mineurs.

Un grand système de terriers, garni donc de dizaines d'ouvriers travaillant ensemble, constitue une entreprise florissante qui ressemble bien à notre hypothétique « arbre creux », qui l'est encore plus ici ! Étant donné que vous vivez dans un labyrinthe commun prospère, étant donné aussi que votre mère y fait encore de vrais frères et sœurs, l'envie de partir et de créer votre propre famille s'amenuise. Même si certains des jeunes ne sont que des demi-frères et sœurs, l'argument de « l'entreprise florissante » peut encore être suffisamment puissant pour garder les jeunes adultes chez eux.

3. Richard Alexander et Paul Sherman ont écrit un article où ils critiquaient les méthodes et les conclusions de Trivers et Hare. Ils étaient d'accord sur le fait que les taux de distribution des sexes en faveur des femelles étaient normaux chez les insectes sociaux, mais ils contestaient l'affirmation selon laquelle la répartition est de trois femelles pour un mâle. Ils préférèrent une autre explication à ces taux de répartition des sexes en faveur des femelles à celle fournie par Trivers et Hare, telle qu'elle fut suggérée par Hamilton. Je trouve que le raisonnement d'Alexander et de Sherman est assez convaincant, mais je dois admettre qu'au plus profond de moi je crois que des travaux aussi beaux que ceux de Trivers et Hare ne peuvent pas être totalement faux.

Alan Grafen m'a fait remarquer un autre problème plus préoccupant concernant ce que j'avais écrit sur le taux de distribution des sexes chez les hyménoptères dans la première édition de ce livre. J'ai expliqué son avis dans *The Extended Phenotype* (p. 75-76). En voici un bref extrait : « L'ouvrière potentielle ne sait pas *encore* si elle va élever ses frères et sœurs ou sa descendance selon un taux donné de répartition des sexes. Ainsi, supposez que le taux de distribution des sexes de la population soit en faveur des femelles, supposez même qu'il soit conforme au 3 pour 1 avancé par Trivers et Hare. Puisque l'ouvrière a un degré de parenté plus proche de celui de sa sœur que de son frère ou de ses petits, quel que soit leur sexe, il pourrait sembler qu'elle « préférerait » élever ses frères et sœurs au lieu de ses petits étant donné qu'il existe un taux de distribution des sexes en faveur des femelles : n'y gagne-t-elle pas surtout de précieuses sœurs (plus, éventuellement, quelques frères relativement sans valeur) quand elle choisit ses frères et sœurs ? Mais ce raisonnement ne prend pas en compte la valeur reproductrice relativement importante des mâles dans une telle population, et cela à cause de leur rareté. L'ouvrière peut ne pas avoir un degré de parenté très élevé avec chacun de ses frères, mais si les mâles sont rares dans la population tout entière, chacun de ces frères va donc devenir très probablement un ancêtre pour les futures générations. »

4. Le distingué et regretté philosophe J. L. Mackie a attiré l'attention sur une conséquence intéressante du fait selon lequel les populations de mes « tricheurs » et de mes « rancuniers » pouvaient être stables en même temps. « C'est vraiment dommage » qu'une population arrive à une SES qui la conduise à l'extinction; Mackie ajoute que certains types de SES conduisent plus probablement une population à l'extinction que d'autres. Dans cet exemple particulier, les tricheurs comme les rancuniers sont évolutionnairement stables : une population peut se stabiliser du côté des tricheurs ou de celui des rancuniers. Mackie dit que les populations qui finissent par se stabiliser du côté des tricheurs vont probablement s'éteindre par la suite. Il peut donc y avoir une sorte de gradation des niveaux « entre SES », une sélection en faveur de l'altruisme réciproque. On peut développer cela en donnant des arguments en faveur d'un type de sélection par le groupe qui, contrairement à la plupart des théories de ce genre, pourrait vraiment marcher. J'ai expliqué cet argument dans un article intitulé « In Defence of Selfish Genes ».

Chapitre XI : Les « mèmes », nouveaux réplicateurs

1. Je parierais que la vie dans son ensemble, partout dans l'univers, a évolué grâce à des moyens darwiniens. J'ai expliqué et justifié plus complètement cela dans mon article intitulé « Universal Darwinism », et dans le dernier chapitre de *L'Horloger aveugle*. J'y montre que toutes les alternatives au darwinisme qui ont été suggérées sont en principe incapables d'expliquer la complexité organisée de la vie. Il s'agit d'un argument général, qui ne repose pas sur des faits particuliers de la vie telle que nous la connaissons. Il a été critiqué en tant que tel par des scientifiques suffisamment persévérants et bons marcheurs pour penser que s'évertuer au-dessus d'un tube à essai bouillant ou avoir les pieds gelés dans des bottes crottées représente le seul moyen de faire des découvertes scientifiques. Un critique s'est plaint que mon argument fût d'ordre « philosophique », comme si cela représentait une condamnation suffisante. Philosophique ou non, le fait est que ni lui ni quiconque n'ont trouvé de faille dans ce que j'ai dit. Et les arguments « de principe » tels que les miens, loin d'être inutiles au monde réel, peuvent être *plus* puissants que les arguments fondés sur une recherche

factuelle particulière. Mon raisonnement, s'il est correct, nous dit quelque chose d'important sur la vie, où qu'elle se trouve dans l'univers. La recherche en laboratoire et sur le terrain ne nous en dit sur la vie que là où nous avons pris nos échantillons.

2. Le vocable « mème » semble lui-même constituer un bon mème. Il est aujourd'hui largement employé et a rejoint en 1988 la liste officielle des mots retenus pour les futures éditions des *Oxford English Dictionaries*. Cela me pousse à répéter que mes conceptions de la culture humaine étaient si modestes qu'elles en étaient presque au niveau zéro. Mes véritables ambitions — et elles sont grandes, je l'admets — vont dans une tout autre direction. Je veux revendiquer un pouvoir quasiment sans limite pour ces entités presque inappropriées qui se reproduisent elles-mêmes une fois qu'elles se répandent, où que ce soit dans l'univers. Je dis cela parce qu'elles tendent à devenir la base de la sélection darwinienne qui, si on considère suffisamment de générations, construit cumulativement des systèmes d'une grande complexité. Je crois que, sous de bonnes conditions, les réplicateurs se regroupent automatiquement pour créer des systèmes ou des machines qui les transportent et travaillent à favoriser la continuation de leur réplication. Les dix premiers chapitres du *Gène égoïste* étaient exclusivement consacrés à un seul genre de réplicateur, le gène. En discutant des mèmes dans le chapitre XI, j'ai essayé d'étendre le cas aux réplicateurs en général et de montrer que les gènes n'étaient pas les seuls membres de cette classe importante. Que la culture humaine comporte vraiment les éléments nécessaires pour continuer de faire marcher une forme de darwinisme, je n'en suis pas sûr. Mais en tout cas cette question est ici subsidiaire. Le chapitre XI aura été un succès si le lecteur ferme le livre avec la sensation que les molécules d'ADN ne sont pas les seules entités à pouvoir former la base de l'évolution darwinienne. Mon but était de ramener le gène à sa vraie place plutôt que d'ébaucher une grande théorie sur la culture humaine.

3. L'ADN est un morceau de structure qui se reproduit lui-même. Chaque morceau a une structure particulière qui est différente des autres morceaux concurrents d'ADN. Si les mèmes du cerveau sont similaires aux gènes, ils doivent se composer de structures cérébrales qui s'autoreproduisent, véritables câblages de réseaux neuronaux se reconstituant dans chaque cerveau. J'ai toujours été gêné pour expliquer cela tout haut, parce que nous en savons beaucoup moins sur les cerveaux que sur les gènes et que nous sommes, par conséquent, néces-

sairement vagues sur la forme que pourrait avoir ce genre de structure cérébrale. Aussi ai-je été soulagé de recevoir récemment un article très intéressant de Juan Delius, de l'université de Constance, en Allemagne. Contrairement à moi, Delius ne se sent pas le moins du monde mal à l'aise parce qu'il est un scientifique distingué, spécialiste du cerveau, alors que je n'en suis pas un du tout. Toutefois, j'ai le plaisir de voir qu'il est suffisamment audacieux pour ramener cette question sur le tapis en publiant vraiment une image détaillée de ce à quoi pourrait ressembler la structure neuronale d'un mème. Parmi les autres choses intéressantes qu'il fait, il y a l'exploration, beaucoup plus fouillée que la mienne, de l'analogie entre les mèmes et les parasites ; plus précisément avec un spectre dont un bout est occupé par les parasites malins et l'autre par les « symbions » bénins. J'aime particulièrement cette approche à cause de mon propre intérêt pour les effets « phénotypiques étendus » des gènes parasites sur le comportement de l'hôte (*cf.* le chapitre XIII de ce livre et surtout le chapitre XII de *The Extended Phenotype*). Delius, à ce propos, insiste sur la séparation claire qu'il y a entre les mèmes et leurs effets (« phénotypiques »). Et il réitère l'importance de complexes-mèmes coadaptés dans lesquels les mèmes sont choisis pour leur compatibilité mutuelle.

4. « Auld Lang Syne » représente l'exemple révélateur que j'ai le bonheur de choisir, parce qu'il rime presque universellement avec erreur, mutation. Ce refrain est, pour l'essentiel, toujours chanté de nos jours ainsi : « For the sake of auld lang Syne », alors que la version de Burns était : « For auld lang syne ». Un darwinien ayant les mèmes à l'esprit se demande immédiatement ce qu'a été la « valeur de survie » de l'expression insérée « the sake of ». Rappelez-vous que nous ne recherchons pas des moyens grâce auxquels *les gens* auraient pu mieux survivre en chantant la chanson dans la version transformée. Nous recherchons les moyens qui ont rendu l'altération suffisamment bonne pour permettre sa survie dans le pool mémique. Nous apprenons tous cette chanson dès notre enfance, non pas en lisant Burns, mais en écoutant le chant à la veillée de la Saint-Sylvestre. Quelqu'un chanta bien un jour les mots exacts. « For the sake of » a dû se produire comme une mutation rare. Notre question consiste à se demander pourquoi cette mutation, rare à l'origine, s'est insidieusement répandue jusqu'à devenir la norme dans le pool mémique.

Je ne pense pas qu'il faille chercher loin pour trouver la réponse. Le « s » sifflant n'est pas du tout à sa place. Les chœurs d'église sont entraînés à prononcer les « s » aussi légèrement que possible, sinon toute l'église retentit de l'écho produit par le « s ». Lorsque, par exemple, on se trouve placé au fond d'une cathédrale, on peut avoir l'impression qu'un prêtre qui murmure à l'autel ne fait que susurrer des « s ». L'autre consonne du mot « sake », « k », est presque aussi forte. Imaginez que dix-neuf personnes chantent correctement « For auld lang syne » et qu'une personne, quelque part dans la pièce, glisse l'incorrect « For the sake of auld lang syne ». Un enfant entendant la chanson pour la première fois est désireux de se joindre au groupe, mais n'est pas certain de bien connaître les paroles. Bien que presque tout le monde chante « For auld lang syne », le sifflement du « s » et la dureté du « k » s'introduisent avec force dans l'oreille de l'enfant. Aussi, lorsque le refrain revient, chante-t-il à son tour « For the sake of auld lang syne ». Le même mutant est monté dans un autre véhicule. S'il y a d'autres enfants ou des adultes ne connaissant pas bien les paroles, ils vont probablement se mettre à chanter la forme mutante lorsque le refrain reviendra. Ce n'est pas qu'ils « préfèrent » la forme mutante, mais il est vrai qu'ils ne connaissent pas vraiment les paroles et qu'ils sont honnêtement désireux de les apprendre. Même si ceux qui les connaissent mieux hurlent du mieux qu'ils peuvent (comme moi !) la forme correcte « For auld lang syne », il se trouve que celle-ci ne comporte pas de consonnes fortes ; la forme mutante, même si elle est chantée tranquillement et de manière hésitante, est, elle, beaucoup plus facile à entendre.

Le même phénomène se reproduit pour la chanson « Rule Britannia ». La véritable deuxième ligne du refrain est « Britannia, rule the waves ». Elle est fréquemment chantée, mais pas tout le temps, « Britannia rules the waves ». On retrouve ici de manière insistante le sifflement « s » du même aidé par un autre facteur. L'intention du poète (James Thompson) était de se montrer impératif (Britannia, va-t'en et commande aux vagues !) ou bien d'utiliser le subjonctif (Que Britannia commande aux vagues). Mais il est plus facile de mal comprendre la phrase et d'utiliser l'indicatif (Britannia commande simplement aux vagues). Ce même mutant a alors deux valeurs séparées par rapport à la forme originale qu'il a remplacée : il semble plus évident et plus facile à comprendre. Le test final d'une hypothèse devrait être l'expérience. Il devrait être possible d'introduire le même siffleur délibérément dans le pool mémique à une fréquence très basse et de le voir ensuite s'étendre à cause de sa propre capacité à survivre. Que se passerait-il si seulement un petit nombre d'entre nous se mettait à chanter « God Saves our Gracious Queen » (Dieu sauve notre bonne Reine) au lieu de « God Save the Queen » (Que Dieu sauve la Reine)?

5. Je n'aimerais pas que l'on croie que la « facilité » est le seul critère à faire ou non accepter une idée scientifique. Après tout, certaines idées scientifiques sont vraiment exactes, et d'autres pas! Et cela, on peut le tester et en disséquer la logique. Elles ne ressemblent pas à des airs pop, des religions ou des coiffures punk. Néanmoins, il y a autant de sociologie que de logique en sciences. Certaines idées scientifiquement mauvaises peuvent se répandre rapidement, au moins pendant un temps. Et de bonnes idées peuvent dormir pendant des années avant de se voir imprimées dans les esprits scientifiques et de les coloniser.

Nous pouvons trouver un exemple typique de ce dernier cas dans l'une des idées principales de ce livre, la théorie de Hamilton sur la sélection par le degré de parenté. Je pensais que l'idée de compter les références qu'on y ferait dans les journaux scientifiques pourrait parfaitement convenir à ce cas. Dans la première édition du *Gène égoïste*, j'ai noté que « ses articles de 1964 se trouvent parmi les plus importantes contributions jamais écrites en éthologie sociale, et je n'ai jamais pu comprendre pourquoi ils ont été aussi ignorés par les éthologues (son nom n'apparaît même pas à l'index des deux manuels d'éthologie les plus importants, tous deux publiés en 1970). Heureusement, sont apparus récemment des signes montrant un regain d'intérêt pour ses idées ». J'ai écrit cela en 1976. Traçons donc le cours de cette renaissance mémique sur ces dix dernières années.

Le *Science Citation Index* est une publication plutôt étrange où l'on peut voir inscrite n'importe quelle publication et tabulé le nombre des publications qui l'ont citée pour une année donnée. Il est destiné à aider à rassembler tout ce qui a été écrit sur un sujet donné. Les comités de recrutement des universités ont pris l'habitude de l'utiliser comme moyen expéditif et rapide (trop expéditif et trop rapide) pour comparer les réalisations scientifiques des candidats aux postes à pourvoir. En comptant les citations des articles de Hamilton, chaque année depuis 1964, nous pouvons retracer approximativement la progression de ses idées dans la conscience des biologistes (figure 1).

Il est évident qu'au début ses idées n'intéressaient pas grand monde. Puis il semble s'être produit un renversement de tendance extraordinaire dans les années soixante-dix, quant à l'intérêt porté à la sélection par le degré de parenté, plus précisément entre 1973 et 1974. Ce retournement de situation connaît son apogée en 1981. Le taux de variation annuel fluctue ensuite irrégulièrement, mais reste stable.

Le mythe du même a si bien grandi que le regain d'intérêt pour la sélection par le degré de parenté a été dynamisé par des livres publiés en 1975 et 1976. Le graphique montrant le renversement de tendance de 1974 semble donner du corps à cette idée. Par contre, on pourrait utiliser cette preuve pour soutenir une hypothèse très différente, à savoir que nous allons traiter l'une des idées qui étaient « dans l'air » à l'époque et « dont le moment est venu ». Ces livres du milieu des années soixante-dix, de ce point de vue, sont les symptômes plutôt que les premières causes de l'effet boule de neige.

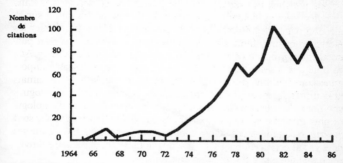

FIGURE 1. Citations annuelles de Hamilton (1964) dans le *Science Citation Index*.

Peut-être parlons-nous d'un effet qui commença beaucoup plus tôt et eut du mal à démarrer, puis connut une accélération exponentielle. Il y a une façon simple de tester cette hypothèse exponentielle, qui est de tracer cumulativement les citations sur une échelle *logarithmique*. Tout processus de croissance où le taux est proportionnel à la taille déjà atteinte est qualifié de croissance exponentielle. Le processus exponentiel typique est l'épidémie : chaque personne passe le virus à plusieurs autres, chacune d'entre elles le passe à son tour au même nombre de personnes, ainsi le nombre de victimes a un taux toujours plus important. Il s'agit d'une courbe exponentielle qui se change en ligne droite une fois dessinée sur une échelle logarithmique. Il n'est pas nécessaire, mais c'est pratique et c'est l'habitude, de reporter cumulativement de tels graphiques logarithmiques. Si le mème de Hamilton se répandait réellement comme une épidémie, les points se trouvant sur la courbe logarithmique devraient former une ligne droite. Est-ce le cas ?

La ligne de la figure 2 est une ligne droite qui, statistiquement parlant, est la meilleure approximation pour tous les points. L'augmentation apparente de 1966 et 1967 ne devrait probablement pas être prise en compte, car elle résulte de l'effet peu fiable des petits nombres, dont la conséquence ferait s'exagérer la courbe logarithmique. Ainsi, ce graphique ne constitue pas une mauvaise approximation à une ligne droite, bien que des écarts mineurs puissent être discernés. Si mon interprétation exponentielle est acceptée, nous assistons à une explosion à retardement commencée en 1967 et dont l'apogée se situe à la fin des années quatre-vingt. Il faudrait considérer les livres et les publications comme des symptômes et des causes de cette tendance à long terme.

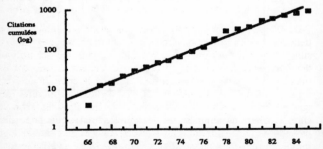

FIGURE 2. Citations cumulées de Hamilton (1964), échelle logarithmique.

A ce propos, ne pensez pas que cette forme de croissance soit quelque peu commune, c'est-à-dire inévitable. N'importe quelle courbe cumulative augmenterait évidemment si le taux annuel de citations était constant. Mais, sur l'échelle logarithmique, elle augmenterait à un taux plus faible, quoique constant.

La ligne en gras au sommet de la figure 3 montre la courbe *théorique* que l'on obtiendrait si chaque année le taux de citations était constant (égal au taux annuel des citations de Hamilton, trente-sept environ). Cette *courbe* qui se meurt doucement peut être comparée directement à la *ligne droite* observée en figure 2, qui indique un taux de croissance exponentiel. Nous avons donc bien un cas de croissance sur croissance, et non un taux stable de citations.

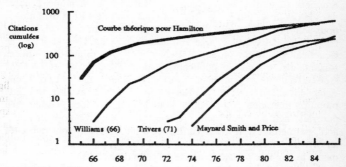

FIGURE 3. Citations cumulées de trois travaux d'autres auteurs, comparées avec la courbe théorique pour Hamilton (voir texte).

Deuxièmement, on pourrait penser que cette augmentation exponentielle a quelque chose sinon d'inévitable, du moins de légèrement prévisible. L'ensemble des taux de publication de journaux scientifiques, et donc les occasions de citer d'autres articles, n'augmente-t-il pas de manière exponentielle? Peut-être la taille de la communauté scientifique augmente-t-elle de manière exponentielle. Pour montrer qu'il y a quelque chose de spécial dans le mème de Hamilton, la façon la plus simple est de dessiner le même type de graphique pour d'autres papiers. La figure 3 montre aussi les fréquences de citations logarithmiques cumulatives de trois autres travaux (qui par ailleurs faisaient déjà autorité lors de la première édition de ce livre). Ce sont le livre de Williams (1966), *Adaptation and Natural Selection*; celui de Trivers (1971), un article sur l'altruisme réciproque; et l'article de Maynard Smith et Price (1973) introduisant l'idée de SES. Tous les trois montrent des courbes dont la forme n'est absolument pas exponentielle pour la même période de temps. Toutefois, les taux de citations annuels pour ces travaux sont également loin d'être uniformes, et si on extrapolait, on trouverait peut-être qu'ils sont exponentiels. La courbe de Williams, par exemple, forme approximativement une ligne droite sur l'échelle logarithmique à partir de 1970, ce qui induit qu'elle entre à son tour dans une phase d'influence explosive.

J'ai minimisé l'influence qu'avaient eue certains livres dans la propagation du même de Hamilton. Néanmoins, il existe une postface apparemment suggestive à ce petit morceau d'analyse mémique. Comme dans le cas de « Auld Lang Syne » et dans celui de « Rule Britannia », nous sommes en présence d'une erreur parfaitement mutante. Le titre correct des deux articles que Hamilton écrivit en 1966 était : « The Genetical Evolution of Social Behaviour ». Au milieu des années soixante-dix, un tas de publications, dont *Sociobiology* et *Le Gène égoïste*, l'ont cité en l'intitulant à tort « The Genetical Theory of Social Behaviour ». Jon Seger et Paul Harvey ont cherché à savoir quand cette mutation mémique s'est produite pour la première fois, pensant qu'il pourrait s'agir d'un marqueur presque similaire à un marqueur radioactif, permettant d'en tracer l'influence scientifique. Ils sont remontés au livre important de E. O. Wilson, *Sociobiology*, publié en 1975, et ont même trouvé une preuve indirecte de cette dérivation.

Dieu sait si j'admire le tour de force de Wilson — je souhaiterais que les gens le lisent plus et en lisent moins à son sujet —, mais mes cheveux se sont toujours dressés sur ma tête lorsque l'on suggérait à tort que son livre avait influencé le mien. Pourtant, puisque mon livre contenait aussi cette citation mutante — « le traceur radioactif » —, cela commença à ressembler de façon alarmante à un transfert de Wilson à moi d'au moins un même identique ! Cela n'aurait pas été particulièrement surprenant puisque *Sociobiology* arriva en Grande-Bretagne juste au moment où je terminais *Le Gène égoïste*, alors que j'étais en train de travailler sur ma bibliographie. La bibliographie importante de Wilson aurait ressemblé à une bénédiction, m'épargnant des heures en bibliothèque. Toutefois, ma contrariété s'est muée en allégresse lorsque je suis tombé par hasard sur une ancienne bibliographie écrite au crayon que j'avais donnée à des étudiants lors d'une conférence à Oxford en 1970. Y figurait « The Genetical Theory of Social Behaviour », cinq bonnes années avant la publication de Wilson. Il était absolument impossible que Wilson ait vu ma bibliographie de 1970 : nous avions tous deux introduit le même même mutant !

Comment une telle coïncidence a-t-elle pu se produire ? Une fois encore, comme dans le cas de « Auld Lang Syne », il ne faut pas aller loin pour trouver une explication. Le fameux livre de R. A. Fisher s'intitule *The Genetical Theory of Natural Selection*. L'emploi d'un nom de ce genre dans un titre rend ce dernier très connu dans le monde des biologistes évolutionnaires et il est difficile pour nous d'entendre les deux

premiers mots sans ajouter automatiquement le troisième. Je pense
que c'est ce que Wilson et moi-même avons fait. Il s'agit d'une fin heu-
reuse pour les protagonistes, puisque personne ne voit d'inconvénients
à admettre qu'il a été influencé par Fisher !

6. Il est tout à fait prévisible que les ordinateurs électroniques que
nous fabriquons puissent aussi être le lieu où se répliqueraient automatiquement des modèles d'information — les mèmes. Les ordinateurs
ont de plus en plus de liens entre eux grâce à des réseaux compliqués
qui gèrent des informations communes. Beaucoup d'entre eux sont littéralement accouplés, échangeant continuellement du courrier électronique. D'autres partagent des informations quand leurs propriétaires
rentrent leurs disquettes. Il s'agit d'un milieu propice au développement de programmes autoréplicateurs. Lorsque j'ai écrit la première
édition de ce livre, je n'en savais pas assez pour supposer qu'un mème
indésirable d'ordinateur devrait sa naissance à une erreur spontanée
lors de la copie du programme légitime, et je pensais que ce serait un
événement improbable. Malheureusement, c'était le temps de l'inno-
cence. Les épidémies de « virus » et de « worms », délibérément lâchés
par des programmes malintentionnés, représentent à présent des
risques auxquels sont habitués les utilisateurs du monde entier. Mon
propre disque dur a, à ma connaissance, été infecté par deux épidémies
de virus différents l'année dernière, et c'est une expérience typique que
connaissent les grands utilisateurs d'ordinateurs. Je ne donnerai pas les
noms de ces virus par peur de donner une satisfaction malsaine à leurs
méchants petits auteurs. Je dis « méchants » parce que leur comportement ne peut être distingué du point de vue moral de celui du tech-
nicien d'un laboratoire de microbiologie qui infecte délibérément l'eau
potable et propage une épidémie en se fichant des gens qui tombent
malades. Je dis « petits » parce que ces gens ont des petits esprits. Il n'y
a rien d'intelligent à inventer un virus informatique. N'importe quel
programmeur un peu au courant pourrait le faire, et des gens de cet
acabit ne manquent pas dans notre monde moderne. J'en suis un moi-
même. Je ne prendrai jamais la peine d'expliquer comment fonctionnent les virus informatiques. C'est vraiment trop évident.

Ce qui est moins facile à savoir, c'est la façon dont on peut les
combattre. Malheureusement, quelques grands spécialistes ont dû
perdre leur temps précieux à écrire des programmes détecteurs de
virus, des programmes d'immunisation, etc. (à ce propos, l'analogie
avec la vaccination médicale est étonnante, qui va même jusqu'à l'injec-

tion d'une « version atténuée » du virus). Le danger, c'est qu'une course aux armements se développera, où chaque progrès en matière de prévention virale sera contrecarré par d'autres, destinés à concevoir de nouveaux virus. Jusqu'à présent, la plupart des programmes antivirus sont écrits par des altruistes et fournis gratuitement comme un service. Mais je prévois l'augmentation des effectifs d'une profession entièrement nouvelle — qui va éclater en spécialisations lucratives comme dans toutes les autres professions — de docteurs « logiciels », arrivant avec leur serviette de cuir noire remplie de disquettes de diagnostic et de sauvetage. J'utilise le terme de « docteur », mais les vrais médecins résolvent des problèmes naturels qui ne proviennent pas directement de la méchanceté humaine. Mes docteurs de logiciels, par contre, seront, comme les hommes de loi, ceux qui résoudront les problèmes créés par l'homme, lesquels n'auraient jamais dû exister à l'origine. Jusqu'à présent, puisqu'ils n'ont pas de motifs précis, les fabricants de virus doivent se croire vaguement anarchistes. Je leur fais ici un appel : voulez-vous vraiment ouvrir la voie à une nouvelle profession de profiteurs ? Si c'est non, alors arrêtez de jouer les mêmes imbéciles et utilisez vos modestes talents de programmation à de meilleures fins.

7. J'ai reçu une quantité prévisible de lettres de victimes de la foi protestant contre les critiques que j'en faisais. La foi constitue un lavage de cerveau tellement puissant, surtout chez les enfants, qu'il est difficile d'en briser le joug. Mais après tout qu'est-ce que la foi ? C'est un état d'esprit qui conduit les gens à croire quelque chose — peu importe quoi — avec une totale absence de preuve de l'objet de cette croyance. Si une telle preuve existait, la foi serait superflue, car la preuve nous pousserait à y croire de toute façon. C'est pour cette raison que la phrase si souvent répétée que l'évolution « elle-même est une question de foi » est une ineptie. Les gens croient dans l'évolution, non parce qu'ils veulent y croire d'une façon arbitraire, mais parce qu'il en existe des preuves indiscutables qui sont à la portée de tous.

J'ai dit « peu importe » ce en quoi le dévot croit, ce qui suggère que les gens ont foi en des choses entièrement folles et arbitraires, comme le moine électrique dans le *Dirk Gently's Holistic Detective Agency* de Douglas Adams. Il était construit pour croire à votre place et y réussissait très bien. Le jour où on le rencontre, il croit sans se démonter, et contre toute évidence, que tout est rose dans notre monde. Je ne veux pas argumenter sur le fait que toutes les choses dans lesquelles un individu a la foi sont nécessairement folles. Elles peuvent l'être ou non. La question, c'est qu'il n'existe aucun moyen de décider si elles le sont, et aucun moyen de préférer un objet de culte plutôt qu'un autre, parce que la preuve est explicitement escamotée. Évidemment, le fait que la véritable foi ne nécessite pas de preuve est mis en exergue comme étant sa plus grande vertu; c'est pourquoi j'ai parlé de l'histoire de saint Thomas, le seul membre vraiment digne d'admiration des douze apôtres.

La foi ne peut pas soulever des montagnes (bien que des générations d'enfants s'entendent dire le contraire d'une façon solennelle et y croient). Mais elle est capable de conduire les gens à faire des folies si dangereuses qu'elle me semble tout à fait qualifiée pour rentrer dans le catalogue des maladies mentales. Elle conduit les gens à croire à n'importe quoi, et cela si fort que dans les cas extrêmes ils sont prêts à tuer et à mourir pour elle sans avoir besoin de plus amples justifications. Keith Henson a inventé le mot « mémoïdes » pour « les victimes tombées sous le contrôle d'un même au point que leur propre survie a peu d'importance [...]. Vous voyez aux informations bon nombre de ces gens qui vivent dans des endroits tels que Beyrouth ou Belfast ». La foi a suffisamment de pouvoir pour immuniser les gens contre tous les appels à la pitié, au pardon, aux véritables sentiments humains. Elle les immunise même contre la peur, s'ils croient honnêtement qu'une mort en martyr les enverra tout droit au paradis. Quelle arme! La foi religieuse mérite à elle seule tout un chapitre dans les annales des techniques guerrières, au même titre que l'arc, le cheval de bataille, le char d'assaut et la bombe à hydrogène.

8. Le ton optimiste de ma conclusion a provoqué le scepticisme chez les critiques qui croient qu'elle n'est pas cohérente avec le reste du livre. Dans certains cas, cela vient de sociobiologistes doctrinaires qui protègent jalousement l'importance de l'influence génétique. Dans d'autres cas, la critique vient d'un clan complètement opposé, celui des grands prêtres, jalousement protecteurs d'une icône démoniaque qu'ils adorent! Rose, Kamin et Lewontin, dans *Not in Our Genes*, ont un spectre qui leur est propre et qu'ils appellent « réductionnisme »; et l'ensemble des meilleurs réductionnistes sont aussi supposés être des déterministes, plutôt des « déterministes génétiques ».

Les cerveaux, pour les réductionnistes, sont des objets biologiques déterminés dont les propriétés produisent les comportements que nous observons et les états de pensée ou d'intention que nous déduisons de ces comportements... Une telle position est, ou devrait être, complètement en accord avec les principes de sociobiologie proposés par Wilson et Dawkins. Toutefois, l'adopter les impliquerait dans le dilemme d'avoir d'abord à argumenter sur le caractère inné de nombreux comportements humains qu'ils trouvent, en tant que libéraux, inintéressants (endoctrinement, rancune...), et ils s'enlisent ensuite dans des considérations d'éthique libérale sur la responsabilité des actes criminels, si ceux-ci, comme tous les autres actes, sont biologiquement déterminés. Pour éviter ce problème, Wilson et Dawkins invoquent un libre arbitre qui nous permet d'aller à l'encontre de la dictature de nos gènes si nous souhaitons le faire... C'est essentiellement un retour au cartésianisme pur et dur, un *deus ex machina* à deux têtes.

Je *pense* que Rose et ses collègues nous accusent de vouloir à la fois le beurre et l'argent du beurre. Nous devons soit être des « déterministes génétiques », soit croire au « libre arbitre » ; nous ne pouvons pas avoir les deux positions. Mais — et ici je suppose que je parle en mon nom et en celui du professeur Wilson — nous ne sommes des « déterministes génétiques » qu'aux yeux de Rose et de ses collègues. Ce qu'ils ne comprennent pas (apparemment, bien que cela soit difficile à croire) c'est qu'il est parfaitement possible de soutenir que les gènes exercent une influence statistique sur le comportement humain, alors qu'en même temps on croit que cette influence peut être modifiée, surpassée ou renversée par d'autres influences. Les gènes doivent exercer une influence statistique sur n'importe quel comportement qui évolue grâce à la sélection naturelle. Il est probable que Rose et ses collègues sont d'accord sur le fait que le désir sexuel humain ait évolué par sélection naturelle de la même façon que tout évolue par sélection naturelle. Ils doivent par conséquent être d'accord sur le fait qu'il y ait eu des gènes influençant le désir sexuel — de la même manière que les gènes influencent tout. Pourtant, ils n'ont jamais de problème à refréner leurs désirs sexuels quand il est socialement nécessaire de le faire. Qu'est-ce qu'il y a de dualiste là-dedans ? Rien, assurément. Et pas plus qu'il n'est dualiste pour moi de se rebeller « contre la tyrannie des réplicateurs égoïstes ». Nous, c'est-à-dire nos cerveaux, sommes suffisamment séparés et indépendants de nos gènes pour nous rebeller contre eux. Comme je l'ai déjà signalé, nous agissons de la sorte chaque fois que nous utilisons un moyen de contraception. Il n'y a aucune raison pour que nous ne puissions pas nous rebeller également contre bien d'autres choses.

Bibliographie

1. Alexander R.D. (1961), « Aggressiveness, territoriality, and sexual behavior in field crickets », *Behaviour*, 17, 130-223.
2. Alexander R.D. (1974), « The evolution of social behavior », *Annual Review of Ecology and Systematics*, 5, 325-383.
3. Alexander R.D. (1980), *Darwinism and Human Affairs*, Londres, Pitman.
4. Alexander R.D. (1987), *The Biology of Moral Systems*, New York, Aldine de Gruyter.
5. Alexander R.D., Sherman P.W. (1977), « Local mate competition and parental investment in social insects », *Science*, 96, 494-500.
6. Allee W.C. (1938), *The Social Life of Animals*, Londres, Heinemann.
7. Altmann S.A. (1979), « Altruistic behaviour : the fallacy of kin deployment », *Animal Behaviour*, 27, 958-959.
8. Alvarez F., De Reyna A., Segura H. (1976), « Experimental brood-parasitism of the magpie (*Pica pica*) », *Animal Behaviour*, 24, 907-916.
9. Anon (1989), « Hormones and brain structure explain behaviour », *New Scientist*, 121 (1649), 35.
10. Aoki S. (1987), « Evolution of sterile soldiers in aphids », *Animal Societies : Theories and Facts* (sous la dir. de Y. Ito, J.L.

Brown, J. Kikkawka), Tokyo, Japan Scientific Societies Press, 53-65.

11. Ardrey R. (1970), *The Social Contract*, Londres, Collins.

12. Axelrod R. (1996), *Comment réussir dans un monde égoïste? Théorie du comportement coopératif*, Paris, Éditions Odile Jacob, coll. « Opus».

13. Axelrod R., Hamilton W.D. (1981), « The evolution of cooperation », *Science*, 211, 1390-1396.

14. Baldwin B.A., Meese G.B. (1979), « Social behaviour in pigs studied by means of operant conditioning », *Animal Behaviour*, 27, 947-997.

15. Bartz S.H. (1979), « Evolution of eusociality in termites », *Proceedings of the National Academy of Sciences*, États-Unis, 76 (11), 5764-5768.

16. Bastock K. M. (1967), *Courtship : A Zoological Study*, Londres, Heinemann.

17. Bateson P. (1983), « Optimal outbreeding », *Mate Choice* (sous la dir. de P. Bateson), Cambridge, Cambridge University Press, 257-277.

18. Bell G. (1982), *The Masterpiece of Nature*, Londres, Croom Helm.

19. Bertram B.C.R. (1976), « Kin selection in lions and in evolution », *Growing Points in Ethology* (sous la dir. de P.P.G. Bateson et R.A. Hinde), Cambridge, Cambridge University Press, 281-301.

20. Bonner J.T. (1980), *The Evolution of Culture in Animals*, Princeton, Princeton University Press.

21. Boyd R., Lorberbaum J.P. (1987), « No pure strategy is evolutionarily stable in the repeated Prisoner's Dilemma game », *Nature*, 327, 58-59.

22. Brett R.A. (1986), « The ecology and behaviour of the naked mole rat (*Heterocephalus glaber*) », thèse de troisième cycle, Université de Londres.

23. Broadbent D.E. (1961), *Behaviour*, Londres, Eyre and Spottiswoode.

24. Brockmann H.J., Dawkins R. (1979), « Joint nesting in a digger wasp as an evolutionarily stable preadaptation to social life », *Behaviour*, 71, 203-245.

25. Brockmann H.J., Grafen A., Dawkins R. (1979), « Evolutionarily stable nesting strategy in a digger wasp », *Journal of Theoretical Biology*, 77, 473-496.

26. Brooke M. De L., Davies N.B. (1988), « Egg mimicry by cuckoos *Cuculus canorus* in relation to discrimination by hosts », *Nature*, 335, 630-632.

27. Burgess J.W. (1976), « Social spiders », *Scientific American*, 234 (3), 101-106.

28. Burk T.E. (1980), « An analysis of social behaviour in crickets », thèse de troisième cycle, Université d'Oxford.

29. Cairns-Smith A.G. (1971), *The Life Puzzle*, Edinburgh, Oliver and Boyd.

30. Cairns-Smith A.G. (1982), *Genetic Takeover*, Cambridge, Cambridge University Press.

31. Cairns-Smith A.G. (1990), *L'Énigme de la vie. Une enquête scientifique*, Paris, Éditions Odile Jacob.

32. Cavalli-Sforza L.L. (1971), « Similarities and dissimilarities of sociocultural and biological evolution », *Mathematics in the Archaeological and Historical Sciences* (sous la dir. de F.R. Hodson, D.G. Kendall, P. Tautu), Edinburgh, Edinburgh University Press, 535-541.

33. Cavalli-Sforza L.L., Feldman, M.W. (1981), *Cultural Transmission and Evolution : A Quantitative Approach...*, Princeton, Princeton University Press.

34. Charnov E.L. (1978), « Evolution of eusocial behavior : offspring choice or parental parasitism ? », *Journal of Theoretical Biology*, 75, 451-465.

35. Charnov E.L., Krebs J.R. (1975), « The evolution of alarm calls : altruism or manipulation ? », *American Naturalist*, 109, 107-112.

36. Cherfas J., Gribbin J. (1985), *The Redundant Male*, Londres, Bodley Head.

37. Cloak F.T. (1975), « Is a cultural ethology possible ? », *Human Ecology*, 3, 161-182.

38. Crown J.F. (1979), « Genes that violate Mendel's rules », *Scientific American*, 240 (2), 104-113.

39. Cullen J.M. (1972), « Some principles of animal communica-

tion », *Non-verbal Communication* (sous la dir. de R.A. Hinde), Cambridge, Cambridge University Press, 101-122.

40. Daly M., Wilson M. (1982), *Sex, Evolution and Behaviour*, 2ᵉ édition, Boston, Willard Grant.

41. Darwin C.R. (1859), *The Origin of Species*, Londres, John Murray. Traduction française, *L'Origine des espèces*, Paris, 1965, La Découverte.

42. Davies N.B. (1978), « Territorial defence in the speckled wood butterfly (*Pararge aegeria*) : the resident always wins », *Animal Behaviour*, 26, 138-147.

43. Dawkins M.S. (1986), *Unravelling Animal Behaviour*, Harlow, Longman.

44. Dawkins R. (1979), « In defence of selfish genes », *Philosophy*, 56, 556-573.

45. Dawkins R. (1979), « Twelve misunderstandings of kin selection », *Zeitschrift für Tierpsychologie*, 51, 184-200.

46. Dawkins R. (1980), « Good strategy of evolutionarily stable strategy ? », *Sociobiology : Beyond Nature/Nurture* (sous la dir. de G.W. Barlow, J. Silverberg), Boulder, Colorado, Westview Press, 331-367.

47. Dawkins R. (1982), *The Extended Phenotype*, Oxford, W.H. Freeman.

48. Dawkins R. (1982), « Replicators and vehicles », *Current Problems in Sociobiology* (eds. King's College Sociobiology Group), Cambridge, Cambridge University Press, 45-64.

49. Dawkins R. (1983), « Universal Darwinism », *Evolution from Molecules to Men* (sous la dir. de D.S. Bendall), Cambridge, Cambridge University Press, 403-425.

50. Dawkins R. (1989), *L'Horloger aveugle*, Paris, Robert Laffont.

51. Dawkins R. (1986), « Sociobiology : the new storm in a teacup », *Science and Beyond* (sous la dir. de S. Rose, L. Appignanesi), Oxford, Basil Balckwell, 61-78.

52. Dawkins R. (1989), « The evolution of evolvability », *Artificial Life* (sous la dir. de C. Langton), Santa Fe, Addisson-Wesley, 201-220.

53. Dawkins R., « Worlds in microcosm », *Man, Environment and God* (sous la dir. de N. Spurway), Oxford, Basil Blackwell.

54. Dawkins R., Carlisle T.R. (1976), « Parental investment, mate desertion and a fallacy », *Nature*, 262, 131-132.
55. Dawkins R., Krebs J.R. (1978), « Animal signals : information or manipulation ? », *Behavioural Ecology : An Evolutionary Approach* (sous la dir. J.R. Krebs, N.B. Davies), Oxford, Blackwell Scientific Publications, 282-309.
56. Dawkins R., Krebs J.R. (1979), « Arms races between and within species », *Proc. Roy. Soc. Lond.*, B. 205, 489-511.
57. De Vries P.J. (1988), « The larval ant-organs of *Thisbe irenea* (Lepidoptera : Riodinidae) and their effects upon attending ants », *Zoological Journal of the Linnean Society*, 94, 379-393.
58. Deluis J.D., « Of mind memes and brain bugs : a natural history of culture », *The Nature of Culture* (sous la dir. de W.A. Koch), Bochum, Studienlag Brockmeyer.
59. Dennett D.C. (1989), « The evolution of conciousness », *Reality Club* 3 (sous la dir. de J. Brockman), New York, Lynx Publications.
60. Dewsbury D.A. (1982), « Ejaculate cost and male choice », *American Naturalist*, 119, 601-610.
61. Dixson A.F. (1987), « Baculum length and copulatory behaviour in primates », *American Journal of Primatology*, 13, 51-60.
62. Dobzhansky T. (1962), *Mankind Evolving*, New Haven, Yale University Press.
63. Doolittle W.F., Sapienza C. (1980), « Selfish genes, the phenotype paradigm and genome evolution », *Nature*, 284, 601-603.
64. Ehrlich P.R., Ehrlich A.H., Holdren J.P. (1973), *Human Ecology*, San Francisco, Freeman.
65. Eibl-Eibesfeldt I. (1971), *Love and Hate*, Londres, Methuen.
66. Eigen M., Gardiner W., Schuster P., Winkler-Oswatitsch R. (1981), « The origin of genetic information », *Scientific American*, 244 (4), 88-118.
67. Eldredge N., Gould S.J. (1972), « Punctuated equilibrium : an alternative to phyletic gradualism », *Models in Paleobiology* (sous la dir. de J.M. Schopf), San Francisco, Freeman Cooper, 82-115.
68. Fischer E.A. (1980), « The relationship between mating system

and simultaneous hermaphroditism in the coral reef fish »,
Hypoplectrus nigricans (Serranidae) *Animal Behaviour*, 28,
620-633.

69. Fischer R.A. (1930), *The Genetical Theory of Natural Selection*,
Oxford, Clarendon Press.

70. Fletcher D.J., Michener C.D. (1987), *Kin Recognition in
Humans*, New York, Wiley.

71. Fox R. (1980), *The Red Lamp of Incest*, Londres, Hutchinson.

72. Gale J.S., Eaves L.J. (1975), « Logic of animal conflict »,
Nature, 254, 463-464.

73. Gamlin, L. (1987), « Rodents join the commune », *New Scientist*, 115 (1571), 40-47.

74. Gardner B.T., Gardner, R.A. (1971), « Two-way communication with an infant chimpanzee », *Behavior of Non-human Primates* 4 (sous la dir. de A.M. Schrier et F. Stollnitz), New
York, Academic Press, 117-184.

75. Ghiselin M.T. (1974), *The Economy of Nature and the Evolution of Sex*, Berkeley, University of California Press.

76. Gould S.J. (1982), *Le Pouce du panda*, Paris, Grasset.

77. Gould S.J. (1984), *Quand les poules auront des dents : réflexion
sur l'histoire naturelle*, Paris, Fayard.

78. Grafen A. (1984), « Natural selection, kin selection and group
selection », *Behavioural Ecology : an Evolutionary Approach*
(sous la dir. J.R. Krebs et N.B. Davies), Oxford, Blackwell
Scientific Publications, 62-84.

79. Grafen A. (1985), « A geometric view of relatedness », *Oxford
Surveys in Evolutionary Biology* (sous la dir. de R. Dawkins et
M. Ridley), 2, 28-89.

80. Grafen A., « Sexual selection unhandicapped by the Fisher
process », manuscrit en préparation.

81. Grafen A., Sibly R. M. (1978), « A model of mate desertion »,
Animal Behaviour, 26, 645-652.

82. Haldane J.B.S. (1955), « Population genetics », *New Biology*,
18, 34-51.

83. Hamilton W.D. (1964), « The genetical evolution of social
behaviour (I and II) », *Journal of Theoretical Biology*, 7, 1-16;
17-52.

84. Hamilton W.D. (1966), « The moulding of senescence by natural selection », *Journal of Theoretical Biology*, 12, 12-45.

85. Hamilton W.D. (1967), « Extraordinary sex ratios », *Science*, 156, 477-488.

86. Hamilton W.D. (1971), « Geometry for the selfish herd », *Journal of Theoretical Biology*, 31, 295-311.

87. Hamilton W.D. (1972), « Altruism and related phenomena, mainly in social insects », *Annual Review of Ecology and Systematics*, 3, 193-232.

88. Hamilton W.D. (1975), « Gamblers since life began : barnacles, aphids, elms », *Quarterly Review of Biology*, 50, 175-180.

89. Hamilton W.D. (1980), « Sex versus non-sex versus parasite », *Oikos*, 35, 282-290.

90. Hamilton W.D., Zuk M. (1982), « Heritable true fitness and bright birds : a role for parasites ? », *Science*, 218, 384-387.

91. Hampe M., Morgan S.R. (1987), « Two consequences of Richard Dawkins'view of genes and organisms », *Studies in the History and Philosophy of Science*, 19, 119-138.

92. Hansell M.H. (1984), *Animal Architecture and Building Behaviour*, Harlow, Longman.

93. Hardin G. (1978), « Nice guys finish last », *Sociobiology and Human Nature* (sous la dir. de M.S. Gregory, A. Silvers et D. Sutch), San Francisco, Josey Bass, 183-194.

94. Henson H.K. (1985), « Memes, L5 and the religion of the space colonies », *L5 News*, septembre 1985, 5-8.

95. Hinde R.A. (1974), *Biological Bases of Human Social Behaviour*, New York, Mc Graw Hill.

96. Hoyle F., Elliot J. (1962), *A for Andromeda*, Londres, Souvenir Press.

97. Hull D.L. (1980), « Individuality and selection », *Annual Review of Ecology and Systematics*, 11, 311-332.

98. Hull D.L. (1981), « Units of evolution : a metaphysical essay », *The Philosophy of Evolution* (sous la dir. de U.L. Jensen et R. Harré), Brighton, Harvester, 23-44.

99. Humphrey N. (1986), *The Inner Eye*, Londres, Faber and Faber.

100. Jarvis J.U.M. (1981), « Eusociality in a mammal : cooperative breeding in naked mole-rat colonies », *Science*, 212, 571-573.

101. Jenkins P.F. (1978), « Cultural transmission of song patterns and dialect development in a free-living bird population », *Animal Behaviour*, 26, 50-78.

102. Kalmus H. (1969), « Animal behaviour and theories of games and of language », *Animal Behaviour*, 17, 607-617.

103. Krebs J.R. (1977), « The significance of song repertories — the Beau Geste hypothesis », *Animal Behaviour*, 25, 475-478.

104. Krebs J.R., Dawkins R. (1984), « Animal signals : mind-reading and manipulation », *Behavioural Ecology : An Evolutionary Approach* (sous la dir. de J.R. Krebs, N.B. Davies), 2ᵉ édition, Oxford, Blackwell Scientific Publications, 380-402.

105. Kruuk H. (1972), *The Spotted Hyena : A Study of Predation and Social Behavior*, Chicago, Chicago University Press.

106. Lack D. (1954), *The Natural Regulation of Animal Numbers*, Oxford, Clarendon Press.

107. Lack D. (1966), *Population Studies of Birds*, Oxford, Clarendon Press.

108. Le Bœuf B.J. (1974), « Male-male competition and reproductive success in elephant seals », *American Zoologist*, 14, 163-176.

109. Lewin B. (1974), *Gene Expression*, volume 2, Londres, Wiley.

110. Lewontin R.C. (1983), « The organism as the subject and object of evolution », *Scientia*, 118, 65-82.

111. Lidicker W.Z. (1965), « Comparative study of density regulation in confined populations of four species of rodents », *Researches on Population Ecology*, 7 (27), 57-72.

112. Lombardo M.P. (1985), « Mutual restraint in tree swallows : a test of the Tit for Tat model of reciprocity », *Science*, 227, 1363-1365.

113. Lorenz, K.Z. (1966), *Evolution and Modification of Behavior*, Londres, Methuen.

114. Lorenz K.Z. (1977), *L'Agression*, Paris, Flammarion.

115. Luria S.E. (1973), *Life-the Unfinished Experiment*, Londres, Souvenir Press.

116. Macarthur, R.H. (1965), Ecological consequences of natural

selection, *Theoretical and Mathematical Biology* (sous la dir. de T.H. Waterman et H.J. Morowitz), New York, Blaisdell, 388-397.

117. Mackie J.L. (1978), « The law of the jungle : moral alternatives and principles of evolution », *Philosophy*, 53, 455-464. Réimprimé dans *Persons and Values* (sous la dir. de J. Mackie et P. Mackie, 1985), Oxford, Oxford University Press, 120-131.

118. Margulis L. (1981), *Symbiosis in Cell Evolution*, San Francisco, W.H. Freeman.

119. Marler P.R. (1959), « Developments in the study of animal communication », *Darwin's Biological Work* (sous la dir. de P.R. Bell), Cambridge, Cambridge University Press, 150-206.

120. Maynard Smith J. (1972), « Game theory and the evolution of fighting », J. Maynard Smith, *On Evolution*, Edinburgh, Edinburgh University Press, 8-28.

121. Maynard Smith J. (1974), « The theory of games and the evolution of animal conflict », *Journal of Theoretical Biology*, 47, 209-221.

122. Maynard Smith J. (1976), Group selection, *Quarterly Review of Biology*, 51, 277-283.

123. Maynard Smith J. (1976), « Evolution and the theory of games », *American Scientist*, 64, 41-45.

124. Maynard Smith J. (1976), « Sexual selection and the handicap principle », *Journal of Theoretical Biology*, 57, 239-242.

125. Maynard Smith J. (1977), « Parental investment : a prospective analysis », *Animal Behaviour*, 25, 1-9.

126. Maynard Smith J. (1978), *The Evolution of Sex*, Cambridge, Cambridge University Press.

127. Maynard Smith J. (1982), *Evolution and the Theory of Games*, Cambridge, Cambridge University Press.

128. Maynard Smith J. (1988), *Games, Sex and Evolution*, New York, Harvester Wheatsheaf.

129. Maynard Smith J. (1989), *Evolutionary Genetics*, Oxford, Oxford, University Press.

130. Maynard Smith J., Parker G.A. (1976), « The logic of asymmetric contests », *Animal Behaviour*, 24, 159-175.

131. Maynard Smith J., Price G.R. (1973), « The logic of animal conflicts », *Nature*, 246, 15-18.

132. Mcfarland D.J. (1971), *Feedback Mechanisms in Animal Behaviour*, Londres, Academic Press.
133. Mead M. (1950), *Male and Female*, Londres, Gollancz.
134. Medawar P.B. (1952), *An Unsolved Problem in Biology*, Londres, H.K. Lewis.
135. Medawar P.B. (1957), *The Uniqueness of the Individual*, Londres, Methuen.
136. Medawar P.B. (1961), « Review of P. Teilhard de Chardin », *The Phenomenon of Man*. Réimprimé dans P.B. Medawar (1982), *Pluto's Republic*, Oxford, Oxford University Press.
137. Michod R.E., Levin B.R. (1988), *The Evolution of Sex*, Sunderland, Massachusetts, Sinauer.
138. Midgley M. (1979), « Gene-juggling », *Philosophy*, 54, 439-458.
139. Monod J.L. (1947), « On the molecular theory of evolution », *Problems of Scientific Revolution* (sous la dir. de R. Harré), Oxford, Clarendon Press, 11-24.
140. Montagu A. (1976), *The Nature of Human Aggression*, New York, Oxford University Press.
141. Moravec H. (1988), *Mind Children*, Cambridge, Massachusetts, Harvard University Press.
142. Morris D. (1957), « "Typical intensity" and its relation to the problem of ritualization », *Behaviour*, 11, 1-21.
143. *Nuffield Biology Teachers' Guide IV* (1966), Londres, Longmans, 96.
144. Orgel L.E. (1973), *The Origins of Life*, Londres, Chapman and Hall.
145. Orgel L.E., Crick F.H.C. (1980), « Selfish DNA : the ultimate parasite », *Nature*, 284, 604-607.
146. Packer C., Pusey A.E. (1982), « Cooperation and competition within coalitions of male lions : kin-selectionor game theory ? », *Nature*, 296, 740-742.
147. Parker G.A. (1984), « Evolutionarily stable strategies », *Behavioural Ecology : An Evolutionary Approach* (sous la dir. de J.R. Krebs et N.B. Davies), 2e édition, Oxford, Blackwell Scientific Publications, 62-84.
148. Parker G.A., Baker R.R., Smith V.G.F. (1972), « The origin

and evolution of gametic dimorphism and the male-female phenomenon », *Journal of Theoretical Biology*, 36, 529-553.

149. Payne R.S., Mcvay S. (1971), « Songs of humpback whales », *Science*, 173, 583-597.

150. Popper K. (1974), « The rationality of scientific revolutions », *Problems of Scientific Revolution* (sous la dir. de R. Harré), Oxford, Clarendon Press, 72-101.

151. Popper K. (1978), « Natural selection and the emergence of mind », *Dialectica*, 32, 339-355.

152. Ridley M. (1978), « Paternal care », *Animal Behaviour*, 26, 904-932.

153. Ridley M. (1985), *The Problems of Evolution*, Oxford, Oxford University Press.

154. Rose S., Kamin L.J., Lewontin R.C. (1984), *Not In Our Genes*, Londres, Penguin.

155. Rothenbuhler W.C. (1964), « Behavior genetics of nest cleaning in honey bees. IV. Responses of F1 and backcross generations to disease-killed brood », *American Zoologist*, 4, III-23.

156. Ryder R. (1975), *Victims of Science*, Londres, Davis-Poynter.

157. Sagan L. (1967), « On the origin of mitosing cells », *Journal of Theoretical Biology*, 14, 225-274.

158. Sahlins M. (1977), *The Use and Abuse of Biology*, Ann Arbor, University of Michigan Press.

159. Schuster P., Singmund K. (1981), « Coyness, philandering and stable strategies », *Animal Behaviour*, 29, 186-192.

160. Seger J., Hamilton W.D. (1988), « Parasites and sex », *In the Evolution of Sex* (sous la dir. de R.E. Michod et B.R. Levin), Sunderland, Massachusetts, Sinauer, 176-193.

161. Seger J., Harvey P. (1980), « The evolution of the genetical theory of social behaviour », *New Scientist*, 87 (1208), 50-51.

162. Sheppard P.M. (1958), *Natural Selection and Heredity*, Londres, Hutchinson.

163. Simpson G.G. (1966), « The biological nature of man », *Science*, 152, 472-478.

164. Singer P. (1976), *Animal Liberation*, Londres, Jonathan Cape.

165. Smythe, N. (1970), « On the existence of "pursuit invitation" signals in mammals », *American Naturalist*, 104, 491-494.

166. Sterelny K., Kitcher P. (1988), « The return of the gene », *Journal of Philosophy*, 85, 339-361.

167. Symons D. (1979), *The Evolution of Human Sexuality*, New York, Oxford University Press.

168. Tinbergen N. (1953), *Social behaviour in Animals*, Londres, Methuen.

169. Treisman M., Dawkins R. (1976), « The cost of meiosis — is there any? », *Journal of Theoretical Biology*, 63, 479-484.

170. Trivers R.L. (1971), « The evolution of reciprocal altruism », *Quarterly Review of Biology*, 46, 35-57.

171. Trivers R.L. (1972), « Parental investment and sexual selection », *Sexual Selection and the Descent of Man* (sous la dir. de B. Campbell), Chicago, Aldine, 136-179.

172. Trivers R.L. (1974), « Parent-offspring conflict », *American Zoologist*, 14, 249-264.

173. Trivers R.L. (1985), *Social Evolution*, Menlo Park, Benjamin/ Cummings.

174. Trivers R.L., Hare H. (1976), « Haplodiploidy and the evolution of the social insects », *Science*, 191, 249-263.

175. Turnbull C. (1972), *The Mountain People*, Londres, Jonathan Cape.

176. Washburn S.L. (1978), « Human behavior and the behavior of other animals », *American Psychologist*, 33, 405-418.

177. Wells P.A. (1987), « Kin recognition in humans », *Kin Recognition in Animals* (sous la dir. de D.J.C. Fletcher et C.D. Michener), New York, Wiley, 395-415.

178. Wickler W. (1968), *Mimicry*, Londres, World University Library.

179. Wilkinson G.S. (1984), « Reciprocal fodd-sharing in the vampire bat », *Nature*, 308, 181-184.

180. Williams G.C. (1957), « Pleiotropy, natural selection, and the evolution of senescence », *Evolution*, II, 398-411.

181. Williams G.C. (1966), *Adaptation and Natural Selection*, Princeton University Press.

182. Williams G.C. (1975), *Sex and Evolution*, Princeton, Princeton University Press.

183. Willimas G.C. (1985), « A defense of reductionism in evolu-

tionary biology », *Oxford Surveys in Evolutionary Biology* (sous la dir. de R. Dawkins et M. Ridley), 2, 1-27.

184. Wilson E.O. (1971), *The Insect Societies*, Cambridge, Massachusetts, Harvard University Press.

185. Wilson E.O. (1975), *Sociobiology : The New Synthesis*, Cambridge, Massachusetts, Harvard University Press.

186. Wilson E.O. (1978), *On Human Nature*, Cambridge, Massachusetts, Harvard University Press.

187. Wright S. (1980), « Genic and organismic selection », *Evolution*, 34, 825-843.

188. Wynne-Edwards V.C. (1962), *Animal Dispersion in Relation to Social Behaviour*, Edinburgh, Oliver and Boyd.

189. Wynne-Edwards V.C. (1978), « Intrinsic population control : an introduction », *Population Control by Social Behaviour* (sous la dir. de F.J. Ebling et D.M. Stoddart), Londres, Institute of Biology,1-22.

190. Wynne-Edwards V.C. (1986), *Evolution Through Group Selection*, Oxford, Blackwell Scientific Publications.

191. Yom-Tov Y. (1980), « Intraspecific nest parasitism in birds », *Biological Reviews*, 55, 93-108.

192. Young J.Z. (1975), *The Life of Mammals*, 2ᵉ édition, Oxford, Clarendon Press.

193. Zahavi A. (1975), « Mate selectiona — selection for a handicap », *Journal of Theoretical Biology*, 53, 205-214.

194. Zahavi A. (1977), « Reliability in communication systems and the evolution of altruism », *Evolutionary Ecology* (sous la dir. de B. Stonehouse, C.M. Perrins), Londres, Macmillan, 253-259.

195. Zahavi A. (1978), « Decorative patterns and the evolution of art », *New Scientist*, 80 (1125), 182-184.

196. Zahavi A. (1987), « The theory of signal selection and some of its implications », *International Symposium on Biological Evolution, Bari, 9-14 avril 1985* (sous la dir. de V.P. Delfino), Bari, Adriatici Editrici, 305-327.

197. Zahavi A. Personal communication, quoted by permission.

Programme d'ordinateur :

198. Dawkins R. (1987), « Blind Watchmaker : an application for the Apple Macintosh computer », New York et Londres, W.W. Norton.

Index

J'ai choisi de ne pas rompre le fil de ce livre par des citations. Le présent index devrait permettre au lecteur de trouver des références sur des sujets particuliers. Les nombres entre parenthèses renvoient à la bibliographie. Les autres concernent les pages de ce livre. Pour les termes courants, l'index ne porte que sur les passages les plus importants où ils sont utilisés.

Table

Imprimé en France sur Presse Offset par

BRODARD & TAUPIN

GROUPE CPI

La Flèche (Sarthe) - le 16-02-2003

N° d'impression : 16844
N° d'édition : 7381-1243-X
Dépôt légal : février 2003
Imprimé en France